Formeln, Tabellen, Fachkunde –
Elektrotechnik/Elektronik

Formeln, Tabellen, Fachkunde – Elektrotechnik/Elektronik

von

Dozent Dr.-Ing. Harry Brauer,
Dr. rer. nat. Herbert Küstner,
Fachschuldozent Dr.-Ing. Constans Lehmann

und

Studiendirektor Helmut Lindner †
(Bearbeitung: Dipl.-Ing. Erika Hotho)

Mit 800 Bildern

DR. ALFRED HÜTHIG VERLAG HEIDELBERG

CIP-Kurztitelaufnahme der Deutschen Bibliothek

Formeln, Tabellen, Fachkunde — Elektrotechnik, Elektronik / von Harry Brauer ... — 1. Aufl. — Heidelberg: Hüthig, 1985.
ISBN 3-7785-0848-2
NE: Brauer, Harry [Mitverf.]

Lizenzausgabe für den Dr. Alfred Hüthig Verlag GmbH, Heidelberg
Printed in the German Democratic Republic
Satz und Druck: VEB Druckhaus Köthen

Vorwort

Das vorliegende Buch ist eine umfassende Sammlung von Daten, Formeln und Tabellen für *Ingenieure und Techniker* der Elektrotechnik- und Elektronik-Industrie, die in der Forschung, der Konstruktion und im Service tätig sind. Darüber hinaus ist es auch als Nachschlagewerk, besonders für *Studenten und Lehrkräfte* an Technischen Hochschulen, Fachhochschulen und Fachoberschulen der Fachrichtung Elektrotechnik/Elektronik, gedacht.

Die bei den täglichen Arbeiten benötigten Vorschriften, Formeln und Werte von Bauelementen sowie wichtige Größen, Formelzeichen, Einheiten usw. sind durch die übersichtliche Gliederung des Bandes und vor allem durch das sehr ausführliche Sachwortverzeichnis schnell und einfach aufzufinden. Endformeln erleichtern das notwendige Fachrechnen, da viele zeitraubende Nebenrechnungen entfallen.

Das Buch Formeln, Tabellen, Fachkunde – Elektrotechnik/Elektronik ist ein *Nachschlagewerk mit praxisorientierten Fakten* – kein Lehrbuch mit ausführlichen Erklärungen. Die Autoren haben sich bemüht, selbst für komplexe Vorgänge oder Formeln praktische kurze Erklärungen bzw. Näherungsrechnungen zu entwickeln, ohne aber die Darstellungen zu simplifizieren.

Der in mehrere Hauptkapitel gegliederte Inhalt ist so aufbereitet, daß das Nachschlagen und Aufsuchen der gewünschten Themen sehr leicht ist. In dem ersten Hauptkapitel *Allgemeine Grundlagen* sind die notwendigen mathematischen und physikalischen Formeln sowie die wichtigsten chemischen Tabellen zusammengestellt. Das anschließende Hauptkapitel *Grundlagen der Elektrotechnik* mit den Abschnitten Gleichstrom, Elektrische und magnetische Felder, Wechselstrom und Besondere Wechselstromkreise enthält das notwendige theoretische Rüstzeug.

Bauelemente der Elektronik ist einer der wichtigsten und daher umfangreichsten Hauptabschnitte. Neben den passiven Bauelementen, wie Widerstände, Kondensatoren, Spulen usw., nehmen darin die Festkörperbauelemente einen breiten Raum ein. Zugrunde liegen die halbleiterphysikalischen Erkenntnisse sowie spezielle elektronische Eigenschaften und die Wirkprinzipien, didaktisch jeweils den einzelnen Bauelementen zugeordnet.

Den Abschluß des Werkes bilden die beiden Hauptkapitel *Analoge Schaltungen* und *Digitale Schaltungen* mit den entsprechenden Berechnungsmethoden, den Grundlagen der Schaltalgebra, der Schaltkreistechnik usw. Grundlagen der Schaltungen sind die dazu notwendigen elektronischen Festkörperbauelemente.

In diesem Buch wird die von der IUPAC (International Union of Pure and Applied Chemistry) eingeführte Schreibweise der Namen für chemische Elemente und Verbindungen angewendet. Das betrifft vor allem die C-Schreibweise (z. B. Silicium), die Schreibweise für Iod, den Gebrauch der Endsilbe „en“ anstelle von „ol“ in Namen für aromatische Kohlenwasserstoffe (z. B. Benzen für Benzol) sowie die Einführung der Schreibweise „Ethyl“.

Autoren und Verlag sind für Anregungen aus dem Kreis der Benutzer des Buches dankbar.

Der Verlag

Inhaltsverzeichnis

1. Allgemeine Grundlagen

1.1. Mathematische Formeln

1.1.1. Zeichen und Symbole

Mathematische Zeichen

Zeichen	Erläuterung
$^0/_0$	Prozent
$^0/_{00}$	Promille
$/$	je, z.B. m/s
$+$; $-$	plus; minus
$\cdot$, $\times$	mal; z.B. $3 \cdot 4$
:, /, —	durch, zu; z.B. 3 : 4, $^3/_4$, $\frac{3}{4}$
$=$; $\equiv$	gleich; identisch gleich
$\neq$	nicht gleich, ungleich
$\approx$	angenähert, nahezu gleich
$<$	kleiner als; z.B. $a < b$
$>$	größer als; z.B. $b > a$
$\leqq$	kleiner oder gleich; z.B. $a \leqq 0$
$\geqq$	größer oder gleich; z.B. $a \geqq 0$
$\ll$; $\gg$	klein gegen; groß gegen
$\triangleq$	entspricht; z.B. 15 kg $\triangleq$ 30 Mark
$\cdots$	bis; z.B. $2 \cdots 8$
$\sqrt{a}$; $\sqrt[n]{a}$	Quadratwurzel aus a; n-te W. aus a
$\lvert a \rvert$	(absoluter) Betrag von a
i od. j	imaginäre Einheit, $i^2 = -1$
$n!$	n Fakultät; z.B. $3! = 1 \cdot 2 \cdot 3 = 6$
$\binom{n}{k}$	n über k, Binomialkoeffizient
$\log_a$	allgemeiner Logarithmus, Basis a
lg	dekadischer Logarithmus, Basis 10
ln	natürlicher Logarithmus, Basis e
lb	binärer Logarithmus, Basis 2
e	2,71828..., Basis der nat. Logarithmen
∞	unendlich
$\sim$	proportional
$\cong$	kongruent, deckungsgleich
$\triangle$	Dreieck; z.B. $\triangle\, ABC$
$\parallel$; $\nparallel$	parallel; nicht parallel
$\perp$	rechtwinklig

Zeichen	Erläuterung
$\sphericalangle$	Winkel; z.B. $\sphericalangle ABC$
°; gon	Grad; Gon
$'$	Minute; $1' = 0{,}01\overline{6}°$
$''$	Sekunde; $1'' = 0{,}0002\overline{7}°$
$\widehat{AB}$	Bogen AB (auch Segment über AB)
arc α	Arkus α
sin; cos	Sinus; Kosinus, (Cosinus)
tan; cot	Tangens; Kotangens, (Cotangens)
sinh	Hyperbelsinus
cosh	Hyperbelkosinus
tanh	Hyperbeltangens
coth	Hyperbelkotangens
π	Pi = 3,14159...
$\overline{AB}$	Strecke von A nach B
Σ	Summe; $\sum_{1}^{5} a_r$ (S. a_r für $r = 1 \ldots 5$)
$f(x)$	f von x, Funktion der unabh. Veränd. x
Δf	Delta f; Differenz zweier Funktionswerte
$f'(x)$	f' von x, d.h. 1. Ableitung von $f(x)$
d	Differentialzeichen (total)
$\frac{dy}{dx}$	dy nach dx; Differentialquotient
$\frac{\partial f}{\partial x}$	df partiell nach dx Zeichen der partiellen Differentiation
lim	Limes, Grenzwert
$\to$	strebt gegen; z.B. $\lim_{n \to \infty} \frac{1}{n} = 0$
$\int$	Integrationszeichen
$\int f(x)\, dx$	unbestimmtes Integral der Funktion $f(x)$

Zeichen	Erläuterung
$\int_{-a}^{a} f(x)\,dx$	bestimmtes Integral von $f(x)$ im Bereich von $x = -a$ bis $x = +a$
$\boldsymbol{a}, \boldsymbol{b}, \boldsymbol{c}$	Vektor a, b, c
$\boldsymbol{A}, \boldsymbol{B}, \boldsymbol{C}, \ldots$	Vektor A, B, C
Mengenlehre	
$\in$; $\notin$	Element aus; nicht Element aus
$\subseteq$; $\subset$	enthalten in; echt enthalten in
$\sim$	gleichmächtig
$\cup$; $\cap$	Vereinigungsmenge; Durchschnitt

Zeichen	Erläuterung
Mathematische Logik	
$\neg$	nicht (Negation)
$\wedge$	und (Konjunktion)
$\vee$	oder (Alternative)
$\Rightarrow$	wenn ..., so (Implikation)
$\Leftrightarrow$	genau dann, wenn ... (Äquivalenz)
$\forall$	für alle ... (Allquantor)
$\exists$	es gibt ein ... (Existentialquantor)

Römische Zahlzeichen

I 1	V 5	X 10	L 50	C 100	D 500	M 1000

I 1	II 2	III 3	IV 4	V 5	VI 6	VII 7	VIII 8	IX 9	X 10
XX 20	XXX 30	XL 40	L 50	LX 60	LXX 70	LXXX 80	XC 90	IC 99	C 100
CC 200	CCC 300	CD 400	D 500	DC 600	DCC 700	DCCC 800	CM 900	XM 990	M 1000

MI 1001 MCDXCVI 1496 MCMLXXXV 1985 MIM 1999

Griechische Buchstaben

A, α Alpha	E, ε Epsilon	I, ι Jota	N, ν Ny	P, ϱ Rho	Φ, φ Phi
B, β Beta	Z, ζ Zeta	$K, \varkappa$ Kappa	Ξ, ξ Xi	Σ, σ Sigma	X, χ Chi
Γ, γ Gamma	H, η Eta	Λ, λ Lambda	O, o Omikron	T, τ Tau	Ψ, ψ Psi
Δ, δ Delta	Θ, ϑ Theta	M, μ My	Π, π Pi	Y, υ Ypsilon	Ω, ω Omega

1.1.2. Elektronischer Taschenrechner

Bei einem Rechner mit algebraischer Logik, wie er hier beschrieben wird, entspricht die Reihenfolge der Eingaben im wesentlichen der mündlichen Formulierung, z.B.

[3] [×] [4] [=]

Das *Anzeigefeld* macht das Rechenergebnis durch Ziffernanzeige sichtbar.

Das *Tastenfeld* enthält:

Eingabetasten

zur ziffernweisen Eingabe von Zahlen einschließlich Dezimalpunkt:

[0], [1]..., [9] Ziffern 0 bis 9

[.] Dezimalpunkt (für Dezimalkomma)

Operationstasten — für die vier Grundrechenarten einschließlich Ergebnis- und Löschtaste:

[+] Addition [−] Subtraktion [×] Multiplikation

[÷] Division [+/−] Vorzeichenwechsel [=] Ergebnistaste

[CE] Einzellöschung zur Korrektur der letzten Eingabe [von *clear entry* (engl.) Eingabe löschen]

[C] Gesamtlöschung (außer Speicher) [von *clear* (engl.) löschen]

Funktionstasten — zur Ermittlung von Werten häufig vorkommender Funktionen, z.B.:

[%] Prozentrechnung [√] Quadratwurzel

Speichertasten — zum Speichern von Zwischenergebnissen:

[M +] Addieren zum Speicherinhalt

[M −] Subtrahieren vom Speicherinhalt

[MR] Abrufen des Speicherinhalts [von *memory recall* (engl.) Speicher abrufen]

[MC] Löschen des Speicherinhalts [von *memory clear* (engl.) Speicher löschen]

Die für die verschiedenen Gerätetypen unterschiedlichen Bedienungsvorschriften sind der jeweiligen Anleitung zu entnehmen.

Einfacher elektronischer Taschenrechner (algebraische Logik)

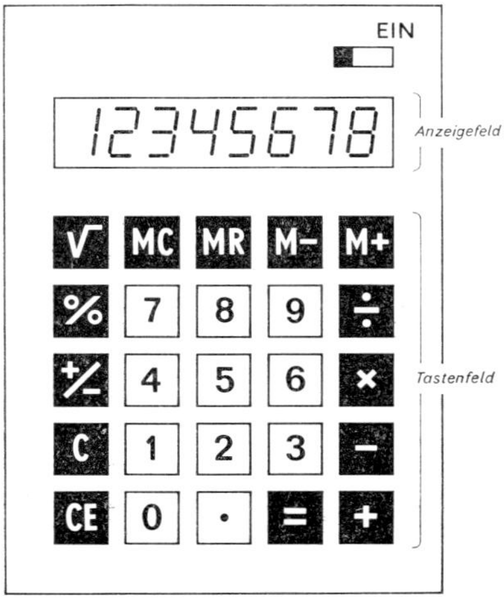

Beispiele	Aufgabe	Eingabe	Anzeige
	$3{,}6 + 2{,}1 = 5{,}7$	3.6 [+] 2.1 [=]	5.7
	$53 - 27 = 26$	53 [−] 27 [=]	26
	$4{,}5 \cdot 2{,}6 = 11{,}7$	4.5 [×] 2.6 [=]	11.7
	$3{,}14 : 2 = 1{,}57$	3.14 [÷] 2 [=]	1.57
	$2{,}07^2 \approx 4{,}28$	2.07 [×] [=]	4.2849
	$8 - (-14) = 22$	8 [−] 14 [+/−] [=]	22
	$3^1/_4\,\%$ v. $840 = 27{,}3$	3.25 [×] 840 [%]	27.3
	18 v. $45 = 40\,\%$	18 [÷] 45 [%]	40
	$\sqrt{51{,}36} \approx 7{,}17$	51.36 [√]	7.1665891
Speicherrechnung	$\sqrt{5^2 - 4^2} = 3$	5 [×] [=] [M+] 4 [×]	
		[=] [M−] [MR] [√]	3
	$\dfrac{9 \cdot 7}{(8-3) \cdot 2} = 6{,}3$	8 [−] 3 [×] 2 [=] [M+]	
		9 [×] 7 [÷] [MR] [=]	6,3

1.1.3. Potenzen, Wurzeln, Logarithmen

Potenzen

Produkt $a^m \cdot a^n = a^{m+n} \qquad a^m \cdot b^m = (a \cdot b)^m$

Quotient $a^m : a^n = a^{m-n} \qquad a^m : b^m = \left(\dfrac{a}{b}\right)^m$

Potenz $(a^m)^n = a^{m \cdot n}$

Beachte $a^0 = 1$ für $a \neq 0$;

$a^{-m} = \dfrac{1}{a^m}$ für $a \neq 0$; $\quad 1^m = 1$

Wurzeln

Produkt	$\sqrt[m]{a} \cdot \sqrt[m]{b} = \sqrt[m]{a \cdot b}$
Quotient	$\sqrt[m]{a} : \sqrt[m]{b} = \sqrt[m]{\dfrac{a}{b}}$
Potenz	$\left(\sqrt[m]{a}\right)^n = \sqrt[m]{a^n}$
Wurzel	$\sqrt[n]{\sqrt[m]{a}} = \sqrt[n \cdot m]{a}$
Beachte	$\sqrt[m]{a} = a^{\frac{1}{m}}$; $\dfrac{1}{\sqrt[m]{a}} = a^{-\frac{1}{m}}$; $\sqrt[m]{a^n} = a^{\frac{n}{m}}$; $\sqrt[m]{1} = 1$

Logarithmen

Gesetze	$\log (a \cdot c) = \log a + \log c$	$\log a^n = n \cdot \log a$
	$\log \left(\dfrac{a}{c}\right) = \log a - \log c$	$\log \sqrt[n]{a} = \dfrac{1}{n} \cdot \log a$
Beachte	$\log 1 = 0$ $\log_b b = 1$	$\log_a x = \dfrac{\log_b x}{\log_b a}$, $\log_a b = \dfrac{1}{\log_b a}$
dekadische Logarithmen	$\log_{10} a = \lg a$	
binäre Logarithmen	$\log_2 a = \text{lb}\, a$ (früher ld a)	
natürliche Logarithmen	$\log_e a = \ln a$	
Umrechnung	$\lg a = \ln a \cdot \lg e$ $\lg e = M = 0{,}43429$	$\lg e \cdot \ln 10 = 1$
		$\lg 10 = 1$
	$\ln a = \lg a \cdot \ln 10$ $\lg 10 = 1/M = 2{,}30259$	$\ln e = 1$

1.1.4. Arithmetische und geometrische Zahlenfolgen

Arithmetische Zahlenfolge

Darstellung	$a, \quad a + d, \quad a + 2d, \quad a + 3d, \ldots, \quad a + (n - 1)\, d$ Die Differenz d zweier aufeinanderfolgender Glieder ist konstant.
letztes (n-tes) Glied	$z = a + (n - 1)\, d$
Summe der ersten n Glieder	$s_n = \dfrac{n}{2}(a + z) = \dfrac{n}{2}[2a + (n - 1)\, d]$

Geometrische Zahlenfolge

Endliche geometrische Zahlenfolge: $a, aq, aq^2, aq^3, \ldots, aq^{n-1}$

Der Quotient q zweier aufeinanderfolgender Glieder ist konstant.

letztes (n-tes) Glied: $z = aq^{n-1}$

Summe der ersten n Glieder: $s_n = a\dfrac{q^n - 1}{q - 1}$ für $q \neq 1$

Unendliche geometrische Zahlenfolge: $a, aq, aq^2, \ldots, aq^{n-1}, aq^n, aq^{n+1}, \ldots$

Summe: $s = \lim\limits_{n \to \infty} s_n = \dfrac{a}{1 - q}$ für $|q| < 1$

1.1.5. Planimetrie

Bezeichnung | Formel/Erläuterung | Bild

Vierecke

Quadrat

$A = a^2$

$d = a\sqrt{2}$

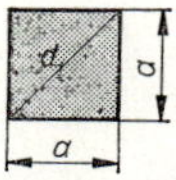

Rechteck

$A = gh$

$d = \sqrt{g^2 + h^2}$

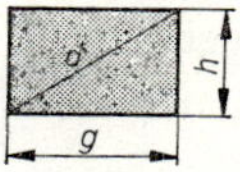

Rhomboid (Parallelogramm)

$A = gh$

Rhombus, wenn alle Seiten gleich lang

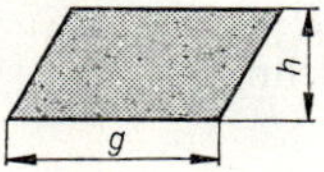

Trapez

$A = \dfrac{a + b}{2} h = mh$

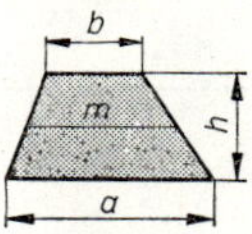

Dreiecke

Dreieck, allgemein

$A = \dfrac{gh}{2} = \sqrt{s(s - a)(s - b)(s - c)}$

$A = \varrho s = abc/4r = \dfrac{ab}{2} \sin \gamma$

$s = (a + b + c)/2$

ϱ Inkreisradius

r Umkreisradius

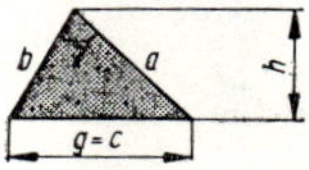

Bezeichnung	Formel/Erläuterung	Bild
Höhen	Die Höhen verhalten sich wie die Kehrwerte der entsprechenden Seiten: $h_a : h_b : h_c = 1/a : 1/b : 1/c$	
Seitenhalbierende	Die Seitenhalbierenden schneiden einander im Schwerpunkt im Verhältnis 2 : 1.	
Dreieck, rechtwinklig	$A = \frac{ab}{2}$	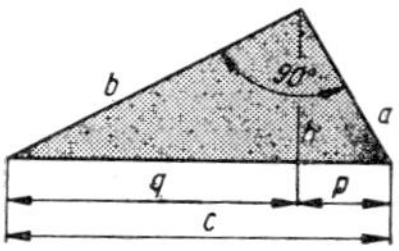
Satz des EUKLID	$a^2 = pc, \quad b^2 = qc$	
Satz des PYTHAGORAS	$a^2 + b^2 = c^2$	
Höhensatz	$h^2 = pq$	
Dreieck, gleichseitiges	$A = \frac{a^2}{4}\sqrt{3}, \quad h = \frac{a}{2}\sqrt{3},$ $r = \frac{a}{3}\sqrt{3}, \quad \varrho = \frac{a}{6}\sqrt{3}$ r Umkreisradius, ϱ Inkreisradius	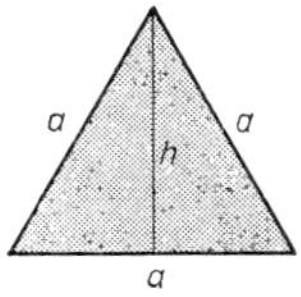

Kreis und Ellipse

Bezeichnung	Formel/Erläuterung	Bild
Kreis	$A = \pi r^2 = \frac{\pi}{4} d^2$ $U = 2\pi r = \pi d$	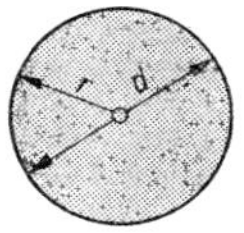
Kreisring	$A = \frac{\pi}{4}(D + d)(D - d)$ $A = \pi s(d + s)$	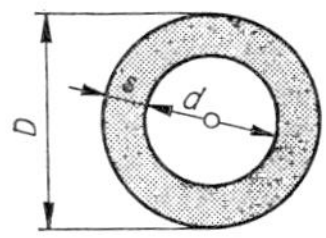
Kreissektor (Kreisausschnitt)	$A = \frac{br}{2} = \frac{\beta}{360^\circ}\pi r^2$	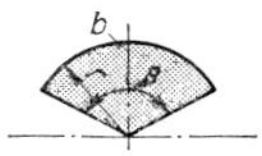
Kreissegment (Kreisabschnitt)	$A = \left(\pi \frac{\beta}{180^\circ} - \sin\beta\right)\frac{r^2}{2}$ $A = \frac{1}{2} br - \frac{s}{2}(r - h)$	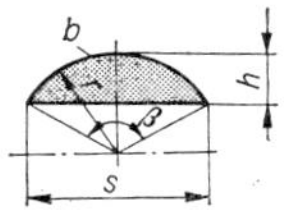

Bezeichnung	Formel/Erläuterung	Bild
Ellipse	$A = \frac{\pi}{4} Dd = \pi ab$ $U \approx \frac{3}{2} \pi(a + b) - \sqrt{ab}$	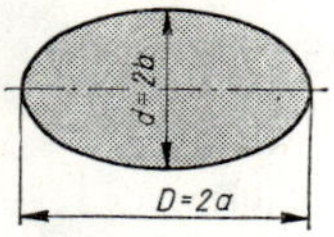
	Regelmäßige Vielecke	
Sechseck	$A = 0{,}866 s^2$ $A = \frac{3}{2} \sqrt{3}\, r^2 \approx 2{,}598 r^2$	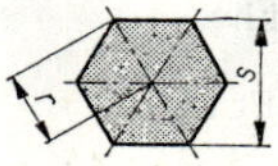
Achteck	$A = 0{,}828 s^2$ $A = 2 \sqrt{2}\, r^2 \approx 2{,}828\, r^2$	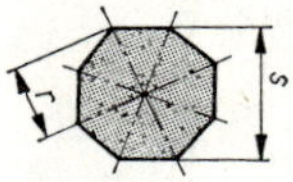

1.1.6. Stereometrie

Bezeichnung	Formel/Erläuterung	Bild
	Würfel und Quader	
Würfel	$V = a^3$ $e = a\sqrt{3}$ — e Raumdiagonale	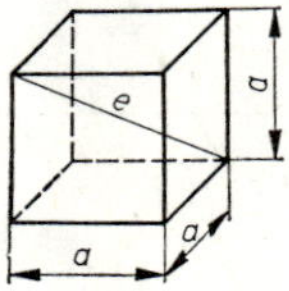
Quader	$V = abh = Ah$ $e = \sqrt{a^2 + b^2 + h^2}$	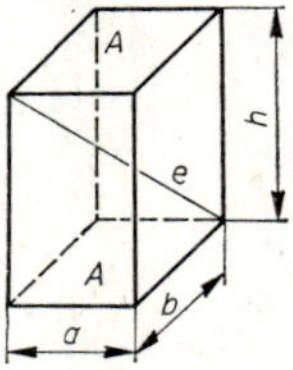
	Pyramide und Kegel	
Pyramide	$V = \frac{1}{3} abh = \frac{1}{3} Ah$ $h_a = \sqrt{h^2 + \frac{b^2}{4}}, \quad l = \sqrt{h_a^2 + \frac{a^2}{4}}$	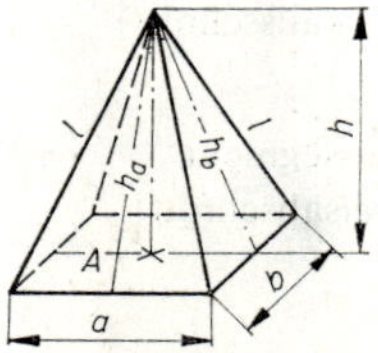

Bezeichnung	Formel/Erläuterung	Bild
Kreiskegel	$V = \frac{\pi}{3} r^2 h = \frac{\pi}{12} d^2 h$ $A_M = \pi r s = \frac{\pi}{2} d s$ $\quad$ A_M Mantelfläche	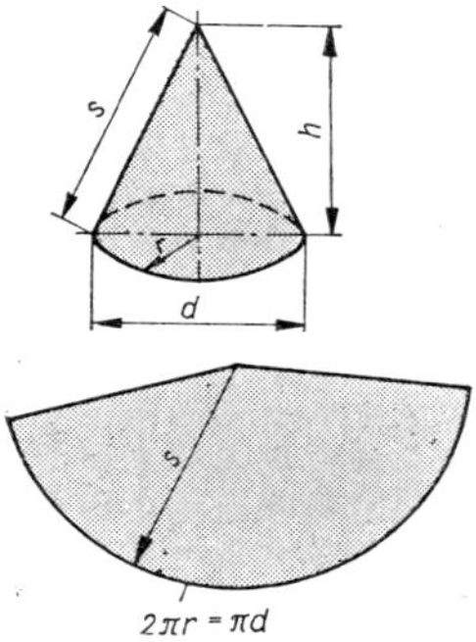
	Zylinder und Kugel	
Kreiszylinder	$V = \pi r^2 l = \frac{\pi}{4} d^2 l$ $A_M = \pi d l$ $\quad$ A_M Mantelfläche	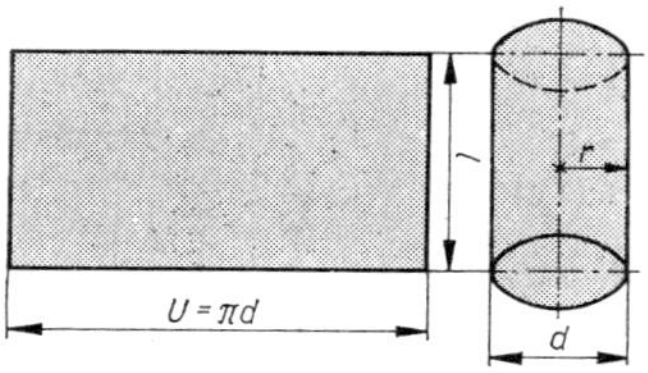
Kugel	$V = \frac{4}{3} \pi r^3 = \frac{\pi}{6} d^3$ $A_O = 4\pi r^2 = \pi d^2$ $\quad$ A_O Oberfläche	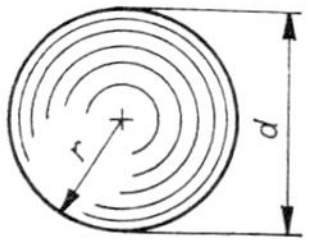
Kugelsegment (Kugelabschnitt)	$V = \frac{\pi}{3} h^2 (3r - h)$	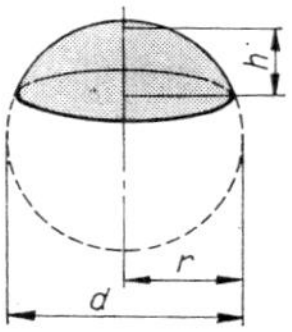
Kugelkappe	$A_M = 2\pi r h = \pi d h$	
Kugelsektor (Kugelausschnitt)	$V = \frac{2}{3} \pi r^2 h = \frac{\pi}{6} d^2 h$	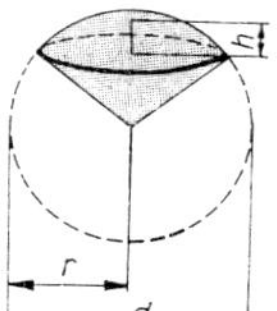

1.1.7. Ebene Trigonometrie

Winkelfunktionen

Kurvenverlauf

Vorzeichen in den 4 Quadranten

	I	II	III	IV
sin	+	+	−	−
cos	+	−	−	+
tan	+	−	+	−
cot	+	−	+	−

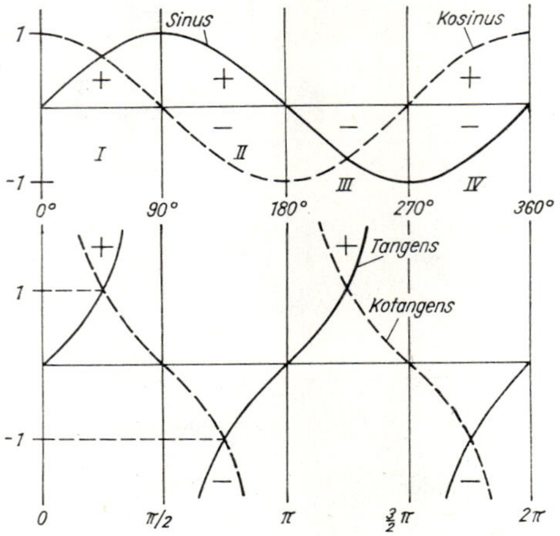

Besondere Werte

	0°	30°	45°	60°	90°	180°	270°	360°
sin	0	$\frac{1}{2}$	$\frac{1}{2}\sqrt{2}$	$\frac{1}{2}\sqrt{3}$	1	0	−1	0
cos	1	$\frac{1}{2}\sqrt{3}$	$\frac{1}{2}\sqrt{2}$	$\frac{1}{2}$	0	−1	0	1
tan	0	$\frac{1}{3}\sqrt{3}$	1	$\sqrt{3}$	$(\pm\infty)$	0	$(\pm\infty)$	0
cot	$(\pm\infty)$	$\sqrt{3}$	1	$\frac{1}{3}\sqrt{3}$	0	$(\pm\infty)$	0	$(\pm\infty)$

Zusammenhänge

	$90° \pm \alpha$	$180° \pm \alpha$	$270° \pm \alpha$	$360° \pm \alpha$	$-\alpha$
sin	$\cos\alpha$	$\mp \sin\alpha$	$-\cos\alpha$	$\pm \sin\alpha$	$-\sin\alpha$
cos	$\mp \sin\alpha$	$-\cos\alpha$	$\pm \sin\alpha$	$\cos\alpha$	$\cos\alpha$
tan	$\mp \cot\alpha$	$\pm \tan\alpha$	$\mp \cot\alpha$	$\pm \tan\alpha$	$-\tan\alpha$
cot	$\mp \tan\alpha$	$\pm \cot\alpha$	$\mp \tan\alpha$	$\pm \cot\alpha$	$-\cot\alpha$

	$\sin^2\alpha$	$\cos^2\alpha$	$\tan^2\alpha$	$\cot^2\alpha$
$\sin^2\alpha$	—	$1-\cos^2\alpha$	$\frac{\tan^2\alpha}{1+\tan^2\alpha}$	$\frac{1}{1+\cot^2\alpha}$
$\cos^2\alpha$	$1-\sin^2\alpha$	—	$\frac{1}{1+\tan^2\alpha}$	$\frac{\cot^2\alpha}{1+\cot^2\alpha}$
$\tan^2\alpha$	$\frac{\sin^2\alpha}{1-\sin^2\alpha}$	$\frac{1-\cos^2\alpha}{\cos^2\alpha}$	—	$\frac{1}{\cot^2\alpha}$
$\cot^2\alpha$	$\frac{1-\sin^2\alpha}{\sin^2\alpha}$	$\frac{\cos^2\alpha}{1-\cos^2\alpha}$	$\frac{1}{\tan^2\alpha}$	—

$\frac{\sin\alpha}{\cos\alpha}=\tan\alpha$ $\quad\frac{\cos\alpha}{\sin\alpha}=\cot\alpha$ $\quad\sin^2\alpha+\cos^2\alpha=1$ $\quad\tan\alpha\cdot\cot\alpha=1$

Additionstheoreme

Summen und Differenzen

$$\sin(\alpha\pm\beta)=\sin\alpha\cos\beta\pm\cos\alpha\sin\beta$$

$$\cos(\alpha\pm\beta)=\cos\alpha\cos\beta\mp\sin\alpha\sin\beta$$

$$\tan(\alpha\pm\beta)=\frac{\tan\alpha\pm\tan\beta}{1\mp\tan\alpha\tan\beta}$$

$$\cot(\alpha\pm\beta)=\frac{\cot\alpha\cot\beta\mp1}{\cot\beta\pm\cot\alpha}$$

$$\sin\alpha+\sin\beta=2\sin\frac{\alpha+\beta}{2}\cos\frac{\alpha-\beta}{2}$$

$$\cos\alpha+\cos\beta=2\cos\frac{\alpha+\beta}{2}\cos\frac{\alpha-\beta}{2}$$

$$\sin\alpha-\sin\beta=2\cos\frac{\alpha+\beta}{2}\sin\frac{\alpha-\beta}{2}$$

$$\cos\alpha-\cos\beta=-2\sin\frac{\alpha+\beta}{2}\sin\frac{\alpha-\beta}{2}$$

Doppelter Winkel	$\sin 2\alpha = 2\sin\alpha\cos\alpha = \dfrac{2\tan\alpha}{1+\tan^2\alpha}$
	$\cos 2\alpha = \cos^2\alpha - \sin^2\alpha = 1 - 2\sin^2\alpha = 2\cos^2\alpha - 1 = \dfrac{1-\tan^2\alpha}{1+\tan^2\alpha}$
	$\tan 2\alpha = \dfrac{2\tan\alpha}{1-\tan^2\alpha} \qquad \cot 2\alpha = \dfrac{\cot^2\alpha - 1}{2\cot\alpha}$
Dreifacher Winkel	$\sin 3\alpha = 3\sin\alpha - 4\sin^3\alpha \qquad \cos 3\alpha = 4\cos^3\alpha - 3\cos\alpha$
Halber Winkel	$\sin\dfrac{\alpha}{2} = \sqrt{\dfrac{1-\cos\alpha}{2}} \qquad \cos\dfrac{\alpha}{2} = \sqrt{\dfrac{1+\cos\alpha}{2}}$
	$\tan\dfrac{\alpha}{2} = \sqrt{\dfrac{1-\cos\alpha}{1+\cos\alpha}} = \dfrac{1-\cos\alpha}{\sin\alpha} = \dfrac{\sin\alpha}{1+\cos\alpha}$

Sätze

Sinussatz	$a : b : c = \sin\alpha : \sin\beta : \sin\gamma; \qquad \dfrac{a}{\sin\alpha} = \dfrac{b}{\sin\beta} = \dfrac{c}{\sin\gamma} = 2r$
Kosinussatz	$c^2 = a^2 + b^2 - 2ab\cos\gamma; \qquad \cos\gamma = \dfrac{a^2+b^2-c^2}{2ab}$
Tangenssatz	$\dfrac{a-b}{a+b} = \tan\dfrac{\alpha-\beta}{2} \Big/ \left(\tan\dfrac{\alpha+\beta}{2}\right)$
Projektionssatz	$c = a\cos\beta + b\cos\alpha$

Formeln und Funktionen

Dreieckfläche	$A = \dfrac{1}{2}ab\sin\gamma$
EULERsche Formeln	$e^{j\varphi} = \cos\varphi + j\sin\varphi \qquad e^{-j\varphi} = \cos\varphi - j\sin\varphi$
Winkelfunktionen	$\sin\varphi = \dfrac{1}{2j}(e^{j\varphi} - e^{-j\varphi}) \qquad \cos\varphi = \dfrac{1}{2}(e^{j\varphi} + e^{-j\varphi})$
	$\tan\varphi = \dfrac{1}{j}\,\dfrac{e^{2j\varphi}-1}{e^{2j\varphi}+1} = \dfrac{1}{j}\,\dfrac{e^{j\varphi}-e^{-j\varphi}}{e^{j\varphi}+e^{-j\varphi}}$
Hyperbolische Funktionen	$\sinh x = \dfrac{e^x - e^{-x}}{2} \qquad \cosh x = \dfrac{e^x + e^{-x}}{2}$
	$\tanh x = \dfrac{e^x - e^{-x}}{e^x + e^{-x}} \qquad \coth x = \dfrac{e^x + e^{-x}}{e^x - e^{-x}}$

1.1.8. Sphärische Trigonometrie

Zweieck

Flächeninhalt $A = \frac{2\alpha}{180°} \pi r^2$

Rechtwinkliges Dreieck ($\gamma = 90°$)

NEPERsche Regel

Ersetzt man a und b durch ihre Komplemente und läßt man γ aus, so gilt:

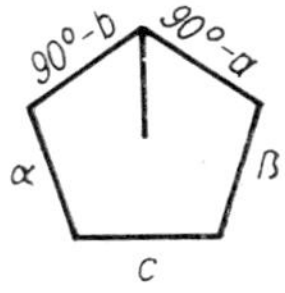

Der *Kosinus* eines jeden Stückes ist gleich

- dem Produkt der *Kotangens*werte der *anliegenden* Stücke und
- dem Produkt der *Sinus*werte der *gegenüberliegenden* Stücke

$\cos c = \cot \alpha \cot \beta = \cos a \cos b$

$\cos \alpha = \tan b \cot c = \sin \beta \cos a$ $\qquad \sin a = \tan b \cot \beta = \sin \alpha \sin c$

$\cos \beta = \tan a \cot c = \sin \alpha \cos b$ $\qquad \sin b = \tan a \cot \alpha = \sin \beta \sin c$

Allgemeines Dreieck

Sinussatz $\sin a : \sin b : \sin c = \sin \alpha : \sin \beta : \sin \gamma$

Seitenkosinussatz $\cos a = \cos b \cos c + \sin b \sin c \cos \alpha$

Winkelkosinussatz $\cos \alpha = -\cos \beta \cos \gamma + \sin \beta \sin \gamma \cos a$

Winkelsumme $\alpha + \beta + \gamma = 180° + \varepsilon$ (ε sphärischer Exzeß)

1.1.9. Gleichungen

Quadratische Gleichungen

Normalform $\boxed{x^2 + px + q = 0}$

Lösungen $x_1 = -\frac{p}{2} + \frac{1}{2}\sqrt{p^2 - 4q}$; $\qquad x_2 = -\frac{p}{2} - \frac{1}{2}\sqrt{p^2 - 4q}$

Diskriminante $D = p^2 - 4q$; $\quad D > 0$: x_1, x_2 reell und voneinander verschieden

$D = 0$: x_1, x_2 reell und einander gleich

$D < 0$: x_1, x_2 konjugiert komplex

Satz von VIETA $x_1 + x_2 = -p$; $\quad x_1 \cdot x_2 = q$

Kubische Gleichungen

Normalform $\boxed{x^3 + a_1 x^2 + a_2 x + a_3 = 0}$ durch Substitution $x = y - \frac{a_1}{3}$

reduziert auf $y^3 - py + q = 0$

Lösungen $p = \frac{a_1^2}{3} - a_2; \qquad q = \frac{2a_1^3}{27} - \frac{a_1 a_2}{3} + a_3$

Diskriminante $D = \left(\frac{q}{2}\right)^2 - \left(\frac{p}{3}\right)^3$

$D > 0$ CARDANIsche Formel: y_1 reell, y_2, y_3 konjugiert komplex

$$u = \sqrt[3]{-\frac{q}{2} + \sqrt{D}}\,; \qquad v = \sqrt[3]{-\frac{q}{2} - \sqrt{D}}$$

$$y_1 = u + v; \qquad y_{2,3} = -\frac{u+v}{2} \pm \frac{u-v}{2}\,\mathrm{j}\,\sqrt{3}$$

$D = 0$ y_1 reell, y_2, y_3 reell und einander gleich

$$u = v = \sqrt[3]{-q/2}\,; \qquad y_1 = 2u; \qquad y_{2,3} = -u$$

$D < 0$ Casus irreducibilis: y_1, y_2, y_3 reell und voneinander verschieden

$$\cos\varphi = \frac{-q/2}{\sqrt{(p/3)^3}}\,; \quad y_1 = 2\sqrt{\frac{p}{3}}\cos\frac{\varphi}{3}\,;$$

$$y_{2,3} = -2\sqrt{\frac{p}{3}}\cos\left(60° \mp \frac{\varphi}{3}\right)$$

Satz von VIETA $x_1 + x_2 + x_3 = -a_1, \; x_1 x_2 + x_2 x_3 + x_3 x_1 = +a_2, \; x_1 x_2 x_3 = -a_3$

Näherungslösung von $f(x) = 0$

Sekantennäherungsverfahren (Regula falsi)

Aus zwei bekannten Näherungswerten x_1 und x_2 findet man

$$x_3 = x_1 - \frac{x_2 - x_1}{f(x_2) - f(x_1)} \cdot f(x_1) \quad \text{für} \quad f(x_1) \cdot f(x_2) < 0$$

Tangentennäherungsverfahren (NEWTONsches Näherungsverfahren)

Aus einem bekannten Näherungswert x_1 findet man

$$x_2 = x_1 - \frac{f(x_1)}{f'(x_1)} \quad \text{für} \quad f(x_1) \cdot f''(x_1) > 0$$

1.1.10. Fehlerrechnung

Fehlerschranken bzw. Größtfehler

Absoluter Fehler $\Delta\bar{x}$, $\Delta\bar{x} \geqq 0$

Meßwerte $x_1, x_2, \ldots, x_n$

Relativer Fehler $\dfrac{\Delta\bar{x}}{|\bar{x}|} \mathrel{\widehat{=}} \dfrac{\Delta\bar{x}}{|\bar{x}|} \cdot 100\%$

arithmetisches Mittel $\bar{x} = \dfrac{1}{n} \sum\limits_{i=1}^{n} x_i$

Fehlerfortpflanzung (linear)

(beruht auf Taylor-Entwicklung, die nach den linearen Gliedern abbricht; Fehlerausgleich nicht berücksichtigt)

$y = f(u, v, w, \ldots)$; $\bar{y} = f(\bar{u}, \bar{v}, \bar{w}, \ldots)$

Allgemein:

$$\Delta\bar{y} = |f_u(\bar{u}, \bar{v}, \bar{w}, \ldots)|\Delta\bar{u} + |f_v(\bar{u}, \bar{v}, \bar{w}, \ldots)|\,\Delta\bar{v} + |f_w(\bar{u}, \bar{v}, \bar{w}, \ldots)|\,\Delta\bar{w} + \ldots,$$

wobei $f_u = \dfrac{\partial f}{\partial u}$, $f_v = \dfrac{\partial f}{\partial v}$, $f_w = \dfrac{\partial f}{\partial w}, \ldots$

Beispiele

gegeben $y = f(u, v)$; $\bar{u} \pm \Delta\bar{u}$, $\bar{v} \pm \Delta\bar{v}$;

gesucht $\bar{y} \pm \Delta\bar{y}$; $\dfrac{\Delta\bar{y}}{|\bar{y}|}$

Rechenoperation	y	$\Delta\bar{y}$	$\Delta\bar{y}/\lvert\bar{y}\rvert$
Summe, Differenz	$u \pm v$	$\Delta\bar{u} + \Delta\bar{v}$	$\dfrac{\Delta\bar{u} + \Delta\bar{v}}{\lvert\bar{u} \pm \bar{v}\rvert}$
Produkt	$u \cdot v$	$\lvert\bar{v}\rvert\,\Delta\bar{u} + \lvert\bar{u}\rvert\,\Delta\bar{v}$	$\dfrac{\Delta\bar{u}}{\lvert\bar{u}\rvert} + \dfrac{\Delta\bar{v}}{\lvert\bar{v}\rvert}$
Quotient	$\dfrac{u}{v}$	$\dfrac{\lvert\bar{v}\rvert\,\Delta\bar{u} + \lvert\bar{u}\rvert\,\Delta\bar{v}}{\bar{v}^2}$	$\dfrac{\Delta\bar{u}}{\lvert\bar{u}\rvert} + \dfrac{\Delta\bar{v}}{\lvert\bar{v}\rvert}$

Mittlerer Fehler

Mittlerer Fehler der Einzelmessung

$$s_x = \sqrt{\frac{1}{n-1} \sum_{i=1}^{n} (x_i - \bar{x})^2}$$

Mittlerer Fehler des arithmetischen Mittels

$$s_{\bar{x}} = \frac{s_x}{\sqrt{n}} = \sqrt{\frac{1}{n(n-1)} \sum_{i=1}^{n} (x_i - \bar{x})^2}$$

Fehlerfortpflanzung (quadratisch)

(beruht auf statistischen Überlegungen; Fehlerausgleich berücksichtigt)

$y = f(u, v, w, \ldots)$, $\bar{y} = f(\bar{u}, \bar{v}, \bar{w}, \ldots)$

Allgemein: $s_{\bar{y}} =$

$$\sqrt{[f_u(\bar{u}, \bar{v}, \bar{w}, \ldots)\, s_{\bar{u}}]^2 + [f_v(\bar{u}, \bar{v}, \bar{w}, \ldots)\, s_{\bar{v}}]^2 + [f_w(\bar{u}, \bar{v}, \bar{w}, \ldots)\, s_{\bar{w}}]^2 + \ldots}$$

Beispiele

gegeben $y = f(u, v)$; $\bar{u} \pm s_{\bar{u}}$, $\bar{v} \pm s_{\bar{v}}$;

gesucht $\bar{y} \pm s_{\bar{y}}$; $\dfrac{s_{\bar{y}}}{|\bar{y}|}$

Rechenoperation	y	$s_{\bar{y}}$	$s_{\bar{y}}/\lvert\bar{y}\rvert$
Summe, Differenz	$u \pm v$	$\sqrt{s_{\bar{u}}^2 + s_{\bar{v}}^2}$	$\sqrt{s_{\bar{u}}^2 + s_{\bar{v}}^2}/\lvert\bar{u} \pm \bar{v}\rvert$
Produkt	$u \cdot v$	$\sqrt{(\bar{v} \cdot s_{\bar{u}})^2 + (\bar{u} \cdot s_{\bar{v}})^2}$	$\sqrt{\left(\frac{s_{\bar{u}}}{\bar{u}}\right)^2 + \left(\frac{s_{\bar{v}}}{\bar{v}}\right)^2}$
Quotient	$\frac{u}{v}$	$\frac{1}{\bar{v}^2}\sqrt{(\bar{v} \cdot s_{\bar{u}})^2 + (\bar{u} \cdot s_{\bar{v}})^2}$	$\sqrt{\left(\frac{s_{\bar{u}}}{\bar{u}}\right)^2 + \left(\frac{s_{\bar{v}}}{\bar{v}}\right)^2}$

1.1.11. Analytische Geometrie

Strecke

Länge

$$\boxed{\overline{P_1P_2} = \sqrt{(x_2 - x_1)^2 + (y_2 - y_1)^2}}$$

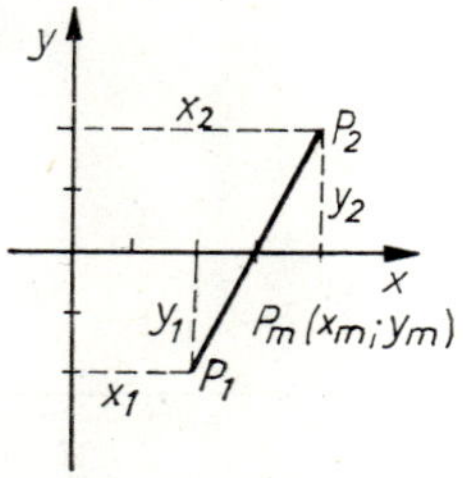

Streckenmittelpunkt $x_m = \dfrac{x_1 + x_2}{2}$, $y_m = \dfrac{y_1 + y_2}{2}$

Streckenteilungspunkt $\xi = \dfrac{x_1 + \lambda x_2}{1 + \lambda}$, $\eta = \dfrac{y_1 + \lambda y_2}{1 + \lambda}$;

innere Teilung: $\lambda > 0$, äußere Teilung: $\lambda < 0$
Teilverhältnis $\lambda = m : n$

Dreieckfläche $A = \dfrac{1}{2}[x_1(y_2 - y_3) + x_2(y_3 - y_1) + x_3(y_1 - y_2)]$

Schwerpunkt $x_s = \dfrac{x_1 + x_2 + x_3}{3}$, $y_s = \dfrac{y_1 + y_2 + y_3}{3}$

(Schnittpunkt der Seitenhalbierenden)

Gerade

Normalform $\boxed{y = mx + n}$

$m = \tan\varphi$ Anstieg
n Abschnitt auf y-Achse

Achsenabschnittsgleichung $\dfrac{x}{a} + \dfrac{y}{b} = 1$

a Abschnitt auf x-Achse
b Abschnitt auf y-Achse

Zweipunktegleichung $\dfrac{y - y_1}{x - x_1} = \dfrac{y_2 - y_1}{x_2 - x_1}$

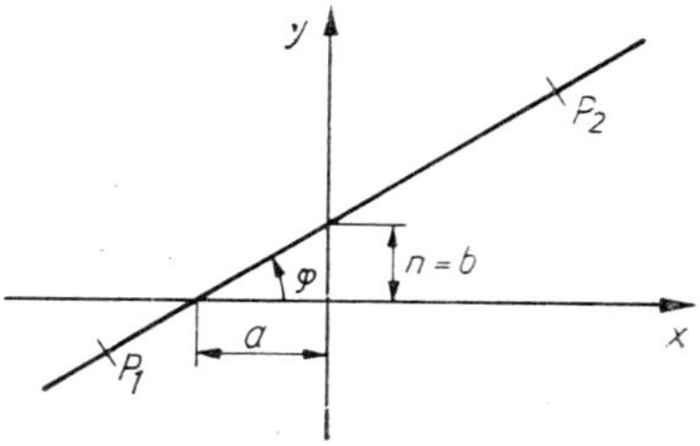

Punktrichtungsgleichung $\dfrac{y - y_1}{x - x_1} = \tan\varphi$

Allgemeine Geradengleichung $Ax + By + C = 0$

$(A^2 + B^2 > 0)$

Hessesche Normalform $x\cos\alpha + y\sin\alpha - p = 0 \quad (p \geqq 0)$

p Lot von Nullpunkt auf Gerade
α Winkel zwischen Lot und positiver x-Achse

Abstand der Geraden von P_1 $d = x_1\cos\alpha + y_1\sin\alpha - p$

$$\cos\alpha = -\frac{|C|}{C}\cdot\frac{A}{\sqrt{A^2 + B^2}}$$

$$\sin\alpha = -\frac{|C|}{C}\cdot\frac{B}{\sqrt{A^2 + B^2}}$$

$$p = \frac{|C|}{\sqrt{A^2 + B^2}} \quad (C \neq 0)$$

Zwei Geraden

Normalform $\boxed{y = m_1x + n_1; \quad y = m_2x + n_2}$

Schnittwinkel ψ aus $\tan\psi = \dfrac{m_2 - m_1}{1 + m_1m_2}$ (für $\psi \neq 90°$)

Parallele Geraden $m_1 = m_2$

Zueinander senkrechte Geraden $m_1m_2 = -1$

Kegelschnitte

Allgemeine Gleichung zweiten Grades $Ax^2 + 2Bxy + Cy^2 + 2Dx + 2Ey + F = 0$

$AC - B^2 > 0$ Ellipse, Punkt oder imaginäre Kurve
$AC - B^2 < 0$ Hyperbel oder Geradenpaar
$AC - B^2 = 0$ Parabel oder Parallelenpaar

Größe	Kreis r Radius	Ellipse[1]) Hyperbel[1]) a große, b kleine Halbachse	Parabel $2p$ Parameter
Mittelpunkt $O(0; 0)$	$x^2 + y^2 = r^2$	$\frac{x^2}{a^2} \pm \frac{y^2}{b^2} = 1$	Scheitel $O\,(0; 0)$ $y^2 = 2px$
Tangente in P_1 (Polare zu P_1)	$xx_1 + yy_1 = r^2$	$\frac{xx_1}{a^2} \pm \frac{yy_1}{b^2} = 1$	$y \cdot y_1 = p(x + x_1)$
Normale durch P_1	$y = \frac{y_1}{x_1} \cdot x$	$y - y_1 = \pm \frac{a^2 y_1}{b^2 x_1}(x - x_1)$	$y - y_1 = -\frac{y_1}{p}(x - x_1)$
Tangente von P_2	$y - y_2 = (x - x_2) \times \frac{-x_2 y_2 \pm r\sqrt{x_2^2 + y_2^2 - r^2}}{r^2 - x_2^2}$	$y - y_2 = (x - x_2) \times \frac{-x_2 y_2 \pm \sqrt{\pm b^2 x_2^2 + a^2 y_2^2 \mp a^2 b^2}}{a^2 - x_2^2}$	$y - y_2 = (x - x_2) \times \frac{y_2 \pm \sqrt{y_2^2 - 2px_2}}{2x_2}$
Tangente mit Anstieg m	$y - mx = \pm r\sqrt{m^2 + 1}$	$y - mx = \pm\sqrt{m^2 a^2 \pm b^2}$	$y - mx = \frac{p}{2m}$
Mittelpunkt $M\,(c; d)$	$(x - c)^2 + (y - d)^2 = r^2$	$\frac{(x - c)^2}{a^2} \pm \frac{(y - d)^2}{b^2} = 1$	Scheitel $M\,(c; d)$ $(y - d)^2 = 2p(x - c)$
Tangente in P_1 (Polare zu P_1)	$(x - c)(x_1 - c) + (y - d)(y_1 - d) = r^2$	$\frac{(x - c)(x_1 - c)}{a^2} \pm \frac{(y - d)(y_1 - d)}{b^2} = 1$	$(y - d)(y_1 - d) = p(x - c) + p(x_1 - c)$
$2p$ ist Sehne senkr. durch Brennpunkt	$p = r$	$p = \frac{b^2}{a}$	p
Scheitelgleichung	$y^2 = 2px - x^2$	$y^2 = 2px \mp \frac{p}{a} \cdot x^2$	s. o.
Exzentrizität lineare numerische	 – –	 $e^2 = a^2 \mp b^2$ $\varepsilon = \frac{e}{a} \lessgtr 1$	Länge des Brennstrahls $x_1 + p/2$, der Subtangente $2x_1$, der Subnormale p
Polargleichung Mittelpunkt ist Pol Brennpunkt ist Pol	 – –	 $\varrho^2 = \frac{\pm b^2}{1 - \varepsilon^2 \cos^2 \vartheta}$ $r = \frac{p}{1 - \varepsilon \cos \varphi}$	 $r = \frac{p}{1 - \cos \varphi}$

[1]) Bei den übereinandergesetzten Rechenzeichen gilt – sofern sie nicht vor der Wurzel stehen – das obere Rechenzeichen für die Ellipse, das untere für die Hyperbel.

1.1.12. Vektoren

Allgemeines

Darstellung $\boxed{\boldsymbol{a} = a_1\boldsymbol{i} + a_2\boldsymbol{j} + a_3\boldsymbol{k}}$ $\quad \boldsymbol{a} = (a_1, a_2, a_3) \quad \boldsymbol{a} = |\boldsymbol{a}|\,\boldsymbol{a}^0$

$\boldsymbol{a} = |\boldsymbol{a}|\cos\alpha_1 \cdot \boldsymbol{i} + |\boldsymbol{a}|\cos\alpha_2 \cdot \boldsymbol{j} + |\boldsymbol{a}|\cos\alpha_3 \cdot \boldsymbol{k}$

Betrag $|\boldsymbol{a}| = a = \sqrt{a_1^2 + a_2^2 + a_3^2} \qquad |\boldsymbol{a}| = \sqrt{\boldsymbol{a} \cdot \boldsymbol{a}}$

Einheitsvektor $\boldsymbol{a}^0 = \dfrac{\boldsymbol{a}}{|\boldsymbol{a}|} \qquad |\boldsymbol{i}| = |\boldsymbol{j}| = |\boldsymbol{k}| = 1$ (normierter Vektor)

Nullvektor $\boldsymbol{O} = (0, 0, 0)$

Richtungskosinus $\cos\alpha_1 = \dfrac{a_1}{|\boldsymbol{a}|}, \quad \cos\alpha_2 = \dfrac{a_2}{|\boldsymbol{a}|}, \quad \cos\alpha_3 = \dfrac{a_3}{|\boldsymbol{a}|}$

$\cos^2\alpha_1 + \cos^2\alpha_2 + \cos^2\alpha_3 = 1$

Summe, Differenz $\boldsymbol{a} \pm \boldsymbol{b} = (a_1 \pm b_1)\,\boldsymbol{i} + (a_2 \pm b_2)\,\boldsymbol{j} + (a_3 \pm b_3)\,\boldsymbol{k}$

Skalarprodukt

Schreibweise $\boxed{\boldsymbol{a} \cdot \boldsymbol{b} = |\boldsymbol{a}|\,|\boldsymbol{b}|\cos(\boldsymbol{a}, \boldsymbol{b})}$ $\quad \boldsymbol{a} \cdot \boldsymbol{b} = 0$ für $\boldsymbol{a} \perp \boldsymbol{b}$, für $\boldsymbol{a} = 0$ oder für $\boldsymbol{b} = 0$

$\boldsymbol{a} \cdot \boldsymbol{b} = a_1b_1 + a_2b_2 + a_3b_3 \qquad \boldsymbol{a} \cdot \boldsymbol{a} = |\boldsymbol{a}|^2$

$\boldsymbol{i} \cdot \boldsymbol{j} = \boldsymbol{j} \cdot \boldsymbol{k} = \boldsymbol{k} \cdot \boldsymbol{i} = 0 \qquad \boldsymbol{i} \cdot \boldsymbol{i} = \boldsymbol{j} \cdot \boldsymbol{j} = \boldsymbol{k} \cdot \boldsymbol{k} = 1$

Kommutativgesetz $\boldsymbol{a} \cdot \boldsymbol{b} = \boldsymbol{b} \cdot \boldsymbol{a}$

Distributivgesetz $\boldsymbol{c} \cdot (\boldsymbol{a} + \boldsymbol{b}) = \boldsymbol{c} \cdot \boldsymbol{a} + \boldsymbol{c} \cdot \boldsymbol{b}$

Matrixschreibweise $\boldsymbol{a} \cdot \boldsymbol{b} = (a_1a_2a_3) \cdot \begin{pmatrix} b_1 \\ b_2 \\ b_3 \end{pmatrix}$

Multiplikation eines Vektors mit einer reellen Zahl α $\quad \alpha(a_1, a_2, a_3) = (\alpha a_1, \alpha a_2, \alpha a_3)$

Vektorprodukt

Schreibweise $\boxed{\boldsymbol{a} \times \boldsymbol{b} = \boldsymbol{c}}$

Betrag $|\boldsymbol{c}| = |\boldsymbol{a}|\,|\boldsymbol{b}|\sin(\boldsymbol{a}, \boldsymbol{b})$

Richtung $\boldsymbol{c} \perp \boldsymbol{a}, \boldsymbol{b}$

$\boldsymbol{a}, \boldsymbol{b}, \boldsymbol{c}$ Rechtssystem

Determinantenschreibweise

$$\boldsymbol{a} \times \boldsymbol{b} = \begin{vmatrix} \boldsymbol{i} & \boldsymbol{j} & \boldsymbol{k} \\ a_1 & a_2 & a_3 \\ b_1 & b_2 & b_3 \end{vmatrix}$$

$$= (a_2b_3 - a_3b_2)\,\boldsymbol{i} + (a_3b_1 - a_1b_3)\,\boldsymbol{j} + (a_1b_2 - a_2b_1)\,\boldsymbol{k}$$

$\boldsymbol{a} \times \boldsymbol{a} = 0,$

$\boldsymbol{i} \times \boldsymbol{i} = \boldsymbol{j} \times \boldsymbol{j} = \boldsymbol{k} \times \boldsymbol{k} = 0$

$\boldsymbol{i} \times \boldsymbol{j} = \boldsymbol{k}, \quad \boldsymbol{j} \times \boldsymbol{k} = \boldsymbol{i}, \quad \boldsymbol{k} \times \boldsymbol{i} = \boldsymbol{j}$

Kommutativgesetz	nicht gültig, denn $\boldsymbol{a} \times \boldsymbol{b} = -\boldsymbol{b} \times \boldsymbol{a}$	
Distributivgesetz	$\boldsymbol{a} \times (\boldsymbol{b} \times \boldsymbol{c}) = \boldsymbol{a} \times \boldsymbol{b} + \boldsymbol{a} \times \boldsymbol{c}$	

Geradengleichung

Punktrichtungsgleichung	$\boldsymbol{r} = \boldsymbol{r}_1 + t\boldsymbol{a}$	
Zweipunktegleichung	$\boldsymbol{r} = \boldsymbol{r}_1 + t(\boldsymbol{r}_2 - \boldsymbol{r}_1)$	t Parameter

1.1.13. Komplexe Zahlen

Normalform	$\boxed{\underline{z} = a + \mathrm{j}b}$	a Realteil, b Imaginärteil j imaginäre Einheit; beachte: $\mathrm{j}^2 = -1$
Trigonometrische Form	$\underline{z} = r(\cos\varphi + \mathrm{j}\sin\varphi)$ $a = r\cos\varphi;\quad b = r\sin\varphi$ $r = \lvert a + \mathrm{j}b \rvert = +\sqrt{a^2 + b^2}\,;\quad \tan\varphi = \dfrac{b}{a}$	r Betrag, φ Argument
Exponentialform	$\underline{z} = r\mathrm{e}^{\mathrm{j}\varphi}$	
Konjugiert komplexe Zahl	$\underline{z}^* = a - \mathrm{j}b = r(\cos\varphi - \mathrm{j}\sin\varphi) = r\mathrm{e}^{-\mathrm{j}\varphi}$	

Addieren und Subtrahieren	$(a_1 + \mathrm{j}b_1) \pm (a_2 + \mathrm{j}b_2) = (a_1 \pm a_2) + \mathrm{j}(b_1 \pm b_2)$	
Multiplizieren	$r_1(\cos\varphi_1 + \mathrm{j}\sin\varphi_1) \cdot r_2(\cos\varphi_2 + \mathrm{j}\sin\varphi_2)$ $= r_1 \cdot r_2[\cos(\varphi_1 + \varphi_2) + \mathrm{j}\sin(\varphi_1 + \varphi_2)]$	
Dividieren	$r_1(\cos\varphi_1 + \mathrm{j}\sin\varphi_1) : r_2(\cos\varphi_2 + \mathrm{j}\sin\varphi_2)$ $= \dfrac{r_1}{r_2}[\cos(\varphi_1 - \varphi_2) + \mathrm{j}\sin(\varphi_1 - \varphi_2)]$	
Potenzieren	$[r(\cos\varphi + \mathrm{j}\sin\varphi)]^n = r^n(\cos n\varphi + \mathrm{j}\sin n\varphi)$	MOIVREsche Formel
Radizieren	Jede komplexe Zahl $\underline{z} = r(\cos\varphi + \mathrm{j}\sin\varphi)$ hat n verschiedene *n-te Wurzeln* $w_0, \ldots, w_{n-1}$:	

$$\underline{w}_k = \sqrt[n]{r} \cdot \left(\cos\frac{\varphi + k \cdot 2\pi}{n} + \mathrm{j}\sin\frac{\varphi + k \cdot 2\pi}{n}\right) \qquad k = 0, \ldots, n-1$$

speziell für $\underline{z} = a$ (positiv reell):

$$\underline{w}_k = \sqrt[n]{a} \cdot \left(\cos\frac{k2\pi}{n} + \mathrm{j}\sin\frac{k2\pi}{n}\right) \qquad k = 0, \ldots, n-1$$

Einheitswurzeln (n-te Wurzeln aus 1):

$$\underline{w}_k = 1 \cdot \left(\cos\frac{k2\pi}{n} + \mathrm{j}\sin\frac{k2\pi}{n}\right) \qquad k = 0, \ldots, n-1$$

1.1.14. Grenzwerte

Summe, Differenz $\lim_{x\to a}(u \pm v) = \lim_{x\to a} u \pm \lim_{x\to a} v$

Produkt $\lim_{x\to a}(u \cdot v) = \lim_{x\to a} u \cdot \lim_{x\to a} v$

Quotient $\lim_{x\to a} \frac{u}{v} = \frac{\lim_{x\to a} u}{\lim_{x\to a} v}$ für $\lim_{x\to a} v \neq 0$

Beispiele

$$\lim_{x\to\infty} a^x = \begin{cases} \infty & \text{für} \quad a > 1 \\ 1 & \text{für} \quad a = 1 \\ 0 & \text{für} \quad a < 1 \end{cases}$$

$$\lim_{x\to 0} \frac{e^x - 1}{x} = 1$$

$$\lim_{x\to\infty} \frac{1}{x} = 0$$

$$\lim_{x\to 0} \frac{\sin x}{x} = 1$$

$$\lim_{x\to\infty} \left(1 + \frac{1}{x}\right)^x = e = 2{,}718281828\ \ldots$$

$$\lim_{x\to 0} \frac{\tan x}{x} = 1$$

$$\lim_{x\to 0} \frac{a^x - 1}{x} = \ln a \quad \text{für} \quad a > 0$$

$$\lim_{x\to 0} \frac{1 - \cos x}{x^2} = \frac{1}{2}$$

1.1.15. Differentialrechnung

Regeln

Regel	Funktion	Differentialquotient
konstanter Faktor	$y = a \cdot f(x)$	$\frac{dy}{dx} = a \cdot f'(x)$
Summe und Differenz	$y = u \pm v$	$\frac{dy}{dx} = u' \pm v'$
Produkt	$y = u \cdot v$	$\frac{dy}{dx} = vu' + uv'$
Quotient	$y = \frac{u}{v}$	$\frac{dy}{dx} = \frac{vu' - uv'}{v^2}$
Kettenregel	$y = f[\varphi(x)] = f(z)$	$\frac{dy}{dx} = \frac{dy}{dz} \cdot \frac{dz}{dx}$
reziproke Funktion	$y = \frac{1}{f(x)}$	$\frac{dy}{dx} = \frac{-f'(x)}{[f(x)]^2}$

Regel	Funktion	Differentialquotient
inverse Funktion	$x = \varphi(y)$	$\dfrac{dy}{dx} = \dfrac{1}{\left(\dfrac{dx}{dy}\right)}$

Ableitungen einiger Funktionen

Funktion	Differentialquotient	Funktion	Differentialquotient
$y = c$	$\dfrac{dy}{dx} = 0$	$y = \arccos x$	$\dfrac{dy}{dx} = -\dfrac{1}{\sqrt{1 - x^2}}$
$y = x^n$	$\dfrac{dy}{dx} = nx^{n-1}$	$y = \arctan x$	$\dfrac{dy}{dx} = \dfrac{1}{1 + x^2}$
$y = \sin x$	$\dfrac{dy}{dx} = \cos x$	$y = \operatorname{arccot} x$	$\dfrac{dy}{dx} = -\dfrac{1}{1 + x^2}$
$y = \cos x$	$\dfrac{dy}{dx} = -\sin x$	$y = a^x$	$\dfrac{dy}{dx} = a^x \ln a$
$y = \tan x$	$\dfrac{dy}{dx} = \dfrac{1}{\cos^2 x} = 1 + \tan^2 x$	$y = e^x$	$\dfrac{dy}{dx} = e^x$
$y = \cot x$	$\dfrac{dy}{dx} = -\dfrac{1}{\sin^2 x} = -1 - \cot^2 x$	$y = \lg x$	$\dfrac{dy}{dx} = \dfrac{1}{x} \lg e$
$y = \arcsin x$	$\dfrac{dy}{dx} = \dfrac{1}{\sqrt{1 - x^2}}$	$y = \ln x$	$\dfrac{dy}{dx} = \dfrac{1}{x}$

Kurvendiskussion

Ausgezeichnete Punkte	Hinreichende Bedingungen		
	$f'(x)$	$f''(x)$	$f'''(x)$
Maximum	0	<0	
Minimum	0	>0	
Wendepunkt		0	$\neq 0$
Horizontalwendepunkt	0	0	$\neq 0$

1.1.16. Integralrechnung

Regeln

Konstanter Faktor	$\int a \cdot f(x)\,\mathrm{d}x = a \int f(x)\,\mathrm{d}x$
Summe/Differenz	$\int [u(x) \pm v(x)]\,\mathrm{d}x = \int u(x)\,\mathrm{d}x \pm \int v(x)\,\mathrm{d}x$
Partielle Integration	$\int u\,\mathrm{d}v = uv - \int v\,\mathrm{d}u$
Substitutionsmethode	$\int f[t(x)]\,t'(x)\,\mathrm{d}x = \int f(t)\,\mathrm{d}t$

Grundintegrale

$$\int x^n\,\mathrm{d}x = \frac{x^{n+1}}{n+1} + C \quad \text{für} \quad n \neq -1$$

$$\int \sin x\,\mathrm{d}x = -\cos x + C$$

$$\int \cos x\,\mathrm{d}x = \sin x + C$$

$$\int \frac{\mathrm{d}x}{\cos^2 x} = \tan x + C$$

$$\int \frac{\mathrm{d}x}{\sin^2 x} = -\cot x + C$$

$$\int \frac{\mathrm{d}x}{1 + x^2} = \arctan x + C$$

$$\int \frac{\mathrm{d}x}{1 - x^2} = \frac{1}{2} \ln \frac{1+x}{1-x} + C \quad \text{für} \quad |x| < 1$$

$$\int \frac{\mathrm{d}x}{\sqrt{1 - x^2}} = \arcsin x + C$$

$$\int \frac{\mathrm{d}x}{\sqrt{1 + x^2}} = \ln\left(x + \sqrt{x^2 + 1}\right) + C$$

$$\int \frac{\mathrm{d}x}{\sqrt{x^2 - 1}} = \ln\left(x + \sqrt{x^2 - 1}\right) + C \quad \text{für} \quad |x| > 1$$

$$\int \mathrm{e}^x\,\mathrm{d}x = \mathrm{e}^x + C$$

$$\int a^x\,\mathrm{d}x = \frac{a^x}{\ln a} + C$$

$$\int \frac{\mathrm{d}x}{x} = \ln|x| + C$$

Anwendungen in der Geometrie

Bogenlänge	$s = \int_a^b \sqrt{1 + [f'(x)]^2}\,\mathrm{d}x$	
Flächenstück	$A = \int_a^b f(x)\,\mathrm{d}x$	
Drehkörpervolumen	$V_x = \pi \int_a^b [f(x)]^2\,\mathrm{d}x$	bei Rotation der Kurve $y = f(x)$ um x-Achse
Drehkörper-Mantelfläche	$M_x = 2\pi \int_a^b f(x) \cdot \sqrt{1 + [f'(x)]^2}\,\mathrm{d}x$	

1.1.17. Potenzreihenentwicklung

Taylorsche Reihe

$$f(x_0 + h) = f(x_0) + \frac{h}{1!} f'(x_0) + \frac{h^2}{2!} f''(x_0) + \dots$$

$$+ \frac{h^{n-1}}{(n-1)!} f^{(n-1)}(x) + R_n$$

Entwicklung der Funktion $f(x)$ an der Stelle x_0 nach Potenzen von h

Restglied

$$R_n = \frac{h^n}{n!} f^{(n)}(x_0 + \vartheta h), \quad 0 < \vartheta < 1$$

MacLaurinsche Reihe

$$f(x) = f(0) + \frac{x}{1!} f'(0) + \frac{x^2}{2!} f''(0) + \frac{x^3}{3!} f'''(0) + \dots$$

Entwicklung der Funktion $f(x)$ an der Stelle 0 nach Potenzen von x (Spezialfall der Taylorschen Reihe)

Potenzreihen ausgewählter Funktionen

Funktion	Reihe	
$(1+x)^n$	$1 + \binom{n}{1} x + \binom{n}{2} x^2 + \dots + (-1)^k \binom{n}{k} x^k + \dots$	$\lvert x \rvert < 1$, n beliebig
e^x	$1 + \frac{x}{1!} + \frac{x^2}{2!} + \frac{x^3}{3!} + \dots$; hieraus $e = 1 + \frac{1}{1!} + \frac{1}{2!} + \frac{1}{3!} + \dots$	
$\sin x$	$x - \frac{x^3}{3!} + \frac{x^5}{5!} - \frac{x^7}{7!} + - \dots$	
$\cos x$	$1 - \frac{x^2}{2!} + \frac{x^4}{4!} - \frac{x^6}{6!} + - \dots$	
$\tan x$	$x + \frac{1}{3} x^3 + \frac{2}{15} x^5 + \frac{17}{315} x^7 + \dots$	$\lvert x \rvert < \frac{\pi}{2}$
$\arcsin x$	$x + \frac{1}{2} \cdot \frac{x^3}{3} + \frac{1 \cdot 3}{2 \cdot 4} \cdot \frac{x^5}{5} + \frac{1 \cdot 3 \cdot 5}{2 \cdot 4 \cdot 6} \cdot \frac{x^7}{7} + \dots$	$\lvert x \rvert \leqq 1$
$\arctan x$	$x - \frac{x^3}{3} + \frac{x^5}{5} - \frac{x^7}{7} + - \dots$	$\lvert x \rvert \leqq 1$
	$\left(\text{hieraus } \frac{\pi}{4} = 1 - \frac{1}{3} + \frac{1}{5} - \frac{1}{7} + - \dots\right)$	
$\ln(1+x)$	$x - \frac{x^2}{2} + \frac{x^3}{3} - \frac{x^4}{4} + - \dots$	$-1 < x \leqq +1$

Funktion	Reihe	
$\ln(1-x)$	$-x-\frac{x^2}{2}-\frac{x^3}{3}-\frac{x^4}{4}-\dots$	$-1 \leqq x < +1$
$\frac{1}{2}\ln\frac{1+x}{1-x}$	$\frac{x}{1}+\frac{x^3}{3}+\frac{x^5}{5}+\frac{x^7}{7}+\dots$	$\lvert x\rvert < 1$

Näherungsformeln

Näherungswert	$k=2$	$k=3$	$k=4$	Näherungswert	$k=2$	$k=3$	$k=4$
$(1+x)^2 \approx 1+2x$	0,07	0,022	0,007	$\frac{1}{\sqrt[3]{1+x}} \approx 1-\frac{x}{3}$	0,15	0,045	0,014
$(1+x)^3 \approx 1+3x$	0,04	0,012	0,004				
$\frac{1}{1+x} \approx 1-x$	0,07	0,022	0,007	$\sin x \approx x$	17,75°	8,25°	3,83°
$\sqrt{1+x} \approx 1+\frac{x}{2}$	0,19	0,062	0,020	$\cos x \approx 1$	5,66°	1,75°	0,56°
$\frac{1}{\sqrt{1+x}} \approx 1-\frac{x}{2}$	0,11	0,036	0,011	$\cos x \approx 1-\frac{x^2}{2}$	33,75°	18,91°	10,60°
$\sqrt[3]{1+x} \approx 1+\frac{x}{3}$	0,20	0,065	0,021	$\tan x \approx x$	14,08°	6,41°	3,03°

Soll der Näherungswert auf k Dezimalen genau sein (Fehler $\Delta x < 5 \cdot 10^{-(k+1)}$), so darf x den in der betreffenden Spalte angegebenen Wert nicht überschreiten.

1.1.18. Kombinatorik

n Fakultät $\quad n! = 1 \cdot 2 \cdot 3 \dots (n-1) \cdot n \qquad 0! = 1$

Binomialkoeffizient *n* über *k*

$$\binom{n}{k} = \frac{n!}{k!(n-k)!} = \binom{n}{n-k} = \frac{n(n-1)(n-2)\dots(n-k+1)}{1 \cdot 2 \cdot 3 \dots k}$$

Binomischer Satz

$$(a+b)^n = a^n + \binom{n}{1}a^{n-1}b + \binom{n}{2}a^{n-2}b^2 + \dots + \binom{n}{n-1}ab^{n-1} + b^n$$

$n > 0$, ganzzahlig

Anzahl der Permutationen

die verschiedenen linearen Anordnungen von n Elementen

	alle Elemente *verschieden*	je $\alpha_1, \alpha_2, \ldots, \alpha_r$ Elemente *gleich*
	$P_n = n!$	$\bar{P}_n = \dfrac{n!}{\alpha_1!\,\alpha_2!\ldots\alpha_r!}$
Beispiel	*abc, acb, bac, bca, cab, cba*	*aac, aca,* (*aac*), (*aca*), *caa,* (*caa*)
	$P_3 = 3! = 6$	$\bar{P}_3 = \dfrac{3!}{2!} = 3$

Anzahl der Kombinationen k-ter Klasse

die verschiedenen Zusammenstellungen von jeweils k der n verschiedenen Elemente *ohne* Berücksichtigung der Reihenfolge

	ohne Wiederholung	*mit Wiederholung*
	$K_n^{(k)} = \binom{n}{k}$	$\bar{K}_n^{(k)} = \binom{n+k-1}{k}$
Beispiel	*ab, ac, ad,* *bc, bd,* *cd*	*aa, ab, ac, ad,* *bb, bc, bd,* *cc, cd,* *dd*
	$K_4^{(2)} = \binom{4}{2} = 6$	$\bar{K}_4^{(2)} = \binom{5}{2} = 10$

Anzahl der Variationen k-ter Klasse

die verschiedenen Zusammenstellungen von jeweils k der n verschiedenen Elemente *mit* Berücksichtigung der Reihenfolge

	ohne Wiederholung	*mit Wiederholung*
	$V_n^{(k)} = \dfrac{n!}{(n-k)!} = k!\binom{n}{k}$	$\bar{V}_n^{(k)} = n^k$
Beispiel	*ab, ac, ad,* *ba, bc, bd,* *ca, cb, cd,* *da, db, dc*	*aa, ab, ac, ad,* *ba, bb, bc, bd,* *ca, cb, cc, cd,* *da, db, dc, dd*
	$V_4^{(2)} = \dfrac{4!}{2!} = 12$	$\bar{V}_4^{(2)} = 4^2 = 16$

1.1.19. Mengenlehre

Grundbegriffe

Element der Menge	$a \in A$	a ist Element der Menge A
Nicht Element der Menge	$a \notin A$	a ist nicht Element der Menge A
Leere Menge	$\varnothing$	enthält kein Element
Teilmenge	$A \subseteq B$	A ist Teilmenge von B, d.h., jedes Element von A ist Element von B
Echte Teilmenge	$A \subset B$	A ist echte Teilmenge von B, d.h., $A \subseteq B$, aber nicht $A = B$

Für jede Menge gilt: $A \subseteq A$ und $\varnothing \subseteq A$

Aus $A \subseteq B$ und $B \subseteq C$ folgt $A \subseteq C$

Aus $A \subseteq B$ und $B \subseteq A$ folgt $A = B$

Mengenoperationen

Vereinigung $A \cup B$	besteht aus allen Elementen, die wenigstens einer der beiden Mengen A, B angehören.	*Beispiel:* $A = \{1, 2\}$, $B = \{2, 3\}$, $A \cup B = \{1, 2, 3\}$
Durchschnitt $A \cap B$	besteht aus allen Elementen, die sowohl zu A als auch zu B gehören.	*Beispiel:* $A = \{3, 4\}$, $B = \{4, 5\}$, $A \cap B = \{4\}$
Differenz $A \setminus B$	besteht aus allen Elementen, die zu A gehören, aber nicht zu B.	*Beispiel:* $A = \{1, 2, 3\}$, $B = \{3, 4, 5\}$, $A \setminus B = \{1, 2\}$
Produkt $A \times B$	besteht aus allen geordneten Elementpaaren (a, b) mit $a \in A$ und $b \in B$.	*Beispiel:* $A = \{a, b, c\}$, $B = \{d, e\}$

$$A \times B = \{(a, d), (a, e), (b, d), (b, e), (c, d), (c, e)\}$$

Rechenregeln

Kommutativgesetze

$$A \cup B = B \cup A$$
$$A \cap B = B \cap A$$

Assoziativgesetze

$$(A \cup B) \cup C = A \cup (B \cup C) = A \cup B \cup C$$
$$(A \cap B) \cap C = A \cap (B \cap C) = A \cap B \cap C$$

Verschmelzungsgesetze

$$A \cup (A \cap B) = A$$
$$A \cap (A \cup B) = A$$

Distributivgesetze

$$A \cup (B \cap C) = (A \cup B) \cap (A \cup C)$$
$$A \cap (B \cup C) = (A \cap B) \cup (A \cap C)$$

1.1.20. Determinanten

Grundbegriffe

Darstellung	n-reihige Determinante besteht aus n Zeilen, n Spalten, n^2 Elementen a_{ik}	$D = \|a_{ik}\| = \begin{vmatrix} a_{11} & a_{12} & \dots & a_{1n} \\ a_{21} & a_{22} & \dots & a_{2n} \\ \dots & \dots & \dots & \dots \\ a_{n1} & a_{n2} & \dots & a_{nn} \end{vmatrix}$
Element a_{ik}	steht in der i-ten Zeile und der k-ten Spalte	
Adjunkte des Elements a_{ik}	das ist die mit Vorzeichen $(-1)^{i+k}$ versehene $(n-1)$-reihige Unterdeterminante	$A_{ik} = (-1)^{i+k} \begin{vmatrix} a_{11} & \dots a_{1k-1} & a_{1k+1} & \dots a_{1n} \\ \dots & \dots & \dots & \dots \\ a_{i-11} & \dots a_{i-1k-1} & a_{i-1k+1} & \dots a_{i-1n} \\ a_{i+11} & \dots a_{i+1k-1} & a_{i+1k+1} & \dots a_{i+1n} \\ \dots & \dots & \dots & \dots \\ a_{n1} & \dots a_{nk-1} & a_{nk+1} & \dots a_{nn} \end{vmatrix}$
Unterdeterminante	entsteht durch Streichen der i-ten Zeile und der k-ten Spalte	
Wert der Determinante	ist die Summe der mit der jeweiligen Adjunkte multiplizierten Glieder einer Zeile oder einer Spalte	$D = a_{i1}A_{i1} + \dots + a_{in}A_{in}$ $= a_{1k}A_{1k} + \dots + a_{nk}A_{nk}$

Dreireihige Determinante

$$D = \begin{vmatrix} a_{11} & a_{12} & a_{13} \\ a_{21} & a_{22} & a_{23} \\ a_{31} & a_{32} & a_{33} \end{vmatrix} = a_{11}A_{11} + a_{12}A_{12} + a_{13}A_{13};$$

$$A_{11} = + \begin{vmatrix} a_{22} & a_{23} \\ a_{32} & a_{33} \end{vmatrix} \quad A_{12} = - \begin{vmatrix} a_{21} & a_{23} \\ a_{31} & a_{33} \end{vmatrix} \quad A_{13} = + \begin{vmatrix} a_{21} & a_{22} \\ a_{31} & a_{32} \end{vmatrix}$$

Beispiel

$$D = \begin{vmatrix} 1 & 3 & 2 \\ 0 & 4 & 5 \\ 3 & 1 & 0 \end{vmatrix} = 1 \cdot \begin{vmatrix} 4 & 5 \\ 1 & 0 \end{vmatrix} - 3 \cdot \begin{vmatrix} 0 & 5 \\ 3 & 0 \end{vmatrix} + 2 \cdot \begin{vmatrix} 0 & 4 \\ 3 & 1 \end{vmatrix}$$

$$= 1 \cdot (-5) - 3 \cdot (-15) + 2 \cdot (-12) = -5 + 45 - 24 = 16$$

Eigenschaften

Regel	Beispiel
Der Wert einer Determinante ändert sich nicht, wenn man die Zeilen mit den Spalten vertauscht (Spiegelung an der Hauptdiagonalen).	$D = \begin{vmatrix} a_{11} & a_{12} & a_{13} \\ a_{21} & a_{22} & a_{23} \\ a_{31} & a_{32} & a_{33} \end{vmatrix} = \begin{vmatrix} a_{11} & a_{21} & a_{31} \\ a_{12} & a_{22} & a_{32} \\ a_{13} & a_{23} & a_{33} \end{vmatrix}$

Regel	Beispiel
Der Wert einer Determinante ändert sein Vorzeichen, wenn man zwei Zeilen miteinander vertauscht.	$D = \begin{vmatrix} a_{11} & a_{12} & a_{13} \\ a_{21} & a_{22} & a_{23} \\ a_{31} & a_{32} & a_{33} \end{vmatrix} = - \begin{vmatrix} a_{11} & a_{12} & a_{13} \\ a_{31} & a_{32} & a_{33} \\ a_{21} & a_{22} & a_{23} \end{vmatrix}$
Tritt in allen Elementen einer Zeile der gleiche Faktor auf, so kann man diesen als Faktor vor die Determinante setzen.	$D = \begin{vmatrix} a_{11} & a_{12} & a_{13} \\ \lambda a_{21} & \lambda a_{22} & \lambda a_{23} \\ a_{31} & a_{32} & a_{33} \end{vmatrix} = \lambda \begin{vmatrix} a_{11} & a_{12} & a_{13} \\ a_{21} & a_{22} & a_{23} \\ a_{31} & a_{32} & a_{33} \end{vmatrix}$
Ist eine Zeile proportional einer anderen Zeile, so ist der Wert der Determinante null.	$D = \begin{vmatrix} a_{11} & a_{12} & a_{13} \\ ka_{11} & ka_{12} & ka_{13} \\ a_{31} & a_{32} & a_{33} \end{vmatrix} = 0$
Insbesondere gilt dies für $k = 1$ (zwei Zeilen sind einander gleich) und für $k = 0$ (eine Zeile besteht nur aus Nullen).	$D = \begin{vmatrix} a_{11} & a_{12} & a_{13} \\ a_{11} & a_{12} & a_{13} \\ a_{31} & a_{32} & a_{33} \end{vmatrix} = 0$ $D = \begin{vmatrix} a_{11} & a_{12} & a_{13} \\ 0 & 0 & 0 \\ a_{31} & a_{32} & a_{33} \end{vmatrix} = 0$
Der Wert einer Determinante ändert sich nicht, wenn man zu den Elementen einer Zeile die mit einem konstanten Faktor multiplizierten Elemente einer anderen Zeile addiert.	$D = \begin{vmatrix} a_{11} & a_{12} & a_{13} \\ a_{21} & a_{22} & a_{23} \\ a_{31} & a_{32} & a_{33} \end{vmatrix}$ $= \begin{vmatrix} a_{11} & a_{12} & a_{13} \\ a_{21} + ka_{11} & a_{22} + ka_{12} & a_{23} + ka_{13} \\ a_{31} & a_{32} & a_{33} \end{vmatrix}$

Auflösung eines linearen Gleichungssystems

Inhomogenes Gleichungssystem

(rechte Seiten $b_1, b_2, \ldots, b_n$ nicht alle 0), Anzahl n der Unbekannten gleich Anzahl der Gleichungen

$n = 3$

$$a_{11}x + a_{12}y + a_{13}z = b_1$$
$$a_{21}x + a_{22}y + a_{23}z = b_2$$
$$a_{31}x + a_{32}y + a_{33}z = b_3$$

Koeffizienten-determinante $D = \begin{vmatrix} a_{11} & a_{12} & a_{13} \\ a_{21} & a_{22} & a_{23} \\ a_{31} & a_{32} & a_{33} \end{vmatrix}$

$$D_x = \begin{vmatrix} b_1 & a_{12} & a_{13} \\ b_2 & a_{22} & a_{23} \\ b_3 & a_{32} & a_{33} \end{vmatrix} \quad D_y = \begin{vmatrix} a_{11} & b_1 & a_{13} \\ a_{21} & b_2 & a_{23} \\ a_{31} & b_3 & a_{33} \end{vmatrix} \quad D_z = \begin{vmatrix} a_{11} & a_{12} & b_1 \\ a_{21} & a_{22} & b_2 \\ a_{31} & a_{32} & b_3 \end{vmatrix}$$

CRAMERsche Regel

Lösung: $x = \frac{D_x}{D}$; $y = \frac{D_y}{D}$; $z = \frac{D_z}{D}$; wenn $D \neq 0$

Beispiel

$$\begin{aligned} 3x - 2y + z &= 8 \\ x + y - 3z &= -9 \\ -2x + 3y + 4z &= 7 \end{aligned}$$

$$D = \begin{vmatrix} 3 & -2 & 1 \\ 1 & 1 & -3 \\ -2 & 3 & 4 \end{vmatrix} = -1 \cdot \begin{vmatrix} -2 & 1 \\ 3 & 4 \end{vmatrix} + 1 \cdot \begin{vmatrix} 3 & 1 \\ -2 & 4 \end{vmatrix} - (-3) \cdot \begin{vmatrix} 3 & -2 \\ -2 & 3 \end{vmatrix}$$

$$= 11 + 14 + 15 = 40$$

$$D_x = \begin{vmatrix} 8 & -2 & 1 \\ -9 & 1 & -3 \\ 7 & 3 & 4 \end{vmatrix} = 1 \cdot \begin{vmatrix} -9 & 1 \\ 7 & 3 \end{vmatrix} - (-3) \cdot \begin{vmatrix} 8 & -2 \\ 7 & 3 \end{vmatrix} + 4 \cdot \begin{vmatrix} 8 & -2 \\ -9 & 1 \end{vmatrix}$$

$$= -34 + 114 - 40 = 40$$

$$D_y = \begin{vmatrix} 3 & 8 & 1 \\ 1 & -9 & -3 \\ -2 & 7 & 4 \end{vmatrix} = 3 \cdot \begin{vmatrix} -9 & -3 \\ 7 & 4 \end{vmatrix} - 1 \cdot \begin{vmatrix} 8 & 1 \\ 7 & 4 \end{vmatrix} + (-2) \cdot \begin{vmatrix} 8 & 1 \\ -9 & -3 \end{vmatrix}$$

$$= -45 - 25 + 30 = -40$$

$$D_z = \begin{vmatrix} 3 & -2 & 8 \\ 1 & 1 & -9 \\ -2 & 3 & 7 \end{vmatrix} = -1 \cdot \begin{vmatrix} -2 & 8 \\ 3 & 7 \end{vmatrix} + 1 \cdot \begin{vmatrix} 3 & 8 \\ -2 & 7 \end{vmatrix} - (-9) \cdot \begin{vmatrix} 3 & -2 \\ -2 & 3 \end{vmatrix}$$

$$= 38 + 37 + 45 = 120$$

Lösung: $x = \frac{40}{40} = 1, \quad y = \frac{-40}{40} = -1, \quad z = \frac{120}{40} = 3$

1.1.21. Matrizen

Grundbegriffe

m, n-Matrix

$$A = \begin{pmatrix} a_{11} & a_{12} & \dots & a_{1n} \\ a_{21} & a_{22} & \dots & a_{2n} \\ \dots & \dots & \dots & \dots \\ a_{m1} & a_{m2} & \dots & a_{mn} \end{pmatrix} = (a_{ik})$$

Elemente der Matrix: a_{ik} ist das Element, das der i-ten Zeile und der k-ten Spalte angehört; m Zeilen, n Spalten; $m \cdot n$ Elemente

Zeilenvektor $\boldsymbol{a}^i = (a_{i1}\, a_{i2} \dots a_{in})$ *Spaltenvektor* $\boldsymbol{a}_k = \begin{pmatrix} a_{1k} \\ a_{2k} \\ \vdots \\ a_{mk} \end{pmatrix}$

Schreibweise einer Matrix

mit Hilfe ihrer Zeilen- oder ihrer Spaltenvektoren

$$\boldsymbol{A} = \begin{pmatrix} a_{11} & a_{12} & \dots & a_{1n} \\ \cdots & \cdots & \cdots & \cdots \\ a_{m1} & a_{m2} & \dots & a_{mn} \end{pmatrix} = \begin{pmatrix} \boldsymbol{a}^1 \\ \boldsymbol{a}^2 \\ \vdots \\ \boldsymbol{a}^m \end{pmatrix} = (\boldsymbol{a}_1 \ \boldsymbol{a}_2 \dots \boldsymbol{a}_n)$$

$$\textit{Nullmatrix } \boldsymbol{N} = \begin{pmatrix} 0 & 0 & \dots & 0 \\ 0 & 0 & \dots & 0 \\ \cdots & \cdots & \cdots & \cdots \\ 0 & 0 & \dots & 0 \end{pmatrix} \qquad \textit{Einheitsmatrix } \boldsymbol{E} = \begin{pmatrix} 1 & 0 & \dots & 0 \\ 0 & 1 & \dots & 0 \\ \cdots & \cdots & \cdots & \cdots \\ 0 & 0 & \dots & 1 \end{pmatrix}$$

Unterdeterminante

k-ter Ordnung der Matrix $\boldsymbol{A}$ entsteht, wenn man so viele Zeilen und Spalten streicht, daß quadratische Matrix mit k Spalten und k Zeilen verbleibt

Beispiel

$$\boldsymbol{A} = \begin{pmatrix} 1 & 0 & 3 & 4 \\ 2 & 1 & 1 & 0 \\ 0 & 3 & 4 & 1 \end{pmatrix}$$

Unterdeterminante 3. Ordnung $D_3 = \begin{vmatrix} 1 & 0 & 3 \\ 2 & 1 & 1 \\ 0 & 3 & 4 \end{vmatrix}$

Unterdeterminante 2. Ordnung $D_2 = \begin{vmatrix} 1 & 1 \\ 3 & 4 \end{vmatrix}$

Rechenregeln

Gleichheit zweier *m*, *n*-Matrizen

$\boldsymbol{A} = (a_{ik})$, $\boldsymbol{B} = (b_{ik})$ $\boldsymbol{A} = \boldsymbol{B}$, wenn für $i = 1, \dots, m$ und $k = 1, \dots, n$ gilt: $a_{ik} = b_{ik}$

Summe zweier *m*, *n*-Matrizen

$(a_{ik}) + (b_{ik}) = (a_{ik} + b_{ik})$ *Beispiel:* $\begin{pmatrix} 1 & 0 & 3 \\ 2 & 1 & 0 \end{pmatrix} + \begin{pmatrix} 2 & 4 & 1 \\ 3 & 0 & 2 \end{pmatrix} = \begin{pmatrix} 3 & 4 & 4 \\ 5 & 1 & 2 \end{pmatrix}$

Multiplikation mit konstantem Faktor

$k \cdot (a_{ik}) = (k \cdot a_{ik})$ *Beispiel:* $2 \cdot \begin{pmatrix} 1 & 1 & 0 \\ 2 & 3 & 1 \end{pmatrix} = \begin{pmatrix} 2 & 2 & 0 \\ 4 & 6 & 2 \end{pmatrix}$

Produkt zweier Matrizen

$\boldsymbol{C} = \boldsymbol{A} \cdot \boldsymbol{B} = (\boldsymbol{a}^i \cdot \boldsymbol{b}_k) = (c_{ik})$

Beispiel: 2, 3-Matrix 3, 4-Matrix

$$\boldsymbol{A} = \begin{pmatrix} 1 & 1 & 2 \\ 3 & 1 & 0 \end{pmatrix} \qquad \boldsymbol{B} = \begin{pmatrix} 2 & 1 & 2 & 1 \\ 1 & 0 & 0 & 1 \\ 4 & 3 & 1 & 2 \end{pmatrix}$$

2, 4-Matrix

$\boldsymbol{A} \cdot \boldsymbol{B} =$

$$\begin{pmatrix} 1 \cdot 2 + 1 \cdot 1 + 2 \cdot 4 & 1 \cdot 1 + 1 \cdot 0 + 2 \cdot 3 & 1 \cdot 2 + 1 \cdot 0 + 2 \cdot 1 & 1 \cdot 1 + 1 \cdot 1 + 2 \cdot 2 \\ 3 \cdot 2 + 1 \cdot 1 + 0 \cdot 4 & 3 \cdot 1 + 1 \cdot 0 + 0 \cdot 3 & 3 \cdot 2 + 1 \cdot 0 + 0 \cdot 1 & 3 \cdot 1 + 1 \cdot 1 + 0 \cdot 2 \end{pmatrix}$$

$$= \begin{pmatrix} 11 & 7 & 4 & 6 \\ 7 & 3 & 6 & 4 \end{pmatrix}$$

1.1.22. Wahrscheinlichkeitsrechnung

Zufällige Ereignisse

A, B (als Mengen deutbar)
$A \cup B$, d.h., A oder B (Summe, Vereinigung)
$A \cap B$, d.h. A und B (Produkt, Durchschnitt)

E sicheres Ereignis,
$\varnothing$ unmögliches Ereignis,
A, $\bar{A}$ zueinander komplementäre Ereignisse

$$A \cup \bar{A} = E, \quad A \cap \bar{A} = \varnothing;$$

wenn A, B einander ausschließen, dann $A \cap B = \varnothing$

Wahrscheinlichkeit

für das Eintreten von A ist $P(A)$

Klassische Definition $P(A) = \frac{m}{n}$ m Anzahl der günstigen Fälle, n Anzahl der möglichen Fälle (endlich)

Statistische Definition $P(A) \approx P_n(A) = \frac{m}{n}$; n hinreichend groß;

$P_n(A)$ relative Häufigkeit; bei n Versuchen m mal Ereignis A

Axiomatische Definition

$$P(A) \geqq 0 \qquad P(E) = 1$$

$$P(A_1 \cup A_2 \cup \ldots \cup A_n) = P(A_1) + P(A_2) + \ldots + P(A_n)$$

für $A_i \cap A_j = \varnothing; \quad i \neq j$

Additionsgesetz

A, B *nicht* notwendig einander *ausschließend*

$$P(A \cup B) = P(A) + P(B) - P(A \cap B)$$

A, B einander *ausschließend* (disjunkt)

$$P(A \cup B) = P(A) + P(B)$$

Beispiele

1. Wahrscheinlichkeit, mit einem Würfel bei einem Wurf eine Zahl zu werfen, die durch 2 (A) *oder* durch 3 (B) teilbar ist:

$$P(A) = \frac{3}{6}, \quad P(B) = \frac{2}{6}, \quad P(A \cap B) = \frac{1}{6};$$

$$P(A \cup B) = \frac{3}{6} + \frac{2}{6} - \frac{1}{6} = \frac{2}{3} \mathrel{\hat{=}} 66{,}7\,\%$$

2. Wahrscheinlichkeit, mit einem Würfel bei einem Wurf eine Zahl zu werfen, die *entweder* durch 2 teilbar (A) *oder* eine 1 (B) ist:

$$P(A) = \frac{3}{6}, \quad P(B) = \frac{1}{6}; \quad P(A \cup B) = \frac{3}{6} + \frac{1}{6} = \frac{2}{3} \mathrel{\widehat{=}} 66{,}7\,\%$$

Multiplikationsgesetz

A, B *nicht* notwendig voneinander *unabhängig*

$$P(A \cap B) = P(B) \cdot P(A/B) = P(A) \cdot P(B/A)$$

$P(A/B)$ ist Wahrscheinlichkeit für A unter der Bedingung, daß B schon eingetreten

A, B voneinander *unabhängig* $\quad P(A \cap B) = P(A) \cdot P(B)$

Beispiele

1. Wahrscheinlichkeit, mit einem Würfel bei einem Wurf eine Zahl zu werfen, die durch 2 teilbar (A) und *außerdem* größer als 3 (B) ist:

$$P(A) = \frac{3}{6}, \quad P(B/A) = \frac{2}{3}; \quad P(A \cap B) = \frac{3}{6} \cdot \frac{2}{3} = 1/3 \mathrel{\widehat{=}} 33{,}3\,\%$$

2. Wahrscheinlichkeit, mit einem Würfel bei einem Wurf eine Zahl zu werfen, die *sowohl* durch 2 (A) *als auch* durch 3 (B) teilbar ist:

$$P(A) = \frac{3}{6}, \quad P(B) = \frac{2}{6}; \quad P(A \cap B) = \frac{3}{6} \cdot \frac{2}{6} = \frac{1}{6} \mathrel{\widehat{=}} 16{,}7\,\%$$

1.1.23. Normalverteilung

Dichtefunktion

$$\varphi(x; \mu, \sigma^2) = \frac{1}{\sigma \sqrt{2\pi}} \cdot e^{-\frac{(x-\mu)^2}{2\sigma^2}}$$

Standardisierte Dichtefunktion

$$\mu = 0; \quad \sigma^2 = 1; \quad \varphi(x) = \frac{1}{\sqrt{2\pi}} \cdot e^{-\frac{x^2}{2}} \qquad [= \varphi(x; 0, 1)]$$

$$\varphi(-x) = \varphi(x)$$

Verteilungsfunktion

$$\Phi(x; \mu, \sigma^2) = \int_{-\infty}^{x} \varphi(t; \mu, \sigma^2)\, dt$$

Standardisierte Verteilungsfunktion

$$\Phi(x) = \int_{-\infty}^{x} \varphi(t)\, dt = \frac{1}{\sqrt{2\pi}} \int_{-\infty}^{x} e^{-\frac{t^2}{2}}\, dt \qquad [= \Phi(x; 0, 1)]$$

$$\Phi(-x) = 1 - \Phi(x)$$

Zusammenhang $\Phi(x; \mu, \sigma^2) = \Phi\left(\frac{x-\mu}{\sigma}\right) = \frac{1}{\sqrt{2\pi}} \int_{-\infty}^{\frac{x-\mu}{\sigma}} e^{-\frac{t^2}{2}} dt$

Dichtefunktion $\varphi(x; \mu, \sigma^2)$ und Verteilungsfunktion $\Phi(x; \mu, \sigma^2)$

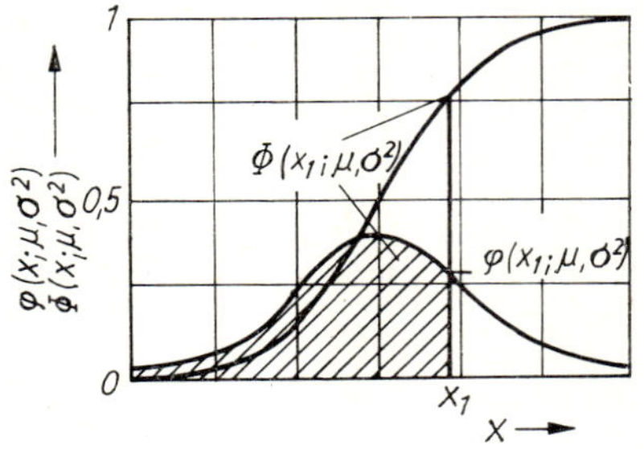

Präzisionsmaß $h = \frac{1}{\sigma\sqrt{2}}$; $\varphi(\mu; \mu, \sigma^2) = \frac{h}{\sqrt{\pi}}$; $\varphi(x; \mu, \sigma^2) = \frac{h}{\sqrt{\pi}} e^{-h^2(x-\mu)^2}$

Dichtefunktionen mit verschiedenem Präzisionsmaß h

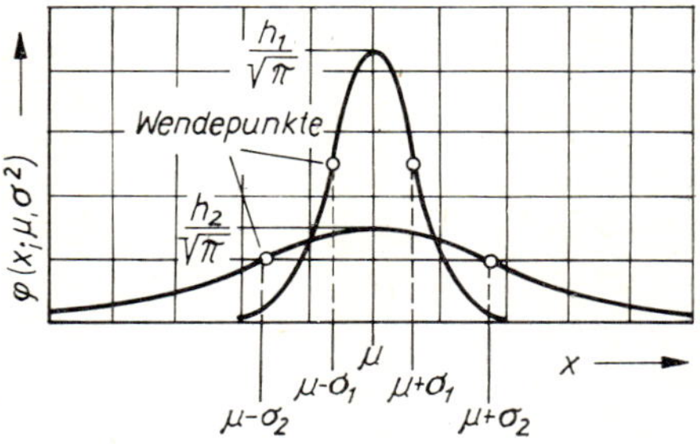

1.2. Physikalische Formeln

1.2.1. Mechanik

Grundbegriffe

Kräfte $\boxed{\boldsymbol{F}_R = \boldsymbol{F}_1 + \boldsymbol{F}_2}$

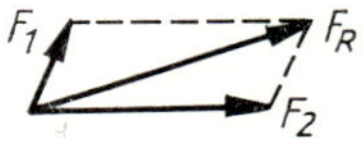

Parallele Kräfte $F_R = F_1 + F_2$

$a_1 : a_2 = F_2 : F_1$

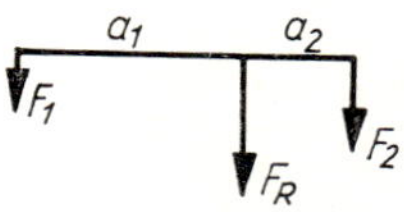

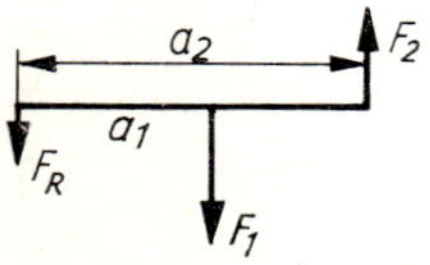

Drehmoment $\boxed{M = F \cdot a}$ (Kraft · Kraftarm)

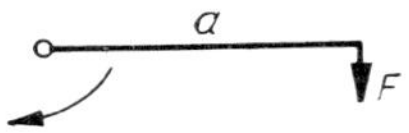

Hebelgesetz $\boxed{F_1 a_1 + F_2 a_2 = 0}$

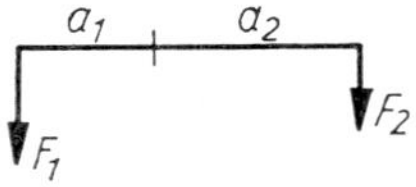

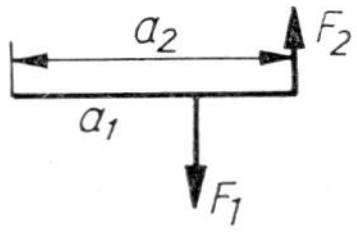

allgemein: $\sum_{k=1}^{n} F_k \cdot a_k = \sum_{k=1}^{n} M_k = 0$

Druck $\boxed{p = \frac{F}{A}}$ $\frac{\text{Normalkraft}}{\text{Fläche}}$

Dichte $\boxed{\varrho = \frac{m}{V}}$

Kraftwirkungen an ruhenden Körpern

Feste Rolle (a) $F = F_L$

Lose Rolle (b) $F = \frac{F_L}{2}$

Flaschenzug $\boxed{F = \frac{F_L}{n}}$

n Gesamtanzahl der Rollen

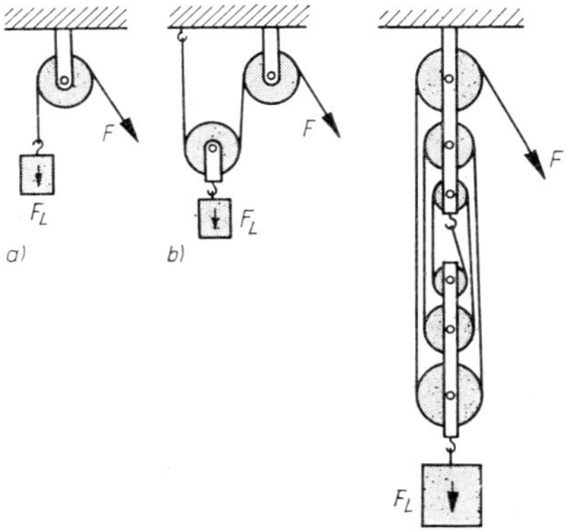

Stufenrolle (Wellrad) $F = \frac{d}{D} \cdot F_L$

Differential-flaschenzug $F = F_L \frac{D - d}{2D}$

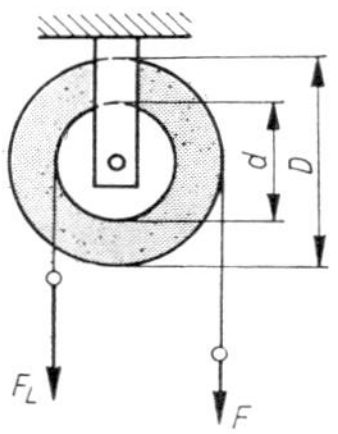

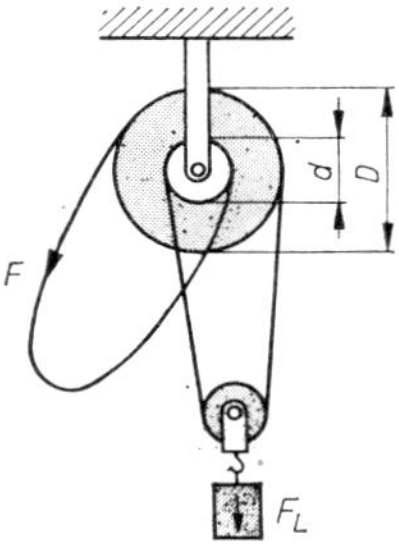

Schiefe Ebene

Hangabtriebskraft $F_H = \frac{h}{l} F_G = F_G \sin\alpha$

Normalkraft $F_N = \frac{b}{l} F_G = F_G \cos\alpha$

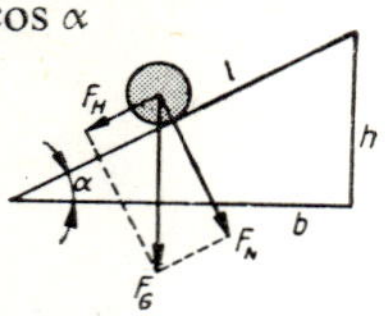

Keil $F_2 = \frac{r}{w} F_1$

Schraube $F_L = F \frac{\pi d}{h}$

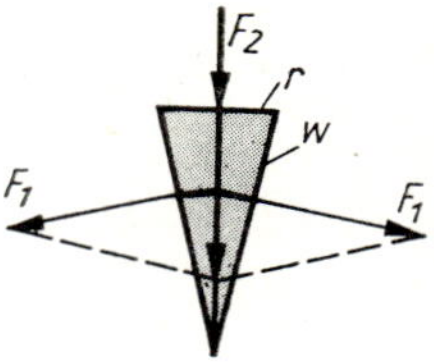

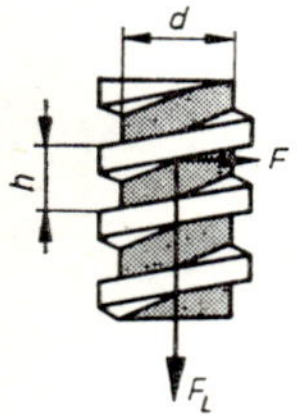

NEWTONsches Gravitationsgesetz $\boxed{F = G \cdot \frac{m_1 m_2}{r^2}}$ G Gravitationskonstante

HOOKEsches Gesetz $\boxed{F = ks}$

k Federkonstante

Elastizitätsmodul $E = \frac{Fl}{A\,\Delta l}$

Zugfestigkeit $\sigma_B = \frac{F_{max}}{A_0}$

Bruchdehnung $\delta_B = \frac{\Delta l_{max}}{l_0}$

Kraftwirkungen an bewegten Massenpunkten

Gleichförmige Bewegung $v = \frac{s}{t}, \quad s = vt, \quad t = \frac{s}{v}$

Gleichmäßig beschleunigte Bewegung $s = \frac{a}{2} t^2, \quad v = at$

aus der Bewegung $s = \frac{v_0 + v}{2} t, \; a = \frac{v - v_0}{t}$

aus der Ruhe $s = \frac{v}{2} t, \; a = \frac{v}{t}$

Freier Fall $\boxed{s = \frac{g}{2} t^2, \quad v = gt}$ g Fallbeschleunigung

Fallzeit $t = \sqrt{\frac{2s}{g}}$

Geschwindigkeit $v = \sqrt{2gs}$

Senkrechter Wurf $s = v_0 t \mp \frac{g}{2} t^2, \quad v = v_0 \mp gt$

Steigzeit $t_h = \frac{v_0}{g}$

Steighöhe $s_h = \frac{v_0^2}{2g}$

Waagerechter Wurf

$$\left.\begin{aligned} x &= v_0 t \\ y &= -\frac{1}{2} g t^2 \end{aligned}\right\} y = -\frac{1}{2} \frac{g}{v_0^2} x^2 \quad \text{(Parabel)}$$

Schräger Wurf $x = v_0 t \cos\alpha \qquad y = v_0 t \sin\alpha - \frac{g}{2} t^2$

Steigzeit $t_h = \frac{v_0 \sin\alpha}{g}$

Steighöhe $s_h = \frac{v_0^2 \sin^2\alpha}{2g}$

Wurfzeit $t = \frac{2v_0 \sin\alpha}{g}$

Wurfweite $s = \frac{v_0^2 \sin 2\alpha}{g}$

Grundgesetz der Dynamik $\boxed{F = ma}$ Kraft ist Masse mal Beschleunigung (2. NEWTONsches Bewegungsgesetz)

speziell $F_G = mg$

Reibung

Gleitreibung $F_R = \mu F_N$

Rollreibung $F_R = \mu \frac{F_N}{r}$

Arbeit, Energie, Impuls

Arbeit $\boxed{W = Fs} \qquad W = \int_{s_1}^{s_2} F\,ds \qquad W = Pt \qquad W = \int_{t_1}^{t_2} P\,dt$

Satz von der Erhaltung der mechanischen Arbeit $\boxed{F_1 s_1 = F_2 s_2}$

Leistung $\boxed{P = \frac{W}{t} = Fv}$

Wirkungsgrad $\eta = \frac{\tilde{p}}{P_{ind}}$

$\tilde{p}$ effektive Leistung
P_{ind} indizierte Leistung

Energie der Lage $\boxed{W_{pot} = F_G(h - h_1) = mg(h - h_1)}$ potentielle Energie

Energie der Bewegung $W_{kin} = \frac{1}{2} mv^2$ kinetische Energie

Satz von der Erhaltung der mechanischen Energie $W_{pot} + W_{kin} = \text{const}$

Kraftstoß, Impuls, Bewegungsgröße $\boxed{p = Ft = mv} \qquad p = \int_{t_1}^{t_2} F\,dt = mv$

Satz von der Erhaltung des Impulses $m_1 v_1 + m_2 v_2 = \text{const}$

Unelastischer Stoß $u = \frac{m_1 v_1 + m_2 v_2}{m_1 + m_2}$

Elastischer Stoß $u_1 = \frac{v_1(m_1 - m_2) + m_2 v_2}{m_1 + m_2}, \quad u_2 = \frac{v_2(m_2 - m_1) + 2m_1 v_1}{m_1 + m_2}$

Kreisbewegung

Winkelgeschwindigkeit	$\boxed{\omega = \frac{v}{r}}$	v Umfangsgeschwindigkeit, r Radius
Winkelbeschleunigung	$\beta = \frac{\omega}{t} = \frac{a}{r}$	a Umfangsbeschleunigung $a = \frac{v^2}{r}$
Radialkraft, Fliehkraft	$F_r = F_Z = m\omega^2 r = m\frac{v^2}{r} = p\omega$	
Trägheitsmoment	$\boxed{J = \sum mr^2}$ $J = \int r^2 dm$	
Kraftgesetz für Drehbewegung	$M = J\beta$	Rotationsenergie $W_{rot} = \frac{1}{2} J\omega^2$

Schwingungen

Harmonische Bewegung	$\boxed{y = A \sin(\omega t + \alpha)}$	

y Elongation zur Zeit t, f Frequenz
A Amplitude, $\omega = 2\pi f$ Winkelfrequenz
α Phasenverschiebung, $T = \frac{1}{f}$ Periodendauer

$v_0 = A\omega$ Geschwindigkeit bei Durchgang durch Ruhelage

Periodendauer	$T = 2\pi\sqrt{\frac{m}{k}}$	m Masse, k Federkonstante
	$T = 2\pi\sqrt{\frac{l}{g}}$	Fadenpendel (mathematisches Pendel) l Pendellänge, g Fallbeschleunigung

Wellen

Wellengleichung	$y = A \sin\left[\omega\left(t - \frac{x}{v}\right) + \alpha\right]$	
Ausbreitungsgeschwindigkeit	$v = \lambda f$	λ Wellenlänge
Brechungsgesetz	$\frac{\sin\alpha}{\sin\beta} = \frac{c_1}{c_2} = n$	n Brechzahl

Schallfeld

Ausbreitungsgeschwindigkeit in Luft	$v = 331{,}6 + 0{,}6\ \mathrm{K}^{-1} \cdot t$	t in °C, v in m/s
Schallschnelle	$v = \omega A$	
Schallstärke	$I = \frac{\varrho}{2} u^2 v$	ϱ Luftdichte
Energiedichte	$w = \varrho \frac{u^2}{2}$	
Schalldruckamplitude	$p_{\max} = \varrho u v$	Zusammenhang $I = \frac{p_{\max}^2}{2\varrho v}$
Schall- (wechsel-) druck	Effektivwert $\tilde{p}$	$\tilde{p}_0 = 2 \cdot 10^{-5}$ Pa Bezugsschalldruck
Schallstärke, Schallintensität	I	$I_0 = 10^{-12}\ \mathrm{W/m^2}$ Bezugsschallintensität
Schalldruckpegel	$L = 20 \lg \frac{\tilde{p}}{\tilde{p}_0} = 10 \lg \frac{I}{I_0}$ in Dezibel (dB)	für alle Frequenzen
Lautstärkepegel	$\Lambda = 20 \lg \frac{\tilde{p}}{\tilde{p}_0} = 10 \lg \frac{I}{I_0}$ in Phon (phon)	für 1000 Hz
Gesamtschallpegel	$\left.\begin{array}{l} L_1 = 10 \lg \frac{I_1}{I_0} \\ L_2 = 10 \lg \frac{I_2}{I_0} \end{array}\right\} L_{\mathrm{ges}} = 10 \lg \frac{I_1 + I_2}{I_0}$	bei zwei gleichzeitig wirkenden Schallquellen
Schallabsorptionsgrad	$\alpha = \frac{W_0 - W_r}{W_0}$	W_0 einfallende Schallenergie W_r reflektierte Schallenergie
SABINEsches Gesetz	$A = 0{,}163 \frac{V}{T}$	A äquivalente Schallabsorptionsfläche in m² V Volumen des Raumes in m³ T Nachhallzeit in s

Mechanik der Flüssigkeiten und Gase

Druck	$\boxed{p = \frac{F}{A}}$	hydraulische Presse $F_1 : F_2 = A_1 : A_2$
Druck einer Flüssigkeitssäule	$p = h\varrho g$	
Auftrieb	$F_A = V\varrho g$	V verdrängte Flüssigkeitsmenge
Strömungsgeschwindigkeit	$v = \sqrt{2gh}$	
Volumenstrom	$Q = \sqrt{2gh}$	
Stationäre Strömung (Kontinuitätsgleichung)	$Av = \mathrm{const}$ oder $A_1 v_1 = A_2 v_2$	A Rohrquerschnitt

BERNOULLIsche Gleichung

$$p + \frac{1}{2}\varrho v^2 = p_0$$

(stat. Druck) (Staudruck) (Gesamtdruck)

Widerstandsgesetz

$$F_w = c_w \cdot \frac{1}{2}\varrho v^2 A$$

Dichte einiger Stoffe

Stoff	Dichte ϱ 10^3 kg/m³	Stoff	Dichte ϱ 10^3 kg/m³	Stoff	Dichte ϱ 10^3 kg/m³
Aluminium	2,70	Kalium	0,86	Polystyren	1,1
Antimon	6,68	Kochsalz	2,2	Polyvinyl-chlorid (PVC)	1,38
Arsen	5,72	Kreide	2,2	Vulkanfiber	1,2...1,4
Bimsstein	0,6	Kupfer	8,93	Platin	21,4
Bismut	9,8	Kupfersulfat	2,2	Porzellan	2,3
Blei	11,3	Lithium	0,534	Salpeter	2,1
Bor	2,3	Magnesium	1,74	Schamottestein	2,6
Bronze	≈8,7	Mangan	7,3	Schwefel, gelb	2,07
Cadmium	8,64	Marmor	2,6	Schwerspat	4,25
Cerium	6,8	Messing	≈8,3	Selen	4,8
Chromium	6,9	Molybdän	10,2	Silber	10,5
Cobalt	8,8	Natrium	0,97	Silicium	2,35
Diamant	3,5	Niobium	8,56	Stahl	7,85
Eisen, rein	7,86	Palladium	12,0	Steingut	1,5
Feldspat	2,6	Paraffin	0,9	Titanium	4,5
Germanium	5,46	Phosphor, weiß	1,83	Uranium	18,7
Gips	1,8	Plaste		Vanadium	5,8
Glas	≈2,5	Celluloseacetat	1,3	Wolfram	19,1
Glimmer	2,9	Chlor-kautschuk	1,4...1,7	Zink	1,9
Gold	19,3	Phenoplast	1,2 ...1,3	Zinkblende	4,0
Graphit	2,2	Polyethylen	0,92...1,0	Zinn	7,28
Iod	4,93	Polyesterharz	1,2 ...1,4		
Iridium	22,4				

Brechzahlen
(beim Übergang des Lichtes von Luft in den betreffenden Stoff)

Stoff	Brechzahl n_D	Stoff	Brechzahl n_D	Stoff	Brechzahl n_D
Vakuum	0,99971	Wasser	1,3332	Kronglas (schwer)	1,6152
Wasserstoff	0,99985	Ethanol (Alkohol)	1,3623	Kohlendisulfid	1,6291
Wasserdampf	0,99996	Stickstoff	1,00001	Flintglas (schwer)	1,7515
Sauerstoff	0,99998	Kronglas (leicht)	1,5153	Flintglas (schwerst)	1,9
Eis	1,31	Flintglas (leicht)	1,6085	Diamant	2,4173

Schallgeschwindigkeit

Stoff	Schallgeschwindigkeit v m/s	Stoff	Schallgeschwindigkeit v m/s	Stoff	Schallgeschwindigkeit v m/s
Gummi	40	Wasser bei 4 °C	1400	Kupfer	3500
Kohlendioxid	260	bei 25 °C	1497	Ziegelmauerwerk	3600
Luft bei 0 °C	332	Meerwasser	1500	Zink	3700
bei 15 °C	340	Blei	1300	Stahl	5000
Kork	500	Beton	≈3800	Aluminium	5100
Ethanol (Alkohol)	1160	Eis	3232	Glas	5200
Benzin	≈1160	Eichenholz	3380		

1.2.2. Wärmelehre

Wärmeausdehnung — linear: $l_\vartheta = l_0(1 + \alpha\vartheta)$, $l_2 = l_1(1 + \alpha\Delta\vartheta)$ — räumlich: $V_\vartheta = V_0(1 + \gamma\vartheta)$

Wärmemenge: $Q = mc(\vartheta_2 - \vartheta_1)$

Spezifische Wärmekapazität: $c = \dfrac{Q}{m(\vartheta_2 - \vartheta_1)}$

Ideale Gase

Verhalten bei Temperaturänderung:

$V_\vartheta = V_0(1 + \gamma\vartheta)$ — V_0 bei 0 °C, $p = \text{const}$

$p_\vartheta = p_0(1 + \gamma\vartheta)$ — p_0 bei 0 °C, $V = \text{const}$

GAY-LUSSACsches Gesetz: $pV = p_0V_0(1 + \gamma\vartheta)$

Allgemeine Zustandsgleichung: $\boxed{\dfrac{p_1V_1}{T_1} = \dfrac{p_2V_2}{T_2} = \text{const}}$ — $T = \vartheta + 273{,}15$ K; T in K, ϑ in °C

$pV = mR_sT$ — m Masse (in g), ϱ Dichte

$p \cdot \dfrac{1}{\varrho} = R_sT$ — R_s spezielle Gaskonstante (bezogen auf 1 g); n Masse (in mol)

$pV = nRT$ — R universelle Gaskonstante (bezogen auf 1 mol)

$$R = \frac{p_0V_{0m}}{T_0} = \frac{101{,}325\ \text{kPa} \cdot 22{,}413\ \text{dm}^3/\text{mol}}{273{,}15\ \text{K}} = 8{,}3143\ \frac{\text{J}}{\text{mol} \cdot \text{K}}$$

V_{0m} Molvolumen

Erster Hauptsatz	$dQ = dU + dW$	dQ zugeführte Wärme dW abgeführte Arbeit dU Zuwachs an innerer Energie

Reale Gase

Van-der-Waalssche Zustandsgleichung	$\left(p + a\frac{m^2}{V^2}\right)(V - mb) = mR_sT$	a, b vom Gas abhängige Konstanten

Wärmeübertragung durch eine Wand

Wärmeleitung	$Q = \frac{\lambda}{s} At\,\Delta T$	Wärmemenge, die im Zeitintervall t bei Temperaturgefälle ΔT (stationär) durch eine Wand der Fläche A und Dicke s geleitet wird
Wärmestrom	$\Phi = \frac{Q}{t} = \frac{\lambda}{s} A\,\Delta T$	λ Wärmeleitfähigkeit
Wärmestromdichte	$q = \frac{Q}{At} = \frac{\lambda}{s}\Delta T$	
Wärmeübergang	$Q = \alpha At\,\Delta T$	Wärmemenge, die in die bzw. von der Wand übergeht α Wärmeübergangskoeffizient
Wärmedurchgang	$Q = kAt\,\Delta T$	Wärmemenge, die von Medium 1 nach Medium 2 durch eine Wand hindurchgeht k Wärmedurchgangskoeffizient
Zusammenhang	$\frac{1}{k} = \frac{1}{\alpha_i} + \frac{s}{\lambda} + \frac{1}{\alpha_e}$	einschichtige Wand
	$\frac{1}{k} = \frac{1}{\alpha_i} + \sum_{\gamma=1}^{n} \frac{s}{\lambda_\nu} + \frac{1}{\alpha_e}$	mehrschichtige Wand

Temperaturkoeffizienten der Längen- und Volumenausdehnung

Längen-Temperaturkoeffizienten fester Stoffe zwischen 0 und 100 °C				Volumen-Temperaturkoeffizienten von Flüssigkeiten bei 20 °C	
Stoff	α 10^{-6}/K	Stoff	α 10^{-6}/K	Stoff	γ 10^{-5}/K
Aluminium	23,1	Phenol	290	Benzen	106
Antimon	10,8	Phenolharz	80	Brom	111
Beryllium	12	Phosphor, weiß	125	Diethylether	162

Längen-Temperaturkoeffizienten fester Stoffe zwischen 0 und 100 °C				Volumen-Temperaturkoeffizienten von Flüssigkeiten bei 20 °C	
Stoff	α 10^{-6}/K	Stoff	α 10^{-6}/K	Stoff	γ 10^{-5}/K
Beton	≈12	Platin	9,0	Ethanol	110
Bismut	12,1	Polyethylen	20	Ethansäure (Essigsäure)	107
Blei	28	Polyamide	110	Kohlendisulfid	118
Bronze	17,5	Polyvinylchlorid	80	Methanol	119
Cobalt	13	Porzellan	3	Nitrobenzen	83
Diamant	1,3	Quarz	1	Pentan	160
Eisen	11,9	Schwefel (rhombisch)	90	Propanon (Aceton)	143
Glas (Fenster-)	10	Selen	66	Propantriol (Glycerol)	50
Gold	14,2	Silber	19	Quecksilber	18,1
Graphit	2	Silicium	2	Salpetersäure	124
Iridium	6,6	Stahl	16,0	Schwefelsäure	57
Kalium	84	Tantal	6,6	Terpentinöl	97
Kupfer	16	Vulkanfiber	25	Tetrachlormethan	122
Magnesium	26	Wolfram	4,5	Trichlorethen	119
Mangan	23	Zink	36	Trichlormethan (Chloroform)	128
Messing	18,4	Zinn	24	Wasser	18

Spezifische Wärmekapazität

Feste Stoffe	Spezifische Wärmekapazität c kJ/(kg · K)	Feste Stoffe	Spezifische Wärmekapazität c kJ/(kg · K)
Aluminium	0,909	Iridium	0,134
Asbest	0,80	Kalium	0,75
Beryllium	1,851	Konstantan	0,410
Beton	≈0,88	Kupfer	0,385
Blei	0,130	Magnesium	1,030
Bor	1,068	Mangan	0,498
Caesium	0,239	Messing	0,385
Calcium	0,657	Platin	0,134
Cerium	0,184	Porzellan	0,84
Cobalt	0,398	Silber	0,234
Eisen	0,456	Silicium	0,733
Glas (Flint-)	0,481	Wolfram	0,134
Gold	0,130	Zink	0,389
Graphit	0,84	Zinn	0,226

Flüssigkeiten bei 20 °C	Spezifische Wärmekapazität c kJ/(kg · K)	Flüssigkeiten bei 20 °C	Spezifische Wärmekapazität c kJ/(kg · K)
Benzen	1,72	Pentan	2,22
Brom	0,46	Petroleum	2,14
Diethylether	2,34	Quecksilber	0,14
Ethanol	2,43	Salpetersäure	1,72
Methanol	2,34	Schwefelsäure	1,38
Methansäure (Ameisensäure)	2,18	Terpentinöl	1,80
Nitrobenzen	1,51	Wasser	4,18

Gase bei konstantem Druck (0 °C, Normaldruck)	Spezifische Wärmekapazität c_p kJ/(kg · K)	Gase bei konstantem Druck (0 °C, Normaldruck)	Spezifische Wärmekapazität c_p kJ/(kg · K)
Ammoniak	2,047	Methan	2,152
Chlor	0,469	Neon	1,030
Helium	5,238	Sauerstoff	0,913
Kohlendioxid	0,821	Stickstoff	1,038
Luft	1,005	Wasserstoff	14,248

Schmelzpunkte und Siedepunkte (bei normalem Luftdruck)

Stoff	Schmelzpunkt °C	Siedepunkt °C	Stoff	Schmelzpunkt °C	Siedepunkt °C	Stoff	Schmelzpunkt °C	Siedepunkt °C
Aluminium	659	2497	Ethin	−82	−84	Platin	1773	4400
Ammoniak	−78	−33	Fluor	−218	−188	Quarzglas	1700	
Antimon	630	1635	Glycerol	18	290	Quecksilber	−38,8	357
Asbest	1250		Gold	1063	2960	Radium	700	1140
Barium	710	1638	Helium	−271	−269	Radon	−71	−62
Benzen	5	80	Iod	113	184	Salpetersäure	−47	86
Benzin	< − 50	100	Iridium	2454		Sauerstoff	−219	−183
Beryllium	1280	2967	Kalium	63	776	Schwefel	119	445
Bismut	271	1560	Kohlendioxid	(−57)	(−78)	Schwefelwasserstoff	−86	−60
Blei	327	1752	Kohlendisulfid	−112	46			
Bor	2300	≈2550	Kohlenoxid	−205	−192	Silber	961	2170
Brom	−7	59	Kupfer	1083	2600	Silicium	1410	2630
Bronze	≈1000		Leinöl	−15	316	Stahl	≈1400	
Cadmium	321	767	Lithium	179	1372	Stearin	50	
Calcium	851	1487	Luft	−213	−193	Stickstoff	−210	−196

Stoff	Schmelzpunkt °C	Siedepunkt °C	Stoff	Schmelzpunkt °C	Siedepunkt °C	Stoff	Schmelzpunkt °C	Siedepunkt °C
Cerium	775		Magnesium	657	1 102	Tantal	3 030	4 100
Chlor	−103	−34	Mangan	1 250	2 152	Terpentinöl	−10	161
Chloroform	−63	61	Messing	≈900		Titanium	1 727	>3 000
Chromium	1 920	2 327	Methan	−183	−161	Uranium	1 690	
Cobalt	1 490	3 185	Molybdän	2 622	4 800	Wasser	0	100
Diethylether	−124	35	Naphthalen	80	218	Wasserstoff	−262	−253
Eis	0		Natrium	98	883	Wolfram	3 380	6 000
Eisen, rein	1 537	2 735	Neon	−249	−246	Zink	419	907
Ethanol	−114	78	Nickel	1 455	3 177	Zinn	232	2 430
Ethen	−170	−104	Phosphor	44	280			

Spezifische Schmelzwärme und spezifische Verdampfungswärme

Stoff	Schmelzwärme kJ/kg	Stoff	Schmelzwärme kJ/kg	Stoff	Schmelzwärme kJ/kg
Aluminium	398	Kalium	63	Sauerstoff	13
Antimon	163	Kohlendioxid	180	Schwefel (monoklin)	38
Bismut	54	Kupfer	205	Silber	105
Blei	25	Magnesium	373	Silicium	142
Cadmium	54	Mangan	264	Wachs	176
Chromium	314	Natrium	113	Wasserstoff	59
Cobalt	260	Nickel	301	Wolfram	193
Eis	333,7	Phosphor	21	Zink	100
Eisen, rein	268	Platin	100	Zinn	59
Gold	63	Quecksilber	11,3		

Stoff	Verdampfungswärme kJ/kg	Stoff	Verdampfungswärme kJ/kg
Ammoniak	1 369	Sauerstoff	214
Benzen	394	Schwefel	331
Blei	850	Stickstoff	201
Chlor	260	Toluen	348
Diethylether	360	Wasser	2 257
Ethanol	842	Wasserstoff	469
Kohlendisulfid	364	Zink	1 758
Quecksilber	285		

Wärmeleitfähigkeit von Metallen (zwischen 0 und 100 °C)

Stoff	Wärmeleitfähigkeit λ W/(m · K)	Stoff	Wärmeleitfähigkeit λ W/(m · K)	Stoff	Wärmeleitfähigkeit λ W/(m · K)
Aluminium	209	Gold	310	Platin	71
Antimon	17	Kalium	134	Silber	419
Bismut	8	Konstantan	23	Stahl, Cr–Ni–	13
Blei	33	Kupfer	394	Tantal	54
Bronze (84 Cu)	59	Magnesium	167	Wolfram	167
Cadmium	92	Messing (62 Cu)	84	Zink	113
Eisen	84	Nickel	84	Zinn	67

1.2.3. Internationales Einheitensystem (SI)

Vorsätze

Vorsatz			Beispiel		
Name	Zeichen	Einheiten	Name	Zeichen	Zusammenhang
Exa	E	10^{18}	Exameter	Em	1 Em $= 10^{18}$ m
Peta	P	10^{15}	Petagramm	Pg	1 Pg $= 10^{15}$ g
Tera	T	10^{12}	Teravolt	TV	1 TV $= 10^{12}$ V
Giga	G	10^{9}	Gigawatt	GW	1 GW $= 10^{9}$ W
Mega²)	M	10^{6}	Megapascal	MPa	1 MPa $= 10^{6}$ Pa
Kilo²)	k	10^{3}	Kilohertz	kHz	1 kHz $= 10^{3}$ Hz
Hekto¹)	h	10^{2}	Hektoliter	hl	1 hl $= 10^{2}$ l
Deka¹)	da	10	Dekagramm	dag	1 dag $= 10$ g
Dezi¹)	d	10^{-1}	Dezitonne	dt	1 dt $= 10^{-1}$ t
Zenti¹)	c	10^{-2}	Zentimeter	cm	1 cm $= 10^{-2}$ m
Milli	m	10^{-3}	Milliampere	mA	1 mA $= 10^{-3}$ A
Mikro	µ	10^{-6}	Mikrogramm	µg	1 µg $= 10^{-6}$ g
Nano	n	10^{-9}	Nanosekunde	ns	1 ns $= 10^{-9}$ s
Piko	p	10^{-12}	Pikofarad	pF	1 pF $= 10^{-12}$ F
Femto	f	10^{-15}	Femtometer	fm	1 fm $= 10^{-15}$ m
Atto	a	10^{-18}	Attogramm	ag	1 ag $= 10^{-18}$ g

¹) nur bedingt zu verwenden

²) In der elektronischen Datenverarbeitung sind Mega (M) für $2^{20} = 1\,048\,576$ und Kilo (k oder K) für $2^{10} = 1024$ gebräuchlich.

Einheiten physikalischer Größen

Größenart, Kurzzeichen	Maßeinheit Benennung	Einheiten-zeichen	Zusammenhang	Definitionen, Bemerkungen
	Raum und Zeit			
Länge l, b, h, d, r, s	**Meter**	**m**		Das Meter ist die Länge der Strecke, die Licht im Vakuum während der Dauer von (1/299 792 458) Sekunden durchläuft.
	Seemeile²)	sm	1 sm = 1 852 m (in Luft- und Seefahrt)	
	Ångström¹)	Å	$1\ \text{Å} = 1 \cdot 10^{-10}$ m	
	X-Einheit¹)	XE	$1\ \text{XE} \approx 1 \cdot 10^{-13}$ m (beide Spektroskopie)	
	Astronomische Einheit	AE	$1\ \text{AE} = 149{,}598 \cdot 10^{9}$ m	Astronomie
	Parsec	pc	$1\ \text{pc} = 30{,}857 \cdot 10^{15}$ m	Astronomie
	Lichtjahr	ly	$1\ \text{ly} = 9{,}4605 \cdot 10^{15}$ m	Astronomie
Fläche A, S	Quadratmeter	m^2	$1\ m^2 = 1\ m \cdot 1\ m$	
	Ar¹)	a	$1\ a = 10^2\ m^2$	
	Hektar	ha	$1\ ha = 100\ a = 10^4\ m^2$	Flur- und Grundstücke
	Barn¹)	b	$1\ b = 1 \cdot 10^{-28}\ m^2$	Atom- und Kernphysik
Volumen V, τ	Kubikmeter	m^3	$1\ m^3 = 1\ m \cdot 1\ m \cdot 1\ m$	
	Liter	l	$1\ l = 10^{-3}\ m^3$	
Ebener Winkel α, β, γ	Radiant	rad	1 rad = 1 m/1 m	Der Radiant ist gleich dem ebenen Winkel, der als Zentriwinkel eines Kreises vom Halbmesser 1 m aus dem Kreis einen Bogen der Länge 1 m ausschneidet.
	Grad	°	$1° = 1{,}745\,329 \cdot 10^{-2}$ rad	Der Grad (°) ist der 360ste Teil des Vollwinkels.
	Minute	′	$1' = 1°/60$	
	Sekunde	″	$1'' = 1'/60 = 1°/3600$	
	Gon	gon	$1\ \text{gon} = 1{,}570\,796 \cdot 10^{-2}$ rad	Das Gon (gon) ist der 400-ste Teil des Vollwinkels. Geodäsie
	früher Neugrad¹)	^{g}		
	Neuminute¹)	^{c}	$1^c = 1^g/100$	
	Neusekunde¹)	^{cc}	$1^{cc} = 1^c/100 = 1^g/10^4$	

¹) nicht mehr gültig, ²) vorläufig noch gültig

Größenart, Kurzzeichen	Maßeinheit Benennung	Einheiten-zeichen	Zusammenhang	Definitionen, Bemerkungen
Raumwinkel Ω, ω	Steradiant	sr	1 sr = 1 $m^2/1\ m^2$	Der Steradiant ist gleich dem räumlichen Winkel, der als gerader Kreiskegel mit der Spitze im Mittelpunkt einer Kugel vom Halbmesser 1 m aus der Kugeloberfläche eine Kalotte der Fläche 1 m^2 ausschneidet.
Zeit t	**Sekunde** Minute Stunde Tag	**s** min h d	 1 min = 60 s 1 h = 60 min = 3600 s 1 d = 24 h = 86400 s	Die Sekunde ist die Dauer von 9192631770 Perioden der Strahlung, die dem Übergang zwischen den beiden Hyperfeinstrukturniveaus des Grundzustands des Atoms Caesium 133 entspricht.
Frequenz f, ν	Hertz	Hz	1 Hz = 1 s^{-1}	1 Hz ist die Frequenz eines periodischen Vorganges der Periodendauer 1 s.
Geschwindigkeit v	Meter/Sekunde Knoten[1])	m/s kn	1 m/s = 1 $m \cdot s^{-1}$ 1 kn = 1 sm/h $= \frac{1852}{3600}\ m \cdot s^{-1}$	 Seefahrt
Winkelgeschwindigkeit ω	Radiant/Sekunde	rad/s	1 rad/s = 1 $rad \cdot s^{-1}$	
Beschleunigung a	Meter/Quadratsekunde	m/s^2	1 m/s^2 = 1 $m \cdot s^{-2}$	
Winkelbeschleunigung α	Radiant/Quadratsekunde	rad/s^2	1 rad/s^2 = 1 $rad \cdot s^{-2}$	
Volumenstrom Q	Kubikmeter/Sekunde	m^3/s	1 m^3/s = 1 $m^3 \cdot s^{-1}$	Volumendurchfluß

[1]) vorläufig noch gültig

Größenart, Kurzzeichen	Maßeinheit Benennung	Einheiten-zeichen	Zusammenhang	Definitionen, Bemerkungen
	Mechanik			
Masse m	**Kilogramm** Gramm Tonne	**kg** g t	 $1\ g = 10^{-3}\ kg$ $1\ t = 10^3\ kg$	Das Kilogramm ist die Masse des internationalen Kilogrammprototyps.
Dichte ϱ	Kilogramm/ Kubikmeter	kg/m^3	$1\ kg/m^3 = 1\ m^{-3} \cdot kg$	auch g/cm^3, kg/dm^3, t/m^3
Bewegungs-größe, Impuls p, I	Kilogramm-meter/ Sekunde	$kg \cdot m/s$	$1\ kg \cdot m/s = 1\ m \cdot kg \cdot s^{-1}$	
Trägheits-moment J	Kilogramm mal Quadrat-meter	$kg \cdot m^2$	$1\ kg \cdot m^2 = 1\ m^2 \cdot kg$	auch Massenmoment 2. Grades früher: Massenträgheits-moment
Kraft F	Newton Kilopond[1]) Pond[1]) Dyn[1])	N kp p dyn	$1\ N = 1\ m \cdot kg \cdot s^{-2}$ $1\ kp = 9{,}80665\ N$ $1\ p = 10^{-3}\ kp$ $1\ dyn = 10^{-5}\ N$	1 N ist die Kraft, die der Masse 1 kg die Beschleunigung $1\ m/s^2$ erteilt.
Drehmoment M	Newtonmeter	$N \cdot m$	$1\ N \cdot m = 1\ m^2 \cdot kg \cdot s^{-2}$	
Druck, Spannung p, σ	Pascal Newton/ Quadratmeter	Pa N/m^2	$1\ Pa = 1\ N/m^2$ $1\ N/m^2 = 1\ m^{-1} \cdot kg \cdot s^{-2}$	1 Pa ist der auf eine Fläche gleichmäßig wirkende Druck, bei dem senkrecht auf die Fläche $1\ m^2$ die Kraft 1 N ausgeübt wird.
	Bar[2])	bar	$1\ bar = 10^5\ N/m^2 = 10^5\ m^{-1} \cdot kg \cdot s^{-2}$	
	Kilopond/Qua-dratzentimeter[1])	kp/cm^2	$1\ kp/cm^2 = 98\,066{,}5\ N/m^2$	wird Technische Atmosphäre (at) genannt, $1\ at = 1\ kp/cm^2$
	Meter Wassersäule[1])	m WS	$1\ m\ WS = 9\,806{,}65\ N/m^2$	auch mm WS, $1\ mm\ WS = 10^{-4}\ at$
	Physikalische Atmosphäre[1])	atm	$1\ atm = 101\,325\ N/m^2 = 101\,325\ m^{-1} \cdot kg \cdot s^{-2}$	
	Torr[1])	Torr	$1\ Torr = 1/760\ atm = \frac{101\,325}{760}\ m^{-1} \cdot kg \cdot s^{-2}$	

[1]) nicht mehr gültig, [2]) vorläufig noch gültig

Größenart, Kurzzeichen	Maßeinheit Benennung	Einheiten-zeichen	Zusammenhang	Definitionen, Bemerkungen
Dynamische Viskosität η	Pascalsekunde	Pa · s	$1\ \mathrm{Pa \cdot s} = 1\ \mathrm{N \cdot s/m^2}$ $= 1\ \mathrm{m^{-1} \cdot kg \cdot s^{-1}}$	
	Poise[1])	P	$1\ \mathrm{P} = 10^{-1}\ \mathrm{Pa \cdot s}$ $= 10^{-1}\ \mathrm{m^{-1} \cdot kg \cdot s^{-1}}$	häufiger cP, $1\ \mathrm{cP} = 10^{-3}\ \mathrm{Pa \cdot s}$
Kinematische Viskosität v	Quadratmeter/Sekunde	$\mathrm{m^2/s}$	$1\ \mathrm{m^2/s} = \dfrac{1\ \mathrm{Pa \cdot s}}{1\ \mathrm{kg/m^3}}$ $= 1\ \mathrm{m^2 \cdot s^{-1}}$	
	Stokes[1])	St	$1\ \mathrm{St} = 10^{-4}\ \mathrm{m^2/s}$ $= 10^{-4}\ \mathrm{m^2 \cdot s^{-1}}$	häufiger cSt, $1\ \mathrm{cSt} = 10^{-6}\ \mathrm{m^2/s}$
Arbeit, Energie W, E	Joule	J	$1\ \mathrm{J} = 1\ \mathrm{N \cdot m}$ $= 1\ \mathrm{m^2 \cdot kg \cdot s^{-2}}$	1 J ist die Arbeit, die verrichtet wird, wenn der Angriffspunkt der Kraft 1 N in Richtung der Kraft um 1 m verschoben wird.
	Newtonmeter	N · m	$1\ \mathrm{N \cdot m} = 1\ \mathrm{J}$ $= 1\ \mathrm{m^2 \cdot kg \cdot s^{-2}}$	
	Wattsekunde	W · s	$1\ \mathrm{W \cdot s} = 1\ \mathrm{J} = 1\ \mathrm{N \cdot m}$	
	Erg[1])	erg	$1\ \mathrm{erg} = 10^{-7}\ \mathrm{J}$	
	Elektronenvolt	eV	$1\ \mathrm{eV} = 1{,}60219 \cdot 10^{-19}\ \mathrm{J}$	Atom- und Kernphysik
Leistung P	Watt	W	$1\ \mathrm{W} = 1\ \mathrm{J \cdot s^{-1}}$ $= 1\ \mathrm{N \cdot m \cdot s^{-1}}$ $= 1\ \mathrm{m^2 \cdot kg \cdot s^{-3}}$	1 W ist die Leistung, bei der während der Zeit 1 s die Energie 1 J umgesetzt wird.
	Pferdestärke[1])	PS	$1\ \mathrm{PS} = 735{,}49875\ \mathrm{W}$	Kraft- und Arbeitsmaschinen

Elektrizität und Magnetismus

Größenart, Kurzzeichen	Maßeinheit Benennung	Einheiten-zeichen	Zusammenhang	Definitionen, Bemerkungen
Elektrische Stromstärke I	**Ampere**	**A**		Das Ampere ist die Stärke des zeitlich unveränderlichen elektrischen Stromes durch zwei geradlinige, parallele, unendlich lange Leiter der relativen Permeabilität 1 und von vernachlässigbarem Querschnitt, die den Abstand 1 m haben und zwischen denen die durch den Strom elektrodynamisch hervorgerufene Kraft im leeren Raum je 1 m Länge der Doppelleitung $2 \cdot 10^{-7}$ N beträgt.

[1]) nicht mehr gültig

Größenart, Kurzzeichen	Maßeinheit Benennung	Einheiten-zeichen	Zusammenhang	Definitionen, Bemerkungen
Elektrische Ladung, Elektrizitäts-menge *Q*	Coulomb, Amperesekunde	C A · s	1 C = 1 A · s = 1 s · A	1 C ist gleich der Elektrizitätsmenge, die während der Zeit 1 s bei einem zeitlich unveränderlichen elektrischen Strom der Stärke 1 A durch den Querschnitt eines Leiters fließt.
Elektrische Flußdichte *D*	Coulomb/Quadratmeter	C/m^2	$1\ C/m^2 = 1\ m^{-2} \cdot s \cdot A$	
Elektrischer Fluß ψ	Coulomb	C	1 C = 1 A · s	
Elektrische Leistung *P*	Watt	W	1 W = 1 J/s $= 1\ m^2 \cdot kg \cdot s^{-3}$	Die Einheit der elektrischen Leistung wird zur Angabe von Scheinleistungen auch Voltampere (VA), zur Angabe von Blindleistungen auch Var (var) genannt.
Elektrische Spannung *U*	Volt	V	1 V = 1 W/A $= 1\ m^2 \cdot kg \cdot s^{-3} \cdot A^{-1}$	1 V ist gleich der elektrischen Spannung zwischen zwei Punkten eines homogenen und gleichmäßig temperierten metallischen Leiters, in dem bei einem zeitlich unveränderlichen elektrischen Strom der Stärke 1 A zwischen den beiden Punkten die Leistung 1 W umgesetzt wird.
Elektrische Feldstärke *E*	Volt/Meter	V/m	$1\ V/m = 1\ m \cdot kg \cdot s^{-3} \cdot A^{-1}$	
Elektrische Kapazität *C*	Farad	F	1 F = 1 C/V $= 1\ m^{-2} \cdot kg^{-1} \cdot s^4 \cdot A^2$	1 F ist die elektrische Kapazität eines Kondensators, der durch die Elektrizitätsmenge 1 C auf die elektrische Spannung 1 V aufgeladen wird.

Größenart, Kurzzeichen	Maßeinheit Benennung	Einheiten-zeichen	Zusammenhang	Definitionen, Bemerkungen
Elektrischer Widerstand R	Ohm	Ω	$1\,\Omega = 1\,V/A$ $= 1\,m^2 \cdot kg \cdot s^{-3} \cdot A^{-2}$	1 Ω ist der elektrische Widerstand zwischen zwei Punkten eines homogenen und gleichmäßig temperierten metallischen Leiters, durch den bei der Spannung 1 V zwischen den beiden Punkten ein zeitlich unveränderlicher Strom der Stärke 1 A fließt.
Spezifischer elektrischer Widerstand ϱ	Ohmmeter	$\Omega \cdot m$	$1\,\Omega \cdot m$ $= 1\,m^3 \cdot kg \cdot s^{-3} \cdot A^{-2}$	auch in $\Omega \cdot mm^2/m$, $1\,\frac{\Omega \cdot mm^2}{m} = 10^{-6}\,\Omega \cdot m$
Elektrischer Leitwert G	Siemens	S	$1\,S = 1\,A/V$ $= 1\,m^{-2} \cdot kg^{-1} \cdot s^3 \cdot A^2$	$1\,S = 1/\Omega$
Elektrische Leitfähigkeit γ	Siemens/Meter	S/m	$1\,S/m$ $= 1\,m^{-3} \cdot kg^{-1} \cdot s^3 \cdot A^2$	$1\,S/m = 1/(\Omega \cdot m)$
Magnetischer Fluß Φ	Weber, Voltsekunde	Wb V · s	$1\,Wb = 1\,V \cdot s$ $= 1\,m^2 \cdot kg \cdot s^{-2} \cdot A^{-1}$	1 Wb ist gleich dem magnetischen Fluß, bei dessen gleichmäßiger Abnahme während der Zeit 1 s auf Null in einer ihn umschlingenden Windung die elektrische Spannung 1 V induziert wird.
Magnetische Flußdichte, magnetische Induktion B	Tesla	T	$1\,T = 1\,Wb/m^2$ $= 1\,V \cdot s/m^2$ $= 1\,kg \cdot s^{-2} \cdot A^{-1}$	1 T ist gleich der Flächendichte des homogenen magnetischen Flusses 1 Wb, der die Fläche 1 m² senkrecht durchsetzt.
Magnetische Feldstärke H	Ampere/Meter	A/m	$1\,A/m = 1\,m^{-1} \cdot A$	

Größenart, Kurzzeichen	Maßeinheit Benennung	Einheitenzeichen	Zusammenhang	Definitionen, Bemerkungen
Magnetische Spannung V	Ampere	A	1 A = 1 (A/m) · m	1 A ist die magnetische Spannung zwischen zwei Punkten im Abstand 1 m in Richtung des Vektors eines magnetischen Feldes mit der Feldstärke 1 A/m.
Induktivität L	Henry	H	1 H = 1 Wb/A = 1 $m^2 \cdot kg \cdot s^{-2} \cdot A^{-2}$	1 H ist die Induktivität einer geschlossenen Windung, die, von einem elektrischen Strom der Stärke 1 A durchflossen, im Vakuum den magnetischen Fluß 1 Wb umschlingt.
		Wärmelehre		
Temperatur (thermodynamische) T, Θ	**Kelvin**	**K**	Temperaturdifferenzen werden in Kelvin (K) angegeben.	Das Kelvin ist der 273,16te Teil der (thermodynamischen) Temperatur des Tripelpunkts von Wasser.
Celsius-Temperatur t, ϑ	Grad Celsius	°C		Die Celsius-Temperatur ist die Differenz einer Temperatur T und der Temperatur T_0. T_0 = 273,15 K; $\vartheta = T - T_0$
Wärmemenge Q	Joule Kalorie[1])	J cal	1 J = 1 $m^2 \cdot kg \cdot s^{-2}$ 1 cal = 4,1868 J	1 J = 1 N · m = 1 W · s
Spezifische Wärmekapazität c	Joule/(Kilogramm · Kelvin)	J/(kg · K)	1 J/(kg · K) = 1 $m^2 \cdot s^{-2} \cdot K^{-1}$	1 cal/(g · K) = 4,1868 · 10^3 J/(kg · K)
Entropie S	Joule/Kelvin	J/K	1 J/K = 1 $m^2 \cdot kg \cdot s^{-2} \cdot K^{-1}$	
Wärmestrom Φ	Watt	W	1 W = 1 J/s	

[1]) nicht mehr gültig

Größenart, Kurzzeichen	Maßeinheit Benennung	Einheiten-zeichen	Zusammenhang	Definitionen, Bemerkungen
Wärmestrom-dichte q	Watt/Quadrat-meter Kilokalorie/(Quadratmeter · Stunde)[1]	W/m² kcal/(m² · h)	$1\ W/m^2 = 1\ kg \cdot s^{-3}$ $1\ kcal/(m^2 \cdot h) = 1{,}163\ W/m^2$	
Wärme-übergangs-koeffizient α	Watt/(Quadrat-meter mal Kelvin)	W/(m² · K)	$1\ W/(m^2 \cdot K) = 1\ kg \cdot s^{-3} \cdot K^{-1}$	1 W/(m² · K) ist der Wärmeübergangs- oder der Wärmedurchgangskoeffizient zwischen zwei geeignet gewählten isothermen Flächen, zwischen denen beim Fließen eines Wärmestroms der Dichte 1 W/m² die Temperaturdifferenz 1 K herrscht.
Wärme-durchgangs-koeffizient k	Watt/(Quadratmeter mal Kelvin)	W/(m² · K)	$1\ W/(m^2 \cdot K) = 1\ kg \cdot s^{-3} \cdot K^{-1}$	
Wärmeleit-fähigkeit λ	Watt/(Meter · Kelvin) Kilokalorie/(Meter · Stunde · Kelvin)[1]	W/(m · K) kcal/(m · h · K)	$1\ W/(m \cdot K) = 1\ m \cdot kg \cdot s^{-3} \cdot K^{-1}$ $1\ kcal/(m \cdot h \cdot K) = 1{,}163\ W/(m \cdot K)$	1 W/(m · K) ist die Wärmeleitfähigkeit eines homogenen Stoffes, in dem sich beim Fließen eines Wärmestroms der Dichte 1 W/m² die Temperatur in Richtung des Wärmestroms auf 1 m um 1 K ändert.

Physikalische Chemie

Stoffmenge	**Mol**	**mol**		Das Mol ist die Stoffmenge eines Systems, das soviel (gleichartige) Elementarteilchen enthält, wie Atome in 0,012 kg des Kohlenstoffs 12 enthalten sind.

[1]) nicht mehr gültig

Größenart, Kurzzeichen	Maßeinheit Benennung	Einheiten-zeichen	Zusammenhang	Definitionen, Bemerkungen
		Optische Strahlung		
Lichtstärke I_v	**Candela**	**cd**		Die Candela ist die Lichtstärke, die $\frac{1}{600000}$ m² der Fläche eines schwarzen Körpers bei der Erstarrungstemperatur des Platins beim Druck 101 325 Pa senkrecht zu seiner Oberfläche ausstrahlt.
Leuchtdichte L_v	Candela/ Quadratmeter	cd/m^2	$1\ cd/m^2 = 1\ m^{-2} \cdot cd$	
	Stilb[1])	sb	$1\ sb = 10^4\ cd/m^2 = 1\ cd/cm^2$	
	Apostilb[1])	asb	$1\ asb = 0{,}318\,310\ cd/m^2$ (Lichttechnik)	
Lichtstrom Φ_v	Lumen	lm	$1\ lm = 1\ cd \cdot sr$	1 lm ist der Lichtstrom, den eine punktartige Lichtquelle der Lichtstärke 1 cd gleichmäßig in den Raumwinkel 1 sr aussendet.
Beleuchtungsstärke E_v	Lux	lx	$1\ lx = 1\ lm/m^2 = 1\ m^{-2} \cdot cd \cdot sr$	1 lx ist die Beleuchtungsstärke, die auf einer Fläche herrscht, wenn auf 1 m² der Fläche, gleichmäßig verteilt, der Lichtstrom 1 lm fällt.
Lichtmenge Q_v	Lumensekunde	$lm \cdot s$	$1\ lm \cdot s = 1\ s \cdot cd \cdot sr$	
Strahlungsenergie Q	Joule	J	$1\ J = 1\ W \cdot s = 1\ N \cdot m$	
Strahlungsfluß Φ	Watt	W	$1\ W = 1\ J/s$	
Strahlstärke I	Watt/ Steradiant	W/sr	$1\ W/sr = 1\ m^2 \cdot kg \cdot s^{-3} \cdot sr^{-1}$	
		Akustik		
Schallschnelle v	Meter/Sekunde	m/s	$1\ m/s = 1\ m \cdot s^{-1}$	

[1]) nicht mehr gültig

Größenart, Kurzzeichen	Maßeinheit Benennung	Einheiten-zeichen	Zusammenhang	Definitionen, Bemerkungen
Schall(wechsel)druck p	Pascal Mikrobar [2])	Pa µbar	$1\ \mathrm{Pa} = 1\ \mathrm{N/m^2}$ $= 1\ \mathrm{m^{-1} \cdot kg \cdot s^{-2}}$ $1\ \mu\mathrm{bar} = 10^{-1}\ \mathrm{N/m^2}$	
Schallenergie W	Joule	J	$1\ \mathrm{J} = 1\ \mathrm{m^2 \cdot kg \cdot s^{-2}}$	
Schalleistung P	Watt	W	$1\ \mathrm{W} = 1\ \mathrm{m^2 \cdot kg \cdot s^{-3}}$	
Schallintensität J	Watt/ Quadratmeter	$\mathrm{W/m^2}$	$1\ \mathrm{W/m^2} = 1\ \mathrm{kg \cdot s^{-3}}$	
		Ionisierende Strahlung		
Teilchenflußdichte φ	1/(Quadratmeter · Sekunde)	$1/(\mathrm{m^2 \cdot s})$	$1/(\mathrm{m^2 \cdot s}) = 1\ \mathrm{m^{-2} \cdot s^{-1}}$	Unter ionisierender Strahlung ist sowohl direkt (z. B. Elektronen, α-Teilchen) als auch indirekt (z. B. Neutronen, Photonen) ionisierende Strahlung zu verstehen.
Energiedosis D	Gray Rad[1])	Gy rd	$1\ \mathrm{Gy} = 1\ \mathrm{J/kg} = 1\ \mathrm{m^2 \cdot s^{-2}}$ $1\ \mathrm{rd} = 10^{-2}\ \mathrm{Gy}$ $= 10^{-2}\ \mathrm{J/kg}$	1 Gy ist die Energiedosis, die bei der Übertragung der Energie 1 J auf homogene Materie der Masse 1 kg durch ionisierende Strahlung einer räumlich konstanten spektralen Energiefluenz entsteht.
Energiedosisleistung $\dot{D}$	Gray/Sekunde Rad/Sekunde[1])	Gy/s rd/s	$1\ \mathrm{Gy/s} = 1\ \mathrm{W/kg}$ $= 1\ \mathrm{m^2 \cdot s^{-3}}$ $1\ \mathrm{rd/s} = 10^{-2}\ \mathrm{Gy/s}$ $= 10^{-2}\ \mathrm{W/kg}$	

[1]) nicht mehr gültig, [2]) vorläufig noch gültig

Größenart, Kurzzeichen	Maßeinheit Benennung	Einheiten-zeichen	Zusammenhang	Definitionen, Bemerkungen
Aktivität *A*	Becquerel Curie[1])	Bq Ci	$1\ Bq = 1\ s^{-1}$ $1\ Ci = 3{,}7 \cdot 10^{10}\ Bq$	1 Bq ist die Aktivität einer Menge eines radioaktiven Nuklids, in der der Quotient aus dem statistischen Erwartungswert für die Anzahl der Umwandlungen oder isomeren Übergänge und der Zeitspanne, in der diese Umwandlungen oder Übergänge stattfinden, dem Grenzwert 1/s bei abnehmender Zeitspanne zustrebt.

[1]) nicht mehr gültig

Umrechnung von Maßeinheiten der Arbeit und der Energie

Arbeit bzw. Energie	J, W · s, N · m, 10^7 erg	kW · h	kcal	kp · m	PS · h	MeV
1 J, 1 W · s, 1 N · m, 10^7 erg	1	$2{,}778 \cdot 10^{-7}$	$2{,}388 \cdot 10^{-4}$	$1{,}0197 \cdot 10^{-1}$	$3{,}78 \cdot 10^{-7}$	$6{,}242 \cdot 10^{12}$
1 kW · h	$3{,}6 \cdot 10^{6}$	1	$8{,}598 \cdot 10^{2}$	$3{,}671 \cdot 10^{5}$	1,36	$2{,}247 \cdot 10^{19}$
1 kcal	$4{,}1868 \cdot 10^{3}$	$1{,}163 \cdot 10^{-3}$	1	$4{,}269 \cdot 10^{2}$	$1{,}581 \cdot 10^{-3}$	$2{,}614 \cdot 10^{16}$
1 kp · m	9,80665	$2{,}724 \cdot 10^{-6}$	$2{,}342 \cdot 10^{-3}$	1	$3{,}703 \cdot 10^{-6}$	$6{,}122 \cdot 10^{13}$
1 PS · h	$2{,}648 \cdot 10^{6}$	$7{,}355 \cdot 10^{-1}$	$6{,}325 \cdot 10^{2}$	$2{,}7 \cdot 10^{5}$	1	$1{,}653 \cdot 10^{19}$
1 MeV	$1{,}602 \cdot 10^{-13}$	$4{,}45 \cdot 10^{-20}$	$3{,}826 \cdot 10^{-17}$	$1{,}634 \cdot 10^{-14}$	$6{,}05 \cdot 10^{-20}$	1

Umrechnung von Maßeinheiten der Leistung

Leistung	kW	kcal/s	kp · m/s	PS
1 kW	1	$2{,}388 \cdot 10^{-1}$	$1{,}0197 \cdot 10^{2}$	1,359
1 kcal/s	4,1868	1	$4{,}269 \cdot 10^{2}$	5,692
1 kp · m/s	$9{,}80665 \cdot 10^{-3}$	$2{,}342 \cdot 10^{-3}$	1	$1{,}333 \cdot 10^{-2}$
1 PS	$7{,}355 \cdot 10^{-1}$	$1{,}757 \cdot 10^{-1}$	75	1

Umrechnung von Maßeinheiten des Drucks

Druck	Pa (N/m²)	bar (10³ mbar)	at (kp/cm²)	atm	Torr
1 Pa (1 N/m²)	1	10^{-5}	$1{,}0197 \cdot 10^{-5}$	$9{,}869 \cdot 10^{-6}$	$7{,}5 \cdot 10^{-3}$
1 bar (10³ mbar)	10^{5}	1	1,0197	$9{,}8692 \cdot 10^{-1}$	$7{,}5 \cdot 10^{2}$
1 at (kp/cm²)	$9{,}80665 \cdot 10^{4}$	$9{,}80665 \cdot 10^{-1}$	1	$9{,}6784 \cdot 10^{-1}$	$7{,}3556 \cdot 10^{2}$
1 atm	$1{,}01325 \cdot 10^{5}$	1,01325	1,0332	1	$7{,}6 \cdot 10^{2}$
1 Torr	$1{,}3332 \cdot 10^{2}$	$1{,}3332 \cdot 10^{-3}$	$1{,}36 \cdot 10^{-3}$	$1{,}316 \cdot 10^{-3}$	1

1.2.4. Physikalische Konstanten

Atomare Masseeinheit	u	$= 1{,}6605655 \cdot 10^{-27}$ kg
BOLTZMANNsche Konstante	k	$= 1{,}380662 \cdot 10^{-23}$ J/K
Elementarladung	e	$= 1{,}6021892 \cdot 10^{-19}$ C
Elektron, Ruhmasse	m_e	$= 9{,}109534 \cdot 10^{-31}$ kg
Elektron, spezifische Ladung	e/m_e	$= 1{,}7588047 \cdot 10^{11}$ C/kg
Energieäquivalent der Masse	1 g	$\triangleq 5{,}61 \cdot 10^{26}$ MeV
Feldkonstante, elektrische	ε_0	$= 8{,}85418782 \cdot 10^{-12}$ F/m
Feldkonstante, magnetische	μ_0	$= 1{,}2566370614 \cdot 10^{-6}$ H/m
Gaskonstante, allgemeine	R_0	$= 8{,}31441$ J/(mol · K)
Gravitationskonstante	G	$= 6{,}672 \cdot 10^{-11}$ N · m²/kg²
Lichtgeschwindigkeit im leeren Raum	c_0	$= 2{,}99792458 \cdot 10^{8}$ m/s
LOSCHMIDTsche Konstante	n_0	$= 2{,}686754 \cdot 10^{25}$ m⁻³
Molares Normvolumen idealer Gase	V_m	$= 2{,}241383 \cdot 10^{-2}$ m³/mol
Neutron, Ruhmasse	m_n	$= 1{,}6749543 \cdot 10^{-27}$ kg
Normfallbeschleunigung (bei 45° geographischer Breite und NN)	g_n	$= 9{,}80665$ m/s²
Nullpunkt, absoluter	ϑ	$= -273{,}16\,°C = 0$ K
PLANCKsches Wirkungsquantum	h	$= 6{,}626176 \cdot 10^{-34}$ J · s
Proton, Ruhmasse	m_p	$= 1{,}6726485 \cdot 10^{-27}$ kg
Wellenwiderstand des Vakuums	Z_0	$= \sqrt{\mu_0/\varepsilon_0} = 376{,}731\ \Omega$

1.2.5. Elektromagnetische Wellen

Bezeichnung	Frequenz f Hz	Wellenlänge λ m	Anwendung
Wechselströme	$3 \cdot 10^2 \ldots 0$	$10^6 \ldots \infty$	technischer Wechselstrom
Tonfrequente Wechselströme	$3 \cdot 10^4 \ldots 3 \cdot 10$	$10^4 \ldots 10^7$	Telegraphie
Langwellen Mittelwellen Kurzwellen Ultrakurzwellen	$3 \cdot 10^5 \ldots 3 \cdot 10^4$ $3 \cdot 10^6 \ldots 3 \cdot 10^5$ $3 \cdot 10^7 \ldots 3 \cdot 10^6$ $3 \cdot 10^8 \ldots 3 \cdot 10^7$	$10^3 \ldots 10^4$ $10^2 \ldots 10^3$ $10 \ldots 10^2$ $1 \ldots 10$	technische Hochfrequenz, Rundfunk
Dezimeterwellen Zentimeterwellen Mikrowellen	$3 \cdot 10^9 \ldots 3 \cdot 10^8$ $3 \cdot 10^{10} \ldots 3 \cdot 10^9$ $3 \cdot 10^{12} \ldots 3 \cdot 10^{10}$	$10^{-1} \ldots 1$ $10^{-2} \ldots 10^{-1}$ $10^{-4} \ldots 10^{-2}$	Radioastronomie, Fernsehen, Radar, Vielfachtelefonie
Ultrarot (Infrarot)	$4 \cdot 10^{14} \ldots 3 \cdot 10^{11}$	$7{,}7 \cdot 10^{-7} \ldots 10^{-3}$	Medizin, Spektroskopie
Sichtbares Licht	$7{,}7 \cdot 10^{14} \ldots 4 \cdot 10^{14}$	$3{,}9 \cdot 10^{-7} \ldots 7{,}7 \cdot 10^{-7}$	Beleuchtung, Spektroskopie
Ultraviolett	$3 \cdot 10^{17} \ldots 7{,}7 \cdot 10^{14}$	$10^{-9} \ldots 3{,}9 \cdot 10^{-7}$	Medizin
RÖNTGEN-Strahlen	$3 \cdot 10^{21} \ldots 3 \cdot 10^{16}$	$10^{-13} \ldots 10^{-8}$	Medizin, Werkstoffprüfung
Gammastrahlen	$3 \cdot 10^{23} \ldots 3 \cdot 10^{18}$	$10^{-15} \ldots 10^{-10}$	Medizin, Werkstoffprüfung
Kosmische Strahlung	$3 \cdot 10^{24} \ldots 3 \cdot 10^{21}$	$10^{-16} \ldots 10^{-13}$	Kernphysik

1.3. Chemische Tabellen

1.3.1. Periodensystem der Elemente

Periode	Gruppe I a	Gruppe I b	Gruppe II a	Gruppe II b	Gruppe III a	Gruppe III b	Gruppe IV a	Gruppe IV b	Gruppe V a	Gruppe V b	Gruppe VI a	Gruppe VI b	Gruppe VII a	Gruppe VII b	Gruppe VIII	Gruppe 0
1	1 H															2 He
2	3 Li		4 Be			5 B		6 C		7 N		8 O		9 F		10 Ne
3	11 Na		12 Mg			13 Al		14 Si		15 P		16 S		17 Cl		18 Ar
4	19 K	29 Cu	20 Ca	30 Zn	21 Sc	31 Ga	22 Ti	32 Ge	23 V	33 As	24 Cr	34 Se	25 Mn	35 Br	26 Fe 27 Co 28 Ni	36 Kr
5	37 Rb	47 Ag	38 Sr	48 Cd	39 Y	49 In	40 Zr	50 Sn	41 Nb	51 Sb	42 Mo	52 Te	43 Tc	53 I	44 Ru 45 Rh 46 Pd	54 Xe
6	55 Cs	79 Au	56 Ba	80 Hg	Selt. Erden[1]	81 Tl	72 Hf	82 Pb	73 Ta	83 Bi	74 W	84 Po	75 Re	85 At	76 Os 77 Ir 78 Pt	86 Rn
7	87 Fr		88 Ra		89 Ac		Actiniden[2]									

[1]) Seltene Erden: 57 La, 58 Ce, 59 Pr, 60 Nd, 61 Pm, 62 Sm, 63 Eu, 64 Gd, 65 Tb, 66 Dy, 67 Ho, 68 Er, 69 Tm, 70 Yb, 71 Lu

[2]) Actiniden: 90 Th, 91 Pa, 92 U, 93 Np, 94 Pu, 95 Am, 96 Cm, 97 Bk, 98 Cf, 99 Es, 100 Fm, 101 Md, 102 No, 103 Lw, 104 Ku, 105 ...

1.3.2. Relative Atommassen

Die relativen Atommassen A_r beziehen sich auf das Kohlenstoffisotop ^{12}C. Die eckige Klammer in der Tabelle bedeutet, daß die Massenzahl des langlebigsten Isotops angegeben ist.

Name	Symbol	Z[1])	A_r	Wertigkeit	Name	Symbol	Z[1])	A_r	Wertigkeit
Actinium	Ac	89	[227]	3	Arsen	As	33	74,9216	3, 5, (−3)
Aluminium	Al	13	26,9815	3, (1)	Astatin	At	85	[210]	5, 7
Americium	Am	95	[243]	2, 3, 4, 5, 6	Barium	Ba	56	137,34	2
Antimon	Sb	51	121,75	3, 5, (−3)	Berkelium	Bk	97	[247]	3, 4
Argon	Ar	18	39,948	0	Beryllium	Be	4	9,0122	2

[1]) Z Kernladungszahl (Ordnungszahl)

Name	Symbol	Z[1])	A_r	Wertigkeit
Bismut	Bi	83	208,980	3, (−3, −5)
Blei	Pb	82	207,19	2, 4
Bohrium[2])	Bo	105	[260]	
Bor	B	5	10,811	3
Brom	Br	35	79,904	−1, 1, 5
Cadmium	Cd	48	112,40	2
Caesium	Cs	55	132,905	1
Calcium	Ca	20	40,08	2
Californium	Cf	98	[250]	
Cerium	Ce	58	140,12	3, 4
Chlor	Cl	17	35,453	−1, 1, 3, 5, 7
Chromium	Cr	24	51,996	2, 3, 6, (1, 4, 5)
Cobalt	Co	27	58,9332	2, 3, (4)
Curium	Cm	96	[245]	3
Dysprosium	Dy	66	162,50	3
Einsteinium	Es	99	[254]	
Eisen	Fe	26	55,847	2, 3, (6)
Erbium	Er	68	167,26	3
Europium	Eu	63	151,96	3, (2)
Fermium	Fm	100	[255]	
Fluor	F	9	18,9984	−1
Francium	Fr	87	[223]	1
Gadolinium	Gd	64	157,25	3
Gallium	Ga	31	69,72	3, (1, 2)
Germanium	Ge	32	72,59	2, 4
Gold	Au	79	196,967	1, 3
Hafnium	Hf	72	178,49	4
Helium	He	2	4,0026	0
Holmium	Ho	67	164,930	3
Indium	In	49	114,82	3, (1, 2)
Iod	I	53	126,9044	−1, 1, 3, 5, 7
Iridium	Ir	77	192,2	3, 4, (1, 2, 6)
Kalium	K	19	39,102	1
Kohlenstoff	C	6	12,01115	4
Krypton	Kr	36	83,80	0, (2, 4)
Kupfer	Cu	29	63,546	1, 2
Kurtschatovium	Ku	104	[258]	
Lanthan	La	57	138,91	3
Lawrencium	Lr	103	[257]	
Lithium	Li	3	6,939	1
Lutetium	Lu	71	174,97	3
Magnesium	Mg	12	24,305	2
Mangan	Mn	25	54,9381	2, 4, 7, (1, 3, 5, 6)
Mendelevium	Md	101	[255]	
Molybdän	Mo	42	95,94	6, (2...5)
Natrium	Na	11	22,9898	1
Neodymium	Nd	60	144,24	3, (4)
Neon	Ne	10	20,179	0
Neptunium	Np	93	[237]	
Nickel	Ni	28	58,71	2, (3, 4)
Niobium	Nb	41	92,906	5, (2, 3, 4)
Nobelium	No	102	[254]	
Osmium	Os	76	190,2	6, 8, (2, 3, 4)
Palladium	Pd	46	106,4	2, 4, (3)
Phosphor	P	15	30,9738	−3, 3, 5
Platin	Pt	78	195,09	2, 4, (1, 3, 6)
Plutonium	Pu	94	[242]	3, 4, 5, 6
Polonium	Po	84	[210]	4
Praseodymium	Pr	59	140,907	3, (4)
Promethium	Pm	61	[147]	3
Protactinium	Pa	91	[231]	5
Quecksilber	Hg	80	200,59	1, 2
Radium	Ra	88	[226]	2
Radon	Rn	86	[222]	0
Rhenium	Re	75	186,2	4, 7, (3, 5, 6)

[1]) *Z* Kernladungszahl (Ordnungszahl)
[2]) auch Hahnium Ha oder Nielsbohrium Ns

Name	Symbol	Z[1])	A_r	Wertigkeit	Name	Symbol	Z[1])	A_r	Wertigkeit
Rhodium	Rh	45	102,905	3, 4, (1, 2, 6)	Terbium	Tb	65	158,924	3, 4
Rubidium	Rb	37	85,47	1	Thallium	Tl	81	204,37	1, 3
Ruthenium	Ru	44	101,07	4, 8, (2, 3, 5...7)	Thorium	Th	90	232,038	4
					Thulium	Tm	69	168,934	3
Samarium	Sm	62	150,35	3, (2)	Titanium	Ti	22	47,90	2, 4, (3)
Sauerstoff	O	8	15,9994	−2	Uranium	U	92	238,03	2, 3, 4
Scandium	Sc	21	44,956	3	Vanadium	V	23	50,942	5, (2, 3, 4)
Schwefel	S	16	32,064	−2, 4, 6	Wasserstoff	H	1	1,00797	1, (−1)
Selen	Se	34	78,96	−2, 4, 6	Wolfram	W	74	183,85	6, (2...5)
Silber	Ag	47	107,868	1, (2)	Xenon	Xe	54	131,30	0, (2, 4, 6, 8)
Silicium	Si	14	28,086	4	Ytterbium	Yb	70	173,04	3, (2)
Stickstoff	N	7	14,0067	−3, 3, 5, (2, 4)	Yttrium	Y	39	88,905	3
Strontium	Sr	38	87,62	2	Zink	Zn	30	65,37	2
Tantal	Ta	73	180,948	5, (2, 3, 4)	Zinn	Sn	50	118,69	2, 4
Technetium	Tc	43	[99]	7, (2...6)	Zirconium	Zr	40	91,22	4, (2, 3)
Tellur	Te	52	127,60	4, 6, (−2)					

[1]) *Z* Kernladungszahl (Ordnungszahl)

1.3.3. Trivialname und chemische Benennung technisch wichtiger Stoffe

Trivialname	Chemische Formel	Chemischer Name bzw. Erläuterung
Aceton	C_3H_6O	Propanon
Acetylen	C_2H_2	Ethin
Ätzkali	KOH	Kaliumhydroxid
Ätzkalk	$Ca(OH)_2$	Calciumhydroxid
Ätznatron	$NaOH$	Natriumhydroxid
Amalgame		Hg-Legierungen von Metallen
Anilin	C_6H_7N	Aminobenzen
Antichlor	$Na_2S_2O_3$	Natriumthiosulfat
Asbest		Ca-Mg-Silikate
Bleiglätte	PbO	Blei(II)-oxid
Bleiweiß	$PbCO_3 \cdot Pb(OH)_2$	basisches Bleicarbonat
Borax	$Na_2B_4O_7 \cdot 10\,H_2O$	Natriumtetraboratdekahydrat
Braunstein	MnO_2	Mangandioxid
Chlorkalk	$CaCl(OCl)$	Calciumchloridhypochlorit
Eisenchlorid	$FeCl_2 \cdot 4\,H_2O$	Eisen(II)-chloridtetrahydrat
Eisenrost	$FeO \cdot Fe_2O_3 \cdot xH_2O$	Eisenoxidhydrat

Trivialname	Chemische Formel	Chemischer Name bzw. Erläuterung
Eisessig, Essig, Essigsäure	$C_2H_4O_2$	Ethansäure
Ether	$C_4H_{10}O$	Diethylether
Flußsäure	HF	Fluorwasserstoffsäure
Gips	$CaSO_4 \cdot 2\ H_2O$	Calciumsulfatdihydrat
Glaubersalz	$NaSO_4 \cdot 10\ H_2O$	Natriumsulfatdekahydrat
Glycerol	$C_3H_8O_3$	Propantriol
Grubengas, Sumpfgas	CH_4	Methan
Holzessig	CH_4O	Ethansäure
Holzgeist		Methanol
Kalk, gebrannter	CaO	Calciumoxid
–, gelöschter	$Ca(OH)_2$	Calciumhydroxid
Karbid	CaC_2	Calciumkarbid
Karborundum	SiC	Siliciumkarbid
Kochsalz, Steinsalz	NaCl	Natriumchlorid
Königswasser		Gemisch aus 3 Teilen konz. HCl und 1 Teil konz. HNO_3
Kohlenoxid	CO	Kohlenmonoxid
Kohlenstofftetrachlorid	CCl_4	Tetrachlormethan
Korund, Schmirgel	Al_2O_3	Aluminiumoxid
Kreide, Kalkstein	$CaCO_3$	Calciumcarbonat
Kupfersulfat	$CuSO_4$	Kupfer(II)-sulfat
Kupfervitriol	$CuSO_4 \cdot 5\ H_2O$	Kupfer(II)-sulfatpentahydrat
Lötsalz (in Lösung), Lötwasser	$ZnCl_2 \cdot 2\ NH_4Cl$	Lösung von Zinkchlorid und Ammoniumchlorid
Lachgas	N_2O	Distickstoffoxid
Magnesia	MgO	Magnesiumoxid
Mennige	Pb_3O_4	Blei(III, IV)-oxid
Nitroglyzerin	$C_3H_5O_9N_3$	Propantrioltrinitrat
Oxalsäure	$C_2H_2O_4$	Ethandisäure
Pottasche	K_2CO_3	Kaliumcarbonat
Salmiak	NH_4Cl	Ammoniumchlorid
Salmiakgeist	NH_4OH	Ammoniumhydroxid
Salzsäure	HCl	Chlorwasserstoffsäure
Schmirgel s. Korund		
Soda	$NaCO_3 \cdot 10\ H_2O$	Natriumcarbonatdekahydrat
Spiritus	C_2H_6O	Ethanol
Tetra	CCl_4	Kohlenstofftetrachlorid
Toluen	C_7H_8	Methylbenzen
Tonerde	A_2O_3	Aluminiumoxid
Tri	C_2HCl_3	Trichlorethen
Wasser	H_2O	Wasserstoffoxid
Weingeist	C_2H_6O	Ethanol

1.3.4. Elektrochemische Äquivalente

Abgeschiedene Stoffmenge $\boxed{m = cIt}$ I Stromstärke, t Zeit

Beispiel Die Silbermenge, die vom elektrischen Strom der Stärke 30 A in 2 h abgeschieden wird, beträgt $m = 1{,}118$ mg/(A · s) · 30 A · 2 h = 241,5 g

Elektrochemische Äquivalente c

Stoff	Wertigkeit	c mg/(A · s)	Stoff	Wertigkeit	c mg/(A · s)	Stoff	Wertigkeit	c mg/(A · s)
Kationen			Kalium	I	0,405	Silber	I	1,118
Aluminium	III	0,093	Kupfer	II	0,329	Wasserstoff	I	0,010
Barium	II	0,712	Magnesium	II	0,126	Zink	II	0,339
Bismut	III	0,722	Mangan	II	0,285	Zinn	II	0,615
Blei	II	1,074	Mangan	III	0,190	Zinn	IV	0,308
Calcium	II	0,208	Natrium	I	0,233	*Anionen*		
Chromium	III	0,180	Nickel	II	0,304	Brom	I	0,828
Eisen	II	0,289	Nickel	III	0,203	Chlor	I	0,367
Eisen	III	0,193	Platin	IV	0,505	Fluor	I	0,197
Gold	III	0,681	Quecksilber	I	2,079	Sauerstoff	II	0,083

1.3.5. Spannungsreihe

Element	Metall	Kation	Normalpotential E_0 V
Kalium	K	K^+	−2,92
Calcium	Ca	Ca^{++}	−2,76
Natrium	Na	Na^+	−2,71
Magnesium	Mg	Mg^{++}	−2,34
Aluminium	Al	Al^{+++}	−1,33
Mangan	Mn	Mn^{++}	−1,10
Zink	Zn	Zn^{++}	−0,76
Chromium	Cr	Cr^{+++}	−0,51
Eisen	Fe	Fe^{++}	−0,44
Cadmium	Cd	Cd^{++}	−0,40
Cobalt	Co	Co^{++}	−0,28
Nickel	Ni	Ni^{++}	−0,23
Zinn	Sn	Sn^{++}	−0,16
Blei	Pb	Pb^{++}	−0,12
(Wasserstoff)	(H_2)	(2 H^+)	(∓0)
Kupfer	Cu	Cu^{++}	+0,35
Silber	Ag	Ag^+	+0,79
Quecksilber	Hg	Hg^{++}	+0,85
Gold	Au	Au^{+++}	+1,36
Platin	Pt	Pt^{++}	+1,60

Element	Anion	Nichtmetall	Normalpotential E_0 V
Schwefel	S^{--}	S	−0,51
Iod	2 I^-	I_2	+0,54
Brom	2 Br^-	Br_2	+1,07
Chlor	2 Cl^-	Cl_2	+1,36
Fluor	2 F^-	F_2	+2,85

Beispiel Spannung des DANIELL-Elements: $E_{0Cu} - E_{0Zn} = 0{,}35\ \text{V} - (-0{,}76\ \text{V}) = 1{,}11\ \text{V}$.

2. Grundlagen der Elektrotechnik

2.1. Gleichstrom

2.1.1. Grundgrößen und Grundbegriffe

Größe/Bezeichnung	Formelzeichen	Einheit	Formel/Erläuterung
Elektrizitätsmenge, elektrische Ladung	Q	$\mathrm{C} = \mathrm{A} \cdot \mathrm{s}$	$\boxed{Q = It}$
	$\frac{\text{Gleichnamig}}{\text{Ungleichnamig}}$ geladene Körper $\frac{\text{stoßen sich ab}}{\text{ziehen sich an}}$.		
	Elektrischer Strom		
Augenblickswert der Stromstärke	i	A	$i = \mathrm{d}Q/\mathrm{d}t$
Gleichstrom	I	A	$\boxed{I = Q/t}$
Technische Stromrichtung	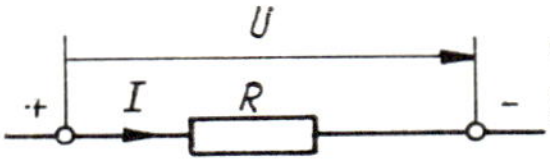		vom Plus- zum Minuspol der antreibenden Spannungsquelle
	Elektrische Spannung		
Quellenspannung	U_q	V	$\boxed{U_q = W_{zu}/Q}$
			W_{zu} von außen zugeführte Arbeit
	Die Quellenspannung ist vom Plus- zum Minuspol der Spannungsquelle entgegen dem antreibenden Strom gerichtet.		
Ideale Spannungsquelle	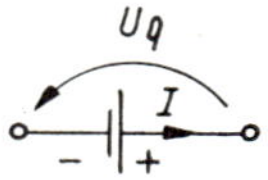		
Spannungsabfall	U	V	$\boxed{U = W_{ab}/Q}$
			W_{ab} freiwerdende Energie
	Der Spannungsabfall hat die gleiche Richtung wie der fließende Strom.		

Größe/ Bezeichnung	Formel-zeichen	Einheit	Formel/Erläuterung
Potentialdifferenz	U_{12}	V	$U_{12} = \varphi_1 - \varphi_2$ φ_1 Potential im Punkt P_1 φ_2 Potential im Punkt P_2

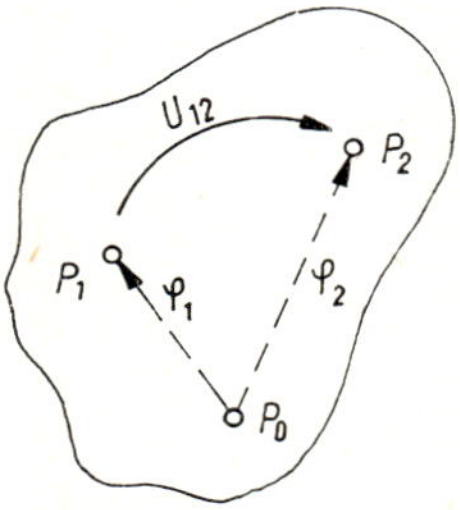

Elektrische Spannung = Potentialdifferenz.
Ströme fließen stets von Stellen höheren nach Stellen niederen Potentials.

Entstehung von Quellenspannungen

Physikalische Ursache	Vorgang	Anwendungen
Elektronenaustausch bei chemischen Reaktionen	Eintauchen von Leiterplatten in Elektrolyten	galvanische Elemente, Akkumulatoren
Induktionsvorgänge in festen Leitern	Bewegung von Leitern im Magnetfeld	Dynamomaschine
Induktionsvorgänge in Plasmen	Bewegung von Flammengasen im Magnetfeld	magnetohydrodynamischer (MHD-) Generator
thermoelektrischer (SEEBECK-) Effekt	Erwärmen der Kontaktstellen zwischen verschiedenen Metallen	Thermoelement
piezoelektrischer Effekt	mechanischer Druck auf polare Kristalle	elektroakustische Wandler
innerer Fotoeffekt	Lichteinstrahlung in Halbleiterkombinationen	Solarzelle

Elektrischer Widerstand

Größe/ Bezeichnung	Formel-zeichen	Einheit	Formel/Erläuterung
Elektrischer Widerstand	R	Ω	$\boxed{R = \frac{\varrho l}{A}}$ l Länge des Leiters A Querschnittsfläche des Leiters
Elektrischer Leitwert	G	S = 1/Ω	$\boxed{G = 1/R}$
Spezifischer elektrischer Widerstand	ϱ	Ω · m = 10^6 Ω · mm²/m	(→ Tabelle)
Elektrische Leitfähigkeit	γ	S/m	$\boxed{\gamma = 1/\varrho}$
Temperatur-abhängiger Widerstand	R_ϑ	Ω	$\boxed{R_\vartheta = R_{20}[1 + \alpha\Delta\vartheta + \beta(\Delta\vartheta)^2]}$ R_{20} Widerstand bei 20 °C $\Delta R = R_\vartheta - R_{20}$ Näherung für kleine Temperaturdifferenzen: $R_\vartheta = R_{20}(1 + \alpha\Delta\vartheta)$ $R_\vartheta = R_{20}[1 + \alpha(\vartheta - 20\,°\mathrm{C})]$
1. Temperatur-koeffizient	α	K^{-1}	$\alpha = \frac{\Delta R}{\Delta\vartheta R_{20}}$ (→ Tabelle)
2. Temperatur-koeffizient	β	K^{-2}	(→ Tabelle)

Widerstandswerte einiger Metalle (bei 20 °C)

	Spezifischer elektrischer Widerstand ϱ 10^{-6} Ω · m	Elektrische Leit-fähigkeit γ 10^6 S/m	Temperatur-koeffizienten α K^{-1}	β 10^{-6} K^{-2}
Widerstandslegierungen				
Chromnickel (80 Ni, 20 Cr)	1,1	0,91	$-0{,}2 \cdot 10^{-3}$	–
Konstantan (54 Cu, 45 Ni, 1 Mn)	0,50	2,0	$-0{,}0035 \cdot 10^{-3}$	–
Manganin (86 Cu, 2 Ni, 12 Mn)	0,43	2,27	$2 \cdot 10^{-5}$	–
Nickelin (54 Cu, 26 Ni, 20 Zn)	0,43	2,27	$0{,}11 \cdot 10^{-3}$	–

	Spezifischer elektrischer Widerstand ϱ $10^{-6}\ \Omega \cdot \text{m}$	Elektrische Leitfähigkeit γ $10^{6}\ \text{S/m}$	Temperaturkoeffizienten α K^{-1}	β $10^{-6}\ \text{K}^{-2}$
Leiter- und Kontaktmaterial				
Leitungsaluminium	0,0286	35,0	0,0037	1,3
Gold	0,022	45,2	0,0039	–
Leitungskupfer	0,0178	56,2	0,0039	0,6
Silber	0,016	62,5	0,0038	0,7
Widerstandsschichtmaterial				
Platin	0,105	9,5	0,003	0,6
Palladium	0,102		0,0037	
Kohle	65	0,013	−0,0004	
Sonstige Metalle				
Eisen	0,098	10,2	0,0066	6,0
Quecksilber	0,96	1,04	$0{,}92 \cdot 10^{-3}$	1,2
Zink	0,059	16,9	0,0037	2,0

OHMsches Gesetz

Linearer Widerstand

$U = RI$	$I = \dfrac{U}{R}$
$R = \dfrac{U}{I}$	$I = GU$

Anstieg der Geraden:
$\tan \alpha = \Delta I / \Delta U$

Nichtlinearer Widerstand

Im nichtlinearen Teil einer *U*-*I*-Kennlinie hat der Widerstand in jedem Punkt einen anderen Wert und wird dann als differentieller Widerstand ausgedrückt.

Differentieller Widerstand

$r = \mathrm{d}U/\mathrm{d}I$

Er ist gleich dem reziproken Wert des Anstiegs der Kennlinie im Arbeitspunkt *A*, dargestellt durch die in diesem Punkt gezogene Tangente.

Kennlinien von Widerständen. a) ohmscher Widerstand, b) Kaltleiter, c) Heißleiter, d) Sättigungskennlinie

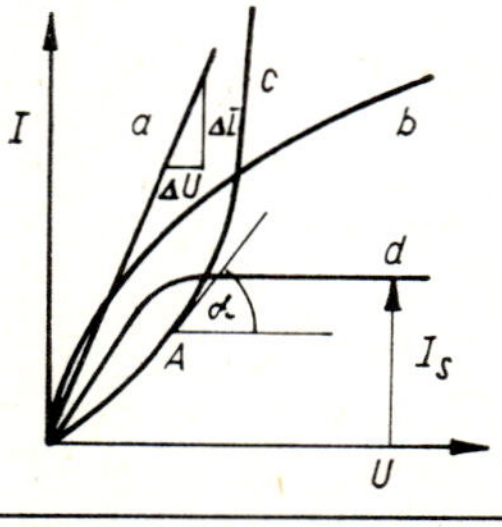

Elektrische Energie und Leistung

Größe/ Bezeichnung	Formel- zeichen	Einheit	Formel/Erläuterung
Energie (Arbeit)	W	J = W · s	$\boxed{W = UQ}$
		1 kWh = 3,6 · 10⁶ W · s = 3,6 · 10⁶ J	
Leistung	P	W = J/s	$\boxed{P = \mathrm{d}W/\mathrm{d}t}$ $P = W/t$ für $P = \text{const}$ Umformung mit dem OHMschen Gesetz: $\boxed{P = UI}$ $P = U^2/R$ $P = I^2R$
Wirkungsgrad	η	1	$\eta = \dfrac{P_N}{P_N + P_V}$ P_N Nutzleistung P_V Leistungsverlust

2.1.2. Zusammengesetzte Widerstände

Reihenschaltung von Widerständen und Spannungsteilung

Gesamtwiderstand $R = R_1 + R_2 + R_3 + \ldots$

Unbelasteter Spannungsteiler $\boxed{\dfrac{U_1}{U_2} = \dfrac{R_1}{R_2}}$ $\boxed{\dfrac{U}{U_2} = \dfrac{R}{R_2}}$

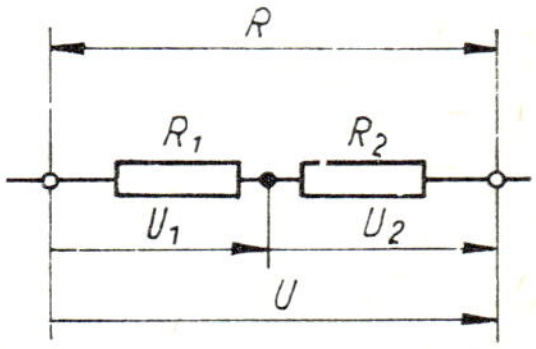

Spannungsteilerregel: Die Spannungsabfälle in Reihe liegender Widerstände verhalten sich direkt proportional wie die zugehörigen Widerstände.

Parallelschaltung von Widerständen und Stromteilung

Gesamtleitwert $\dfrac{1}{R} = \dfrac{1}{R_1} + \dfrac{1}{R_2} + \dfrac{1}{R_3} + \ldots$

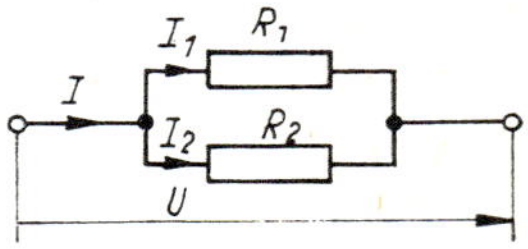

Sonderfälle:

zwei parallele Widerstände $R = \dfrac{R_1 R_2}{R_1 + R_2}$

drei parallele Widerstände $R = \dfrac{R_1 R_2 R_3}{R_1 R_2 + R_1 R_3 + R_2 R_3}$

Einfacher Stromteiler

$$\frac{I_1}{I_2} = \frac{R_2}{R_1} \qquad \frac{I}{I_2} = \frac{R_1 + R_2}{R_1}$$

Stromteilerregel

Die Stromstärken parallelgeschalteter Widerstände verhalten sich umgekehrt wie die zugehörigen Widerstände.

Dreieck-Stern-Umwandlung

Drei zu einem Dreieck zusammengesetzte Widerstände R_1, R_2, R_3 lassen sich durch drei andere, zu einem Stern zusammengesetzte Widerstände R_A, R_B, R_C ersetzen, ohne daß sich der Widerstand zwischen den Anschlußklemmen A, B, C ändert. Die umgekehrte Umwandlung ist ebenfalls möglich.

Sternersatzwiderstände einer Dreieckschaltung

$$R_A = \frac{R_2 R_3}{R_1 + R_2 + R_3}$$

$$R_B = \frac{R_1 R_3}{R_1 + R_2 + R_3}$$

$$R_C = \frac{R_1 R_2}{R_1 + R_2 + R_3}$$

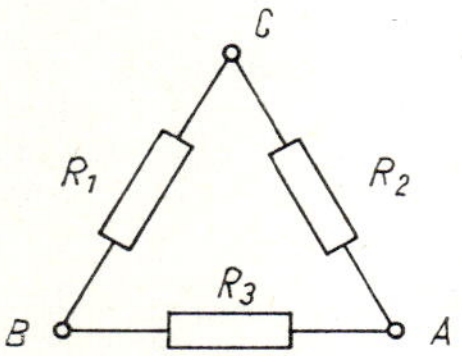

Dreieckersatzwiderstände einer Sternschaltung

$$R_1 = R_B + R_C + \frac{R_B R_C}{R_A}$$

$$R_2 = R_A + R_C + \frac{R_A R_C}{R_B}$$

$$R_3 = R_A + R_B + \frac{R_A R_B}{R_C}$$

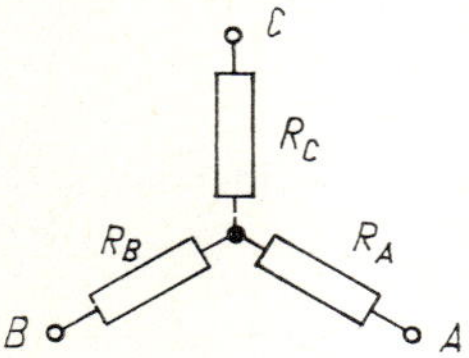

Gemischte Schaltung von Widerständen

Vereinfachung einer gemischten Schaltung a), b), c) Berechnungsschritte

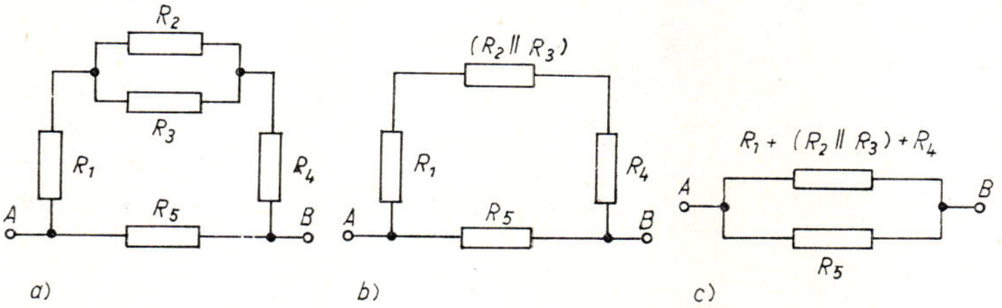

Zur Berechnung des Ersatzwiderstandes einer gemischten Schaltung von Widerständen werden alle kleineren Gruppen unmittelbar parallel oder in Reihe liegender Widerstände schrittweise zusammengefaßt, bis nur noch eine einzige Reihen- oder Parallelschaltung vorliegt.

Vereinfachung mit Hilfe einer Dreieck-Stern-Umwandlung a), b), c) Berechnungsschritte

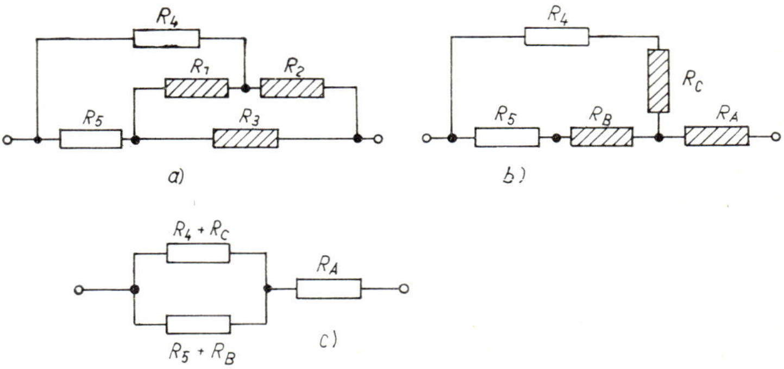

2.1.3. Stromkreise und Netzwerke

Grundstromkreis

Größe/ Bezeichnung	Formelzeichen	Einheit	Formel/Erläuterung
Grundstromkreis mit Spannungsquelle			$I = \frac{U_q}{R_i + R}$ R äußerer Widerstand R_i innerer Widerstand

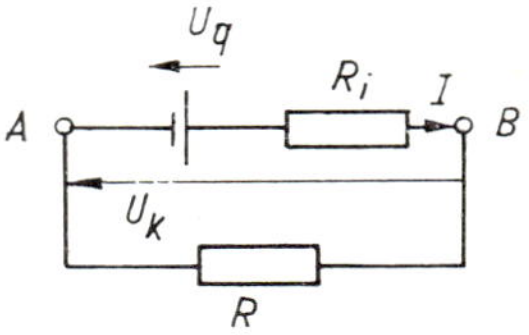

Klemmenspannung	U_k	V	$\boxed{U_k = IR = U_q - IR_i}$

Die Klemmenspannung ist im Belastungsfall kleiner als die Quellenspannung der Spannungsquelle.

Leerlaufspannung	U_l	V	$U_l = U_q$
Kurzschlußstrom	I_K	A	$I_K = \frac{U_q}{R_i}$

Grundstromkreis mit Stromquelle

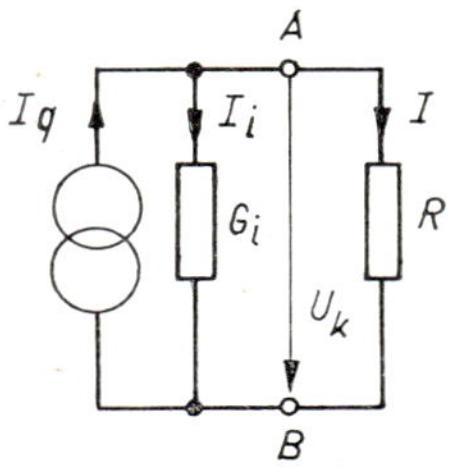

Quellenstromstärke	I_q	A	$\boxed{I_q = \frac{U_q}{R_i}}$ Kurzschluß der Klemmen *A*, *B* $I = I_q - I_i$ für $R \neq 0$

Größe/ Bezeichnung	Formel- zeichen	Einheit	Formel/Erläuterung
Wirkungsgrad im Grundstromkreis	η	1	$\eta = \dfrac{P_a}{P_a + P_i} = \dfrac{1}{1 + (R_i/R_a)}$
Anpassung	Die maximal abgegebene Leistung ergibt sich, wenn die Bedingung $R_a = R_i$ erfüllt ist. Der Wirkungsgrad beträgt dann 50%.		

Wirkungsgrad und abgegebene Leistung im Grundstromkreis

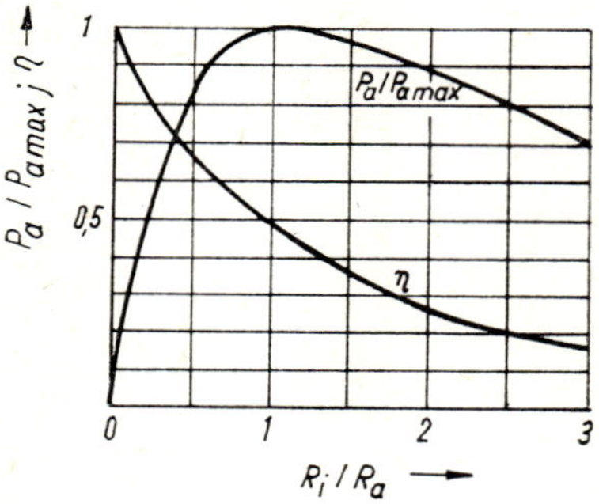

Kirchhoffsche Regeln

Knotenpunktsatz (1. Kirchhoffsche Regel)

$\boxed{\Sigma I_{zu} = \Sigma I_{ab}}$ $\boxed{\Sigma I = 0}$

In jedem Knotenpunkt eines Stromkreises ist die Summe der zufließenden gleich der Summe der abfließenden Ströme.

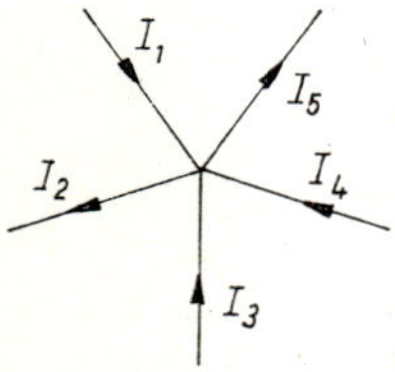

Maschensatz (2. Kirchhoffsche Regel)

$\boxed{\Sigma U = 0}$

Beim Umlaufen einer Masche ist die Summe aller Spannungen gleich Null.

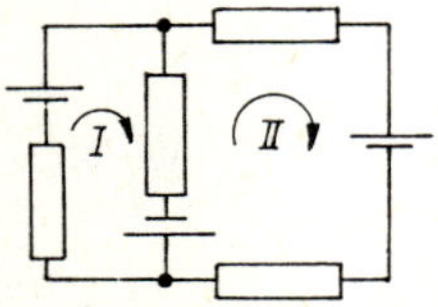

Belasteter Spannungsteiler

Ströme und Spannungen am belasteten Spannungsteiler

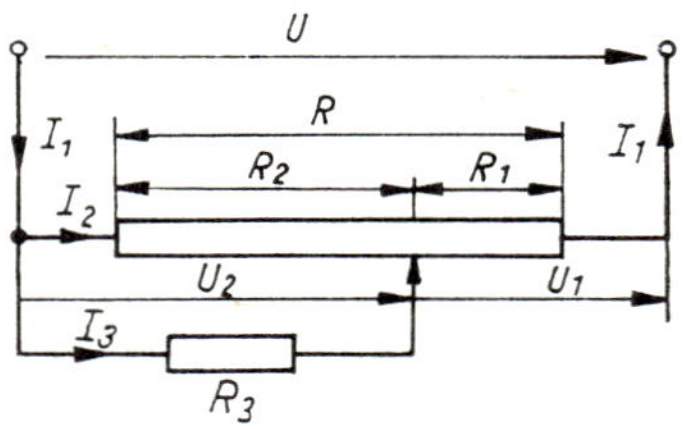

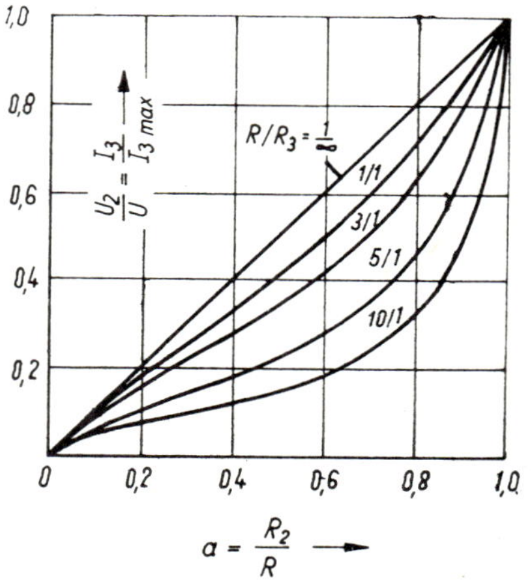

$$\frac{U_2}{U} = \frac{R_2 \| R_3}{R_1 + R_2 \| R_3} = \frac{a}{1 + (R/R_3)(a - a^2)} = \frac{I_3}{I_{3\max}}$$

mit $a = R_2/R$

Die Abweichung von der Linearität des unbelasteten Spannungsteilers vergrößert sich mit kleiner werdendem Belastungswiderstand R_3 (s. Bild).

Berechnungsverfahren für Netzwerke

<table>
<tr><th>Verfahren</th><th>Netzwerks-festlegungen zur Berechnung</th><th>Einzelgleichungen</th><th>Berechnungsbeispiel I_3</th></tr>
<tr><td>Knoten- und Maschensatz
Bei m Zweigströmen sind m unabhängige Gleichungen notwendig; n Knoten liefern $(n-1)$ unabhängige Gleichungen, d.h., noch $m-(n-1)$ unabhängige Maschengleichungen sind aufzustellen.</td><td>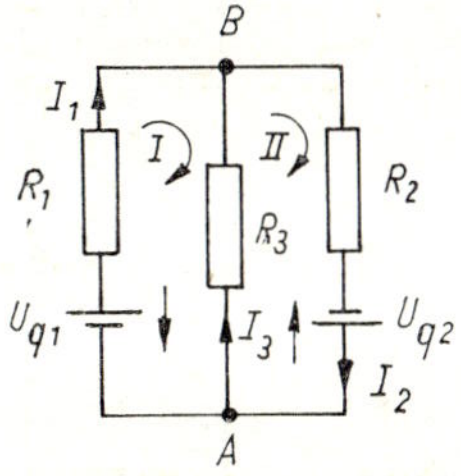

Umlaufsinn festlegen</td><td>Knoten A: $I_2 = I_1 + I_3$
Masche I: $U_{q1} = I_1R_1 - I_3R_3$
Masche II: $U_{q2} = I_2R_2 + I_3R_3$</td><td>$I_3 = \frac{U_{q2}R_1 - U_{q1}R_2}{R_1(R_2 + R_3) + R_2R_3}$</td></tr>
<tr><td>Überlagerungssatz
Jeder Zweigstrom ist gleich der Summe aller durch diesen Zweig fließenden Teilströme, die von allen vorhandenen Quellenspannungen einzeln angetrieben werden.</td><td>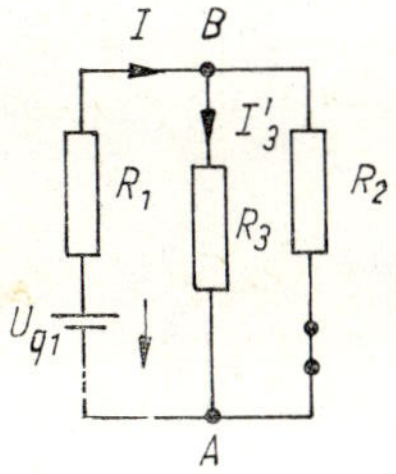

Kurzschluß U_{q2}</td><td>$I = \frac{U_{q1}}{R_1 + R_1R_2/(R_1 + R_2)}$
$I_3' = \frac{U_{q1}R_2}{R_1(R_2 + R_3) + R_2R_3}$</td><td>$I_3 = I_3'' - I_3'$
$= \frac{U_{q2}R_1 - U_{q1}R_2}{R_1(R_2 + R_3) + R_2R_3}$</td></tr>
</table>

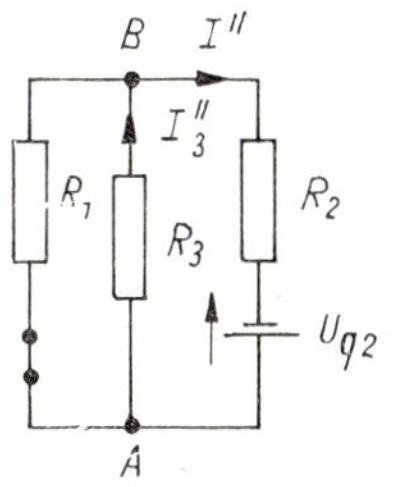

Kurzschluß U_{q1}

$$I'' = \frac{U_{q2}}{R_2 + R_1 R_3/(R_1 + R_3)}$$

$$I_3'' = \frac{U_{q2} R_1}{R_2(R_1 + R_3) + R_1 R_3}$$

Zweipoltheorie

mit Ersatzspannungsquelle

Zerlegung der Schaltung in aktiven und passiven Zweipol, aktiver Teil enthält die Spannungsquellen, passiver Teil nur Widerstände; Ersatzwiderstand R_i des aktiven Zweipols durch Kurzschluß der idealen Spannungsquellen berechnen; Leerlaufspannung U_l über Kurzschlußstrom bei kurzgeschlossenen Klemmen A, B berechnen

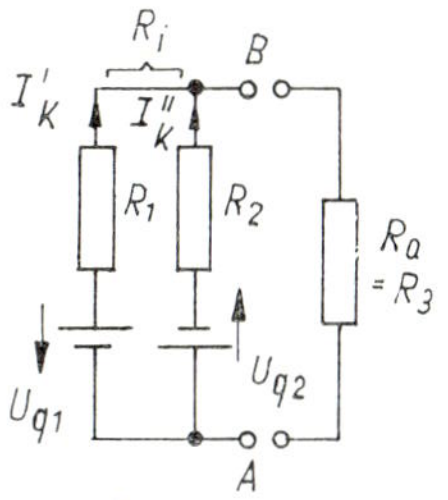

$$R_i = \frac{R_1 R_2}{R_1 + R_2}$$

$$I_K' = -\frac{U_{q1}}{R_1} \quad I_K'' = \frac{U_{q2}}{R_2}$$

$$I_K = I_K' + I_K'' = \frac{U_{q2} R_1 - U_{q1} R_2}{R_1 R_2}$$

$$U_l = I_K R_i = \frac{U_{q2} R_1 - U_{q1} R_2}{R_1 + R_2}$$

$$I_3 = \frac{U_l}{R_i + R_a} = \frac{U_{q2} R_1 - U_{q1} R_2}{R_1(R_2 + R_3) + R_2 R_3}$$

mit Ersatzstromquelle

Aktiven Zweipol als Stromquelle mit parallelem R_i berechnen

$$\frac{I_K}{I_3} = \frac{R_i + R_a}{R_i}$$

$$I_3 = \frac{I_K R_i}{R_i + R_a} = \frac{U_{q2} R_1 - U_{q1} R_2}{R_1(R_2 + R_3) + R_2 R_3}$$

Verfahren	Netzwerksfestlegungen zur Berechnung	Einzelgleichungen	Berechnungsbeispiel I_3
Maschenstromverfahren			
Zerlegung des Netzwerkes in $m-(n-1)$ unabhängige Maschen mit in der Masche angenommenem Umlaufstrom I, Umlaufstromrichtung entgegengesetzt der Quellenspannung in der Masche	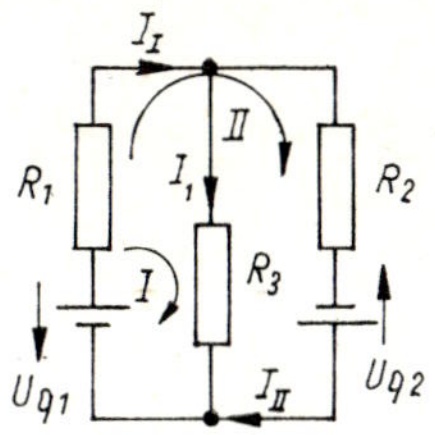	Masche I: $U_{q1} = I_I(R_1 + R_3) + I_{II}R_1$ Masche II: $U_{q1} + U_{q2} = I_I R_1 + I_{II}(R_1 + R_2)$	$I_I = I_3$ $= -\dfrac{U_{q2}R_1 - U_{q1}R_2}{R_1(R_2+R_3)+R_2R_3}$
Knotenspannungsverfahren			
Zuordnung eines Potentials $\varphi = 0$ zu einem beliebigen Knoten, Potentiale der übrigen Knotenpunkte auf diesen beziehen	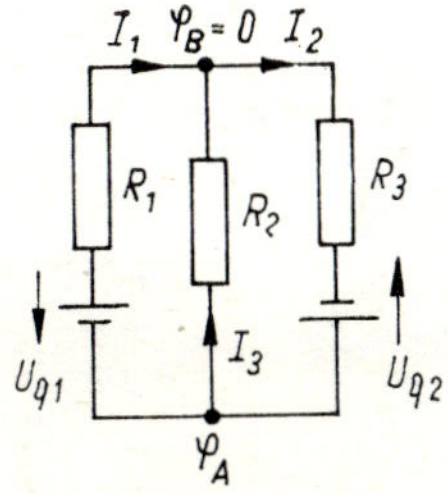 I_2 fließt vom niederen zum höheren Potential, daher negativ	Knotenpunktsatz: $I_1 + I_3 = I_2$ $\dfrac{1}{R_1}(\varphi_A - \varphi_B + U_{q1}) + \dfrac{1}{R_3}(\varphi_A - \varphi_B)$ $= -\dfrac{1}{R_2}(\varphi_A - \varphi_B - U_{q2})$ mit $\varphi_B = 0$ ist: $\varphi_A(R_2R_3 + R_1R_2 + R_1R_3)$ $= U_{q2}R_1R_3 - U_{q1}R_2R_3$	$I_3 = \dfrac{U_{AB}}{R_3} = \dfrac{\varphi_A - \varphi_B}{R_3}$ $= \dfrac{U_{q2}R_1 - U_{q1}R_2}{R_1(R_2+R_3)+R_2R_3}$

2.1.4. Messung der elektrischen Grundgrößen

Messung von Spannung und Strom

Spannungsmesser mit Vorwiderstand für Meßbereichserweiterung

$$R_V = R_i \left(\frac{U}{U_i} - 1\right)$$

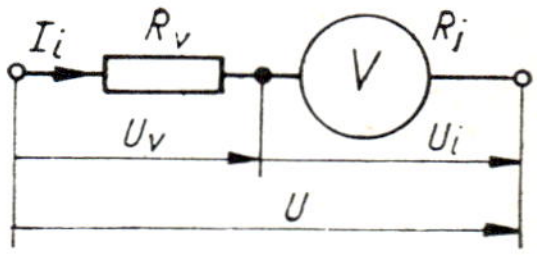

Strommesser mit Nebenwiderstand (*Shunt*) für Meßbereichserweiterung

$$R_N = R_i \Big/ \left(\frac{I}{I_i} - 1\right)$$

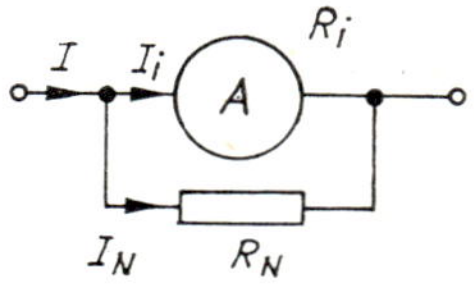

Messung des Widerstandes

Direkte Messung bei spannungsrichtiger Schaltung

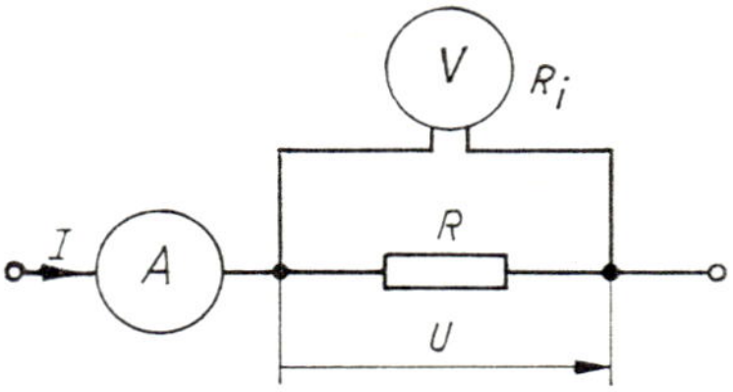

Widerstand

$$R = \frac{U}{I - I_i} = \frac{UR_i}{IR_i - U}$$

I_i Strom des Spannungsmessers

$R \approx U/I$ für $R_i \gg R$

Direkte Messung bei stromrichtiger Schaltung

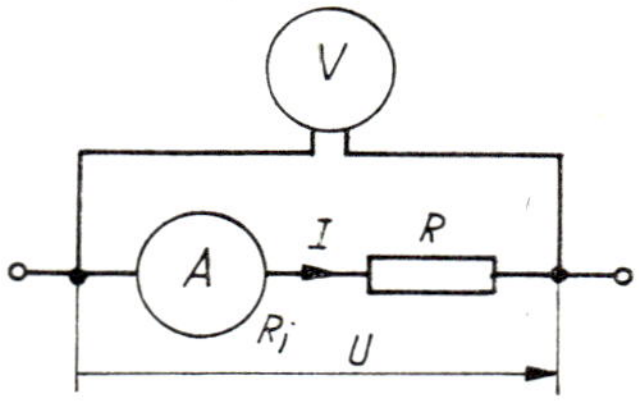

Widerstand

$$R = \frac{U - U_i}{I} = \frac{U}{I} - R_i$$

U_i Spannung des Strommessers

$R \approx U/I$ für $R_i \gg R$

WHEATSTONE*sche Brücke*

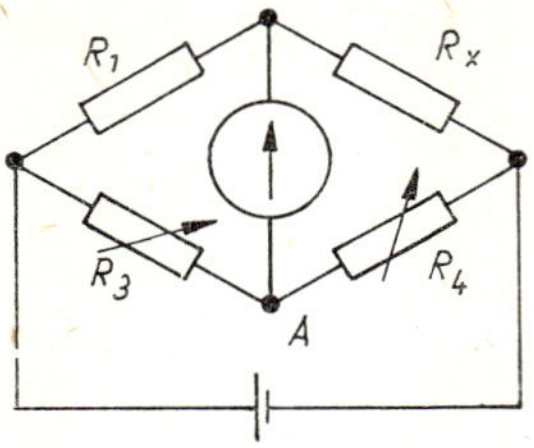

Bei Brückengleichgewicht ist das Galvanometer stromlos.

Widerstand bei Brückengleichgewicht

$R_x = R_1 R_4 / R_3$

wenn

$R_x / R_1 = R_4 / R_3$

R_x Prüfling

R_1 Festwiderstand

R_3, R_4 verstellbare Widerstände

THOMSON*sche Brücke*

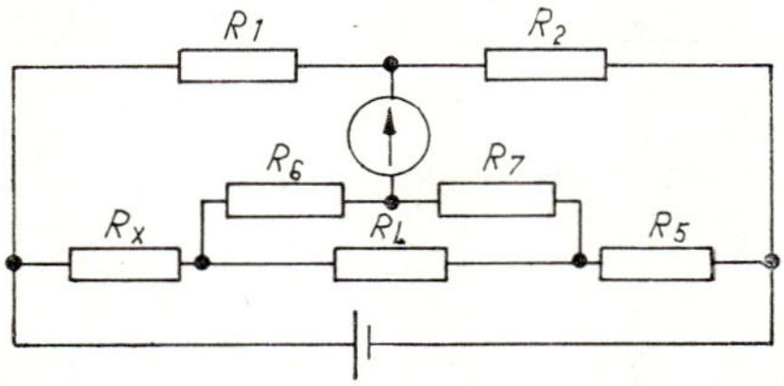

Widerstand

$R_x = R_1 R_5 / R_2$

wenn

$R_1 / R_2 = R_6 / R_7$

R_x Prüfling

R_5 Normalwiderstand ($\approx R_x$)

R_L Widerstand der Zuleitungen (vernachlässigbar)

Messung der Leistung

Spannungsrichtige Schaltung eines Leistungsmessers

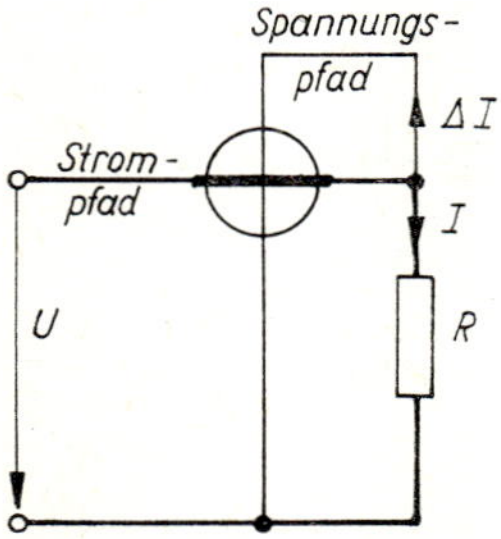

Relativer Fehler durch ΔI im Spannungspfad:

$\Delta P / P = R / R_U$

R Verbraucherwiderstand

R_U Widerstand im Spannungspfad

Stromrichtige Schaltung eines Leistungsmessers

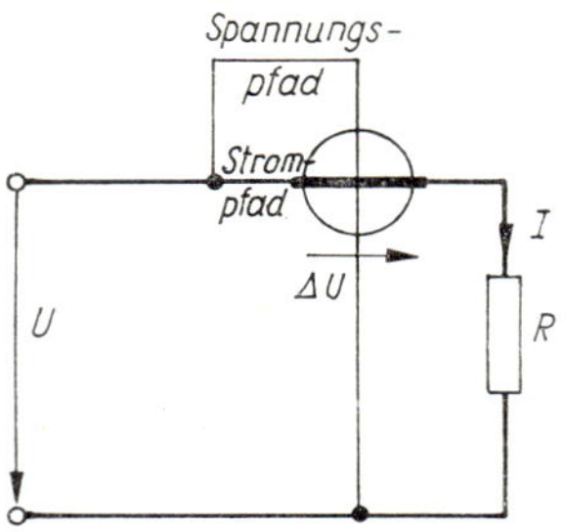

Relativer Fehler durch ΔU im Strompfad:

$\Delta P/P = R_I/R$

R_I Widerstand im Strompfad

Kleiner relativer Fehler bei:

$R_U \gg R \gg R_I$

2.2. Elektrische und magnetische Felder

2.2.1. Elektrisches Feld in Nichtleitern

Elektrische Feldstärke und Flußdichte

Größe/ Bezeichnung	Formel-zeichen	Einheit	Formel/Erläuterung
Elektrische Feldstärke	E	V/m	$\boxed{E = U/l}$ l Plattenabstand
Elektrisches Feld zwischen zwei Platten			Die elektrischen Feldlinien verlaufen stets von der positiven zur negativen Ladung.

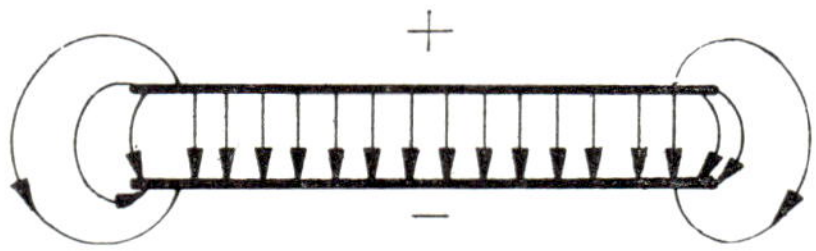

Influenz

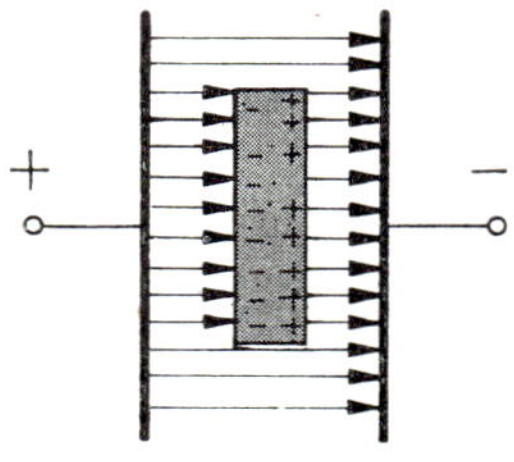

Influenz ist die vorübergehende Verschiebung von Ladungen unter dem Einfluß eines äußeren elektrischen Feldes.

Größe/ Bezeichnung	Formel-zeichen	Einheit	Formel/Erläuterung
Elektrische Flußdichte (elektrische Verschiebungsdichte)	D	$C/m^2 = A \cdot s/m^2$	$\boxed{D = \frac{Q}{A}}$ Im Vakuum gilt: $D = \varepsilon_0 E$

Elektrische Feldkonstante	ε_0	F/m = A · s/(V · m)	$\varepsilon_0 = 8{,}854 \cdot 10^{-12}$ F/m	
Elektrischer Fluß (elektrischer Verschiebungsfluß)	ψ	C = A · s	$\boxed{\psi = DA}$	vom elektrischen Feld verschobene Ladungsmenge
Flächenladungsdichte	σ	C/m²	$\boxed{\sigma = \frac{Q}{A}}$	

σ stellt die Ladungsdichte auf den Platten dar, während D im Raum dazwischen wirkt.

Permittivität, Dielektrizitätskonstante	ε	F/m = A · s/(V · m)	$\varepsilon = \varepsilon_0 \varepsilon_r$
Permittivitätszahl (Dielektrizitätszahl)	ε_r	1	$\boxed{D = \varepsilon_0 \varepsilon_r E = \varepsilon E}$

Wird ein Plattenzwischenraum mit einem isolierenden Stoff, d.h. einem Dielektrikum ausgefüllt, so erhöht sich die vom Feld gebundene Ladung um ε_r (→Tabelle).

Kennwerte verschiedener Dielektrika

Material	Dielektrizitätszahl ε_r	Verlustfaktor $\tan \delta_C \cdot 10^{-4}$ bei 1 MHz	Durchschlagfeldstärke V/µm
Vakuum	1	0	500
Luft	1,0006	0	3
Glas	5 ... 8	6 ...100	10...20
Glimmer	6 ... 8	0,5... 5	20...30
Gummi	2,5... 2,8		–
Hartgummi	2,5... 3,5		30...50
Keramische Massen			
Typ 1 (NDK)	5 ...100	1 ... 8	
Typ 2 (HDK)	10^3 ... 10^4	–	
Papier, trocken	1,8... 2,6	40 (bei 800 Hz)	6
Papier, getränkt	3,4... 5,5		10...30
Paraffin	2,0... 2,3		20...30
Polyethylen	2,3	2 ... 10	30...50
Polyester	3,4	180	
Polystyren	2,2... 2,6	3 ... 4	≧75
Polyurethan	3,5	300 ...500	
Porzellan	5 ... 6,5		10...20
Quarz	4,2... 4,7	1 ... 3	–
Quarzglas	3,8... 5,0		25...40

Kondensatoren

Größe/ Bezeichnung	Formel-zeichen	Einheit	Formel/Erläuterung
Kapazität	C	$\mathrm{F} = \mathrm{A} \cdot \mathrm{s/V}$	$\boxed{C = \frac{Q}{U}}$
	Anordnungen, in denen ruhende Ladungen gespeichert sind, heißen Kondensatoren. Die einfachste Form ist der aus zwei gegenüberstehenden isolierten Metallplatten bestehende Plattenkondensator. (→Tabelle).		

Kapazität von Kondensatoren und Leitungen

Art des Kondensators	Kapazität C	Erläuterungen
Zweiplattenkondensator mit engem Abstand	$\frac{\varepsilon_0 \varepsilon_r A}{d}$	A wirksame Oberfläche d Plattenabstand
Kugelkondensator	$\frac{4\pi\varepsilon_0\varepsilon_r}{(1/r_i) - (1/r_a)}$	r_i, r_a innerer und äußerer Kugelradius
Frei stehende Einzelkugel in Luft	$4\pi\varepsilon_0 r$	Abstand gegen Erde $r_e \gg r$ (Kugelradius)
Aus n Metallplatten geschichteter Kondensator	$(n-1)\,\frac{\varepsilon_0\varepsilon_r A}{d}$	d Dicke der Isolatorschichten
Röhrchenkondensator	$\frac{2\varepsilon_0\varepsilon_r \pi l r}{d}$	r mittlerer Röhrchenradius d Dicke des Dielektrikums
Doppelleitung in Luft	$\frac{\pi\varepsilon_0\varepsilon_r l}{\ln(d/r)}$	d Leiterabstand r Leiterradius
Einzelne Freileitung	$\frac{2\pi\varepsilon_0\varepsilon_r l}{\ln(2h/r)}$	h Höhe über Erde r Leiterradius l Länge des Kabels
Koaxialkabel	$\frac{2\pi\varepsilon_0\varepsilon_r l}{\ln(r_a/r_i)}$	r_a, r_i Radius von Außen- und Innenleiter

Schaltung von Kondensatoren

Reihenschaltung

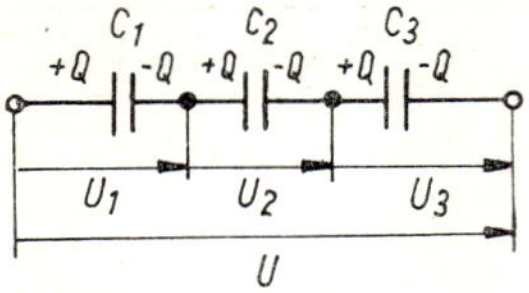

Da beim Aufladen nur gleichgroße Ladungen getrennt werden können, trägt jeder Kondensator die gleiche Ladung Q: $U_1 = Q/C_1$, $U_2 = Q/C_2, \ldots$; $U = U_1 + U_2 + \ldots$

Gesamtkapazität

$$\frac{1}{C_{ges}} = \frac{1}{C_1} + \frac{1}{C_2} + \frac{1}{C_3} + \ldots$$

Sonderfälle:
zwei Kondensatoren in Reihe

$$C_{ges} = \frac{C_1 C_2}{C_1 + C_2}$$

drei Kondensatoren in Reihe

$$C_{ges} = \frac{C_1 C_2 C_3}{C_1 C_2 + C_1 C_3 + C_2 C_3}$$

Parallelschaltung

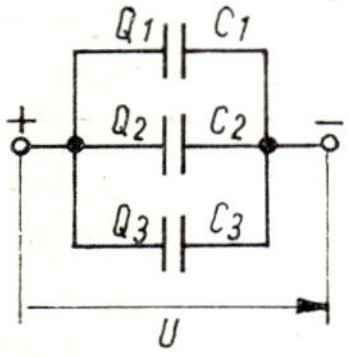

An den Kondensatoren liegt die gleiche Spannung, die Ladungen addieren sich: $Q_1 = UC_1$, $Q_2 = UC_2, \ldots$; $Q = Q_1 + Q_2 + \ldots$

Gesamtkapazität

$$C_{ges} = C_1 + C_2 + C_3 + \ldots$$

Gemischte Schaltung

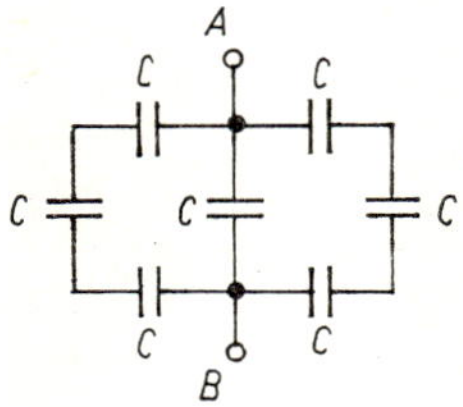

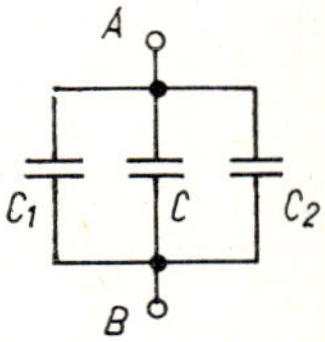

Die Gesamtkapazität ergibt sich aus der Zusammenfassung in sich geschlossener Gruppen von parallelen oder in Reihe liegenden Kondensatoren:

$C_1 = C_2 = C/3$ $\qquad$ $C_{ges} = 2C/3 + C = 5C/3$

Geschichtetes Dielektrikum im Plattenkondensator

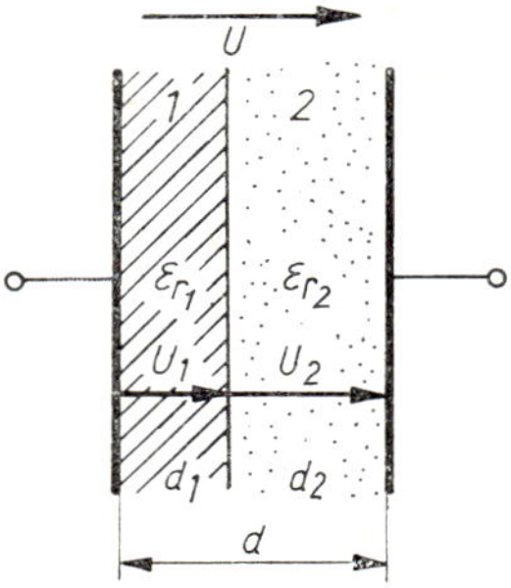

Berechnung der Kapazität entspricht der Reihenschaltungsberechnung

Verhältnis der Teilspannungen $\alpha = \frac{U_1}{U_2} = \frac{\varepsilon_2 d_1}{\varepsilon_1 d_2}$ $U_1 = \frac{U\alpha}{1+\alpha}$ $U_2 = \frac{U}{1+\alpha}$

Ladung und Entladung von Kondensatoren

Momentanwert des Stromes $i = \frac{\mathrm{d}Q}{\mathrm{d}t} = C\,\frac{\mathrm{d}u_C}{\mathrm{d}t}$

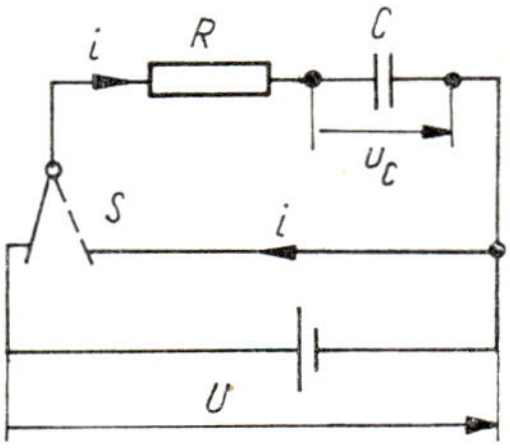

Ladung:

Augenblickswert der Spannung nach Ablauf der Zeit t $u_C = U(1 - \mathrm{e}^{-t/RC})$

Augenblickswert des Stromes nach Ablauf der Zeit t $i = \frac{U}{R}\,\mathrm{e}^{-t/RC} = I\,\mathrm{e}^{-t/RC}$

Zeitkonstante $\tau = RC$

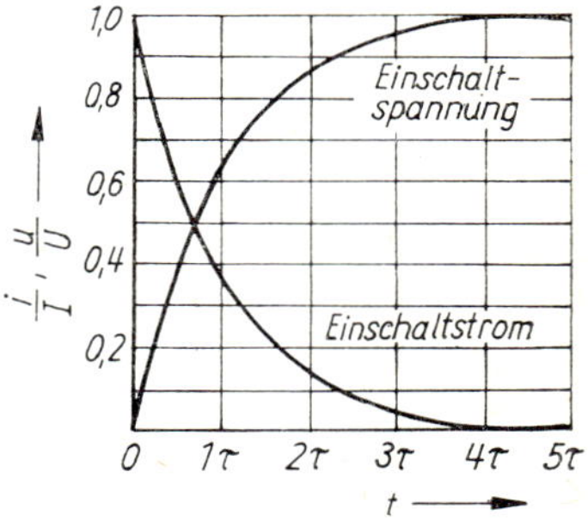

Entladung:

Entladespannung $u_C = U\,\mathrm{e}^{-t/\tau}$

Entladestrom $i = C\,\frac{\mathrm{d}u_C}{\mathrm{d}t} = I\,\mathrm{e}^{-t/\tau}$

Kippschwingungen mit RC-Glied

Schaltung und Spannungsverlauf für Kippschwingungen

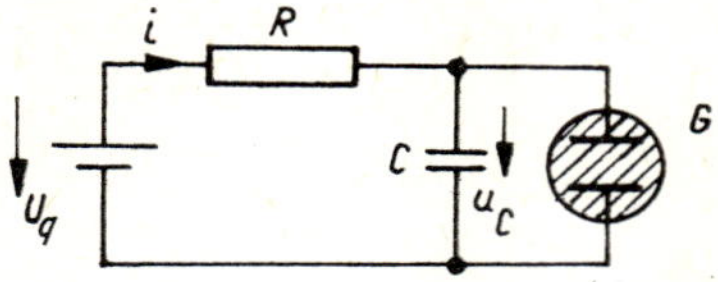

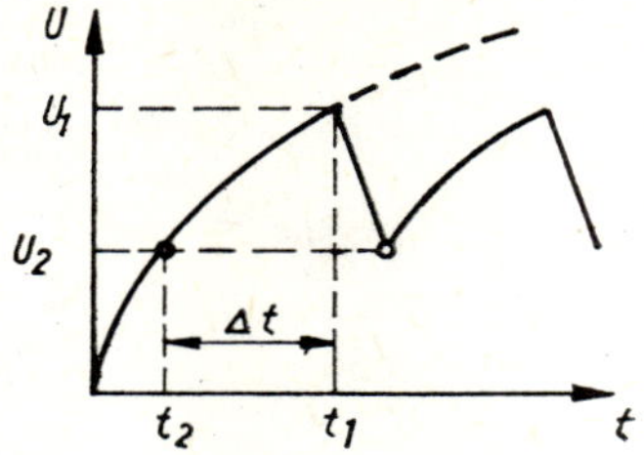

Periode der Kippschwingungen $\Delta t = t_1 - t_2 = RC \ln \dfrac{U - U_2}{U - U_1}$ — U_1 Zündspannung, U_2 Löschspannung

---

Kräfte und Energie im elektrischen Feld

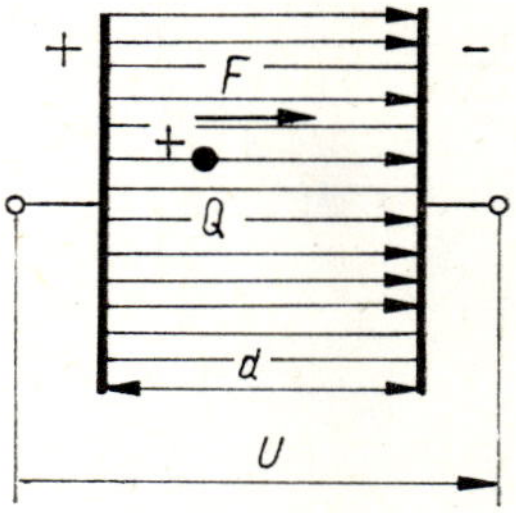

Kraft auf eine Punktladung: $\boxed{F = QE}$

Coulombsches Gesetz: $\boxed{F = \dfrac{Q_1 Q_2}{4\pi\varepsilon_0\varepsilon_r r^2}}$ — Kraftwirkung zweier Punktladungen Q_1 und Q_2 zueinander

Kraft zwischen zwei geladenen Platten: $F = \dfrac{\varepsilon_0\varepsilon_r A U^2}{2d}$ — Plattenabstand $\ll$ Plattenfläche

---

Energie im elektrischen Feld: $W = \dfrac{\varepsilon_0\varepsilon_r E^2 V}{2}$ — V Feldvolumen $\quad V = Ad$

$$W = \int_0^U UC\,\mathrm{d}U = \frac{CU^2}{2}$$

2.2.2. Ströme in räumlichen Leitern

Stromdichte

Größe/ Bezeichnung	Formelzeichen	Einheit	Formel/Erläuterung
Elektrische Stromdichte	J	A/m²	$J = \frac{\Delta I}{\Delta A}$

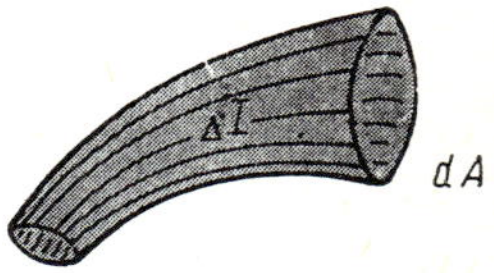

Die Stromdichte ist der Quotient aus dem durch eine Stromröhre fließenden Strom ΔI und deren Querschnitt ΔA, wobei der Gesamtstrom gedanklich in einzelne Stromröhren zerlegt ist, die von dem gleichen Teilstrom ΔI durchflossen werden.

Stromdichte bei unterschiedlichem Leiterquerschnitt

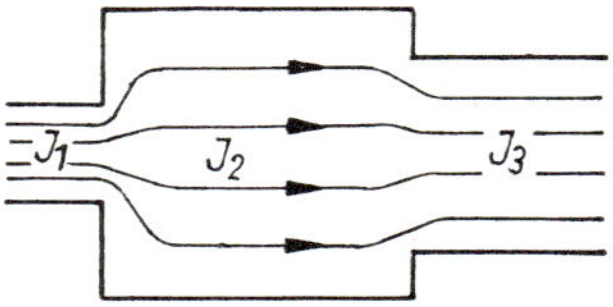

$J_1 > J_3 > J_2$

Wirtschaftlich vertretbare Stromdichten		
	Freileitungen und Kabel	2,5... 3 A/mm²
	Apparate und Geräte	1,5...10 A/mm²
	Wicklungen von Spulen	2,5... 3 A/mm²

Stromdichte und Feldstärke

Homogenes Feld

$J = I/A$

$$J = \gamma E$$

Aus dem Ohmschen Gesetz $I = \gamma UA/l$ mit $E = U/l$ ergibt sich die Proportionalität zwischen J und E.

Inhomogenes Feld

$E = \mathrm{d}U/ds$

Feldstärke und Potential

Elektrisches Potential

$$U_{10} = \varphi_1 - \varphi_0 = \varphi_1 = \int_{P_1}^{P_0} E\,\mathrm{d}s$$

bei festem Bezugspunkt und Potential $\varphi_0 = 0$

$$\varphi_1 = -\int_{P_0}^{P_1} E\,ds$$

bei Index 0 als Anfang der Feldlinie

Die positive Richtung der Feldstärke E bedeutet zunehmende Spannung U und weist stets in Richtung abnehmenden Potentials.

2.2.3. Magnetisches Feld

Magnetische Feldstärke

Größe/ Bezeichnung	Formel-zeichen	Einheit	Formel/Erläuterung
Magnetische Feldstärke	H	A/m	Alle elektrischen Ströme sind von magnetischen Feldern umgeben.

Magnetische Feldlinien

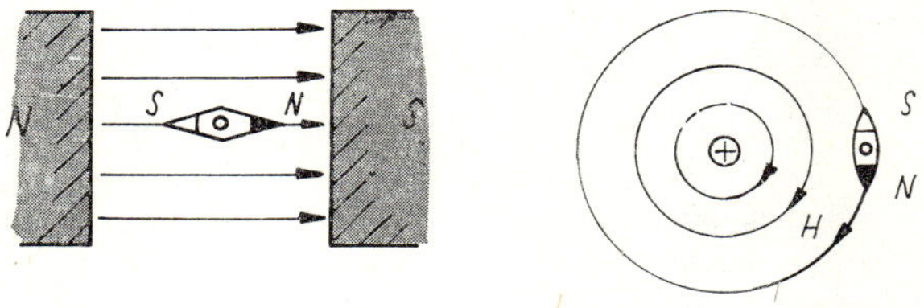

Die magnetischen Feldlinien laufen außerhalb eines Magneten vom Nord- zum Südpol und innerhalb des Magneten vom Südpol zurück zum Nordpol. Sie sind stets in sich geschlossen.

Schraubenregel

Stromrichtung und Umlaufsinn der magnetischen Feldlinien bilden eine Rechtsschraube.

Schraubenregel für Strom- und Feldrichtung
a) gerader Leiter
b) Zylinderspule

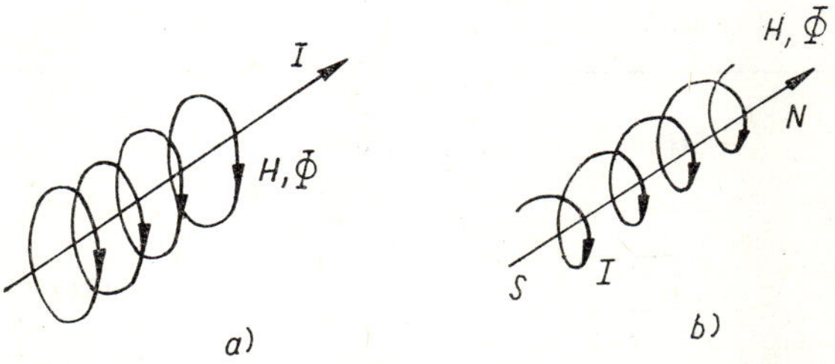

Gesetz von Biot-Savart

Magnetische Feldstärke

$$dH = \frac{I \sin \alpha \, ds}{4\pi r^2}$$

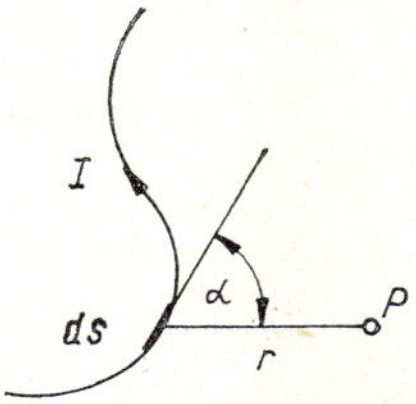

α Winkel zwischen ds und r

Das Gesetz ist die Grundlage für die Berechnung der magnetischen Feldstärke beliebiger Leiteranordnungen. Hiernach liefert das vom Strom I durchflossene Leiterstück ds den Beitrag dH im Punkt P.

Magnetische Feldstärke einfacher Leiteranordnungen

Leiterform	Bezugspunkt	Feldstärke H	
Kreisförmiger Leiter	Mittelpunkt	$\frac{I}{2r}$	r Kreisradius
Langer geradliniger Leiter	außerhalb des Leiters im Abstand r_0	$\frac{I}{2\pi r_0}$	
Voller zylindrischer Leiter	im Leiterinnern im Abstand x von der Achse	$\frac{Ix}{2\pi r^2}$	r Radius des Leiters
Zylinderspule	Mittelpunkt der Achse im Innern	$\frac{IN}{\sqrt{l^2 + d^2}}$	l Länge, d Durchmesser, N Windungszahl
Zylinderspule	Mittelpunkte der Endflächen	$\frac{IN}{2\sqrt{l^2 + d^2}}$	l Länge, d Durchmesser, N Windungszahl
Sehr lange Zylinderspule und Ringspule	im Innern	$\frac{IN}{l}$	l mittlerer Umfang, N Windungszahl

Durchflutungssatz

Größe/ Bezeichnung	Formelzeichen	Einheit	Formel/Erläuterung
Magnetische Spannung	V	A	$V_n = H_n l_n$ Jeder Abschnitt $l_1, l_2, \ldots, l_n$ liefert eine magnetische Spannung $V_1, V_2, \ldots, V_n$.

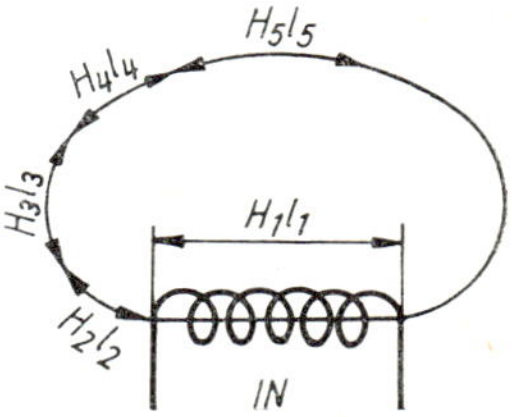

Größe/ Bezeichnung	Formelzeichen	Einheit	Formel/Erläuterung
Magnetische Umlaufspannung			$H_1l_1 + H_2l_2 + \ldots + H_nl_n = \Sigma Hl$ Die Summe aller Produkte Hl längs einer geschlossenen Feldlinie ist die magnetische Umlaufspannung.
Elektrische Durchflutung	Θ	A	$\Theta = IN$ Die elektrische Durchflutung ist die Gesamtheit der am Aufbau eines magnetischen Kreises beteiligten Ströme.
Durchflutungssatz			Die Durchflutung der von einer Feldlinie umrandeten Fläche ist gleich der magnetischen Umlaufspannung. $\Sigma Hl = IN = \Theta$

Magnetische Induktion

Größe/ Bezeichnung	Formel-zeichen	Einheit	Formel/Erläuterung
Magnetische Flußdichte, magnetische Induktion	B	T (Tesla) $= V \cdot s/m^2$	$\boxed{B = \mu_0 H}$ gilt für Vakuum und mit guter Näherung für Luft

Induktionsvorgang

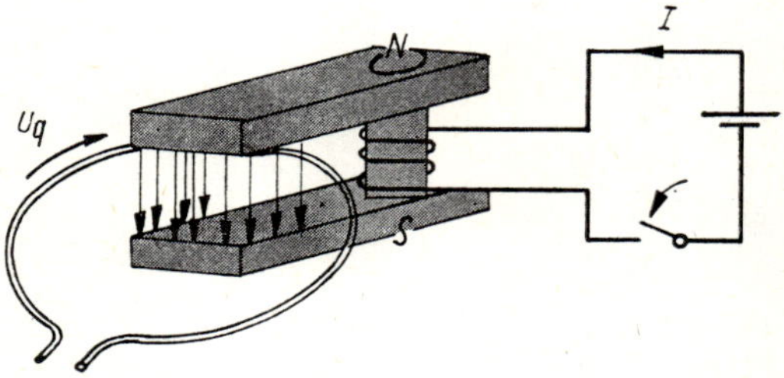

Der Induktionsvorgang ist eine Wirkung des Magnetfeldes: Das eine Drahtschleife durchsetzende Magnetfeld induziert während seines Entstehens oder Abnehmens eine elektrische Spannung. Den auf die Flächeneinheit der Schleife entfallenden Spannungsstoß nennt man die magnetische Flußdichte oder Induktion B.

Größe/ Bezeichnung	Formel-zeichen	Einheit	Formel/Erläuterung
Magnetische Feldkonstante	μ_0	H/m = V · s/(A · m)	$\mu_0 = \frac{4\pi}{10} \cdot 10^{-6} \frac{V \cdot s}{A \cdot m} \approx 1{,}257 \cdot 10^{-6}$ H/m
Magnetischer Fluß	Φ	Wb (Weber) = V · s	$\boxed{\varphi = BA}$
Permeabilität (absolute)	μ	H/m = V · s/(A · m)	$\boxed{\mu = \mu_0/\mu_r}$
Permeabilitätszahl (relative Permeabilität)	μ_r	1	μ_r drückt den stofflichen Einfluß auf den magnetischen Fluß aus: $\mu_r = \mu/\mu_0$
Magnetische Flußdichte im stofflichen Medium	B	T	$\boxed{B = \mu H = \mu_0 \mu_r H}$

Magnetische Eigenschaften der Stoffe

	Permeabilitätszahl μ_r	Beispiele	Verhalten	Anwendung
Diamagnetisch	<1	Cu, Si, Bi, H_2O	Abstoßung vom Magnetfeld	technisch nicht verwertbar
Paramagnetisch	>1	Al, Pt, Luft	Anziehung vom Magnetfeld	technisch nicht verwertbar
Antiferromagnetisch	$=1$	Cr, FeO_2	unmagnetisch	technisch nicht verwertbar
Ferromagnetisch	$\gg 1$	Fe, Stähle, Legierungen	stark magnetisch	Transformatoren, elektrische Maschinen, magnetische Kreise
Ferrimagnetisch	$\gg 1$	Ferrite	stark magnetisch	Permanentmagnete, HF-Spulenkerne

Hysteresis und Magnetisierungskurve

Hysteresisschleife

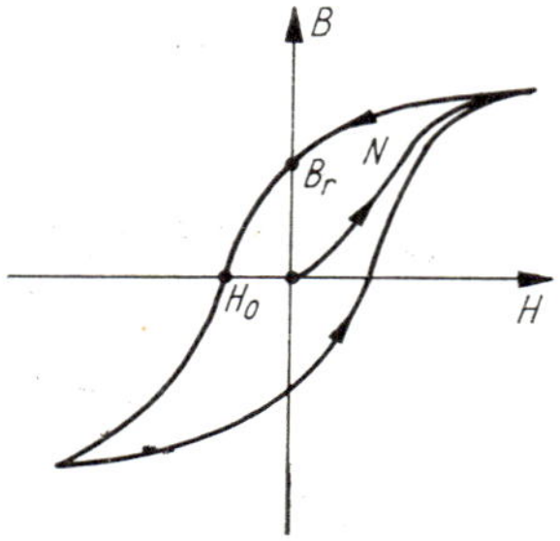

Bei $\mu_r \gg 1$ (z.B. Eisen) erfolgt ein steiler Anstieg der magnetischen Flußdichte B bis zur magnetischen Sättigung. Beim Abbau der Feldstärke H wird der ansteigende Kurvenast nicht wieder durchlaufen, sondern ein höherliegender Ast. Beide Kurven bilden die Hysteresisschleife.

Neukurve — Bei Erstmagnetisierung entsteht die Neukurve N.

Remanente Induktion B_r — Bei $H = 0$ (Stromlosigkeit der Spule) ist noch eine remanente Induktion vorhanden (Dauermagnet).

Koerzitivfeldstärke — Um die Remanenz B_r zum Verschwinden zu bringen, ist die Koerzitivfeldstärke H_0 aufzuwenden.

Magnetisierungskurve (a) und Verlauf der Permeabilität (b)

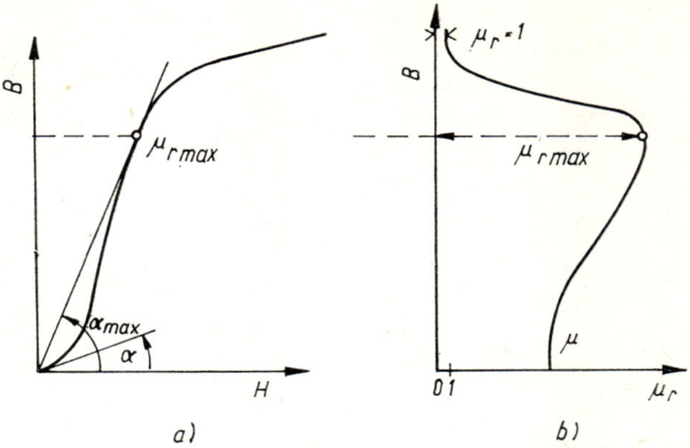

Permeabilität — Die Permeabilitätszahl sinkt nach Erreichen eines Maximalwertes auf $\mu_r = 1$ im Sättigungsgebiet.

Anfangspermeabilität μ_a — Unter der Anfangspermeabilität versteht man den bei verschwindend kleiner Feldstärke noch meßbaren endlichen Wert der Permeabilitätszahl μ_r.

Arten magnetischer Werkstoffe

Magnetisierungskurven einiger Eisensorten

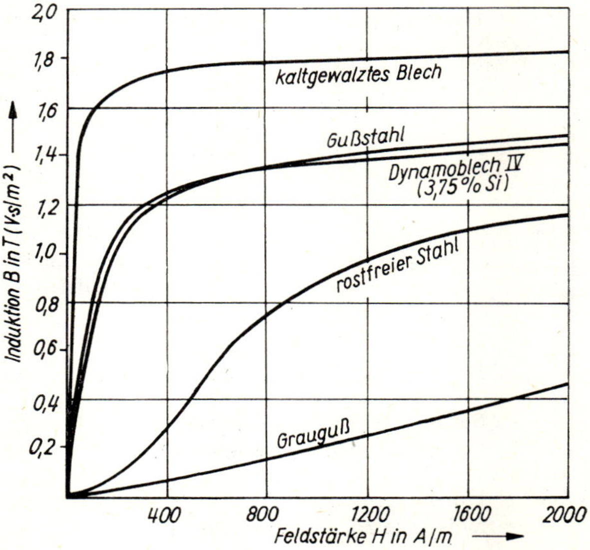

	Hysteresiskurve	Koerzitivfeldstärke	Beispiele
Magnetisch weiche Werkstoffe	extrem schmal (≙ näherungsweise der Magnetisierungskurve)	sehr klein	Elektrobleche aus Fe–Si-Legierungen
Magnetisch harte Werkstoffe	breit	groß	gehärtete Stähle Legierungen
Ferrite	Verbindungen der Art $n(\mathrm{MeO}) \cdot m(\mathrm{Fe_2O_3})$ mit Me als zweiwertiges Ion eines Metalls *Arten:* weichmagnetische Ferrite (z. B. Manifer) hartmagnetische Ferrite (z. B. Maniperm)		

Analogiebeziehungen zum OHMschen Gesetz

Elektrischer Kreis

elektrischer Strom = Quellenspannung : Widerstand

$$\boxed{I = \frac{U_q}{R}}$$

elektrischer Strom = elektrischer Leitwert × Quellenspannung

$$\boxed{I = G U_q}$$

Magnetischer Kreis

magnetischer Fluß = Durchflutung : magnetischen Widerstand

$$\boxed{\Phi = \frac{\Theta}{R_m}}$$

magnetischer Fluß = magnetischer Leitwert × Durchflutung

$$\boxed{\Phi = \lambda \Theta}$$

Berechnung eisengefüllter magnetischer Kreise

Unverzweigter magnetischer Kreis

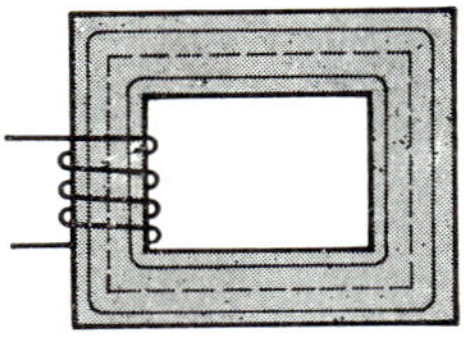

ohne Luftspalt

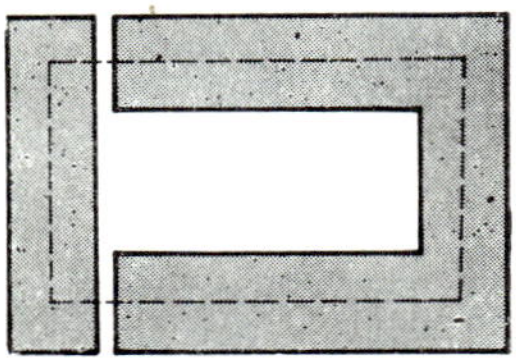

mit Luftspalt

Elektrische Durchflutung (Stromwindungszahl)

$$\boxed{\Theta = IN = \Sigma H_{Fe} l_{Fe} + H_L \delta}$$

δ Breite des Luftspaltes

> Die Durchflutung eines zusammengesetzten magnetischen Kreises ist gleich der Summe der magnetischen Spannungen für die Eisenteile und Luftspalte.

Magnetische Feldstärke in Luft

$H_L = B_L/\mu_0$

Magnetischer Fluß

$\Phi = BA = \mathrm{const}$ (bei Nichtbeachten der Streuung)

Scherung der Magnetisierungskurve

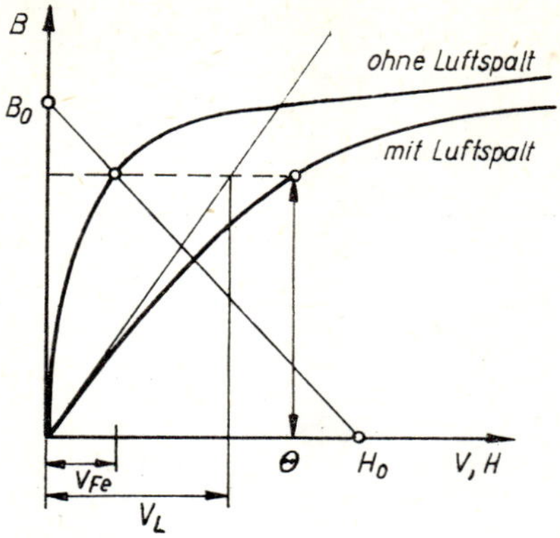

Der Luftspalt im magnetischen Kreis setzt die magnetische Flußdichte B bei gleicher Feldstärke H herab (*Linearisierung*). Jeder auf der Magnetisierungskurve $B = f(V_{Fe})$ liegende Punkt wird um den zum gleichen B-Wert gehörenden Betrag V_L nach rechts verschoben.

$V_{Fe} = H_{Fe} l_{Fe}$

Magnetische Spannung im Luftspalt $V_L = B_L \delta / \mu_0$

Verzweigter magnetischer Kreis

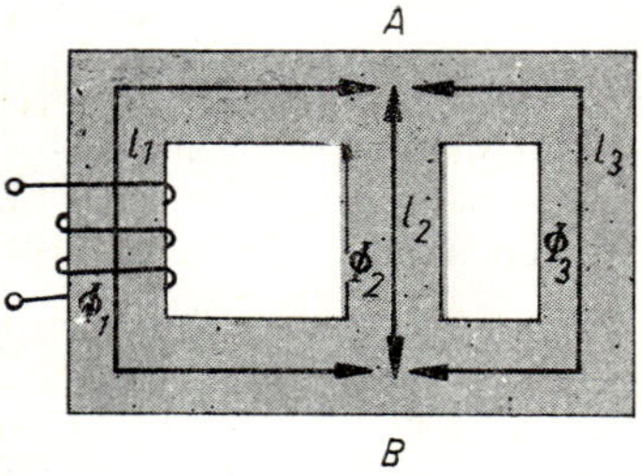

$\Phi_1 = \Phi_2 + \Phi_3$

$H_2 l_2 = H_3 l_3$

Im verzweigten magnetischen Kreis gilt für die magnetischen Flüsse und magnetischen Spannungen Knotenpunkt- und Maschensatz analog den Gesetzen elektrischer Stromkreise.

Induktionsgesetz

Induzierte Spannung (ruhende Spule und zeitlich veränderliches Feld)

$$U = -N \frac{d\Phi}{dt} = -N \frac{d\Phi}{dt} \int B \, dA$$

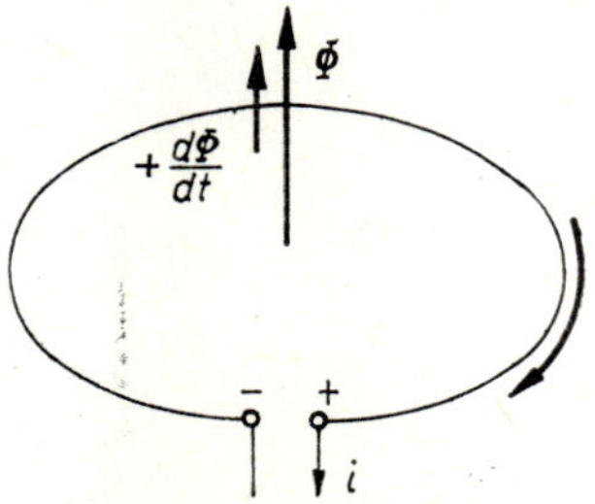

Induzierte Spannung (ruhendes Magnetfeld und bewegter gerader Leiter)

$$U = lvB$$

l Länge des Leiters
v Geschwindigkeit des Leiters

Rechte-Hand-Regel	Treten die magnetischen Feldlinien in die Fläche der rechten Hand ein, und bewegt sich der Daumen in Richtung der Geschwindigkeit des Leiters, so zeigen die Finger die Richtung des induzierten Stromes an.

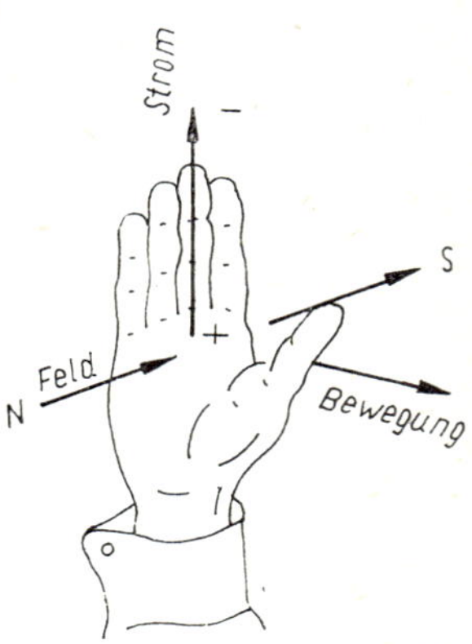

LENZsche Regel	Der induzierte Strom ist stets so gerichtet, daß er dem ihn verursachenden Vorgang entgegenwirkt.
Skineffekt	Wechselströme werden durch Bildung von Wirbelströmen im Leiterinnern zur Leiteroberfläche hin verdrängt.
Eindringtiefe	$\delta = \sqrt{\dfrac{2}{\omega \gamma \mu}}$ Die Eindringtiefe ist die Entfernung von der Leiteroberfläche, innerhalb der der elektrische Strom auf den 1/e-ten Teil (37 %) seines Oberflächenbetrages absinkt.

Selbstinduktion

Größe/ Bezeichnung	Formelzeichen	Einheit	Formel/Erläuterung
Selbstinduktionsspannung	U_L	V	$U_L = -L\dfrac{dI}{dt} = -L\dfrac{\Delta I}{\Delta t}$
Induktivität	L	H (Henry) = V · s/A	$L = \dfrac{N\Phi}{I}$
Gegeninduktivität	M	H	$u_2 = \dfrac{N_2\Phi_1}{I_1}\,\dfrac{dI_1}{dt} = M\dfrac{dI_1}{dt}$

Dringt der sich zeitlich ändernde Fluß Φ_1 einer Spule 1 in eine zweite Spule 2 ein, so wird eine Spannung u_2 induziert. Den Koeffizienten der gegenseitigen Induktion nennt man Gegeninduktivität M.

Größe/ Bezeichnung	Formel-zeichen	Einheit	Formel/Erläuterung
			$u_1 = M \frac{dI_2}{dt}$
	Umgekehrt induziert auch der vom Strom I_2 in Spule 2 erzeugte Fluß in Spule 1 eine Spannung.		
Induktive Kopplung			Wenn der magnetische Fluß die Spule nur teilweise durchdringt, ist die induktive Kopplung $k < 1$.

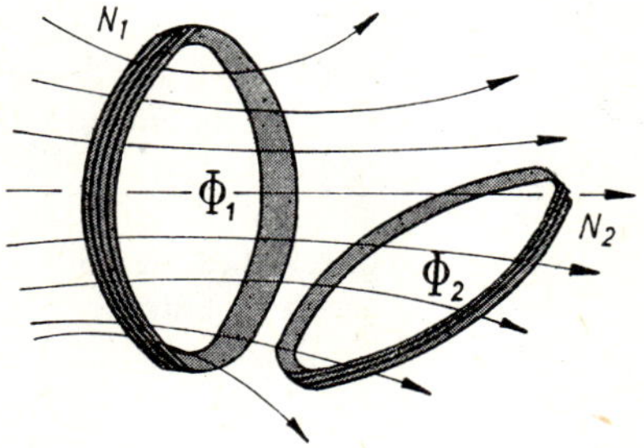

Kopplungsfaktor	$k \leqq 1$		$M = k\sqrt{L_1 L_2}$

Schaltung von Induktivitäten

Gesamtinduktivität
bei Reihenschaltung $L = L_1 + L_2 + L_3 + \dots$

bei Parallelschaltung $\frac{1}{L} = \frac{1}{L_1} + \frac{1}{L_2} + \frac{1}{L_3} + \dots$

Induktivitäten eisenfreier Leiteranordnungen

Anordnung	Induktivität L	Erläuterungen
Ring- oder sehr lange Zylinderspule	$\frac{\mu_0 A N^2}{l}$	A Spulenquerschnitt l Spulenlänge oder mittlerer Umfang
Kürzere einlagige Spule	$\frac{k \mu_0 A N^2}{l}$	$k = d/l$ Korrekturfaktor (→Bild) d Spulendurchmesser

Anordnung	Induktivität L	Erläuterungen
Kürzere mehrlagige Spule	$\frac{21\mu_0 N^2 R}{4\pi}\left(\frac{R}{l+h}\right)^n$	$n = 0{,}75$ für $\left(\frac{R}{l+h}\right) < 1$ $n = 0{,}5$ für $1 < \left(\frac{R}{l+h}\right) \leq 3$
Einfacher Ring	$\mu_0 R\left(\ln\frac{R}{r} + 0{,}25\right)$	R Ringradius r Leiterradius
Dünnwandiges Rohr	$\mu_0 R\left(\ln\frac{R}{l} + 1{,}5\right)$	R Rohrradius l Rohrlänge
In Luft verlegte Doppelleitung	$\frac{\mu_0 l}{\pi}\left(\ln\frac{a}{r} + 0{,}25\right)$	l einfache Leitungslänge a Leiterabstand r Leiterradius
Konzentrisches Kabel	$\frac{\mu_0 l}{2\pi}\left(\ln\frac{r_a}{r_i} + 0{,}25\right)$	r_a, r_i Radien von Außen- und Innenleiter

Korrekturfaktoren für einlagige Spulen

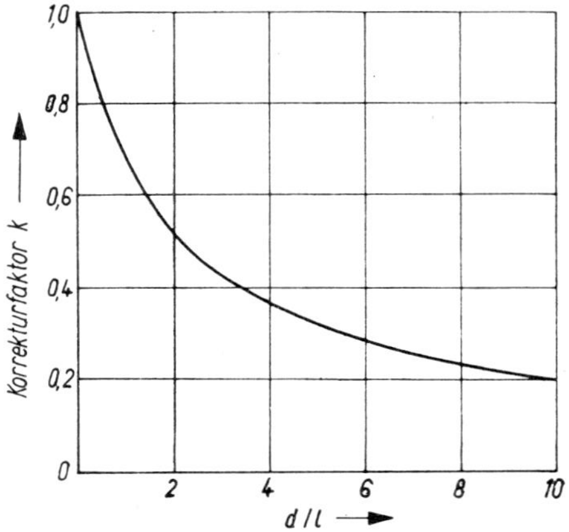

2.2.4. Kräfte und Energie im Magnetfeld

LORENTZ-Kraft

$$\boxed{F' = evB\sin\alpha}$$

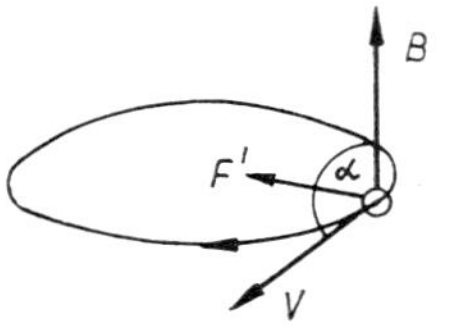

α Winkel zwischen Bewegungs- und Feldrichtung

e positive Elementarladung, die sich mit der Geschwindigkeit v bewegt

Kraft auf geradlinigen Leiter

$F = IlB \sin \alpha$

l Länge des im Feld befindlichen Leiterstücks
α Winkel zwischen Strom- und Feldrichtung

Kraft zwischen zwei parallelen Leitern

$$F = \frac{\mu_0 \mu_r l I_1 L_2}{2\pi r}$$

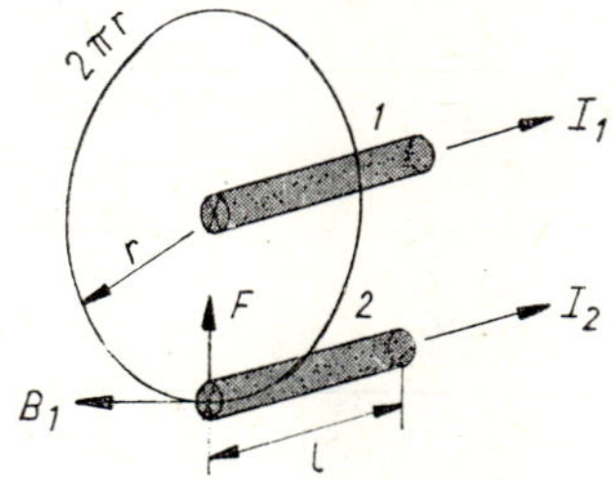

Parallele Leiter mit $\frac{\text{gleicher}}{\text{entgegengesetzter}}$ Stromrichtung $\frac{\text{ziehen sich an}}{\text{stoßen sich ab}}$.

Zugkraft von Magneten

Elektromagnet mit zwei Polflächen

$$F = \frac{B^2 A}{2\mu_0} = \frac{\Phi^2}{2\mu_0 A}$$

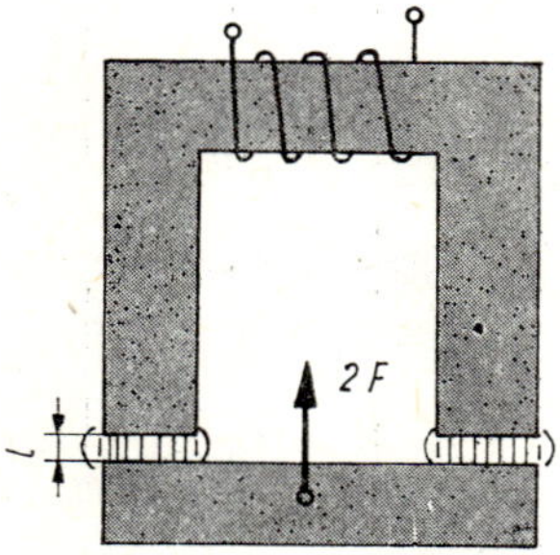

Bei der Berechnung ist zu beachten, daß Luftzwischenräume den größten Teil der Durchflutung IN beanspruchen. Bei unterschiedlichem Ankerabstand muß die im 1. Teil der Gleichung stehende Flußdichte B von Fall zu Fall aus der Durchflutung berechnet werden.

Energie bei konstanter Induktivität

$$W = LI^2/2$$

Energie des homogenen Magnetfeldes in Luft

$$W = \frac{H^2 \mu_0 l A}{2}$$

l Länge der Feldlinien
A Feldquerschnitt

$$W = \frac{B^2 l A}{2\mu_0} = \frac{\Phi^2 l}{2\mu_0 A}$$

Energie im eisengefüllten Kreis

$$W = \int_0^{\Phi} IN \, d\Phi$$

Die Induktivität L ist keine konstante Größe, da der Fluß Φ nicht proportional zur Stromstärke I ist.

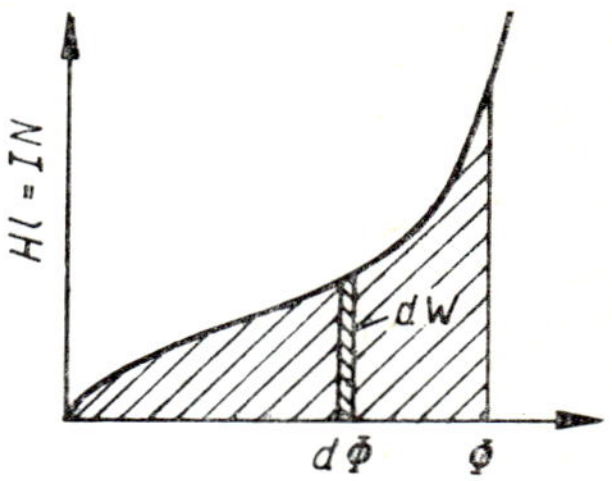

2.2.5. Schaltvorgänge mit Induktivitäten

Schaltvorgang mit Induktivität

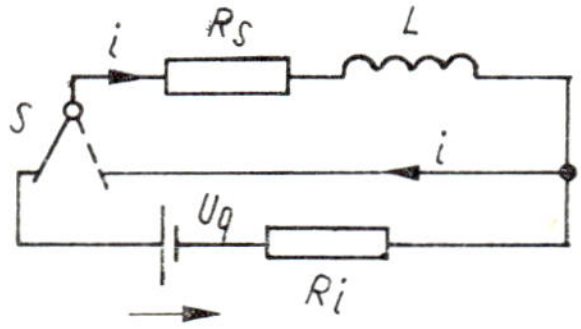

Der beim Einschalten fließende Strom i ist abhängig vom ohmschen Widerstand der Spule R_S und der Größe $L \, di/dt$ bei gegebener Quelle U_q mit dem Innenwiderstand R_i ($I = U_q/R$, $R = R_i + R_S$).

I Strom im stationären Zustand ($t \to \infty$)

Einschaltvorgang: Augenblickswert des Einschaltstromes

$$\boxed{i = I(1 - e^{-(R/L)t})}$$

Zeitkonstante

$$\tau = L/R$$

Ausschaltvorgang: Augenblickswert des Öffnungsstromes

$$\boxed{i = I e^{-t/\tau}}$$

I Anfangswert des Stromes zur Zeit $t = 0$

Funkenlöschung an Kontakten

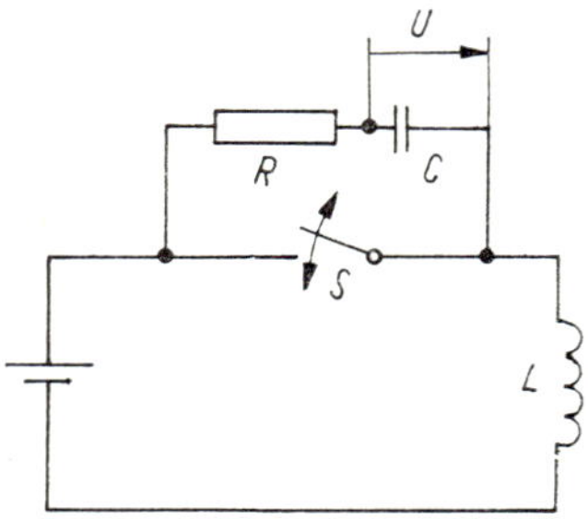

Nach dem Induktionsgesetz kann beim Abschalten einer stromdurchflossenen Spule eine große Spannung entstehen, die starke Funkenbildung zur Folge hat. Diese Spannung kann vermieden werden, wenn der Kontakt durch einen Kondensator überbrückt wird.

$$U = I \sqrt{L/C}$$

Näherungsweise Spannung am Kondensator für kurze Zeit

2.3. Wechselstrom

2.3.1. Grundgrößen und Grundbegriffe

Größe/ Bezeichnung	Formel- zeichen	Einheit	Formel/Erläuterung	
Augenblickswert der Spannung	u	V	$u = \hat{U} \sin \alpha$	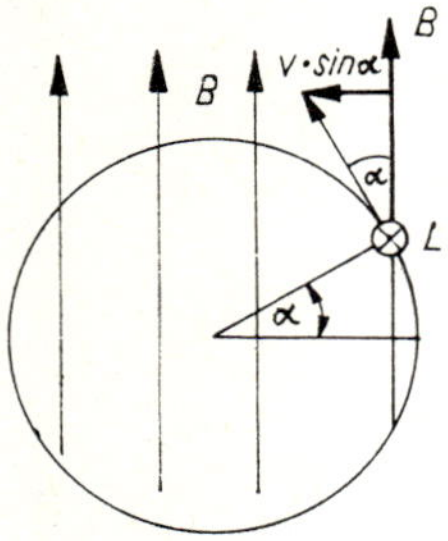
Amplitude (Scheitelwert) der Spannung	$\hat{U}$	V	maximal auftretende Spannung ($\alpha = 90°$)	
Phasenwinkel	α	rad, °	$\alpha = \omega t$ Winkel, den Bewegungsrichtung des Leiterstücks L und Feldlinien *B* einschließen	
Winkelfrequenz, Kreisfrequenz	ω	1/s rad/s	$\omega = 2\pi f$	
Frequenz	f	Hz (Hertz) = 1/s		
Periodendauer	T	s	$T = 1/f$	
Augenblickswerte der Spannung	u	V	$u = \hat{U} \sin(\omega t + \varphi)$	
des Stromes	i	A	$i = \hat{I} \sin(\omega t + \varphi)$	

Hat die sich zeitlich ändernde Wechselgröße zur Zeit $t = 0$ bereits einen endlichen Wert, so wird dieser durch den Drehwinkel φ (*Anfangsphase*) ausgedrückt.

Zeiger- und Liniendiagramm

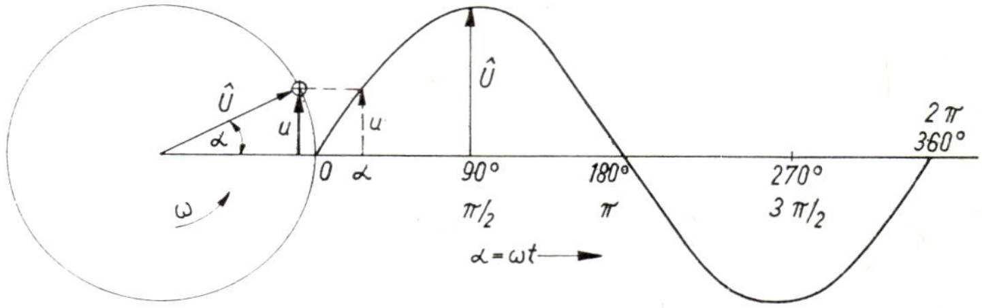

Die sich sinusförmig ändernde Wechselspannung kann als Zeiger aufgefaßt werden, der mit konstanter Winkelgeschwindigkeit ω umläuft. Die Projektion auf die senkrechte Achse stellt den Augenblickswert u dar. Das Liniendiagramm entsteht durch die Darstellung von Augenblickswert u und dazugehörigem Phasenwinkel α.

Phasenverschiebung

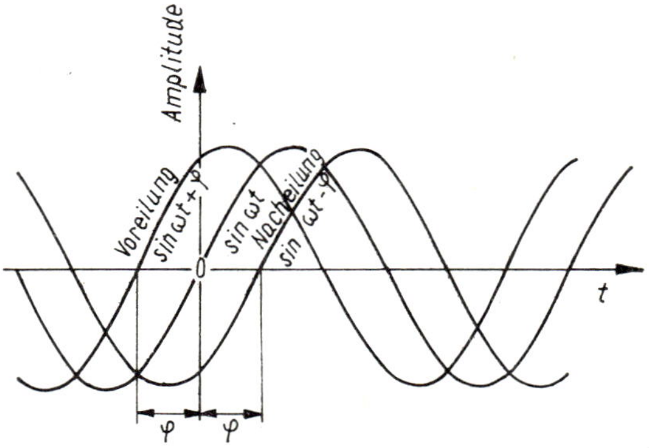

Unterschiedlich große Anfangsphasen mehrerer Wechselgrößen haben eine gegenseitige Phasenverschiebung.

$\frac{\text{Positiver}}{\text{Negativer}}$ Phasenwinkel oder $\frac{\text{Voreilung}}{\text{Nacheilung}}$ bedeutet Verschiebung der Sinuswelle in $\frac{\text{negativer}}{\text{positiver}}$ Richtung der Zeitachse.

Im Zeigerdiagramm ist der $\frac{\text{voreilende}}{\text{nacheilende}}$ Zeiger gegenüber dem Bezugszeiger im $\frac{\text{Links-}}{\text{Rechts-}}$ Sinn um den Winkel $\pm\varphi$ gedreht.

Addition im Zeigerdiagramm

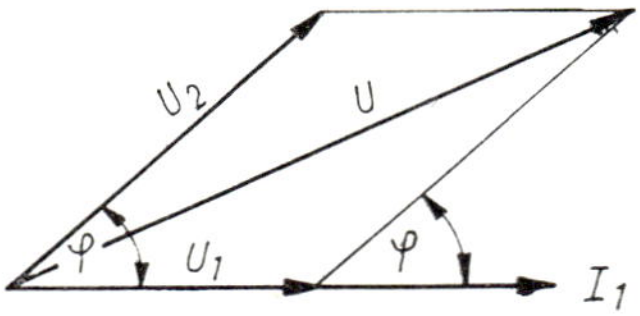

Der resultierende Zeiger ist gleich der Diagonalen des aus den beiden Komponenten gebildeten Parallelogramms.

Die Zusammenfassung von Zeigern gleicher Frequenz und unterschiedlicher Phasenlage erfolgt nach den Regeln der Vektoraddition:

$$\underline{U} = \underline{U}_1 + \underline{U}_2$$

$$U = \sqrt{U_1^2 + U_2^2 + 2U_1U_2 \cos \varphi}$$

Das Liniendiagramm der Resultierenden ergibt wiederum eine exakte Sinuskurve. Sind die Komponenten gleich groß, so beträgt der Phasenwinkel der Resultierenden $\varphi/2$.

2.3.2. Mittelwerte sinusförmiger Wechselgrößen

Arithmetischer Mittelwert (Gleichrichtwert)

$$\bar{i} = 0{,}637\,\hat{I}$$

$$\bar{u} = 0{,}637\,\hat{U}$$

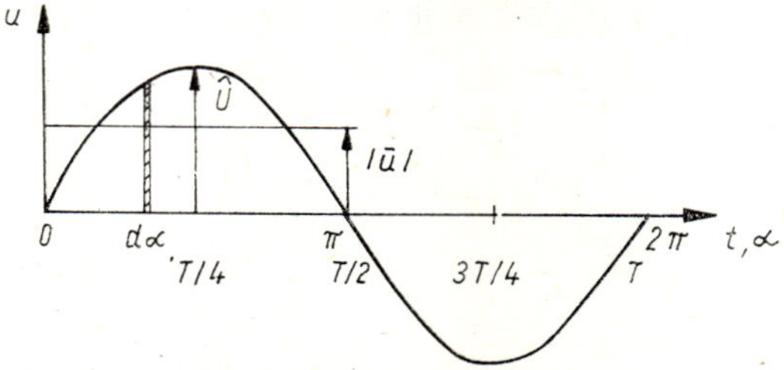

Der arithmetische Mittelwert über eine volle Periode einer sinusförmigen Wechselgröße ist Null. Über eine halbe Periode ergibt sich der Gleichrichtwert als Höhe eines Rechtecks, das den gleichen Flächeninhalt hat wie die Fläche unter der Halbwelle.

Amplitude $\hat{I}$ und Effektivwert $I = \tilde{i}$

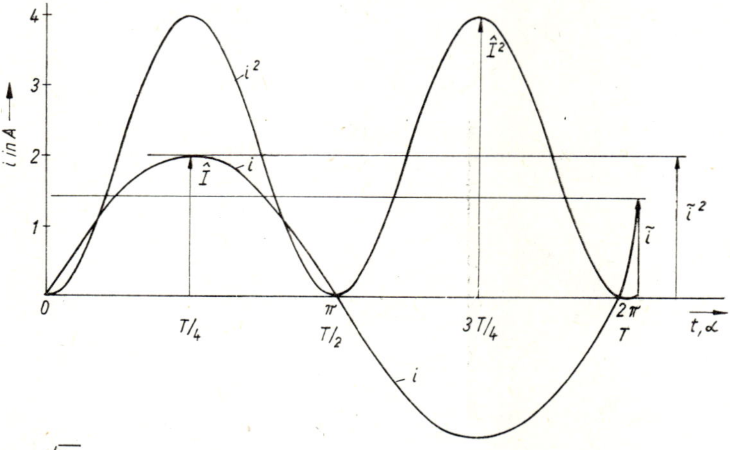

Effektivwert (quadratischer Mittelwert)

$$i = \sqrt{\overline{i^2}}$$

$$I = \hat{I}/\sqrt{2} = 0{,}707\,\hat{I}$$

$$U = \hat{U}/\sqrt{2} = 0{,}707\,\hat{U}$$

Beachte: Die Formelzeichen für die Effektivwerte lauten unter Weglassung der Tilde (Wellenlinie) einfach U und I.

Der Effektivwert ist derjenige Mittelwert eines Wechselstroms, der in einem Widerstand die gleiche Wärmemenge entwickelt wie ein gleich großer konstanter Gleichstrom.

Scheitelfaktor	$k_s = \dfrac{\hat{U}}{U}$	Der Scheitelfaktor ist das Verhältnis des Scheitelwertes zum Effektivwert. $k_s = \sqrt{2} = 1{,}414$ für Sinusgrößen
Formfaktor	$k_f = \dfrac{U}{\lvert\overline{u}\rvert}$	Der Formfaktor ist das Verhältnis des Effektivwertes zum Gleichrichtwert. $k_f = \pi/(2\sqrt{2}) = 1{,}111$ für Sinusgrößen

2.3.3. Widerstände im Wechselstromkreis

Größe/ Bezeichnung	Formelzeichen	Einheit	Formel/Erläuterung
Darstellung komplexer Größen in Wechselstromkreisen			Durch Verwendung komplexer Größen und deren mathematischer Gesetze können beliebige zusammengesetzte Wechselstromkreise auf die Gesetze des Gleichstromkreises zurückgeführt werden.
Widerstände			
Komplexer Widerstand, Impedanz	$\underline{Z}$	Ω	$\underline{Z} = \underline{U}/\underline{I}$ Der komplexe Widerstand ist eine komplexe Größe, die gleich dem Quotienten aus der komplexen Spannung und dem komplexen Strom ist.
Winkel des komplexen Widerstandes	φ	rad	$\tan\varphi = \dfrac{\operatorname{Im}\underline{Z}}{\operatorname{Re}\underline{Z}}$
Scheinwiderstand	Z	Ω	$Z = \lvert\underline{Z}\rvert$ Der Scheinwiderstand ist der Betrag des komplexen Widerstandes.
Wirkwiderstand, Resistanz	R	Ω	$R = \operatorname{Re}\underline{Z}$ Der Wirkwiderstand ist der Realteil des komplexen Widerstandes. Im Wirkwiderstand sind Spannung und Strom in jedem Augenblick in gleicher Phase. Die zugeführte elektrische Leistung des Wechselstroms wird ebenso in Wärme oder Licht umgewandelt wie bei Gleichstrom.

Größe/ Bezeichnung	Formel-zeichen	Einheit	Formel/Erläuterung
Blindwiderstand, Reaktanz	X	Ω	$X = \mathrm{Im}\,\underline{Z}$ Der Blindwiderstand ist der Imaginärteil des komplexen Widerstandes.
Induktiver Blindwiderstand, Induktanz	X_L	Ω	$\boxed{X_L = \omega L}$
Induktive Phasenverschiebung	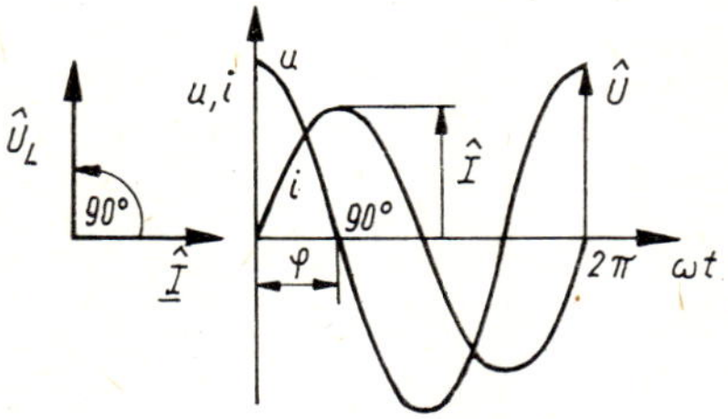		Die an einer Induktivität liegende Spannung eilt dem Strom um 90° voraus. $i = \hat{I}_L \sin \omega t$ $u = \hat{U}_L \sin\left(\omega t + \frac{\pi}{2}\right)$
Kapazitiver Blindwiderstand, Kondensanz	X_C	Ω	$\boxed{X_C = -\frac{1}{\omega C}}$
Kapazitive Phasenverschiebung	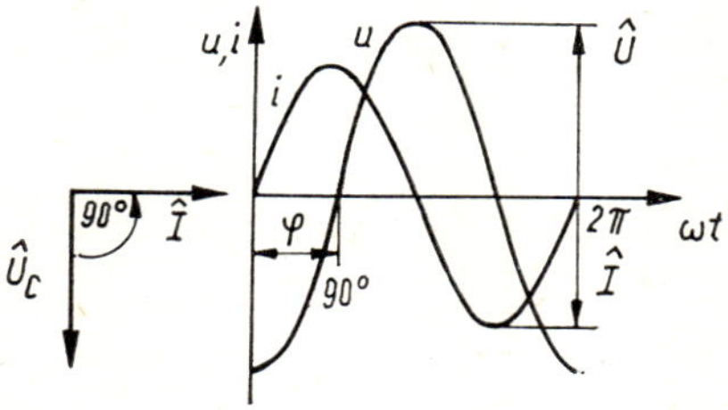		Der durch einen Kondensator fließende Strom eilt der Spannung um 90° voraus. $u = \hat{U}_C \sin \omega t$ $i = \hat{I}_C \sin\left(\omega t + \frac{\pi}{2}\right)$

Leitwerte

Bei Parallelschaltungen ist es meist zweckmäßiger, mit Leitwerten zu rechnen.

Komplexer Leitwert, Admittanz	$\underline{Y}$	S	$\underline{Y} = \underline{I}/\underline{U} = 1/\underline{Z}$
			Der komplexe Leitwert ist eine komplexe Größe, die gleich dem Quotienten aus dem komplexen Strom und der komplexen Spannung ist.
Scheinleitwert	Y	S	$Y = \lvert\underline{Y}\rvert$ Der Scheinleitwert ist der Betrag des komplexen Leitwertes.

Wirkleitwert, Konduktanz	G	S	$G = \text{Re}\,\underline{Y}$ $G = 1/R$	Der Wirkleitwert ist der Realteil des komplexen Leitwertes.
Blindleitwert	B	S	$B = \text{Im}\,\underline{Y}$	Der Blindleitwert ist der Imaginärteil des komplexen Leitwertes.
Induktiver Blindleitwert, Suszeptanz	B_L	S	$B_L = -\dfrac{1}{X_L} = -\dfrac{1}{\omega L}$	
Kapazitiver Blindleitwert, Kapazitanz	B_C	S	$B_C = \dfrac{1}{X_C} = \omega C$	

Zeigerdiagramme, Scheinwiderstände und Phasenwinkel einfacher Reihenschaltungen

Schaltung	Zeigerdiagramm	φ	Betrag des Scheinwiderstandes Z	$\tan \varphi_z$
	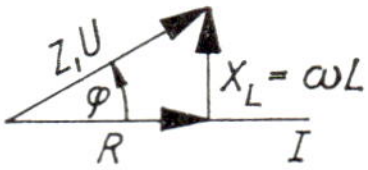	+	$\sqrt{R^2 + (\omega L)^2}$	$+\dfrac{\omega L}{R}$
	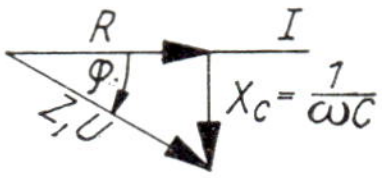	−	$\sqrt{R^2 + \left(\dfrac{1}{\omega C}\right)^2}$	$-\dfrac{1}{\omega RC}$
	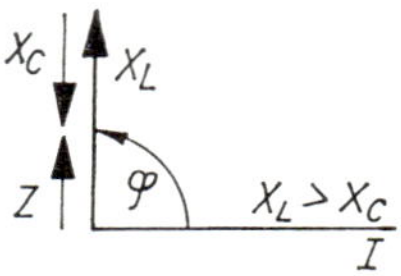	+90°	$\omega L - \dfrac{1}{\omega C}$	$+\infty$
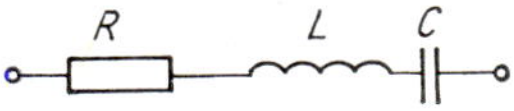	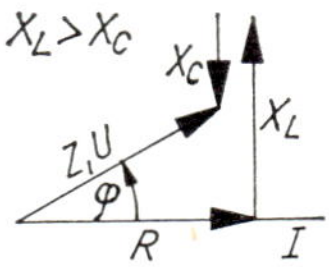	+	$\sqrt{R^2 + \left(\omega L - \dfrac{1}{\omega C}\right)^2}$	$+\dfrac{\omega L - (1/\omega C)}{R}$

Schaltung	Zeiger-diagramm	φ	Betrag des Scheinwiderstandes Z	$\tan \varphi_Z$
	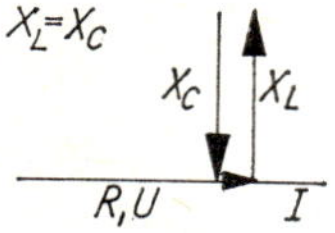	0	R	0
	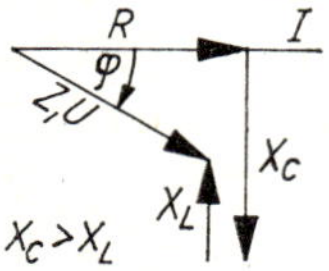	–	$\sqrt{R^2 + \left(\frac{1}{\omega C} - \omega L\right)^2}$	$-\frac{(1/\omega C) - \omega L}{R}$

Zeigerdiagramme, Scheinwiderstände und Phasenwinkel einfacher Parallelschaltungen

Schaltung	Zeiger-diagramm	φ	Scheinwiderstand $Z = 1/Y$ (reziproke Scheinleitwerte)	$\tan \varphi_Y$
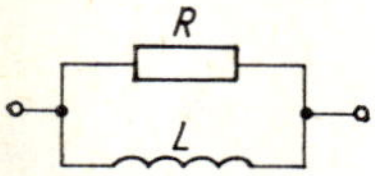	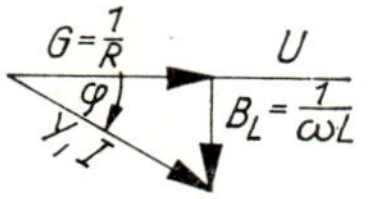	–	$\frac{\omega RL}{\sqrt{R^2 + (\omega L)^2}}$	$-\frac{R}{\omega L}$
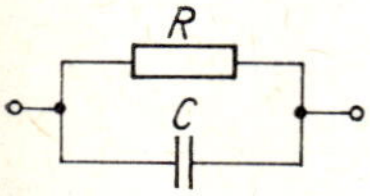	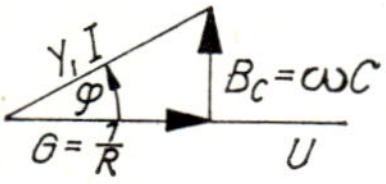	+	$\frac{R}{\sqrt{1 + (\omega RC)^2}}$	$+\omega RC$
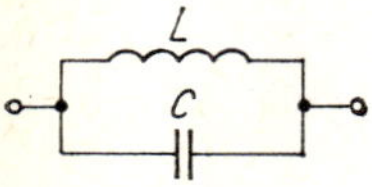	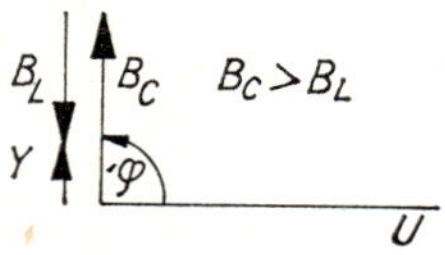	+90°	$\frac{\omega L}{\omega^2 LC - 1}$	∞
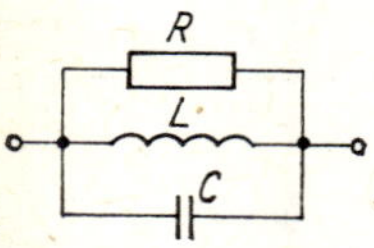	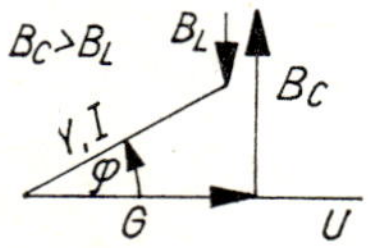	+	$\frac{\omega RL}{\sqrt{R^2(\omega^2 LC - 1)^2 + (\omega L)^2}}$	$+\frac{R(\omega^2 LC - 1)}{\omega L}$

Schaltung	Zeigerdiagramm	φ	Scheinwiderstand $Z = 1/Y$ (reziproke Scheinleitwerte)	$\tan \varphi_Y$
	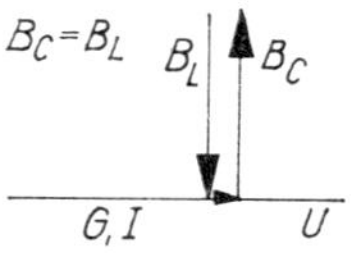	0	R	0
	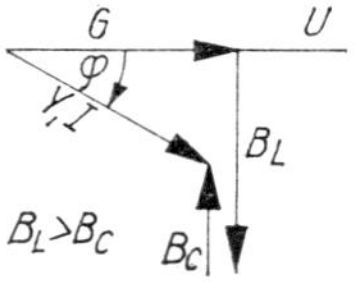	$-$	$\dfrac{\omega RL}{\sqrt{R^2(1-\omega^2 LC)^2 + (\omega L)^2}}$	$-\dfrac{R(1-\omega^2 LC)}{\omega L}$

Umwandlung von Schaltungen

Jede Reihenschaltung komplexer Widerstände läßt sich durch eine elektrisch gleichwertige (äquivalente) Parallelschaltung ersetzen und umgekehrt. Voraussetzung hierbei ist gleiche Frequenz.

Umwandlung Reihenschaltung in Parallelschaltung

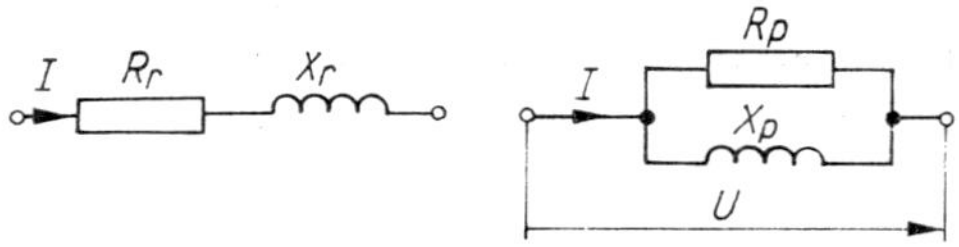

Reihenschaltung = Parallelschaltung

$$\underline{Y} = \frac{1}{\underline{Z}} = \frac{1}{R_r + jX_r} = G_p - jB_p$$

Vergleich der reellen und imaginären Komponenten:

$$\boxed{R_p = \frac{Z^2}{R_r}} \qquad \boxed{X_p = \frac{Z^2}{X_r}}$$

Umwandlung Parallelschaltung in Reihenschaltung

Reihenschaltung = Parallelschaltung

$$R_r = jX_r = \frac{R_p jX_p}{R_p + jX_p} = \frac{1}{\underline{Y}}$$

Vergleich der reellen und imaginären Komponenten:

$$\boxed{R_r = \frac{R_p X_p^2}{R_p^2 + X_p^2}} \qquad \boxed{X_r = \frac{R_p^2 X_p}{R_p^2 + X_p^2}}$$

2.3.4. Leistung im Wechselstromkreis

Kenngrößen

Größe/ Bezeichnung	Formelzeichen	Einheit	Formel/Erläuterung
Augenblickswert der Leistung	p	W	$p = ui$ Der Augenblickswert der Leistung ist gleich dem Produkt aus den Augenblickswerten von Strom und Spannung.
Komplexe Leistung, komplexe Wechselleistung	$\underline{S}$	VA (Voltampere)	$\underline{S} = \underline{U}\underline{I}^* = UI\,e^{j(\varphi_u - \varphi_i)} = UI\,e^{j\varphi}$ $= UI(\cos\varphi + j\sin\varphi)$ φ_u Phasenwinkel der Spannung $-\varphi_i$ Phasenwinkel des konjugiert komplexen Stromzeigers Die komplexe Leistung ist gleich dem Produkt aus der komplexen Spannung und dem konjugiert komplexen Strom $\underline{I}^*$.
Scheinleistung	S	VA	$S = \lvert\underline{S}\rvert = UI$ Die Scheinleistung ist der Betrag der komplexen Leistung. Sie ist das ohne Berücksichtigung einer vorhandenen Phasenverschiebung gewonnene Produkt aus Klemmenspannung und Strom.
Wirkleistung	P	W (Watt)	$\boxed{P = UI\cos\varphi = \mathrm{Re}\,\underline{S}}$ Die Wirkleistung ist der in nichtelektrische Form (z. B. Wärme, Licht, mechanische Leistung) umgewandelte und vom Zähler registrierte Teil der Leistung. Sie entspricht dem Realteil der komplexen Leistung.

Reine Wirkleistung bei $\varphi = 0°$

$P = UI$

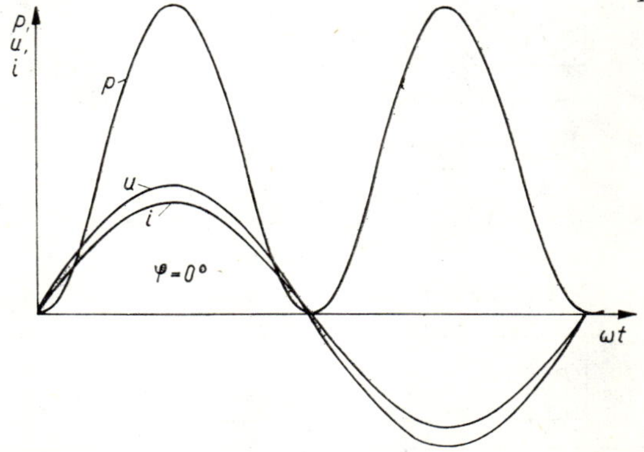

Größe/ Bezeichnung	Formelzeichen	Einheit	Formel/Erläuterung

Die reine Wirkleistung ist das Produkt der Effektivwerte von Spannung und Strom.

Überwiegende Wirkleistung bei $0° < \varphi < 90°$

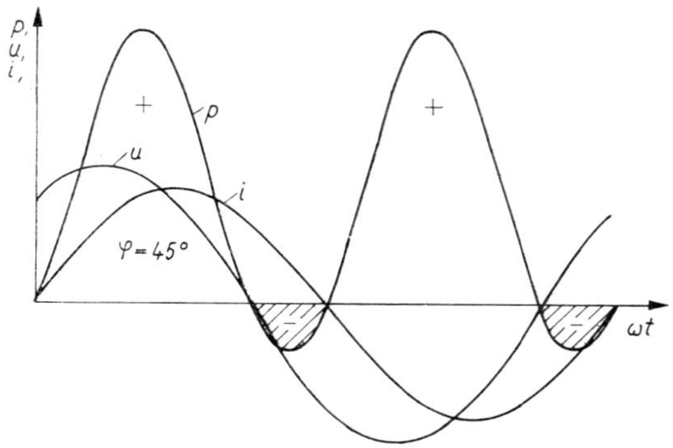

Blindleistung	Q	var (Voltampere-réactif)	$Q = UI \sin\varphi = \text{Im}\,\underline{S}$

Die Blindleistung ist die beim Auf- und Abbau des magnetischen bzw. elektrischen Feldes zwischen Generator und Verbraucher ausgetauschte Leistung. Sie ist der Imaginärteil der komplexen Leistung.

Reine Blindleistung bei $\varphi = 90°$

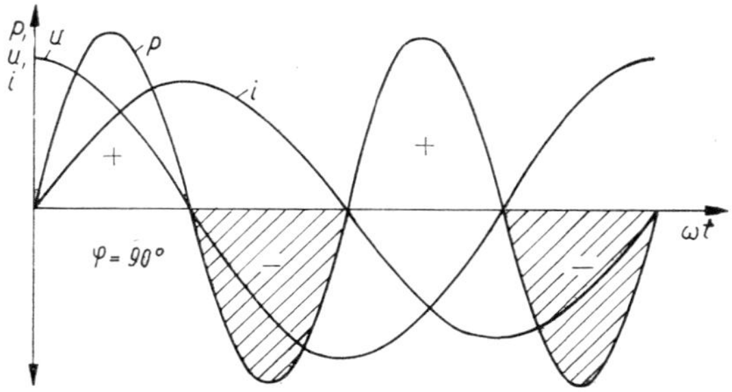

Kompensierte Blindleistung

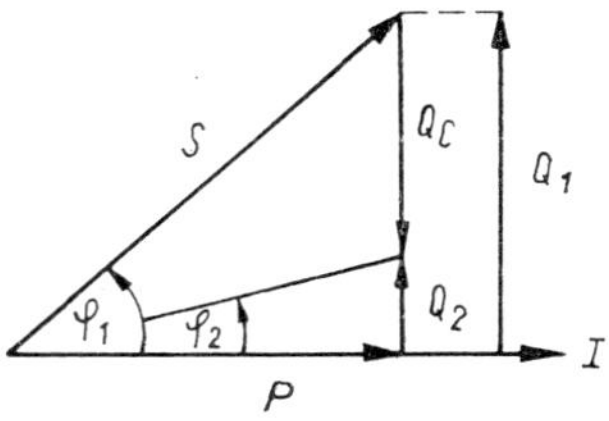

$Q_C = P\,(\tan\varphi_1 - \tan\varphi_2)$

$Q_C = Q_1 - Q_2$

Q_1 induktive Blindleistung vor der Kompensation,

Q_2 induktive Blindleistung nach der Kompensation

Größe/ Bezeichnung	Formel- zeichen	Einheit	Formel/Erläuterung
Kapazität des erforderlichen Phasen- schieberkondensators			$C = \dfrac{Q_C}{\omega U^2}$
Leistungsdiagramm	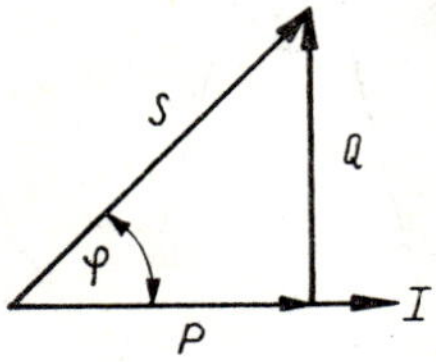		$\boxed{S = \sqrt{P^2 + Q^2}}$
Leistungsfaktor	λ	1	$\lambda = \cos\varphi = \dfrac{P}{Q} = \dfrac{\text{Wirkleistung}}{\text{Scheinleistung}}$

Art des Widerstandes	Phasenwinkel	Leistungsfaktor
reiner Wirkwiderstand	$\varphi = 0°$	$\cos\varphi = 1$
reiner Blindwiderstand	$\varphi = 90°$	$\cos\varphi = 0$
induktive Belastung	$90° > \varphi > 0°$	$\cos\varphi < 1$ (positiv)
kapazitive Belastung	$-90° < \varphi < 0°$	$\cos\varphi < 0$ (negativ)

Weitere Benennungen

Größe/ Bezeichnung	Formel- zeichen	Einheit	Formel/Erläuterung
Wirkstrom	I_w	A	$I_w = I\cos\varphi = P/U$
Blindstrom	I_b	A	$I_b = I\sin\varphi = \lvert Q\rvert/U$
Gesamtstrom	I	A	$I = \sqrt{I_w^2 + I_b^2}$
	Direkt meßbar ist allein der Gesamtstrom.		
Wirkspannung	U_w	V	$U_w = U\cos\varphi = P/I$
Blindspannung	U_b	V	$U_b = U\sin\varphi = \lvert Q\rvert/I$
Gesamtspannung	U	V	$U = \sqrt{U_w^2 + U_b^2}$

Berechnung reiner Wirk- und Blindleistungen

Art der Leistung	Gleichung mit Gesamtstrom I	mit Klemmenspannung U
Wirkleistung P	$I^2 R$	U^2/R
Blindleistung Q, induktiv	$I^2 X_L = I^2 \omega L$	$\frac{U^2}{X_L} = \frac{U^2}{\omega L}$
Blindleistung Q, kapazitiv	$I^2 X_C = -\frac{I^2}{\omega C}$	$\frac{U^2}{X_C} = -U^2 \omega C$

2.4. Besondere Wechselstromkreise

2.4.1. Zusammengesetzte Schaltungen

Komplexer Spannungs- und Stromteiler

Einfacher Spannungsteiler

$$\boxed{\frac{\underline{U}_1}{\underline{U}_2} = \frac{\underline{Z}_1}{\underline{Z}_2}} \qquad \frac{\underline{U}_1}{\underline{U}} = \frac{\underline{Z}_1}{\underline{Z}}$$

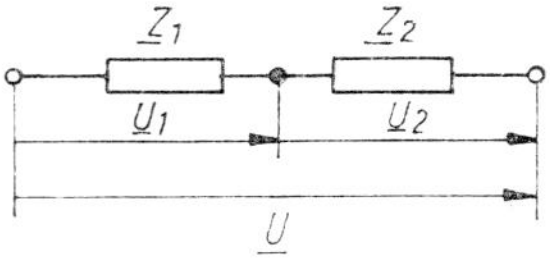

Stromteiler

$$\boxed{\frac{\underline{I}_1}{\underline{I}_2} = \frac{\underline{Y}_1}{\underline{Y}_2} = \frac{\underline{Z}_2}{\underline{Z}_1}}$$

$$\frac{\underline{I}_1}{\underline{I}} = \frac{\underline{Z}_2}{\underline{Z}_1 + \underline{Z}_2}$$

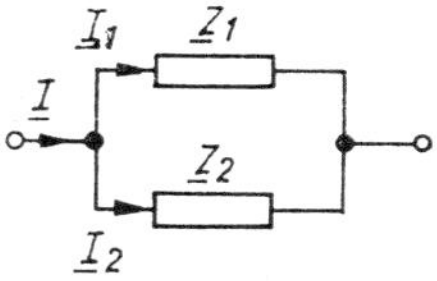

Mehrstufiger Spannungsteiler

Das Spannungsverhältnis eines mehrstufigen Spannungsteilers ist gleich dem Produkt der Widerstandsverhältnisse der einzelnen Stufen.

Beispiel: zweistufiger Spannungsteiler

$$\frac{\underline{U}_2}{\underline{U}_1} = \frac{\underline{U}_2 \underline{U}_3}{\underline{U}_3 \underline{U}_1} = \frac{\underline{Z}_4 \underline{Z}_2}{\underline{Z}_2 \underline{Z}_1}$$

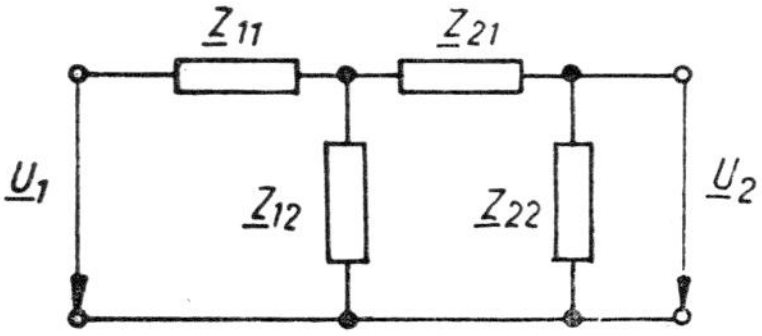

$$\underline{Z}_1 = \underline{Z}_{11} + \underline{Z}_2$$

$$\underline{Z}_2 = \frac{(\underline{Z}_{21} + \underline{Z}_{22})\,\underline{Z}_{12}}{\underline{Z}_{21} + \underline{Z}_{22} + \underline{Z}_{12}}$$

$$\underline{Z}_3 = \underline{Z}_{21} + \underline{Z}_{22}$$

$$\underline{Z}_4 = \underline{Z}_{22}$$

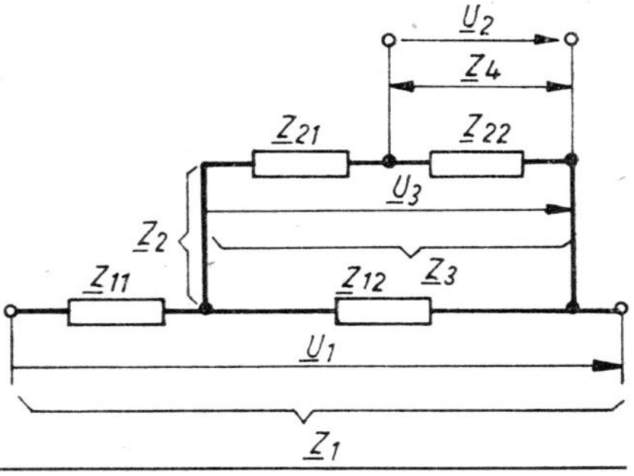

RC-Kombination mit Phasendrehung um 90° (zweistufiger Spannungsteiler)

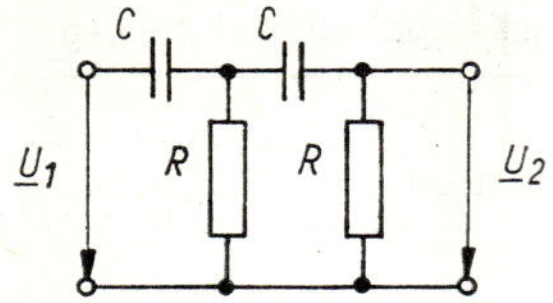

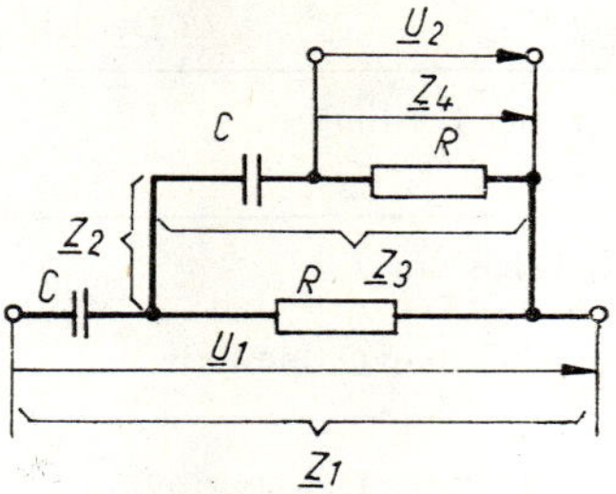

$$\frac{\underline{U}_2}{\underline{U}_1} = \frac{\underline{Z}_4}{\underline{Z}_3} \frac{\underline{Z}_2}{\underline{Z}_1}$$

$$= \mathrm{j}\, \frac{\omega RC}{3 + \mathrm{j}\,[\omega RC - (1/\omega RC)]}$$

Wenn der imaginäre Teil des Nenners gleich 0 wird, ist $\underline{U}_2$ gegenüber $\underline{U}_1$ wegen des Faktors j um 90° gedreht.

Es gilt $R = 1/\omega C$ und $\underline{U}_2 = \mathrm{j}\underline{U}_1 \cdot \frac{1}{3}$

Spannungsreduzierung bei 90° Phasendrehung auf 1/3

RC-Kombination mit Phasendrehung um 180° (dreistufiger Spannungsteiler)

$$\underline{U}_2 = -\underline{U}_1 \frac{(\omega RC)^3}{[5\omega RC - (\omega RC)^3] - \mathrm{j}\,[1 - 6(\omega RC)^2]}$$

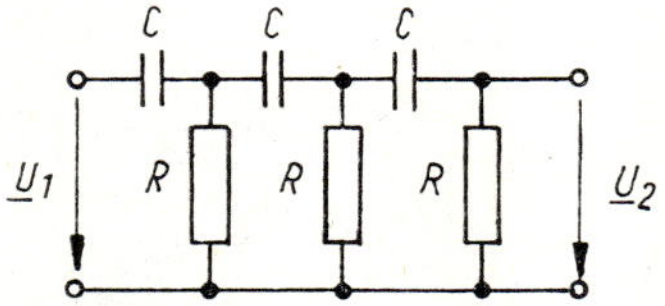

Bei 180° Phasendrehung muß der Imaginärteil verschwinden:

$$1 - 6(\omega RC)^2 = 0$$

$$\omega CR = 1/\sqrt{6}$$

$$\underline{U}_2 = -\underline{U}_1 \cdot \frac{1}{29}$$

Spannungsreduzierung bei 180° Phasendrehung auf 1/29

Wechselstrom-Meßbrücken

Brücke	Bild	Abgleichbedingungen	Bemerkungen
Wechselstrom-Meßbrücke, allgemein	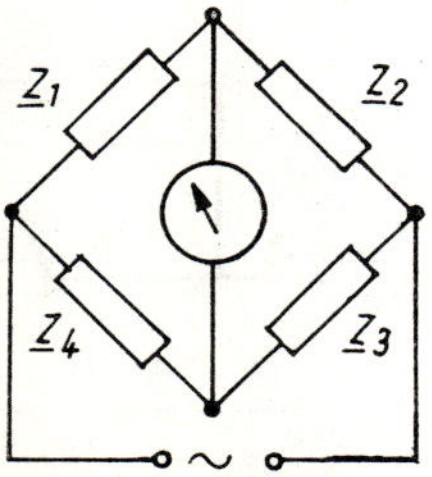	$\underline{Z}_1\underline{Z}_3 = \underline{Z}_2\underline{Z}_4$ Beträge: $Z_1Z_3 = Z_2Z_4$ Phasenwinkel: $\varphi_1 + \varphi_3 = \varphi_2 + \varphi_4$	Die Brücke ist im Gleichgewicht, wenn das Produkt der gegenüberliegenden komplexen Widerstände gleich ist.

Brücke	Bild	Abgleichbedingungen	Bemerkungen
Einfache Kapazitätsmeßbrücke	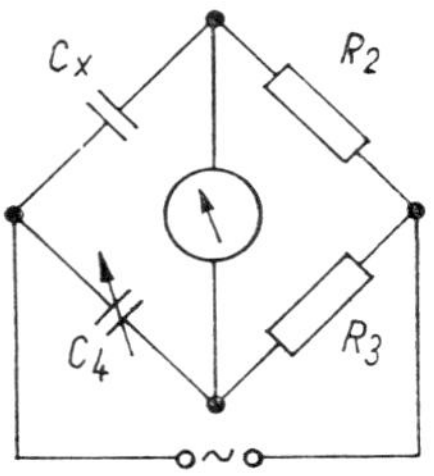	$\frac{C_x}{C_4} = \frac{R_3}{R_2}$	für kleinere und mittlere Kapazitäten bei vernachlässigbaren Verlusten
WIEN-*Brücke*	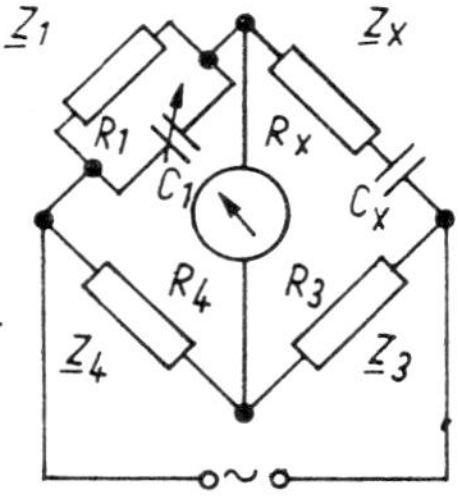	$R_x = \frac{R_1}{1 + (\omega R_1 C_1)^2}$ $C_x = C_1 + \frac{1}{\omega^2 R_1^2 C_1}$	Kapazitätsmessung durch Vergleich mit einem verstellbaren Präzisionskondensator C_1 mit Parallelwiderstand R_1
WIEN-ROBINSON-*Brücke*		$C_1 = C_x = C$ $R_1 = R_x = R$ $R_3 = 2R_4$ $\omega = 1/RC$	Frequenzmessung
MAXWELL-*Brücke*	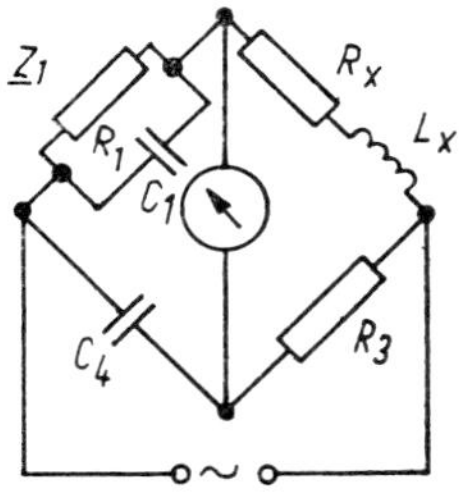	$L_x = \frac{R_1 R_3 C_4}{1 + (\omega R_1 C_1)^2}$ $R_x = \frac{R_3 C_4}{C_1}\left(1 - \frac{1}{(R_1 C_1 \omega)^2}\right)$	zur Messung von Spulen und Kondensatoren
SCHERING-*Brücke*	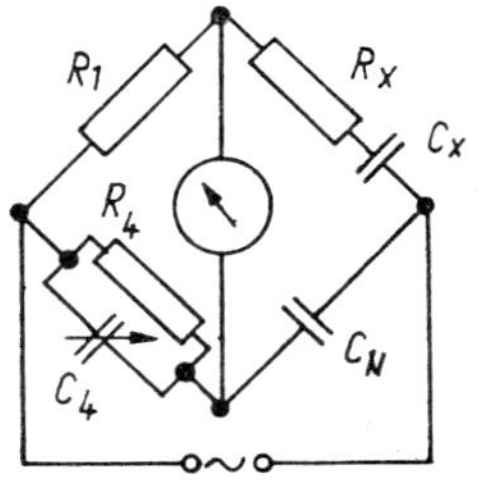	$R_x = R_1 \frac{C_4}{C_N}$ $C_x = C_N \frac{R_4}{R_1}$ $\tan \delta_x = \omega R_4 C_4$	zur Bestimmung von Verlustwinkeln bei Kondensatoren besonders in der Hochspannungstechnik C_N Normalkondensator δ_x Verlustwinkel

Brücke	Bild	Abgleichbedingungen	Bemerkungen
MAXWELL-WIEN-*Brücke*	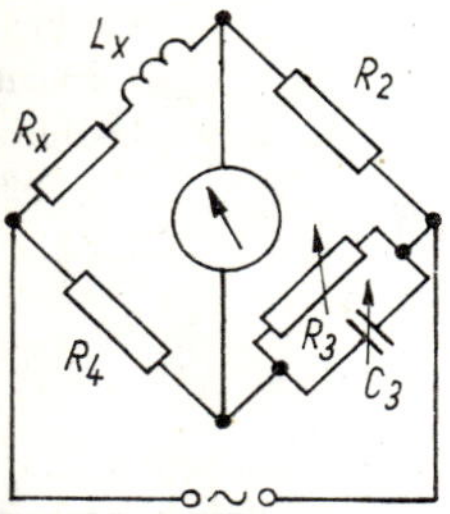	$R_x = \frac{R_2 R_4}{R_3}$ $L_x = R_2 R_4 C_3$	zur Bestimmung von kleinen und mittleren Induktivitäten Abgleich ist frequenzunabhängig
Frequenzunabhängige MAXWELL-*Brücke*	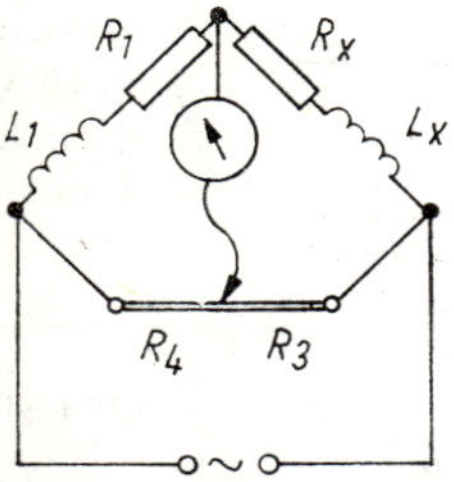	$R_x = \frac{R_1 R_3}{R_4}$ $L_x = \frac{L_1 R_3}{R_4}$	Vergleich zweier Spulen oder Kondensatoren

2.4.2. Frequenzverhalten von Wechselstromkreisen

Verluste in Wechselstromkreisen

Größe/Bezeichnung	Formelzeichen	Einheit	Formel/Erläuterung
Verlustwinkel einer Spule	δ_L	rad	$\boxed{\tan \delta_L = \frac{R_r}{\omega L}}$ R_r Verlustwiderstand einer Spule als Reihenwiderstand $\tan \delta_L = \omega L / R_p$ R_p Verlustwiderstand einer Spule als Parallelwiderstand

Ursachen der Verluste:

- Ohmscher Widerstand der Wicklung, frequenzunabhängig
- Skineffekt: Er wird erst bei höheren Frequenzen merklich, und zwar

  bei Drahtdurchmesser 1 mm ab etwa 100 kHz,
  bei Drahtdurchmesser 0,1 mm ab etwa 10 MHz,
  bei Drahtdurchmesser 0,01 mm ab etwa 1000 MHz
- Hysteresis- und Wirbelstromverluste im Kernmaterial

Verlustfaktor einer Spule	d_L $\tan \delta_L$	1	$\delta_L \approx d_L = \dfrac{R_r}{\omega L}$ Bei kleinem δ_L kann der Tangens gleich dem Winkel im Bogenmaß gesetzt werden.
Spulengüte	Q	1	$Q = 1/d_L \quad Q \approx 50 \ldots 500$
Verlustwinkel eines Kondensators	δ_C	rad	$\boxed{\tan \delta_C = \dfrac{1}{\omega C R_p}}$ (→Tabelle in 2.1.1.) R_p Verlustwiderstand eines Kondensators nur als Parallelwiderstand sinnvoll
Ursachen der Verluste:	•		geringe Leitfähigkeit des Dielektrikums und Widerstand der Folien und Zuleitungen
	•		geringe Wärmeentwicklung im Dielektrikum durch fortgesetzte Umpolarisation der Moleküle
Verlustfaktor eines Kondensators	d_C	1	$\delta_C \approx d_C = \dfrac{1}{\omega C R_p}$ für kleine δ_C

Schwingkreis und Resonanz

Größe/Bezeichnung	Reihenschwingkreis	Parallelschwingkreis
Grundvorgang *Schaltung*	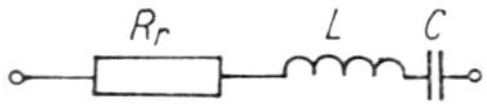	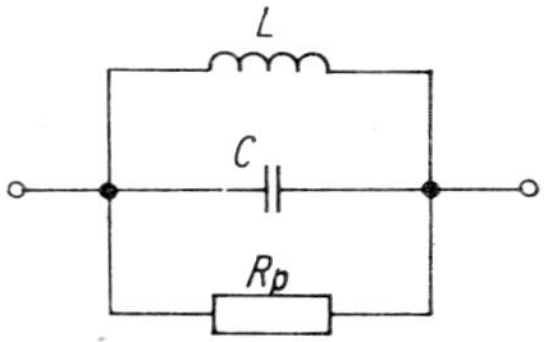
Scheinwiderstand	$Z = \sqrt{R_r^2 + \left(\omega L - \dfrac{1}{\omega C}\right)^2}$	$Z = \dfrac{1}{\sqrt{\dfrac{1}{R_p^2} + \left(\omega C - \dfrac{1}{\omega L}\right)^2}}$
	Strom $I = \dfrac{U}{Z} = \dfrac{U}{\sqrt{R_r^2 + [\omega L - (1/\omega C)]^2}}$	Spannung $U = ZI = \dfrac{I}{\sqrt{\dfrac{1}{R_p^2} + \left(\omega C - \dfrac{1}{\omega L}\right)^2}}$
	Die Gleichungen entsprechen einer Spule mit Verlustwiderstand, die mit einem Konden-	Die Gleichungen entsprechen einem Kondensator mit Verlustwiderstand, der mit einer Spule

Größe/Bezeichnung	Reihenschwingkreis	Parallelschwingkreis
	sator in Reihe geschaltet ist und dessen Verluste ebenfalls als Reihenwiderstand wirksam werden.	parallelgeschaltet und deren Verlustwiderstand mit dem des Kondensators zusammengefaßt ist.
Resonanzbedingung	$\omega L = \frac{1}{\omega C}$	$\omega C = \frac{1}{\omega L}$
	Scheinwiderstand wird reell	
	$Z \rightarrow$ Minimum	$Z \rightarrow$ Maximum
	$I \rightarrow$ Maximum $\quad I_r = \frac{U}{R_r}$	$U \rightarrow$ Maximum $\quad U_r = IR_p$
Resonanzwinkelfrequenz	$\omega_r = 1/\sqrt{LC}$	
Resonanzfrequenz	$f_r = \frac{1}{2\pi\sqrt{LC}}$	
Phasenwinkel	$\varphi = \arctan 0 = 0°$	

Resonanzkurven

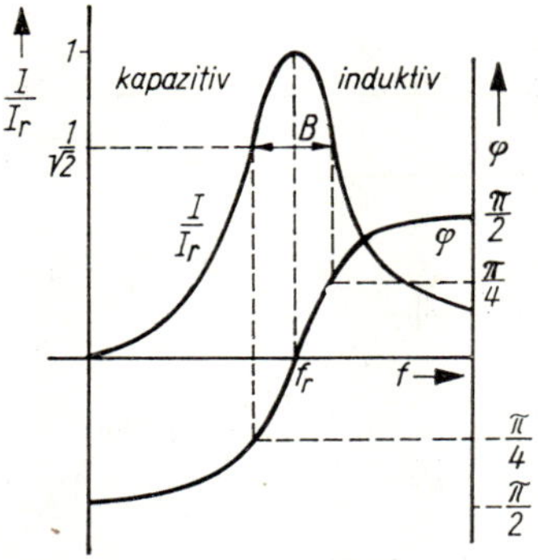

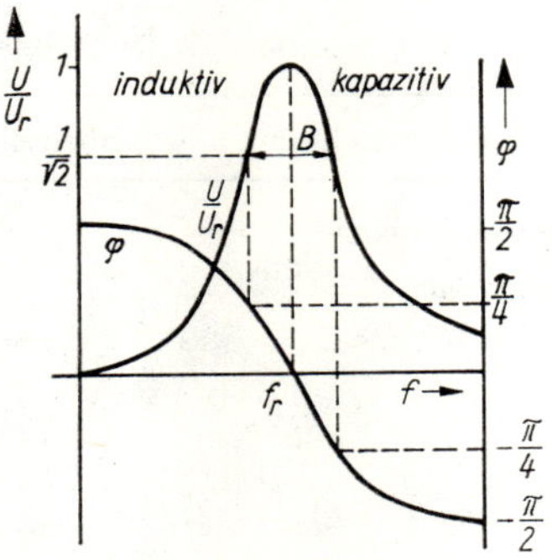

Größe/Bezeichnung	Reihenschwingkreis	Parallelschwingkreis
Besonderheiten	Resonanzspannungen	Resonanzströme
	$U_{rC} = U_{rL} = I_r/\omega_r C = I_r \omega_r L = QU$	$I_{rC} = I_{rL} = \omega_r C U_r = \frac{U_r}{\omega_r L} = \frac{IR_p}{\omega_r L} = QI$
	Die an den Blindwiderständen liegende Resonanzspannung ist um den Faktor Q größer als die Klemmenspannung U	Der Resonanzstrom ist um den Faktor Q größer als der am Eingang fließende Gesamtstrom I.
	für $\omega_r L = 1/\omega_r C \gg R_r$	für $\omega_r C = 1/\omega_r L \ll 1/R_p$
	$\rightarrow$ Spannungsresonanz	$\rightarrow$ Stromresonanz

Größe/Bezeichnung	Reihenschwingkreis	Parallelschwingkreis
Verluste		
Gesamtverlustfaktor	$d = d_L + d_C$	
	$d = \frac{R_r}{\omega_r L} = R_r \omega_r C = R_r \sqrt{\frac{C}{L}}$	$d = \frac{\omega_r L}{R_p} = \frac{1}{\omega_r C R_p} = \frac{\sqrt{L/C}}{R_p}$
Kreisgüte, Resonanzüberhöhung	$Q = \frac{1}{d} = \frac{\omega_r L}{R_r}$	$Q = \frac{1}{d} = \omega_r C R_p$

Normierte Darstellung

Frequenzverhältnis

$$\eta = \frac{\omega}{\omega_r}$$

Verstimmung

$$v = \eta - \frac{1}{\eta} = \frac{\omega}{\omega_r} - \frac{\omega_r}{\omega}$$

Verlauf der Resonanzkurve

$$I = \frac{I_r}{\sqrt{1 + v^2 Q^2}} \qquad U = \frac{U_r}{\sqrt{1 + v^2 Q^2}}$$

Phasenwinkel

$$\varphi = \arctan vQ$$

Mit kleiner werdenden Q-Werten flachen die Resonanzkurven immer mehr ab.

Resonanzkurven bei unterschiedlicher Kreisgüte

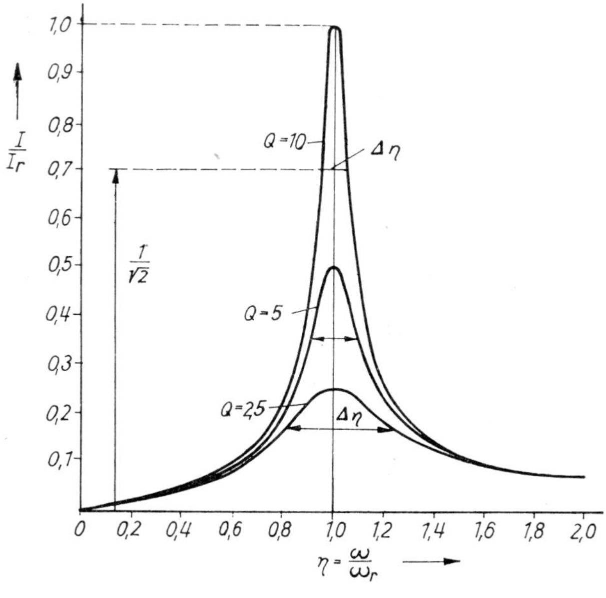

Größe/Bezeichnung	Reihenschwingkreis	Parallelschwingkreis
Bandbreite	$B = f_{go} - f_{gu}$ f_{go} obere Grenzfrequenz f_{gu} untere Grenzfrequenz Innerhalb der Bandbreite sinkt der Scheitelwert der Resonanzkurve zu beiden Seiten auf den $1/\sqrt{2}$-ten Teil ab.	
Differenzen der relativen Grenzfrequenzen	$\Delta\eta = \eta_{go} - \eta_{gu} = \frac{B}{f_r}$ $\Delta\eta = d = 1/Q$	

Einfache Vierpole und Filter

Übertragungsfunktion

> Die Übertragungsfunktion $\underline{U}_2/\underline{U}_1$ ist das komplexe Verhältnis der abgegriffenen (Ausgangs-)Spannung $\underline{U}_2$ im Leerlauf zur angelegten (Eingangs-)Spannung $\underline{U}_1$.

Filter

Die Übertragungsfunktion aller Blindwiderstände in Vierpolen hängt in charakteristischer Weise von der Frequenz ab, so daß bestimmte Frequenzbereiche gut und andere schlecht übertragen werden. Sie werden allgemein als *Filter* oder *Siebe* bezeichnet. Hierzu gehören:

- Hochpaß
- Tiefpaß
- Bandpaß
- Bandsperre

Amplitudengang

$$\boxed{|\underline{U}_2/\underline{U}_1| = f(\omega)}$$ Betrag der Übertragungsfunktion

> Als Amplitudengang bezeichnet man die Abhängigkeit der Übertragungsfunktion von der Frequenz.

Phasengang

$$\boxed{\tan\alpha = f(\omega)}$$ Phase der Übertragungsfunktion

Amplituden- und Phasengang bei Grenzwinkelfrequenz ω_g

$$\left|\frac{\underline{U}_2}{\underline{U}_1}\right| = \sqrt{\frac{1}{2}} = 0{,}707 \qquad \tan\alpha = 1 \quad \alpha = 45°$$

Hoch- und Tiefpaß

Kenngrößen	*RC*-Glied als Hochpaß	*RC*-Glied als Tiefpaß
Schaltung	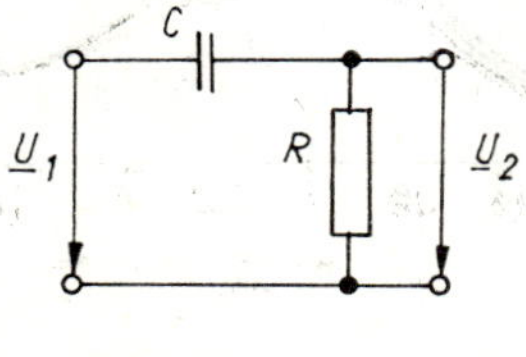	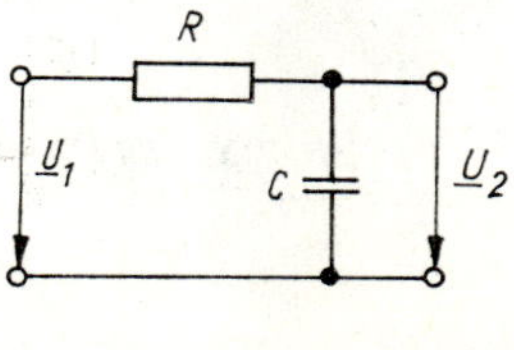

Kenngrößen	*RC*-Glied als Hochpaß	*RC*-Glied als Tiefpaß
Amplituden- und Phasengang	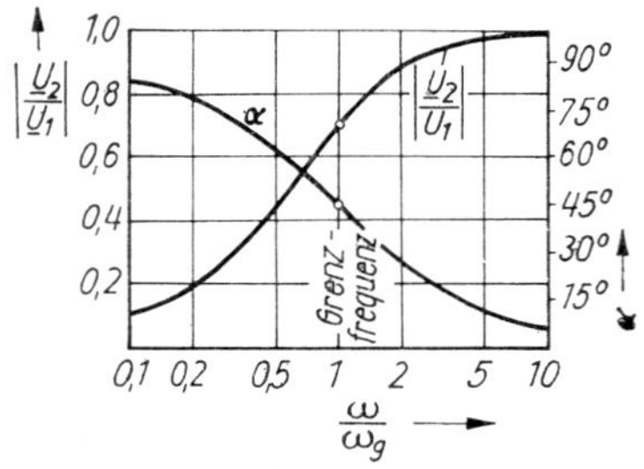	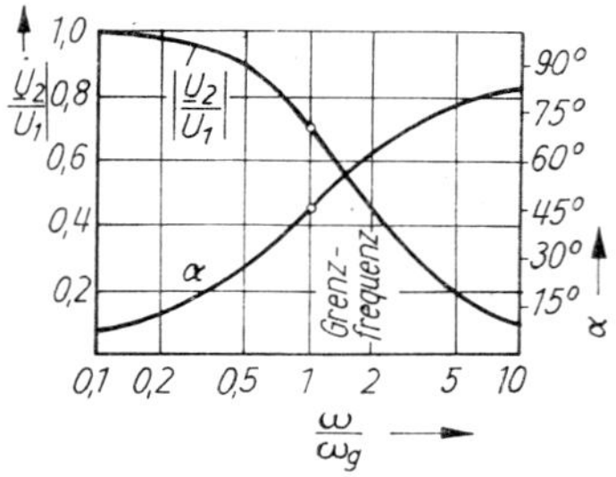
Amplitudengang	$\left\lvert\dfrac{\underline{U}_2}{\underline{U}_1}\right\rvert = \dfrac{1}{\sqrt{1+(1/\omega RC)^2}} = \dfrac{1}{\sqrt{1+(\omega_g/\omega)^2}}$	$\left\lvert\dfrac{\underline{U}_2}{\underline{U}_1}\right\rvert = \dfrac{1}{\sqrt{1+(\omega RC)^2}} = \dfrac{1}{\sqrt{1+(\omega/\omega_g)^2}}$
Phasengang	$\tan\alpha = 1/\omega RC$ $\alpha = \arctan \omega_g/\omega$	$\tan\alpha = -\omega RC$ $-\alpha = \arctan \omega/\omega_g$
Grenzfrequenz	$\omega_g = 1/RC$	
Durchlaßbereich	$\omega > \omega_g$	$\omega < \omega_g$
Sperrbereich	$\omega < \omega_g$	$\omega > \omega_g$
	Von der Grenzfrequenz an aufwärts	abwärts
	beträgt die Ausgangsspannung mehr als 70% der Eingangsspannung.	

Bandpaß

RC-Kombination als Bandpaß mit Amplituden- und Phasengang

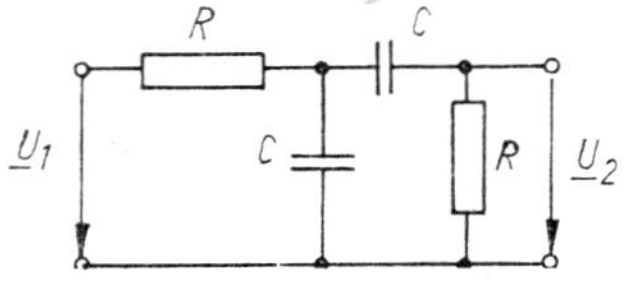

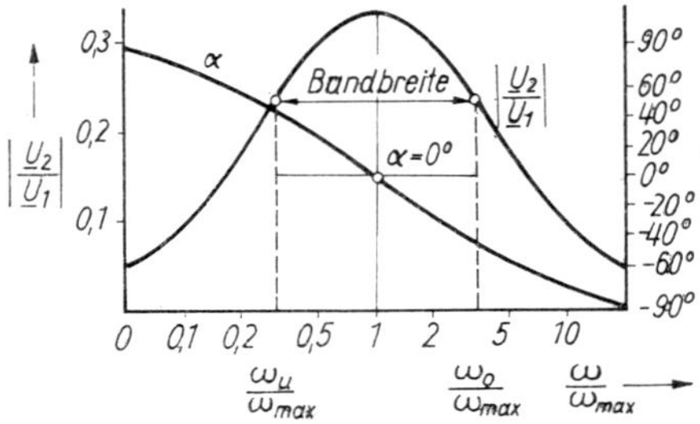

Bandbreite	$B = \Delta\omega = \omega_{go} - \omega_{gu}$	Ein Filter wirkt als Bandpaß, wenn sein Durchlaßbereich zwischen zwei endlichen Grenzfrequenzen liegt.
Übertragungsfunktion	$\frac{\underline{U}_2}{\underline{U}_1} = \frac{1}{3 + \mathrm{j}\,[\omega RC - (1/\omega RC)]}$	
Maximales Spannungsverhältnis	$\left\lvert\frac{\underline{U}_2}{\underline{U}_1}\right\rvert_{max} = \frac{1}{3}$	bei $\alpha = 0°$ $\omega_{max} = 1/RC$
Spannungsverhältnis innerhalb $\Delta\omega$	$\left\lvert\frac{\underline{U}_2}{\underline{U}_1}\right\rvert > \left\lvert\frac{\underline{U}_2}{\underline{U}_1}\right\rvert_{max} \frac{1}{\sqrt{2}} = \frac{1}{3\sqrt{2}}$	
Normierte Bandgrenzen	$\omega_{gu}/\omega_{max} = 0{,}303$	$\omega_{go}/\omega_{max} = 3{,}303$

2.4.3. Spule mit Eisen

Hysteresisverluste

Sie entstehen durch fortgesetztes Ummagnetisieren des Kernmaterials beim Durchlaufen der Hysteresisschleife. Sie sind um so größer, je öfter dies in der Zeiteinheit geschieht, und sind damit der Frequenz f proportional. Bevorzugt werden Werkstoffe mit möglichst schmaler Hysteresisschleife, also magnetisch weiche Werkstoffe.

$$P_H = f W_H$$

P_H Wirkleistungsverlust durch Hysteresis
W_H Ummagnetisierungsarbeit für eine Periode

Wirbelstromverluste

Im Kernmaterial werden Wirbelströme induziert, deren Wirkleistung dem Quadrat der induzierten Spannung proportional ist.
Da die Spannung U von der Änderungsgeschwindigkeit des Magnetflusses und damit von der Frequenz abhängt, sind die *Wirbelstromverluste dem Quadrat der Frequenz proportional.*

$$P_W = U^2/R$$

P_W Wirkleistungsverlust durch Wirbelstrom
R Widerstand der Strombahn

Summe der Eisenverluste

$$P_{Fe} = P_H + P_W$$

Verluste eines Eisenblechkerns

$$P_{Fe} = mv$$

m Masse des Kerns
v Verlustziffer (Herstellerangabe)

Verlustziffer

$$v = v_{1,0}\left(\frac{B_{max}}{B_{1,0}}\right)^2$$

v Verlustziffer bei der Induktion B_{max} in W/kg
$v_{1,0}$ Verlustziffer, gültig für $B = 1$ T und 50 Hz je 1 kg

Verlustziffern von Dynamo- und Transformatorenblechen

Blechsorte	Dicke mm	Kohlenstoff-gehalt %	Silicium-gehalt %	Verlustziffer $v_{1,0}$ W/kg	$v_{1,5}$ W/kg
I 8	1	0,08	0,70	8,0	19,0
I 3,6	0,5	0,08	0,70	3,6	8,6
I 3,2	0,5	0,08	1,0	3,2	7,5
III 2,5	0,5	0,05	2,3	2,5	6,1
III 2	0,5	0,05	3,2	2,0	4,9
IV 1,8	0,5	0,05	4,0	1,8	4,4
IV 1	0,35	0,05	4,3	1,0	2,6

Kupferverluste

$$P_{Cu} = I^2 R_{Cu}$$

Kupferverluste sind durch den ohmschen Widerstand der Wicklung bedingt.

Induktiver Spannungsabfall

$$u_L = N \frac{d\Phi}{dt}$$

$\Phi = \hat{\Phi} \sin \omega t$

$d\Phi/dt = \omega \hat{\Phi} \cos \omega t$

Die Spannung eilt dem Strom um 90° voraus.

Effektivwert des induktiven Spannungsabfalls

$$U_L = \frac{2\pi f N \hat{\Phi}}{2} = 4{,}44\, f N \hat{\Phi}$$

Ersatzschaltbild und Zeigerdiagramm der Spule mit Eisenkern

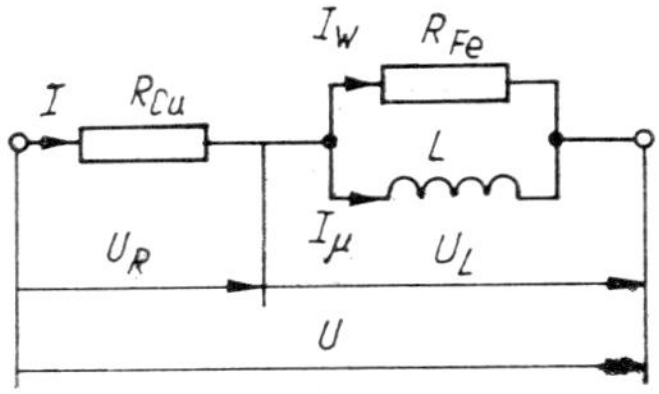

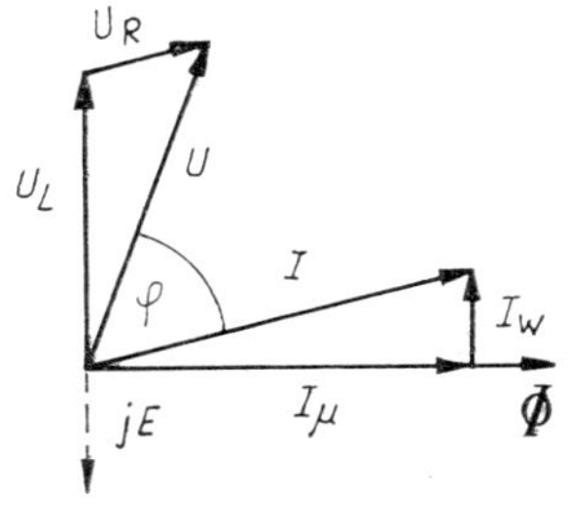

I durch die Spule fließender Strom

I_μ Magnetisierungsstrom, der den magnetischen Fluß hervorruft

I_w von den Eisenverlusten des Kerns verursachter Wirkstrom

U an der Spule liegende (meßbare) Klemmenspannung

U_R Spannungsabfall am ohmschen Widerstand der Wicklung

U_L von der Wicklung verursachter induktiver Spannungsabfall

2.4.4. Transformator

Transformator

Der Transformator ist ein Vierpol, der zwei Stromkreise über ein gemeinsames Magnetfeld miteinander koppelt. Auf dem gemeinsamen Kern bestehen zwei getrennte Wicklungen mit N_1 Windungen auf der Primärseite und N_2 Windungen auf der Sekundärseite.

Arten von Transformatoren

Einteilung nach der Anwendung	Anwendungsgebiet	Aufgabe
Leistungs-Transformatoren	Starkstromtechnik	ökonomischer Transport und Verteilung elektrischer Energie
Übertrager	Nachrichtentechnik	gleichmäßige Übertragung größerer Frequenzbereiche bei optimaler Anpassung des Verbrauchers
Strom- und Spannungswandler	Meßtechnik	Anschluß von Meßinstrumenten

Einteilung nach dem äußeren Aufbau	Erläuterung	Bild
Kerntransformatoren	Beide Wicklungen liegen auf getrennten Schenkeln.	
Manteltransformatoren	Die Wicklungen liegen auf demselben Schenkel. Der magnetische Fluß wird über die nicht bewickelten Schenkel zurückgeführt.	

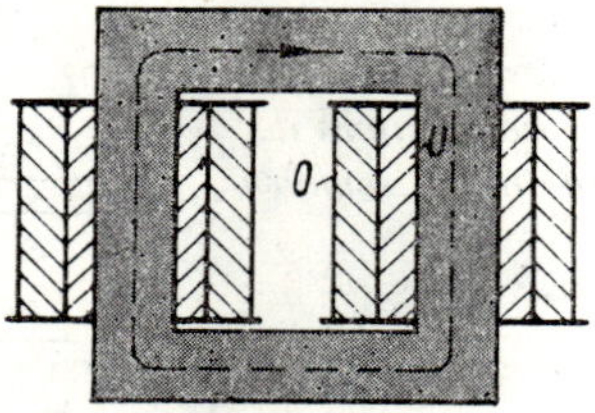

Kerntransformator mit Zylinderwicklung

Einteilung nach der Wicklungsart	Erläuterung
Zylinderwicklung	Die Wicklung für die Oberspannung O liegt meist über der für die Unterspannung U.
Scheibenwicklung	Die primären als auch die sekundären Teilwicklungen liegen jeweils in Reihe.

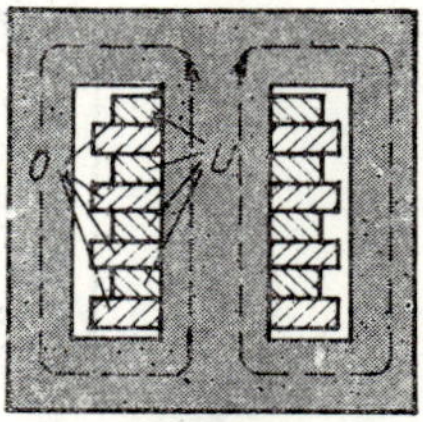

Manteltransformator mit Scheibenwicklung

Idealer Transformator

Annahmen für die Idealisierung	Die Wicklungswiderstände sind Null, und die Streuung des magnetischen Flusses wird vernachlässigt.
Induktiver Spannungsabfall	$U_1 = U_{L1} = \quad 4{,}44 f N_1 \hat{\Phi}$
Sekundäre Klemmenspannung	$U_2 = U_{q2} = -4{,}44 f N_2 \hat{\Phi}$
Übersetzungsverhältnis	$\boxed{ü = \frac{U_1}{U_2} = \frac{N_1}{N_2}}$
Stromübersetzungsverhältnis	$\frac{I_1}{I_2} = \frac{1}{ü}$

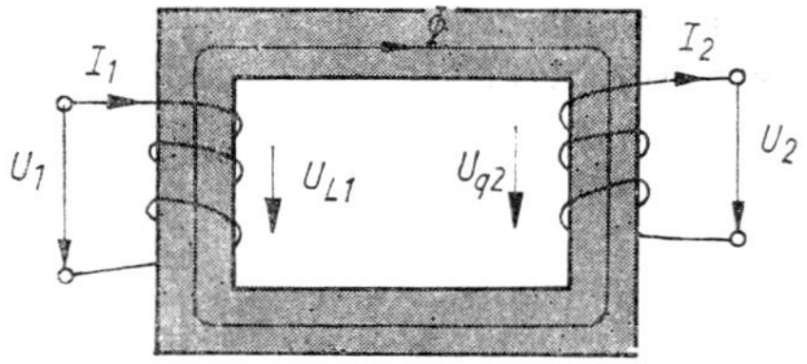

Primäre und sekundäre Klemmenspannung sowie Primär- und Sekundärstrom liegen in Gegenphase zueinander.

Realer belasteter Transformator

Ersatzschaltung des belasteten Transformators

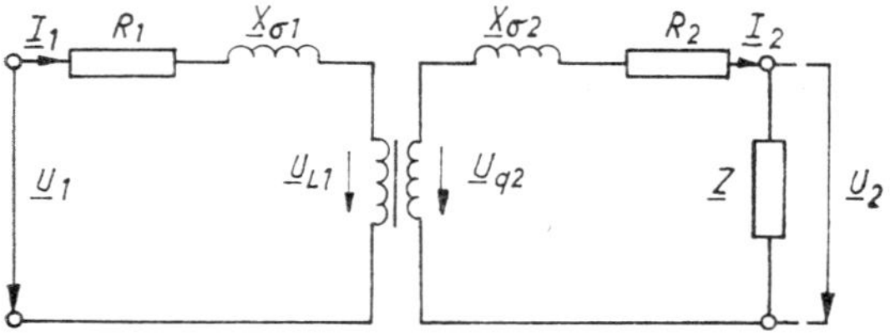

Zeigerdiagramm

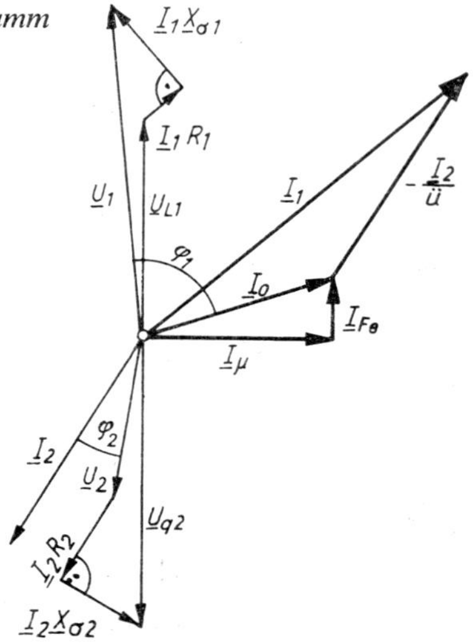

$\underline{Z}$	ohmsch-induktiver Widerstand am Transformatorausgang
R_1, R_2	ohmsche Widerstände der Wicklungen
$X_{\sigma1}$, $X_{\sigma2}$	induktive Streuwiderstände, verursacht durch die nicht mit den Windungen verketteten, durch den Luftraum laufenden Streuflüsse
$\underline{Z}_2$	gesamter Scheinwiderstand der Sekundärseite
$\underline{I}_2 = \underline{U}_{q2}/\underline{Z}_2$	Sekundärstrom
φ_2	Phasenwinkel zwischen $\underline{U}_{q2}$ und $\underline{Z}_2$
$\underline{I}_2' = \underline{I}_2/ü$	auf die Primärseite umgerechneter Sekundärstrom
$\underline{I}_1 = \underline{I}_0 + (-\underline{I}_2')$	gesamter Primärstrom
$\underline{I}_1 R_1$ und $\underline{I}_2 R_2$	Spannungsabfälle in den Wicklungen parallel zu $\underline{I}_1$ bzw. $\underline{I}_2$
$\underline{I}_1 \underline{X}_{\sigma1}$ und $\underline{I}_2 \underline{X}_{\sigma2}$	induktive Spannungsabfälle, um 90° gegenüber den ohmschen Spannungsabfällen gedreht

Grundgleichungen des belasteten Transformators

$$\underline{U}_1 = \underline{U}_L + \underline{I}_1 R_1 + \underline{I}_1 \underline{X}_{\sigma 1}$$
$$\underline{U}_2 = \underline{U}_q - \underline{I}_2 R_2 - \underline{I}_2 \underline{X}_{\sigma 2}$$

Die primäre Klemmenspannung $\underline{U}_1$ deckt die drei Spannungsabfälle $\underline{U}_L$, $\underline{U}_{R1}$, $\underline{U}_{\sigma 1}$. Die sekundäre Klemmenspannung $\underline{U}_2$ ist gleich der treibenden Quellenspannung $\underline{U}_q$, vermindert um die Spannungsabfälle $\underline{U}_{R2}$ und $\underline{U}_{\sigma 2}$.

Grundgleichungen des Transformators in komplexer Form

$$\underline{U}_1 = (R_1 + j\omega L_1)\,\underline{I}_1 - j\omega M \underline{I}_2$$
$$\underline{U}_2 = j\omega M \underline{I}_1 - (R_2 + j\omega L_2)\,\underline{I}_2$$

Die Streuwiderstände $\underline{X}_\sigma$ sind durch den in der Gegeninduktivität $M = k\sqrt{L_1 L_2}$ enthaltenen Kopplungsfaktor k berücksichtigt.

Beachte: Die Gleichungen gelten nur bei sinusförmigem Stromverlauf, solange der geradlinige Teil der Magnetisierungskurve ausgesteuert wird, bzw. für den Transformator ohne Eisenkern (Lufttransformator).

T-Ersatzschaltung des Transformators

T-*Ersatzschaltung des belasteten Transformators*

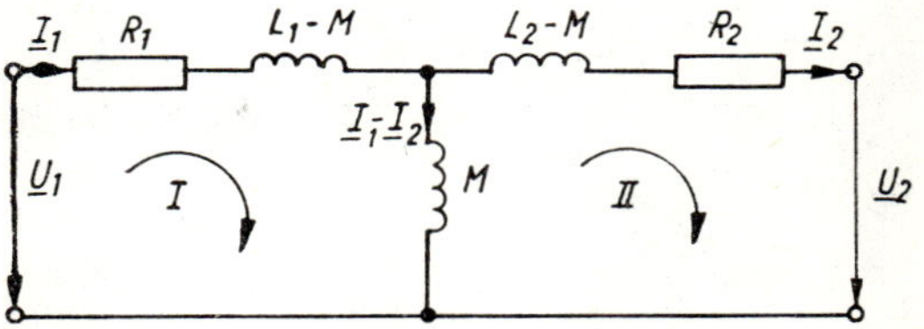

Maschengleichungen zum T-Ersatzschaltbild

$$\underline{U}_1 = [R_1 + j\omega(L_1 - M)]\,\underline{I}_1 + j\omega M(\underline{I}_1 - \underline{I}_2)$$
$$\underline{U}_2 = j\omega M(\underline{I}_1 - \underline{I}_2) - [R_2 + j\omega(L_2 - M)]\,\underline{I}_2$$

Reduzierte Ersatzschaltung

Reduzierte Ersatzschaltung

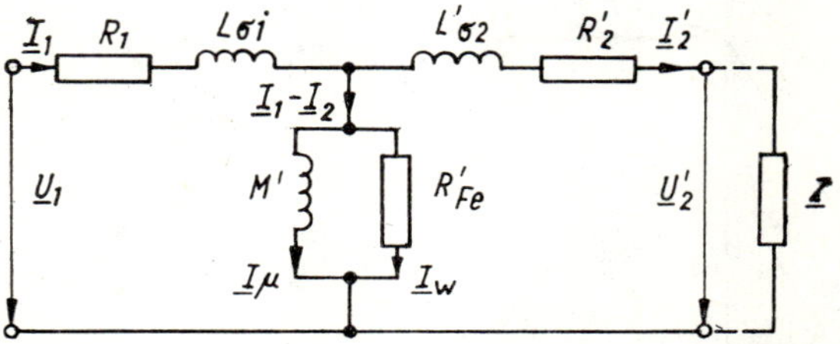

R_{Fe} Eisenverlustwiderstand

Grundgleichungen zur reduzierten Ersatzschaltung

$$\underline{U}_1 = (R_1 + j\omega L_{\sigma 1})\,\underline{I}_1 + j\omega M'(\underline{I}_1 - \underline{I}_2')$$

$$\underline{U}_2 = j\omega M'(\underline{I}_1 - \underline{I}_2') - (R_2' + j\omega L_{\sigma 2}')\,\underline{I}_2'$$

Reduzierte Größen

$$I_2' = I_2/\ddot{u}$$
$$M' = \ddot{u}M$$
$$U_2' = \ddot{u}U_2$$
$$R_2' = \ddot{u}^2 R_2$$
$$L_2' = \ddot{u}^2 L_2 = L_1$$
$$M' = k\sqrt{L_1 L_2'} = kL_1$$

Umrechnung der sekundärseitigen Größen auf primärseitige mit dem Reduktionsfaktor $\ddot{u} = N_1/N_2$; es entsteht ein Transformator mit dem Windungsverhältnis 1 : 1.

Längs- oder Streuinduktivitäten

$$L_1 - M' = (1 - k)\,L_1 = L_{\sigma 1}$$
$$L_2' - M' = (1 - k)\,L_2' = L_{\sigma 2}'$$

Verluste und Wirkungsgrad des Transformators

Wirkungsgrad des Transformators

$$\eta = \frac{P}{P + P_{Fe} + P_{Cu}}$$

Der Wirkungsgrad liegt im allgemeinen zwischen 95 und 99%.

- P abgegebene Leistung
- P_{Fe} Eisenverluste (etwa gleich der Leistung im Leerlauf)
- P_{Cu} Kupferverluste in der Wicklung (etwa gleich der Leistung bei Kurzschluß)

Spartransformator

Der Spartransformator (Autotransformator) hat nur eine Wicklung mit einer Anzapfung für Primär- bzw. Sekundärspannung.

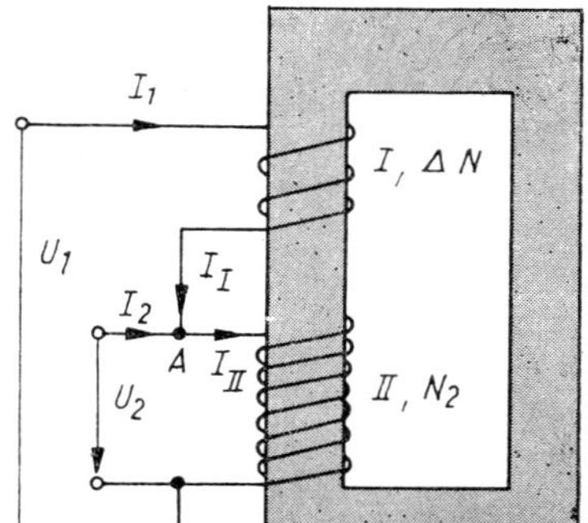

Spannungsverhältnis

$$\frac{U_1}{U_2} = \frac{N_2 + \Delta N}{N_2}$$

Differenzstrom $I_2 = \Delta I = I_{II} - I_I$

Vorteil Einsparung von Wicklungsmaterial

Nachteil keine galvanische Trennung der Wicklungen

2.4.5. Drehstrom

Entstehung des Dreiphasenstroms

Dreiphasenstrom

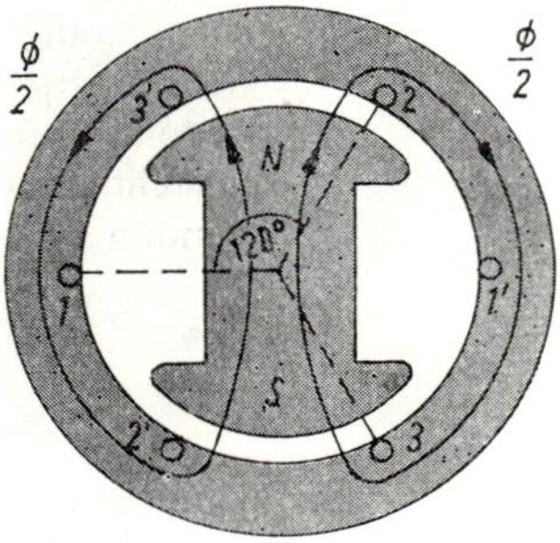

Werden im Ständer eines Generators drei um je 120° versetzte Wicklungen (1-1′, 2-2′, 3-3′) untergebracht, so werden in diesen ebenfalls drei um je 120° phasenverschobene Spannungen induziert.

Strangspannungen

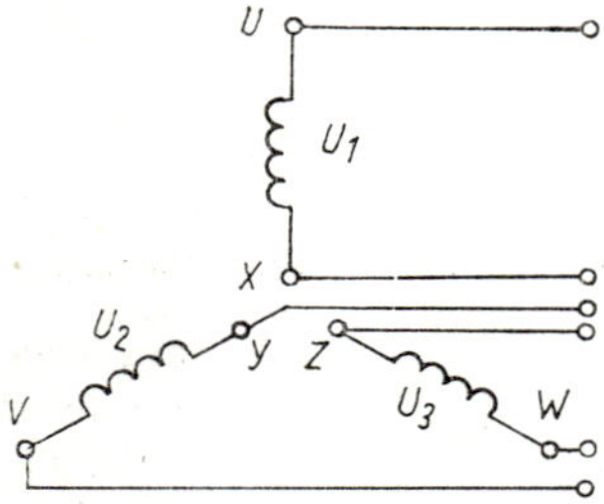

Jede der drei Wicklungen bildet einen Strang.

Strangspannungen:

$U_1 = U_{XU}$

$U_2 = U_{YV}$

$U_3 = U_{ZW}$

Sind die drei Strangspannungen gleich groß, und werden die Stränge gleichmäßig belastet, liegt ein *symmetrisches Dreiphasensystem* vor.

Beachte: Bei ungleichmäßiger Belastung der drei Stränge wird das System unsymmetrisch. Die rechnerische Behandlung erfordert dann spezielle Verfahren.

Vorteile des Drehstroms

- Einsparung von Leitungsmaterial durch Verkettung von Leitungen
- zwei unterschiedliche wahlweise Spannungen für den Verbraucher
- einfachste Bauart der damit betriebenen Motoren

Sternschaltung

Sternschaltung

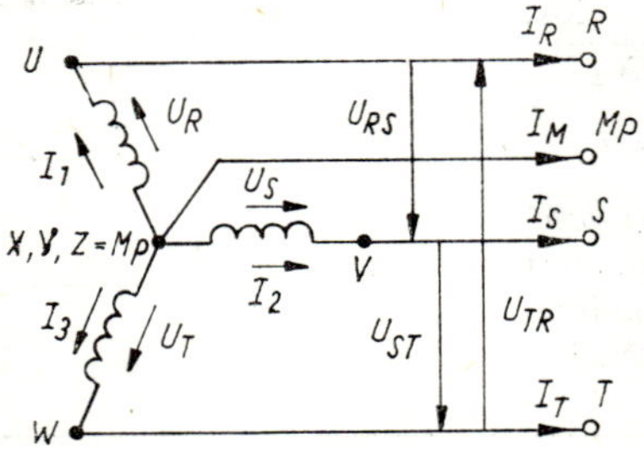

Zeigerdiagramm der Sternschaltung

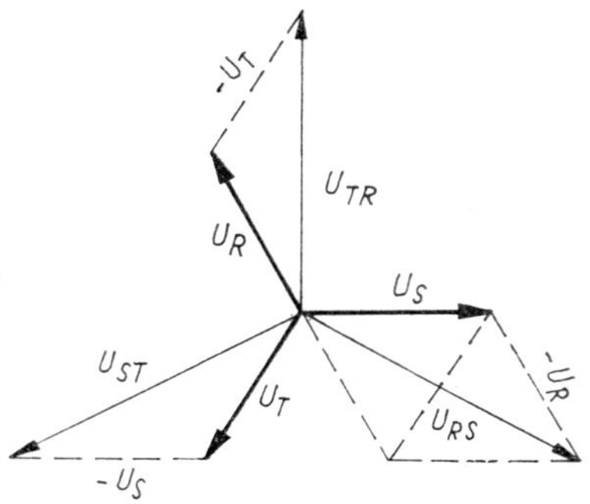

Bezeichnungen

R, S, T	Hauptleiter
M_p	Sternpunktleiter
U_R, U_S, U_T	Strangspannungen zwischen Hauptleiter und Sternpunkt
U_{RS}, U_{ST}, U_{TR}	Leiterspannungen zwischen 2 Hauptleitern
I_1, I_2, I_3	Strangströme
I_R, I_S, I_T	Leiterströme
I_M	Sternpunktleiterstrom

Beziehungen:

Leiterstrom = Strangstrom
Die geometrische Summe der drei Ströme ist gleich Null.

Liniendiagramm der Ströme

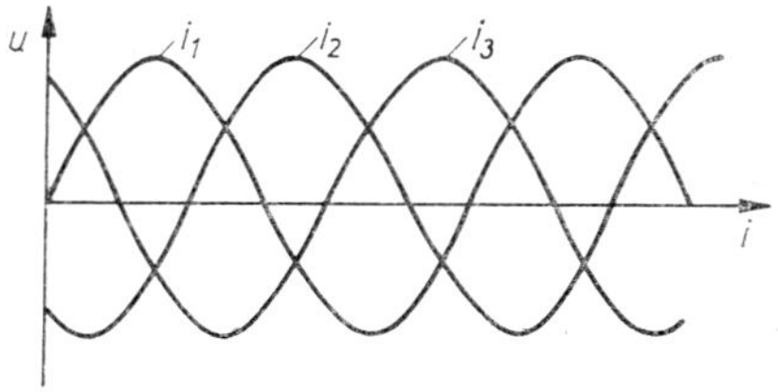

Nulleiter

Bezeichnung für den Sternpunktleiter M_p, der bei symmetrischer Belastung stromlos ist. Bei asymmetrischer Belastung der Stränge fließt ein Ausgleichstrom, und die Spannung bleibt, unabhängig von den Nachbarphasen, (nahezu) konstant.

Leiterspannung

$$\boxed{U_L = U_{Str}\sqrt{3}}$$

U_{Str} Strangspannung

Dreieckschaltung

Dreieckschaltung und zugehöriges Zeigerdiagramm

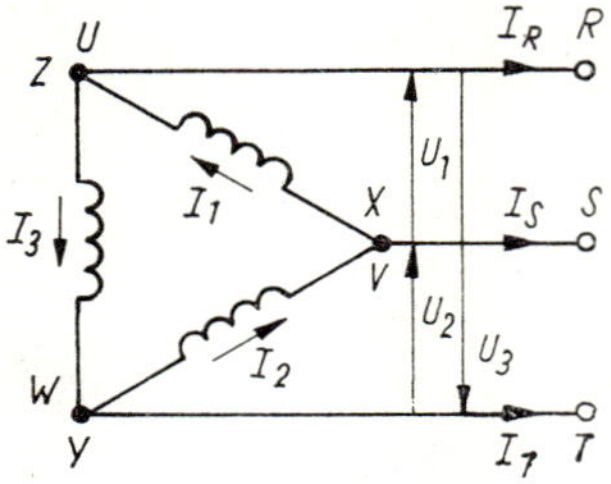

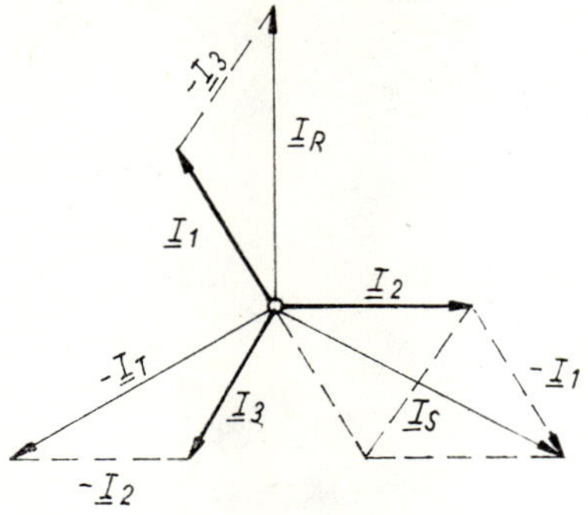

Bezeichnungen

U_1, U_2, U_3	Strangspannungen
U_{RS}, U_{ST}, U_{TR}	Leiterspannungen
I_1, I_2, I_3	Strangströme
I_R, I_S, I_T	Leiterströme

▌ Leiterspannung = Strangspannung

Leiterstrom

$$\boxed{I_L = I_{Str}\sqrt{3}}$$

I_{Str} Strangstrom

Leistung des Drehstroms (Dreieck- oder Sternschaltung)

Gesamtleistung bei symmetrischer Belastung

$$P = 3UI\cos\varphi$$

$$P = \sqrt{3}\,U_L I_L \cos\varphi$$

I, U Strangstrom bzw. -spannung

U_L Netzspannung zwischen zwei Außenleitern

I_L Netzstrom im Außenleiter

Drehstromtransformator

Aufbau

Drehstromtransformatoren haben für jede Phase zwei Wicklungen. Damit bestehen die Primär- und Sekundärwicklung aus je drei Wicklungssträngen, die in Stern- oder in Dreieckschaltung betrieben werden und paarweise auf den Schenkeln eines entsprechend gestalteten, gemeinsamen Eisenkernes untergebracht sind. Der in einem Schenkel hervorgerufene magnetische Fluß wird durch die beiden anderen zurückgeführt, wobei sich die Flüsse teilweise kompensieren.
Bei symmetrischer Belastung ergibt die Summe der magnetischen Flüsse in jedem Augenblick Null.

Zickzackschaltung

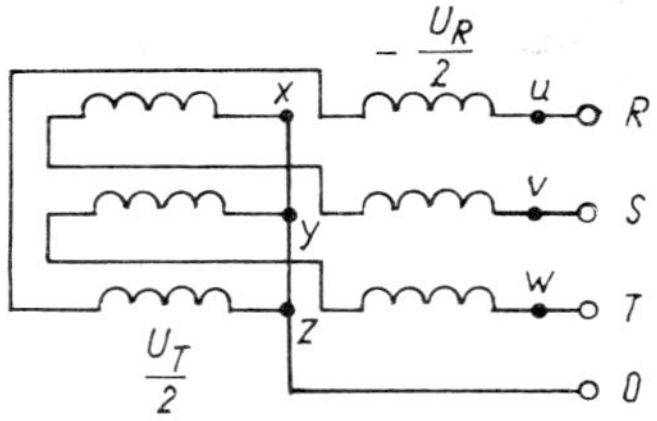

Zur Kompensation bei unsymmetrischer Belastung wird die Unterspannungsseite des Drehstromtransformators mit einer Zickzackwicklung versehen. Die Wicklung eines Stranges wird auf zwei Schenkel verteilt, wobei die auf einem Schenkel befindlichen beiden Hälften entgegengesetzten Wicklungssinn haben, so daß sich deren magnetische Flüsse kompensieren.

Zeigerdiagramm der Zickzackschaltung

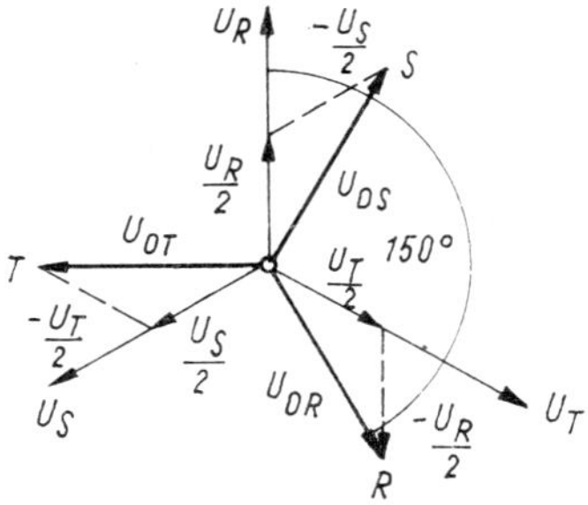

Die Oberspannung U_R induziert in der auf dem gleichen Schenkel befindlichen Hälfte der Unterspannungswicklung die in Gegenphase liegende Spannung $-U_R/2$. In der anderen Hälfte wird die Spannung $U_T/2$ induziert, die wegen des entgegengesetzten Wicklungssinnes mit U_T in Phase liegt. Beide Teilspannungen addieren sich zur Spannung U_{OR}, die gegenüber U_R um 150° nacheilt.
Betrag der Phase $U_{OR} = \sqrt{3}\, U_T/2$.
Wenn $N_1 = N_2$, ergibt sich das Übersetzungsverhältnis
$N_1 : \sqrt{3}\, N_2/2$ (→ Schaltgruppen)

Kennzeichnung der Schaltgruppen von Drehstromtransformatoren

	Oberspannungswicklung	Unterspannungswicklung	Kennzahl
Sternschaltung	Y	y	0 … 6
Dreieckschaltung	D	d	
Zickzackschaltung		z	

Kennzahl: Phasenverschiebung der Oberspannung gegenüber der Unterspannung in Vielfachen von 30°.

Schaltgruppen von Drehstromtransformatoren

Schaltgruppe	Zeigerbild (OS, US) / Schaltgruppe (OS, US)	Übersetzung
Yy0	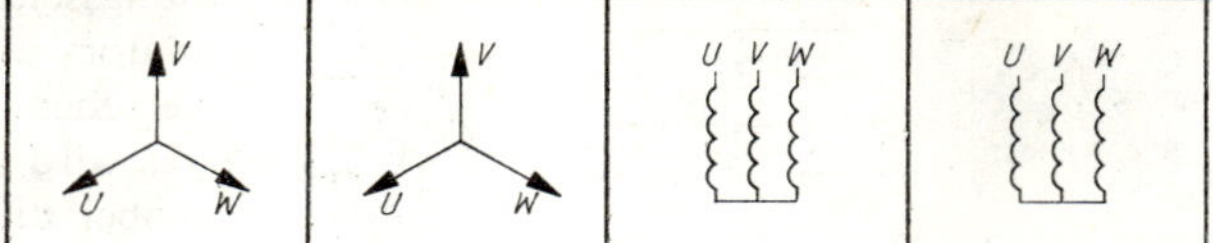	$\frac{N_1}{N_2}$
Yz5	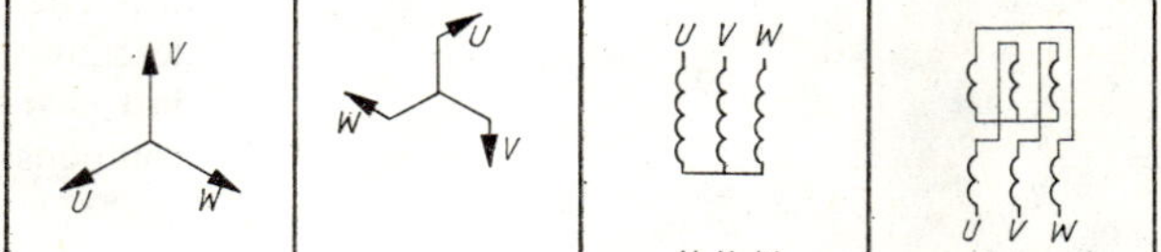	$\frac{2 N_1}{\sqrt{3}\, N_2}$
Dz0	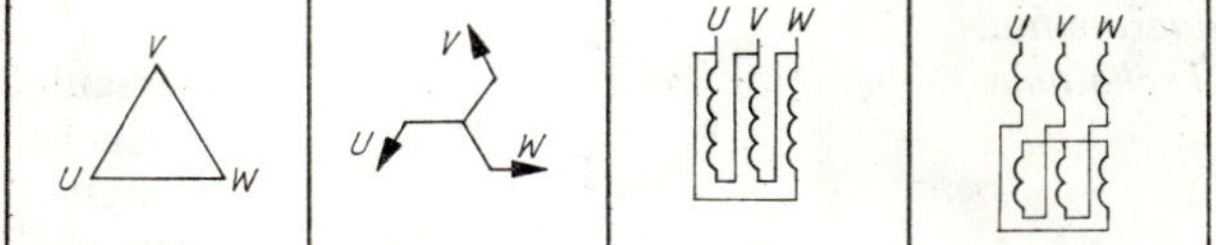	$\frac{2 N_1}{3 N_2}$
Dy5	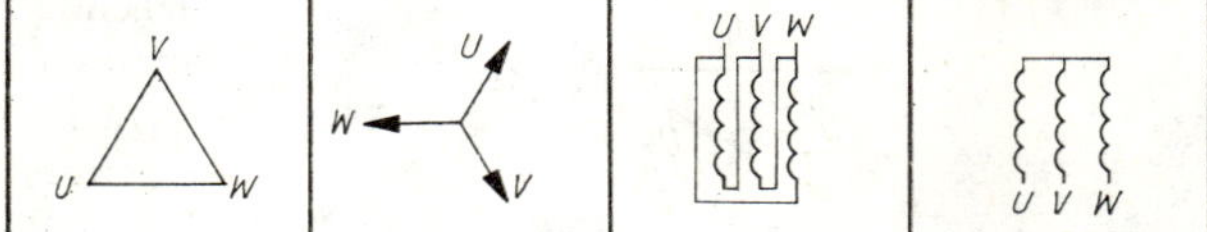	$\frac{N_1}{\sqrt{3}\, N_2}$
Yd5	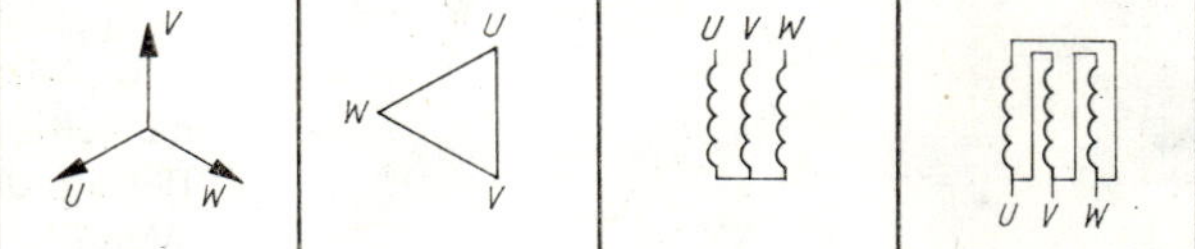	$\frac{\sqrt{3}\, N_1}{N_2}$

Anwendungen

Yy0 für kleinere Verteilungstrafos bei geringer Belastung des sekundärseitigen Sternpunktes

Yz5 desgl. bei starker Belastung des sekundärseitigen Sternpunktes

Dz0 desgl. für Anschluß an ein Dreileitersystem

Dy5 für große Verteilungstrafos bei starker Belastung des sekundärseitigen Sternpunktes

Yd5 für Haupttransformatoren großer Kraftwerke, die nicht zur Verteilung dienen

Technisch möglich sind auch alle anderen Kombinationen.

2.4.6. Inversion komplexer Wechselgrößen

Inversion

Unter Inversion versteht man die grafische Überführung einer komplexen Größe in ihren Kehrwert. In der komplexen Zahlenebene besteht die Inversion in einer Spiegelung an der reellen Achse und nochmaliger Spiegelung am Einheitskreis (Inversionskreis). Beide Spiegelungen sind vertauschbar.

Größe/ Bezeichnung	Formel-zeichen	Einheit	Formel/Erläuterung
Komplexe Zahl bzw. ihr Betrag	$\underline{Z}$, Z		$\underline{Z} = 1/\underline{Y}$ $= Z\mathrm{e}^{\mathrm{j}\varphi}$
(z.B. Scheinwiderstand)	$\underline{Z}$, Z	Ω	
Zu $\underline{Z}$ inverse komplexe Zahl bzw. ihr Betrag	$\underline{Y}$, Y		$Y = 1/Z$
(z.B. Scheinleitwert)	$\underline{Y}$, Y	S	
Konjugiert komplexe Zahl	$\underline{Y}^*$		
Länge des Zeigers der Größe $\underline{Z}$	l_Z	cm	$l_Z = ZM_Z$
Maßstab, z.B. für den Scheinwiderstand	M_Z	cm/Ω	$M_Z = l_Z/Z$ $= 1\ \mathrm{cm}/a\Omega$
Länge des invertierten Zeigers der Größe $\underline{Y}^*$	l_Y	cm	$l_Y = YM_Y$
Maßstab, z.B. für den Scheinleitwert	M_Y	cm/S	$M_Y = l_Y/Y = 1\ \mathrm{cm}/b\ \mathrm{S}$
Radius des Inversionskreises	r	cm	$r^2 = \overline{OP} \cdot \overline{OP'}$ $r^2 = M_Z M_Y = l_Z l_Y / ZY$

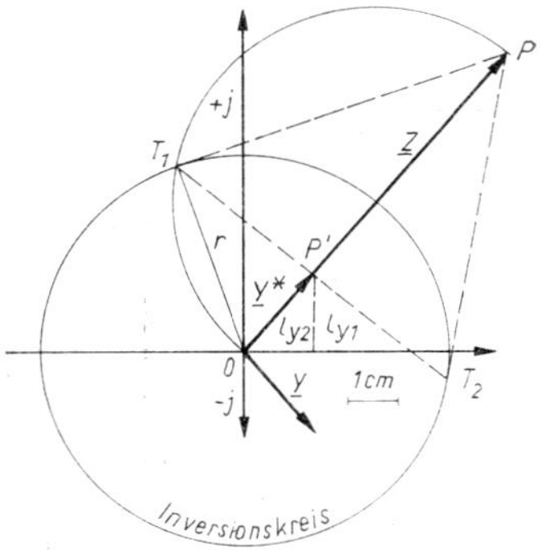

Konstruktion

Man zeichne einen Kreis (*Inversionskreis*) vom Radius r und ziehe vom Endpunkt des zu spiegelnden Zeigers $\underline{Z}$ aus die Tangenten an den Kreis. Die Verbindungslinie der Berührungspunkte T_1 und T_2 schneidet die Strecke $\overline{OP} = |\underline{Z}|$ im Punkt P'. $\overline{OP'}$ ist gleich dem Betrag des invertierten Zeigers $|\underline{Y}^*| = 1/|\underline{Z}|$.

Der erhaltene Zeiger $|\underline{Y}^*| = \overline{OP'}$ ist nochmals an der reellen Achse zu spiegeln, da er zu dem gesuchten Zeiger $\underline{Y} = 1/\underline{Z}$ konjugiert komplex ist. Hierzu wird der Zeiger $\underline{Y}^*$ mit gleicher Länge, jedoch unter dem Winkel $-\varphi$ an der reellen Achse angetragen.

Sonderfälle

- Wenn der Radius des Inversionskreises $r = 1$ (Einheitskreis) gewählt wird, erhält man:

  $\overline{OP'} = 1/\overline{OP}$

- Wenn der zu invertierende Zeiger $|\underline{Z}| < r$ ist, d.h., $\overline{OP}$ innerhalb des Inversionskreises liegt, erfolgt die Konstruktion in umgekehrter Weise. Es wird vom Punkt P' ausgegangen, wobei sich dann $\overline{OP} > r$ ergibt.

- Wenn $|\underline{Z}| = r$ ist, gilt:

  Ein auf dem Inversionskreis liegender Punkt geht bei der Spiegelung am Inversionskreis in sich selbst über.
  Der dazu inverse Punkt liegt ebenfalls auf dem Kreis, aber spiegelbildlich zur reellen Achse.

2.4.7. Ortskurven

Ortskurve

Eine Ortskurve in der GAUSSschen Zahlenebene ist der geometrische Ort der Endpunkte eines im Anfangspunkt festgehaltenen Widerstands- oder Leitwertszeigers, wenn sich der Wert eines einzelnen Schaltelementes oder die Frequenz der Schaltung stetig ändert.

Ortskurven einfacher Grundschaltungen

Schaltung	Ortskurve der Widerstände	Ortskurve der Leitwerte

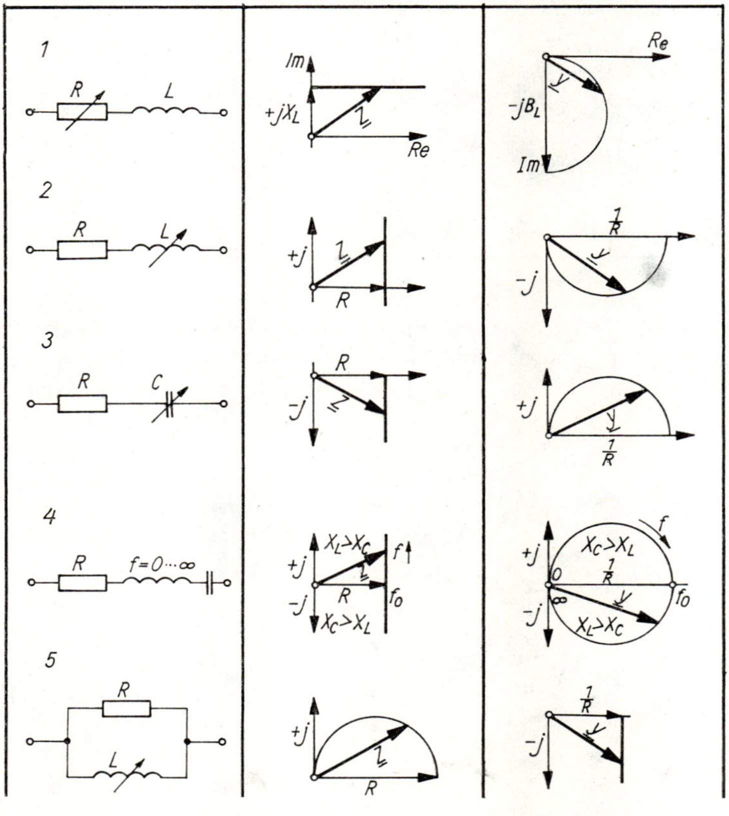

<table>
<tr><th>Schaltung</th><th>Ortskurve der Widerstände</th><th>Ortskurve der Leitwerte</th></tr>
<tr><td>6
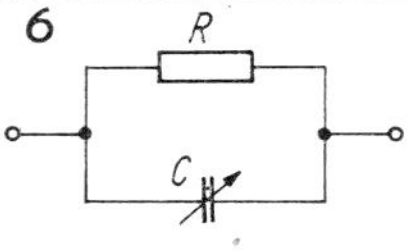
</td><td>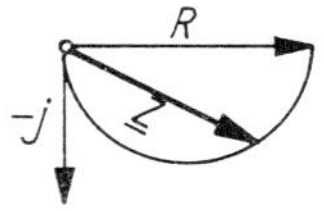
</td><td>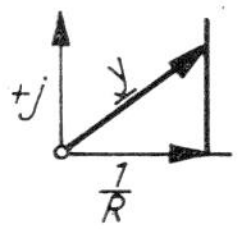
</td></tr>
<tr><td>7
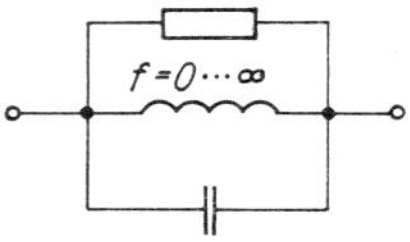
</td><td>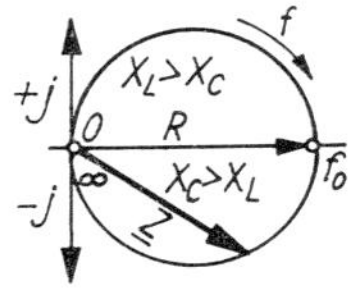
</td><td>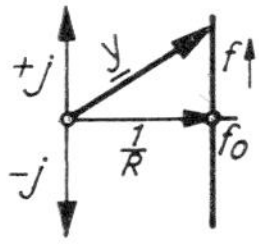
</td></tr>
</table>

3. Bauelemente der Elektronik

3.1. Widerstände

3.1.1. Festwiderstände

Allgemeines

Widerstandsarten

- Drahtwiderstände (Widerstandslegierungen)
- Massewiderstände (Kolloidkohle-Harz-Mischung)
- Schichtwiderstände (Glanz- oder Borkohle, Edelmetalle, Metallegierungen)

Widerstandsmaterialien

→ 2.1.1., Tabelle: Widerstandswerte einiger Metalle

Temperaturkoeffizient eines Widerstandes

$$\boxed{TK_R = \frac{\Delta R}{\Delta TR}}$$

Temperaturkoeffizient zweier Widerstände

Parallelschaltung

$$TK_R = \frac{R_1 TK_{R2} + R_2 TK_{R1}}{R_1 + R_2}$$

Reihenschaltung

$$TK_R = \frac{R_1 TK_{R1} + R_2 TK_{R2}}{R_1 + R_2}$$

Baureihe

Eine Baureihe umfaßt alle Widerstände mit einheitlicher Bauform und Kennfarbe.

Bauform

Eine Bauform beinhaltet die äußere Gestaltung, die Anschluß- und Montageart.

Bauform	Ausführung, Montageart	Eigenschaften
	axiale Drahtanschlüsse, ohne Kappen	kleiner TK_R, hohe zeitliche Konstanz
	axiale Drahtanschlüsse mit Kappen	für höhere Flächenlast
	metallisierte Anschlußenden, nicht lötbar	ungewendelte Widerstandsschicht, für hohe Frequenzen
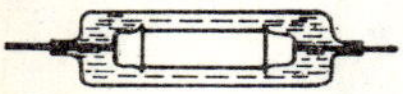	axiale Drahtanschlüsse, glasgekapselt	Höchstohmwiderstände, bis 2 kV verwendbar

Bauform	Ausführung, Montageart	Eigenschaften
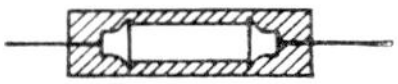	axiale Drahtanschlüsse, vollisoliert	Höchstohmwiderstände, bis 30 kV verwendbar
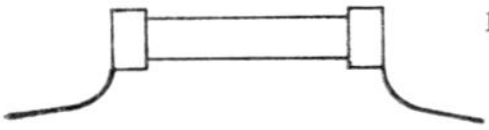	radiale Anschlußfahnen	nur hohe Widerstandswerte
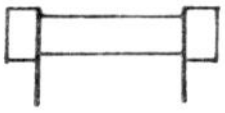	Lötschwanzkappen	hohe Widerstandswerte, für höhere Leistungen
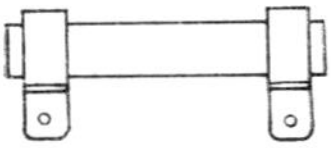	Schellenanschlüsse	für hohe Nennleistungen, bei Bedarf mit Abgreifschellen

Kennzeichnung von Widerständen

Kennfarbe der Schutzlackierung als Gütegruppenangabe

	Kennfarbe	Gütegruppe	Eigenschaften
1	braun	A	kleiner TK_R, hohe zeitliche Konstanz
2	rot	B	höher belastbar als A, C und D
3	grün	C	für allgemeine Anwendungen
4	grau	D	größere zeitliche Konstanz als C

Kennzeichnung der Widerstandswerte durch Zahlen- und Buchstabenaufdruck

Nennwert			Toleranz		Beispiele
Buchstabe	Bedeutung		Buchstabe	%	
R		1 Ω	ohne	±20	R3J 0,3 Ω ± 5%
K	Kilo	10^3 Ω	K	±10	47R 47 Ω ± 20%
M	Mega	10^6 Ω	J	± 5	3K9K 3,9 kΩ ± 10%
G	Giga	10^9 Ω	G	± 2	*Hinweis:* Der erste
T	Tera	10^{12} Ω	F	± 1	Buchstabe ersetzt den
			D	± 0,5	Dezimalpunkt, oder er
			C	± 0,25	wird als Multiplikator
			B	± 0,1	verwendet.

Internationaler Farbcode (nach IEC 62)

Widerstandswert und Toleranz können durch 4 oder 5 farbige Ringe gekennzeichnet werden, die unsymmetrisch auf den Widerstandskörper aufgetragen sind. Werden nur 4 Ringe verwendet, entfällt die 3. Wertziffer.

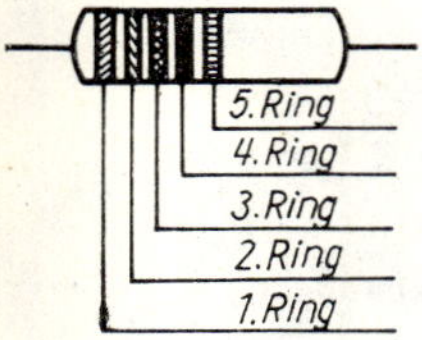

Farbe	1. Ring	2. Ring	3. Ring	4. Ring	5. Ring
	1. Wertziffer	2. Wertziffer	3. Wertziffer wenn nötig	Multiplikation mit	Toleranz %
ohne	–	–	–	–	±20
silber	–	–	–	10^{-2}	±10
gold	–	–	–	10^{-1}	± 5
schwarz	–	0	–	10^{0}	–
braun	1	1	1	10^{1}	± 1
rot	2	2	2	10^{2}	± 2
orange	3	3	3	10^{3}	–
gelb	4	4	4	10^{4}	–
grün	5	5	5	10^{5}	± 0,5
blau	6	6	6	10^{6}	–
violett	7	7	7	10^{7}	–
grau	8	8	8	10^{8}	–
weiß	9	9	9	10^{9}	–

(Beispiel: 1. Ring orange, 2. Ring blau, 3. Ring rot, 4. Ring silber, 3600 Ω ± 10%)

Internationale E-Reihen für Widerstandswerte

Die Abstufung erfolgt nach IEC innerhalb jeder Dekade durch geometrische Folgen (E-Reihen) mit dem Stufungsfaktor q.

Stufungsfaktor

$$q = \sqrt[a]{10}$$

a Bezeichnung der Reihe entsprechend der Anzahl der Werte je Dekade, z.B. 6, 12, 24, 48, 96.

Auslieferungstoleranz $\Delta R/R \cdot 100\,\%$

Sie liegt in den einzelnen E-Reihen so, daß sich die Toleranzgrenzen benachbarter Nennwerte berühren oder geringfügig überschneiden.

Bezeichnung der IEC-Reihe	Anzahl der Werte/Dekade n	Stufungsfaktor q	Auslieferungstoleranz in %
E 6	6	1,47	±20
E 12	12	1,21	±10
E 24	24	1,10	± 5
E 48	48	1,05	± 2
E 96	96	1,02	± 1
E 192	192	1,01	± 0,5

Widerstandsreihe E 48

(Reihe E 24: Spalten 1, 3, 5 und 7, Reihe E 12: Spalten 1 und 5, Reihe E 6: Spalte 1)

1	2	3	4	5	6	7	8
1,00	1,05	1,10	1,15	1,20	1,25	1,30	1,40
1,50	1,55	1,60	1,70	1,80	1,90	2,00	2,10
2,20	2,30	2,40	2,55	2,70	2,85	3,00	3,15
3,30	3,45	3,60	3,75	3,90	4,10	4,30	4,50
4,70	4,90	5,10	5,35	5,60	5,90	6,20	6,50
6,80	7,15	7,50	7,85	8,20	8,60	9,10	9,55

Belastbarkeit von Widerständen

Zulässige Verlustleistung

$$P_{max} = \alpha_{th} A_O (\vartheta_{max} - \vartheta_0) = (\vartheta_{max} - \vartheta_0)/R_{th}$$

α_{th} Wärmeaustauschkoeffizient
A_O Oberfläche des Widerstandes
ϑ_{max} maximal zulässige Oberflächentemperatur
ϑ_0 Umgebungstemperatur
R_{th} Wärmewiderstand

Richtwerte zur Verlustleistung verschiedener Widerstandsarten

Widerstandsart	Maximal zulässige Oberflächentemperatur ϑ_{max} °C	Wärmeaustauschkoeffizient α_{th} W/(cm² · K)	Spezifische Oberflächenbelastung P_{nenn}/A_O W/cm²
Drahtwiderstände		2 … 3	
blank oder lackiert	130		0,55
zementiert	250		0,9
glasiert	350		1,5
Schichtwiderstände		1,5 … 2	
Kohle, lackiert	120		0,25
Metall, lackiert	150		0,40

Nennverlustleistung

Die vom Hersteller angegebene Nennverlustleistung oder kurz Nennleistung P_{nenn} gilt bis zu einer bestimmten Umgebungs- oder Nenntemperatur ϑ_{nenn} (meist 40 oder 70 °C). Bei höherer Umgebungstemperatur muß die Belastung auf eine geringere zulässige Leistung $P_{max} < P_{nenn}$ herabgesetzt werden.

Lastminderung

$$\frac{P_{max}}{P_{nenn}} = \frac{\vartheta_{max} - \vartheta_0}{\vartheta_{max} - \vartheta_{nenn}}$$

P_{nenn} Nennleistung bei $\vartheta_0 \leqq \vartheta_{nenn}$
ϑ_{nenn} Nenntemperatur

Unterlastkurve (derating curve)

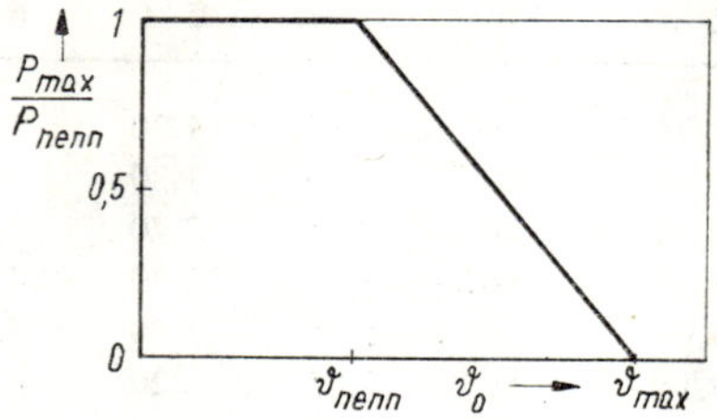

Die Unterlastkurve stellt die Lastminderungsgleichung grafisch dar.

Grenzspannung

Die Grenzspannung U_G ist der maximal zulässige Spannungsabfall über dem Widerstand; sie wird vom Hersteller des Widerstandes angegeben.

$U_{max} \leqq U_G$; *beachte* aber $U_{max} < \sqrt{P_{max} R}$

3.1.2. Veränderbare Widerstände

Arten

- Schiebewiderstände
- Drehwiderstände

} mit Drahtwicklung oder Widerstandsschicht

Bauformen

- offen
- staubgeschützt
- abgeschirmt
- mit Zentralbefestigung oder für gedruckte Schaltungen

Strombelastbarkeit

$I_{max} = \sqrt{P_{nenn}/R_{nenn}}$

Belastung bei $\vartheta_0 > \vartheta_{nenn}$ entsprechend der Unterlastkurve

Einstellregler

Einstellregler dienen zur Ein- oder Nachstellung fester Spannungs- oder Stromwerte in einer elektronischen Schaltung.

- Ausführung S: Drehachse liegt senkrecht
- Ausführung P: Drehachse liegt parallel zur Leiterplattenebene

Einstellcharakteristik

Abhängigkeit des eingestellten Widerstandswertes zwischen Widerstandsbahnanfang A und Schleifer S vom Drehwinkel oder Schleiferweg mit linearer, quadratischer, sinusförmiger, S-förmiger, logarithmischer, exponentieller, steigender oder fallender Regelkurve

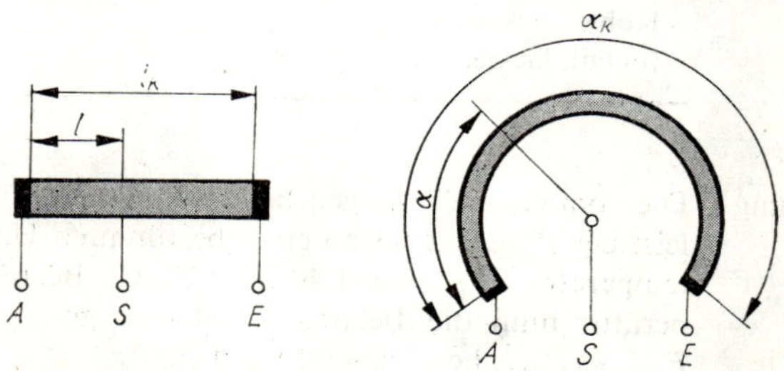

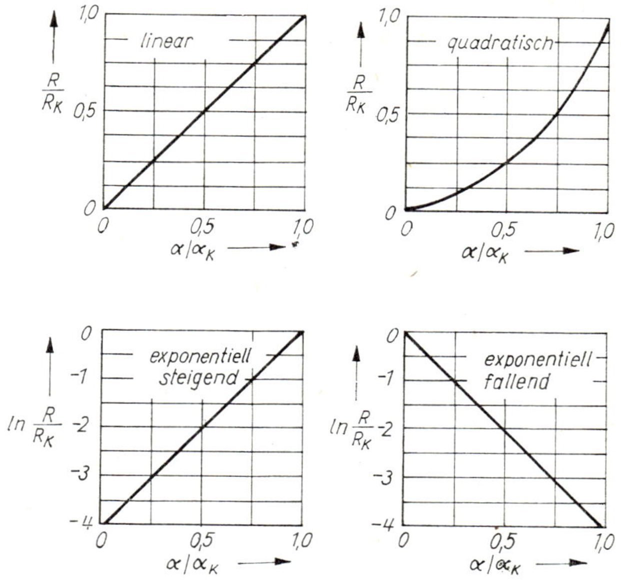

3.2. Kondensatoren

3.2.1. Kenngrößen

Nennkapazität

Die Nennkapazität ist die vom Hersteller für den Kondensator angegebene Kapazität, die um die Auslieferungstoleranz abweichen kann.

Güte

$Q_C = 1/\tan \delta_C$

Isolationswiderstand

R_{is} Gleichstromwiderstand des Dielektrikums

Isolationsgüte

$\tau_{is} = R_{is} C$

Temperaturkoeffizient der Kapazität

$$\boxed{TK_C = \frac{\Delta C}{C \Delta T}}$$

TK_C ist bei fast allen Dielektrika von der Temperatur (teilweise nichtlinear) abhängig.

Nennspannung

Die Nennspannung U_N ist die maximal zulässige Gleichspannung oder der Spitzenwert einer Wechselspannung oder die Summe aus Gleichspannung und überlagertem Spitzenwert einer Wechselspannung, die ständig am Kondensator anliegen darf.

Prüfspannung

Die Prüfspannung U_p ist die Gleich- oder Wechselspannung, die der Kondensator bei der Endprüfung im Herstellerwerk entsprechend den Prüfvorschriften bei einer bestimmten Umgebungstemperatur eine bestimmte Zeit lang (einige Sekunden bis Minuten) aushalten muß, ohne daß ein Schaden (Durchschlag) am Dielektrikum auftritt.
Es ist immer $U_p > U_N$.

Kennwerte verschiedener Dielektrika

→ Tabelle in 2.2.1.

Temperaturkoeffizient zweier Kondensatoren

Parallelschaltung

$$TK_C = \frac{C_1 TK_{C1} + C_2 TK_{C2}}{C_1 + C_2}$$

Reihenschaltung

$$TK_C = \frac{C_2 TK_{C1} + C_1 TK_{C1}}{C_1 + C_2}$$

3.2.2. Festkondensatoren

Arten

- MIM-(Metall-Isolator-Metall-)Strukturen: Papier-, Metallpapier-, Kunststoffolie-, Lackfilm-, Glimmer-, keramische Kondensatoren
- MIE-(Metall-Isolator-Elektrolyt-)Strukturen: Aluminium- und Tantal-Elektrolytkondensatoren in gepolter und in ungepolter Ausführung

Papier- und Kunststoffoliekondensatoren

Kondensatorart	Dielektrikum und Elektroden	Spezielle Eigenschaften	Kapazitätsspektrum
Papierkondensator	Sulfatzellstoffpapier, Al-Folie (6...8 μm)	großer TK_C, großer tan δ_C	0,1...10 μF
Metallpapierkondensator	Natroncellulosepapier, aufgedampfte Zn-Schicht (0,05...1 μm)	wie Papierkondensator, Selbstheilung nach Durchschlag	0,1...40 μF
Kunststoffoliekondensator	Styroflex (gerecktes Polystyren, 15...150 μm), Al-Folie (≧2 μm)	kleiner TK_C, kleiner tan δ_C	10 pF...0,5 μF
Lackfilmkondensatoren			
MKT-Typ	Polyethylenterephthalat (z. B. Polyester)	großes Kapazitäts-Volumen-Verhältnis, Selbstheilung nach Durchschlag	100 pF...1 μF
MKC-Typ	Polycarbonat (Makrofol)		0,47 μF...15 μF
MKU-Typ	Celluloseacetat		
MKS-Typ	Polystyren; aufgedampfte Al-Schicht (0,02...0,05 μm)		

Keramikkondensatoren

Typ 1: NDK-Massen
- niedrige Dielektrizitätskonstante
- große Kapazitätsstabilität
- geringe dielektrische Verluste
- linearer Temperaturkoeffizient der Kapazität
- hoher Isolationswiderstand

Typ 2: HDK-Massen
- hohe Dielektrizitätskonstante
- großes Kapazitäts-Volumen-Verhältnis
- große Abhängigkeit der Kapazität von der Temperatur und der anliegenden Spannung
- starke Abhängigkeit des Temperaturkoeffizienten der Kapazität von der Temperatur

Keramikkondensatoren mit Dielektrika nach IEC-Bezeichnungen

Bezeichnung nach IEC	Temperaturkoeffizient $TK_C \cdot 10^{-6}$/K bei 20...80 °C	Dielektrizitätszahl ε_r bei 20 °C	Verlustfaktor $\tan \delta_C \cdot 10^{-3}$ bei 20 °C	
NDK-Massen				
P 100	+ 100	15	0,1	bei 1 MHz
NP 0	0	16	0,1	
N 033	− 33	18	0,1	
N 075	− 75	40	0,5	
N 150	− 150	48	0,5	
N 470	− 470	45	0,5	
N 750	− 750	90	0,5	
N 1500	− 1500	170	0,5	
HDK-Massen				
2 B 4	+ 770	2000	20	bei 800 Hz
2 E 4	− 9300	5000	15	
2 F 6	−13000	9000	25	

Bei HDK-Typen ist TK_C stark temperaturabhängig. Bei HDK-Typen nimmt $\tan \delta_C$ mit der Temperatur ab, bei NDK-Typen zu.

Kennzeichnung der Kapazität

Ein ein- bis dreistelliger Zahlenaufdruck ohne Buchstaben gibt die Kapazität in Pikofarad an, ein ein- bis dreistelliger Zahlenaufdruck mit nachfolgendem Kleinbuchstaben n gibt die Kapazität in Nanofarad an.

Kennzeichnung der Auslieferungstoleranz durch Buchstabencodierung (nach IEC 62)

B	C	D	F	G	H
±0,1 pF	±0,25 pF	±0,5 pF	± 1%	± 2%	± 2,5%
J	K	M	S	Z	P
±5%	±10%	±20%	+50% −20%	+80% −20%	− 0% +10%

Kennzeichnung des TK_C ($\cdot 10^{-6}\,K^{-1}$) durch Buchstabencodierung

AF	BF	CF	HF	LF	PF
+100	+33	±0	−33	−75	−150
TD	UH				
−470	−750				

Kennzeichnung der Nennspannung durch Buchstabencodierung

m	r	a	q	b	c
10 V	25 V	50 V	100 V	125 V	160 V
d	e	ohne	f	i	g
250 V	350	400 V	500 V	630 V	750 V
h	u	v	w		
1 000 V	250 V~	350 V~	500 V~		

Stufung der Nennkapazitätswerte

Sie erfolgt nach den IEC-Reihen E 6 und E 12.

Kennzeichnung durch Farbcodierung

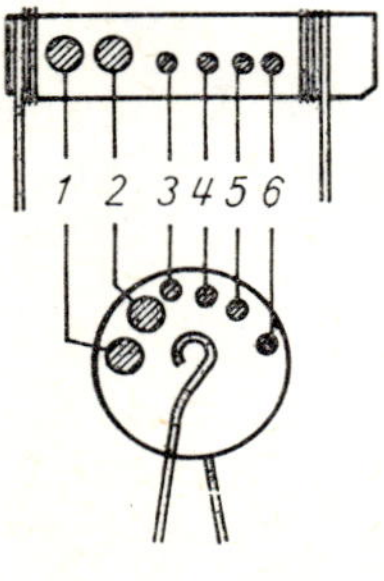

1, 2 keramische Masse, TK_C
3, 4 Werteziffern
5 Multiplikator
6 Kapazitätstoleranz

1. und 2. Farbpunkt

rot, violett	P 100	gelb	N 220
schwarz	NP 0	grün	N 330
braun	N 033	blau	N 470
blau, braun	N 047	violett	N 750
rot	N 075	orange, orange	N 1500
orange	N 150		

Schutzlackierung (Körperfarbe) der NDK-Typen
in Röhrchenform: farblos
in Scheibenform: grau

gelb	2 B 4	blau	2 E 4	violett	2 F 6

Schutzlackierung (Körperfarbe) der HDK-Typen in Röhrchen- und Scheibenform: braun

3. und 4. Farbpunkt
5. Farbpunkt

Werteziffern und Multiplikator wie bei der Farbcodierung der Widerstände

6. Farbpunkt

Farbe	Kapazitätstoleranz bei $C \leq 10$ pF ±pF	$C > 10$ pF ±%
braun	0,1	1
rot	0,25	2
grün	0,5	5
weiß	1	10
schwarz	2	20

Elektrolytkondensatoren

Bauformen

- zylindrische Metallgehäuse mit zentraler Schraub- oder Schellenbefestigung
- zylindrische Metall- oder Kunststoffgehäuse mit achsialen Drahtanschlüssen für freitragende Montage
- zylindrische oder prismatische Kunststoffgehäuse für die Montage auf Leiterplatten

Stufung der Nennkapazitätswerte: Sie erfolgt nach den IEC-Reihen E 3 und E 6 mit Werten zwischen 0,47 und 150000 μF.

Nennspannung U_N:
3...100 V für Niedervolt-Aluminium-Elkos (NV)
160...450 V für Hochvolt-Aluminium-Elkos (HV)
3...125 V für Tantal-Elkos

Spitzenspannung U_S: 1,15 U_N bei NV-, 1,1 U_N bei HV-Typen,
1,2 U_N bei Tantal-Elkos

Typen

Typ IA	Lade-, Sieb- und Koppelkondensatoren
Typ IB	Kondensatoren für häufige Lade- und Entladezyklen bei erhöhten Anforderungen an die Konstanz der elektrischen Werte
Typ IIA	Lade-, Sieb- und Koppelkondensatoren
Typ IIB	Kondensatoren für häufige Lade- und Entladezyklen bei normalen Anforderungen (z. B. in der Unterhaltungselektronik)

Aufbau von Aluminium-Elektrolytkondensatoren

1. Belag (Anode):	Aluminiumfolie
2. Belag (Katode):	Aluminiumfolie
Dielektrikum:	Al_2O_3-Schicht auf der Anode, $\varepsilon_r \approx 8$, Schichtdicke 0,0012 µm je Volt Formierspannung
Elektrolyt:	wäßrige Lösung schwacher Säuren (Bor-, Oxal-, Zitronensäure)

Aufbau von Tantal-Elektrolytkondensatoren

1. Belag (Anode):	Tantalsinterkörper
2. Belag (Katode):	Mangandioxid mit Graphit- oder Silberschicht zur Stromzuführung bei Trockenelkos hochleitende Säure mit Abstandshalter zum Feinsilbergehäuse
Dielektrikum:	Tantaloxidschicht auf dem Anodenkörper

Verlustfaktor stark temperatur- und frequenzabhängig

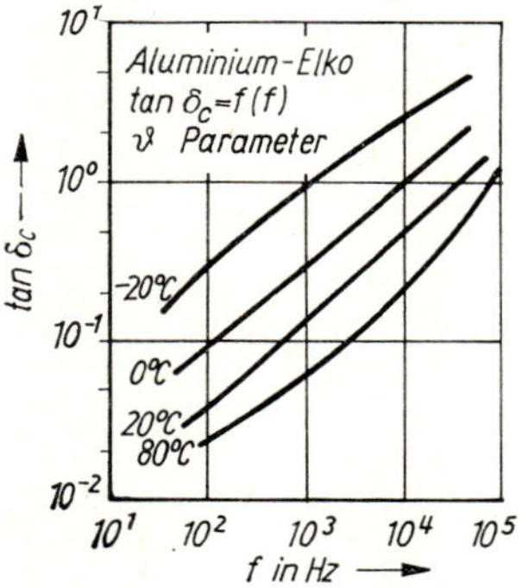

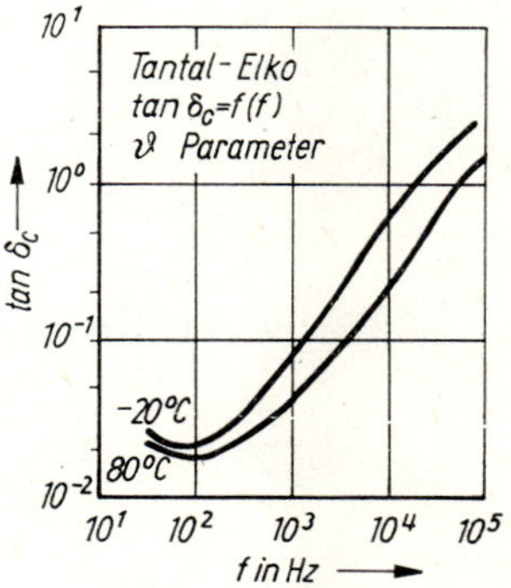

Reststrom von Aluminium-Elkos

Typ I $I_r = K_1 K_2 K_3 C_N U$ (mindestens 1 µA)

$K_1 = 0{,}005$ µA/(µF · V)

I_r	C_N	U
µA	µF	V

K_2	0,5	1	4	5	6	10
ϑ in °C	0	20	40	60	70	85

K_3	0,08	0,10	0,15	0,30	0,50	1,0
U/U_N	0,2	0,4	0,6	0,8	0,9	1,0

Typ II $I_r = K_1 K_2 K_3 C_N U + 3\ \mu A$

$K_1 = 0{,}02\ \mu A/(\mu F \cdot V)$

K_2 und K_3 wie für Typ I

I_r	C_N	U
µA	µF	V

Reststrom von Tantal-Elkos — mindestens eine Größenordnung kleiner als bei Aluminium-Elkos

Auslieferungstoleranz der Kapazität — je nach Type zwischen $+100 \ldots -20\%$ und $+20 \ldots -20\%$

3.2.3. Veränderbare Kondensatoren

Arten

- *verstellbare Kondensatoren:*
  Scheiben- oder Rohrtrimmer mit Keramik- oder Luftdielektrikum
- *einstellbare Kondensatoren:*
  Drehkondensatoren mit unterschiedlichem Plattenschnitt.

Drehkondensatoren

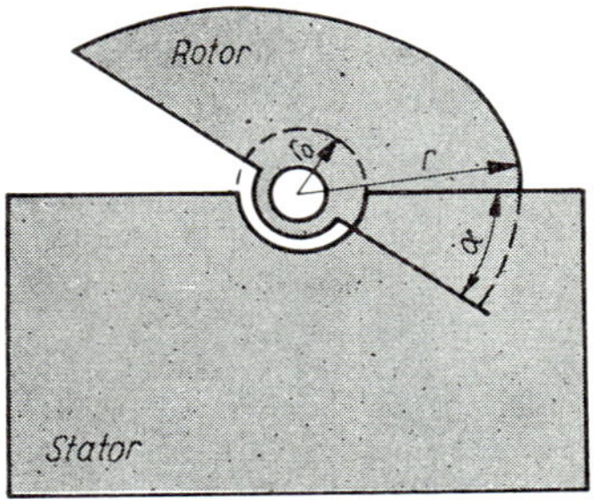

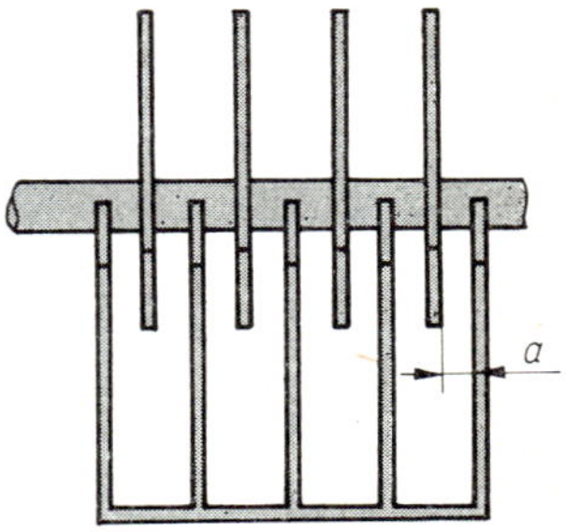

n Anzahl der Platten (hier 9)

Kenndaten von Drehkondensatoren

- Anfangskapazität C_{min}
- Endkapazität C_{max}
- Kapazitätshub $\Delta C = C_{max} - C_{min}$
- Kapazitätsverlauf in Abhängigkeit vom Drehwinkel der Rotorplatten: kapazitätslinear, frequenzlinear, wellenlängenlinear oder logarithmisch (je nach der Randkurve der Rotorplatten)

Bauformen von Drehkondensatoren

- *unsymmetrischer Aufbau:*
  Das Rotorplattenpaket ist über einen Schleifkontakt zugänglich.
- *symmetrischer Aufbau:*
  Zwei Statorpakete werden über ein erdfreies Rotorpaket kapazitiv verkoppelt; der unzuverlässige Rotorschleifkontakt entfällt.

3.3. Spulen

3.3.1. Spulen mit Gleichstromwicklungen

(*Beispiel:* Magnet-, Relaisspulen)

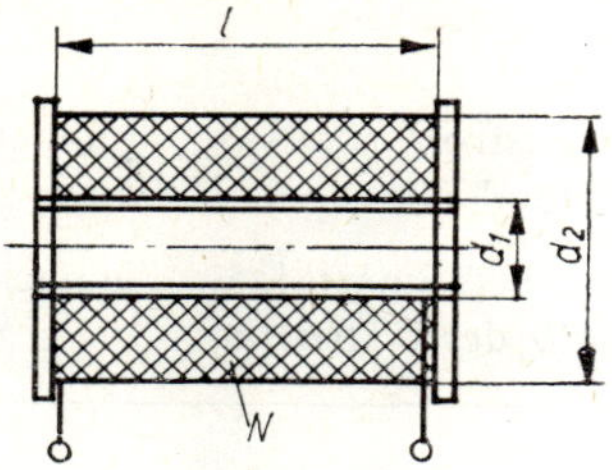

Wicklungsquerschnitt $A = l/2(d_2 - d_1)$

Nutzbarer Wicklungsquerschnitt $A_{\text{eff}} \approx (0{,}5\ldots0{,}7)\,A$

Windungszahl für gegebenenen Widerstand R
$$N = \sqrt{\frac{Rl(d_2 - d_1)}{2(d_2 - d_1)\,\pi}} \qquad (A_{\text{eff}} = 0{,}5A)$$

Drahtquerschnitt
$$a = \sqrt{\frac{l\varrho(d_2 - d_1)(d_2 + d_1)\,\pi}{8R}}$$

Drahtdurchmesser
$$d = 2\sqrt{\frac{a}{\pi}}$$
Wickelflächenkontrolle $Na \leqq A_{\text{eff}}$

Umrechnung einer Spulenwicklung auf eine neue Betriebsspannung
$$d_{\text{neu}} = \sqrt{\frac{U_{\text{alt}}}{U_{\text{neu}}}}\,d_{\text{alt}} \qquad N_{\text{neu}} = \left(\frac{d_{\text{alt}}}{d_{\text{neu}}}\right)^2 N_{\text{alt}} \qquad R_{\text{neu}} = R_{\text{alt}}\,\frac{U_{\text{neu}}N_{\text{neu}}}{U_{\text{alt}}N_{\text{alt}}}$$

3.3.2. Spulen ohne ferromagnetischen Kern

Induktivität einlagiger Zylinderspulen

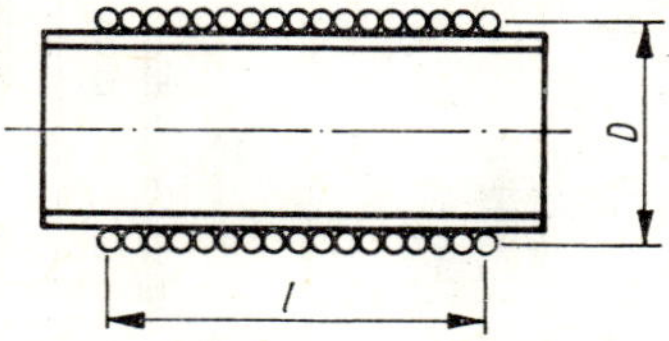

$$L = \frac{0{,}01DN^2}{l/D + 0{,}44}$$

L	D	l
µH	cm	cm

Induktivität mehrlagiger Spulen

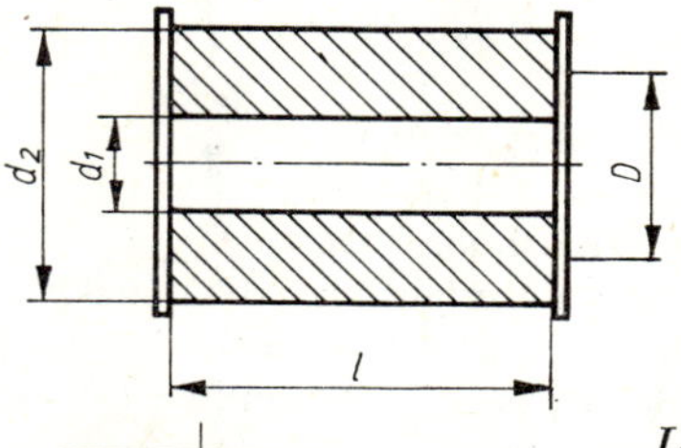

$$L = \frac{0{,}08D^2N^2}{3D + 9l + 10h}$$

L	D	l	h
µH	cm	cm	cm

$$D = \frac{d_2 + d_1}{2} \qquad h = \frac{d_2 - d_1}{2}$$

Induktivität abgeschirmter Zylinderspulen

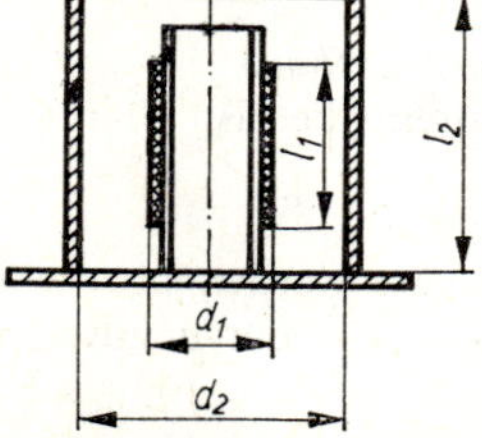

$L_G = L_0\beta$

L_G Induktivität mit Abschirmung

L_0 Induktivität ohne Abschirmung

$$\beta = \left[1 - \left(\frac{d_1}{d_2}\right)^3\right] \cdot \left[1 - \left(\frac{l_1}{2l_2}\right)^2\right]$$

3.3.3. Wicklungsarten und Kernformen

Wicklungsarten

Zylinderwicklung

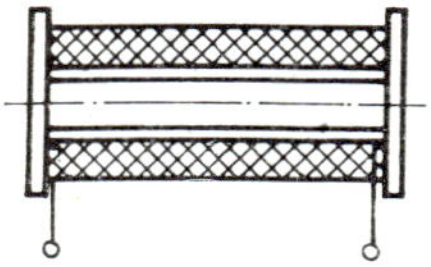

Kammerwicklung

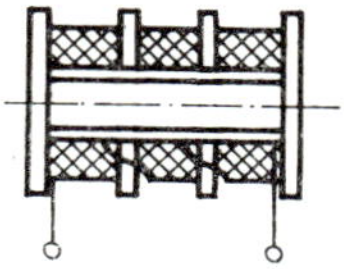

Kreuzwicklung

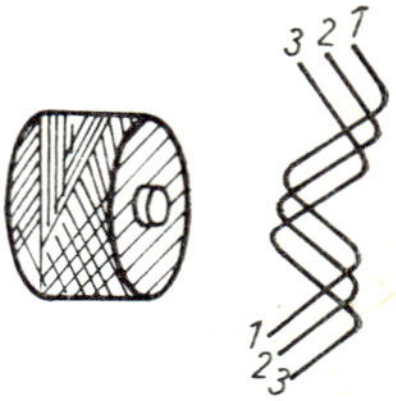

M- und EE-Kern

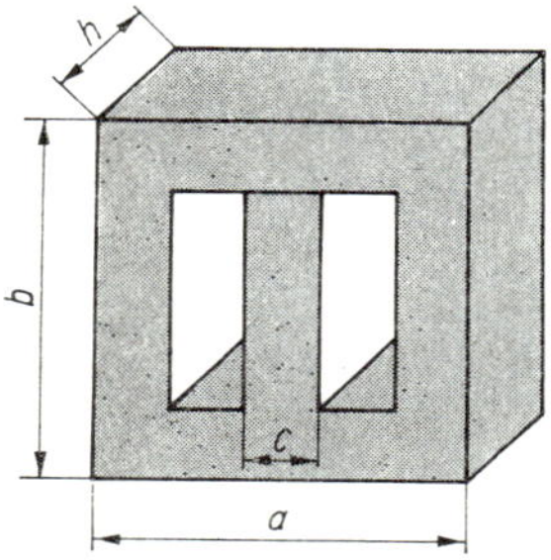

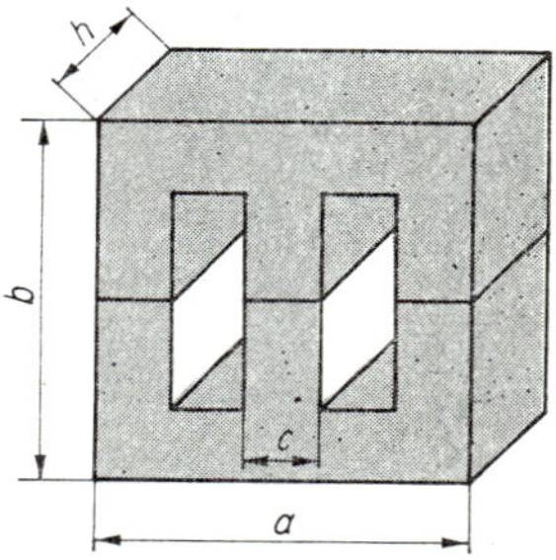

EI- und UI-Kern

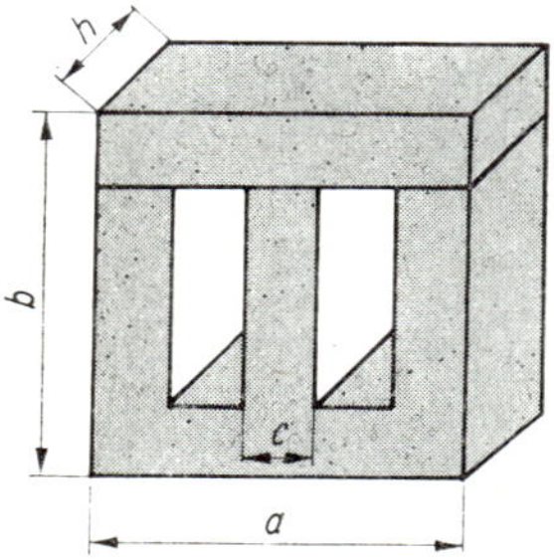

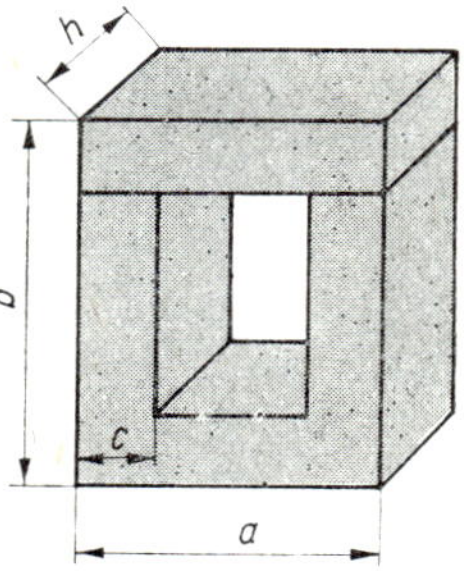

UU- und LL-Kern

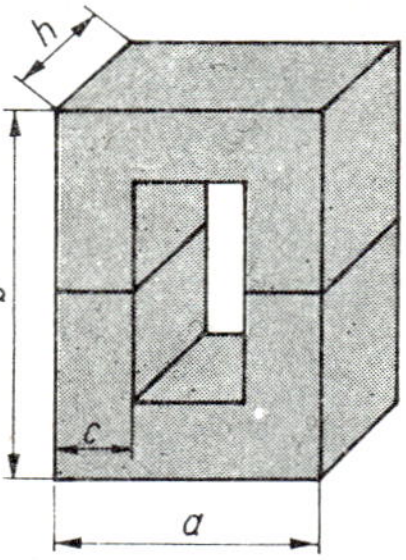

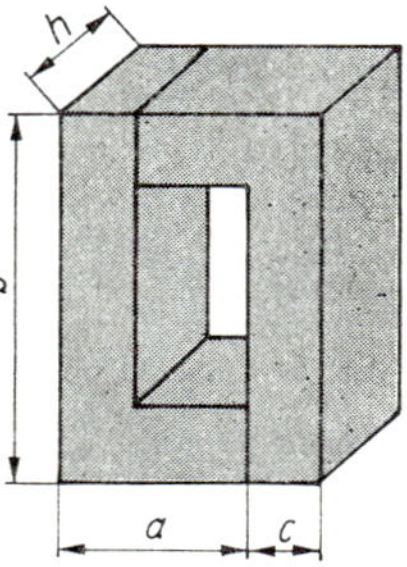

Schalenkern

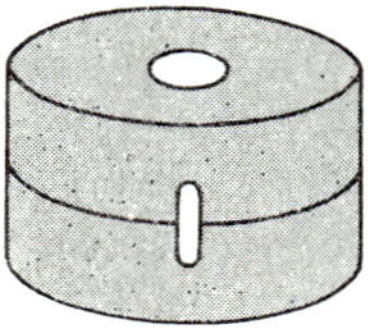

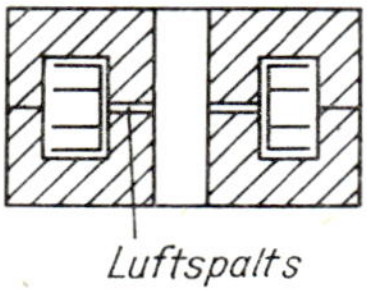

Hauptabmessungen einiger Kerntypen und maximal übertragbare Scheinleistung bei 50 Hz

Kern	M 42	55	65	74	85	102	EI 54	66	130	150
a in mm	42	55	65	74	85	102	54	66	130	150
b in mm	42	55	65	74	85	102	45	55	105	120
c in mm	12	17	20	23	29	34	18	22	35	40
h in mm	15	20	27	32	35	35; 52	18	22	35; 45	40; 50; 60
P in VA	4	12	25	45	60	120; 180	7	15	230; 280	350; 420; 500

Kern	LL 30/16	39/20	48/16	48/25	60/20	60/30	75/25	75/40	90/30	90/50
a in mm	20	26	32		40		50		60	
b in mm	50	65	80		100		125		150	
c in mm	10	13	16		20		25		30	
h in mm	16	20	16	25	20	30	25	40	30	50
P in VA	10	26	43	60	90	130	210	275	400	520

3.3.4. Kenngrößen technischer Induktivitäten

Magnetisierungskurve — Hysteresisschleife ferromagnetischer Werkstoffe → 2.2.3.

Magnetischer Widerstand

$$R_M = \frac{l}{\mu_0 \mu_r A}$$

Permeabilität

$$\mu = \mu_0 \mu_r \qquad \mu_0 = 1{,}257 \cdot 10^{-6}\ \mathrm{V \cdot s/(A \cdot m)}$$

Anfangspermeabilität

$$\mu_a = \frac{B}{\mu_0 H} \qquad H \to 0\ (\to 2.2.3.)$$

Amplitudenpermeabilität

$$\mu_A = \frac{\hat{B}}{\mu_0 \hat{H}}$$

Güte

$$Q_L = 1/\tan \delta$$

Temperaturkoeffizient der Induktivität

$$\boxed{TK_L = \frac{\Delta L}{\Delta T L}}$$

Induktivität

$$\boxed{L = \frac{N\Phi}{I} = A_L N^2 = \frac{N^2}{R_M}}$$

Induktivitätsfaktor

$$A_L = \mu_0 \mu_r A / l$$

charakteristische Kenngröße ferromagnetischer Kerne, die der Hersteller der Kerne angibt

3.3.5. Weichmagnetische Werkstoffe für technische Induktivitäten

Reineisen und Eisenlegierungen

Werkstoffbezeichnungen und Eigenschaften

Bezeichnung	Anfangspermeabilität μ_a $(H \to 0)$	Maximale Permeabilitätszahl μ_{rmax}	Sättigungsinduktion B_S $V \cdot s/m^2$
Hyperm 1...7	$(0,4 ... 0,5) \cdot 10^3$	$(8 ... 30) \cdot 10^3$	1,3 ...2,2
Mu-Metall 1...3	$(10 ... 20) \cdot 10^3$	$(50 ... 100) \cdot 10^3$	0,65...0,9
Permenorm 5000	2300	20000	1,6
Permalloy	6000	70000	0,95
Super-Permalloy	10000	50000	1,08
Isoperm	650	10000	2,42
Dynamoblech I	150	5000	2,10
Dynamoblech II	180	5000	2,05
Dynamoblech III	300	6000	1,95
Dynamoblech IV	500	7750	1,90
Cabonyleisen $Fe(CO)_5$	1000	20000	2,15

Kernformen M-, EE-, EI-, UI-, LL-Schnitte

Anwendungen
- Übertrager
- Wandler
- Transformatoren
- Drosseln im NF-Bereich bis etwa 100 kHz

Ferrite

Werkstoffbezeichnungen und Eigenschaften

Nummer	Anfangspermeabilität μ_a	Maximale Frequenz f_{max} MHz	$\tan \delta/\mu_i$ bei $\cdot 10^{-6}$	Frequenz f MHz	Koerzitivfeldstärke H_0 A/cm	$TK_{\mu a}/\mu_a$ $\cdot 10^{-6}$ K^{-1}
1	10	250	160/1000	50/200	–	–
2	20	100	100/ 800	10/100	–	–
3	35	50	80/ 800	10/ 50	–	–
4	100	10	50/ 80	1/ 5	3...6	0 ...8
5	80	10	50/ 80	1,5/ 5	3...6	1 ...6
6	300	2	8/ 40	0,01/ 1	1,0	0 ...8
7	600	1,6	16/ 40	0,5/ 1,5	0,6	1 ...2
8	800	0,5	15/ 100	0,05/ 0,5	0,4	6 ...8
9	1000	0,5	4/ 30	0,05/ 0,5	0,3	0,5...2,5
10	2200	0,2	1,5/ 6	0,01/ 0,1	0,2	0,5...1,5
11	5000	0,1	4/ 15	0,02/ 0,1	0,1	0,6...1,8

Bezeichnungen und Hersteller zuvor aufgeführter Ferrite

Nr.	BRD Siemens	BRD Stemag	BRD Valvo	ČSSR Pramet	DDR VEB KWH	Frankreich Cofelec	Japan TDK
1	U 17	814	4 E 1	N 01	Mf 320	H 60	M 2
2	K 12	818	–	N 02	321	H 52	K 2
3	–	704	–	N 05	330	H 50	M 1
4	–	–	–	–	340	H 30	K 1
5	K 1	602	4 C 6	N 1	343	H 32	K 6
6	M 11	612	4 B 1	N 2	360	H 20	K 5
7	M 33	615	3 D 3	H 6	143	T 31	–
8	N 20	–	3 C 2	–	150	–	–
9	N 22	407	3 B 3	H 11	163	T 22	H 6 A 3
10	T 26	–	3 H 1	H 22	183	T 14	H 6 B
11	T 35	–	3 E 2	–	195	T 4	H 5 B

Maximale Frequenzen für Ferritschalenkerne (in MHz)

Anfangspermeabilität μ_a	20	100	600	1000	4000
Filter, Schwingkreise f_{max}	30	6	1	0,5	0,2
Breitbandübertrager f_{max}	400	100	20	10	4

3.3.6. Berechnung von Ferritkernspulen

Spulenkörper

Effektive Wickelfläche $A_{eff} \approx 0{,}7\, h\, \Sigma b_n$

Mittlere Windungslänge $l_m = (d + h)\, \pi$

Maximaler Drahtdurchmesser $d_{max} = A_{eff}/N$

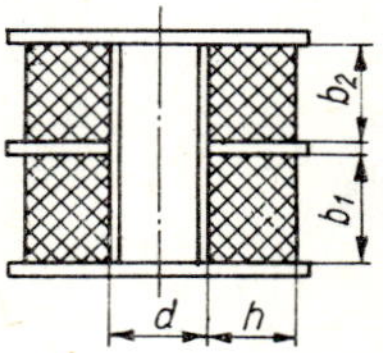

Ferritringkern

Mittlere Kernweglänge $l_e = \dfrac{d_1 + d_2}{2}\, \pi$

Kernquerschnitt $A_e = \dfrac{d_1 - d_2}{2}\, h$

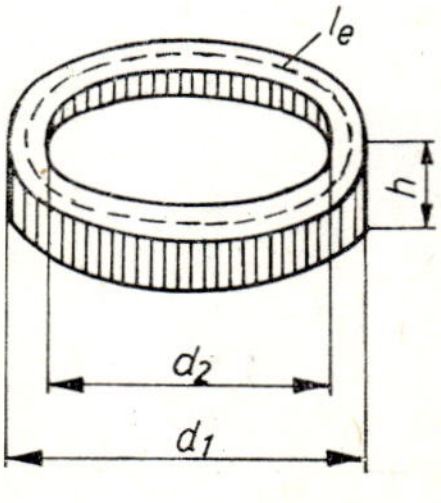

Ferrit-UI-Kern

Mittlere Kernweglänge	$l_e = 2(l_1 + l_2 - 2a) - s$	
Kernquerschnitt	$A_e = ab$	

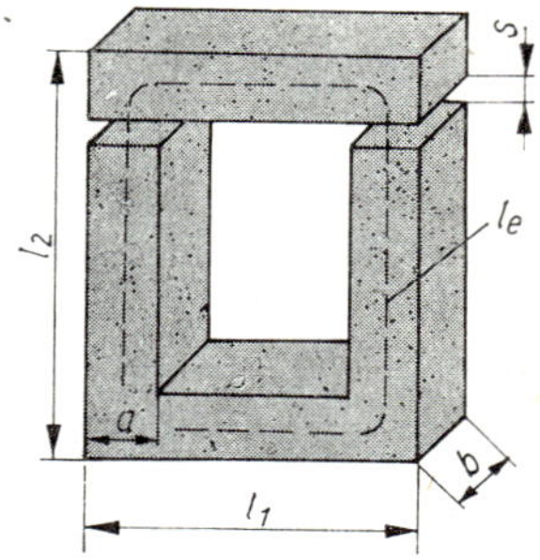

Induktivität	$L = N^2 A_L$	A_L Herstellerangabe (abhängig von Kernmaterial, -abmessungen und Luftspalt)
Magnetischer Widerstand des Ferritkerns	$R_M = \dfrac{l_e}{\mu_0 \mu_r A_e}$	magnetischer Widerstand des Luftspalts $R_{Ms} = \dfrac{s}{\mu_0 A_e}$
Magnetischer Gesamtwiderstand (Kern und Luftspalt)	$R_{Mges} = R_M + R_{Ms}$	
Maximal zulässige Stromstärke	$\hat{I} = \hat{H}_K l_e / N$	Kern ohne Luftspalt $\hat{H}_K = 0{,}2 H_C$ Kern mit Luftspalt $\hat{H}_K = 0{,}2 H_C \dfrac{\mu_a}{\mu_e}$
Effektive Permeabilität	$\mu_e = \dfrac{1}{\mu_0 R_{Mges}} \sum \dfrac{1}{A}$	$\sum \dfrac{1}{A}$ Herstellerangabe (Formkonstante)

3.3.7. Leistungsferrite

Bauformen UI-, UU-, EI- und EE-Kerne

Werkstoffe Mangan-Zink-Ferrite

Vergleichbare Werkstofftypen für Leistungsferrite

Werkstoff	BRD Siemens	BRD Stemag	BRD Valvo	ČSSR Pramet	DDR VEB KWH	Frankreich Cofelec	UdSSR SFL
A	N 22	–	–	H 11	184	B 30	2000 HM
B	N 27	–	3 C 6	H 20	194	B 42	3000 HM
C	–	417	3 C 8	–	196	B 50	–

Kernvolumen $V_e = A_e l_e$ — A_e Kernquerschnitt in cm², l_e mittlere Kernweglänge in cm

Übertragbare Scheinleistung $S = \pi V_e f \hat{B} \hat{H}$ — f Frequenz in Hz, $\hat{B}$ Flußdichte in V · s/cm², $\hat{H}$ Feldstärke in A/cm

Windungszahl $N = \dfrac{\sqrt{2}\,U}{2\pi A_e f \hat{B}}$

Verlustleistung und Permeabilität: Die Amplitudenpermeabilität und die spezifische Verlustleistung sind abhängig von der maximalen Flußdichte und der Temperatur.

Amplitudenpermeabilität als Funktion der magnetischen Flußdichte und der Temperatur

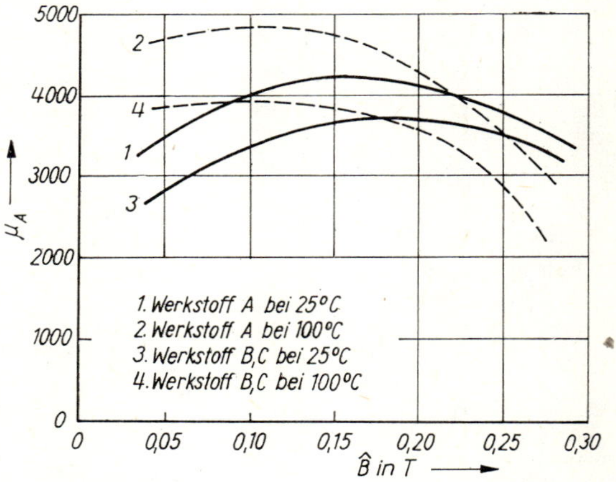

Spezifische Verlustleistung als Funktion der magnetischen Flußdichte und der Temperatur

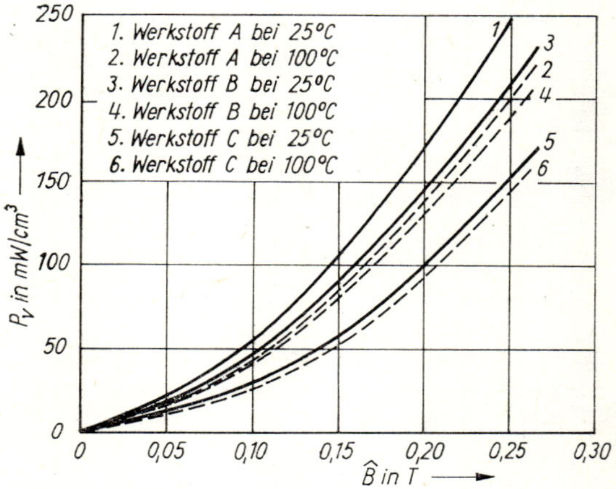

Anwendungen

- Spannungswandler
- Transverter
- Horizontalübertrager in Fernsehgeräten

3.4. Homogene Halbleiterbauelemente

3.4.1. Physikalische Grundlagen der Halbleiter

Reine Halbleiter

Eigenschaften

- geringe Leitfähigkeit, $10^{-2} \ldots 10^{-8}\ \Omega^{-1} \cdot \mathrm{cm}^{-1}$
- Leitung erfolgt durch Elektronen (n) und Defektelektronen oder Löcher (p)
- Leitfähigkeit steigt mit wachsender Temperatur

Halbleitermaterialien

Elementhalbleiter [Germanium (Ge), Silicium (Si)]
Verbindungshalbleiter (GaAs, GaP, GaAsP)

Stellung der Halbleiter im Periodensystem der Elemente

(Die umrandeten Elemente werden bevorzugt als Grundstoffe für Halbleiterbauelemente, die unterstrichenen als Dotierungsstoffe verwendet.)

Gruppe / Periode	III	IV	V	VI
2	5 B	6 C	7 N	8 O
3	13 <u>Al</u>	14 [Si]	15 <u>P</u>	16 S
4	31 <u>Ga</u>	32 [Ge]	33 <u>As</u>	34 Se
5	49 <u>In</u>	50 Sn	51 <u>Sb</u>	52 Te

Parameter der technisch wichtigen Halbleiter Germanium, Silicium und Galliumarsenid

	Formelzeichen	Einheit	Ge	Si	GaAs
Atome		cm^{-3}	$4{,}42 \cdot 10^{22}$	$4{,}99 \cdot 10^{22}$	$4{,}43 \cdot 10^{22}$
Atomgewicht	A		72,6	28,08	144,63
Gitterstruktur			Diamant	Diamant	Zinkblende
Gitterkonstante	a	nm	0,566	0,543	0,564
Spezifischer elektrischer Widerstand	ϱ	$\Omega \cdot \mathrm{cm}$	47	230000	10^8
Aktivierungsenergie	ΔW	eV	0,67	1,12	1,43
Inversionsdichte	n_i	cm^{-3}	$2{,}33 \cdot 10^{13}$	$1{,}6 \cdot 10^{10}$	$1{,}3 \cdot 10^6$

	Formelzeichen	Einheit	Ge	Si	GaAs
Effektive Zustandsdichte im Leitungsband	N_C	cm^{-3}	$1{,}04 \cdot 10^{19}$	$2{,}8 \cdot 10^{19}$	$4{,}7 \cdot 10^{18}$
Effektive Zustandsdichte im Valenzband	N_V	cm^{-3}	$6{,}1 \cdot 10^{18}$	$1{,}02 \cdot 10^{19}$	$7{,}0 \cdot 10^{18}$
Beweglichkeit der Elektronen	μ_n	$cm^2/(V \cdot s)$	3900	1500	8500
Beweglichkeit der Löcher	μ_p	$cm^2/(V \cdot s)$	1900	600	400
Dielektrizitätszahl	ε_r		16	11,8	10,9
Spezifische Wärmekapazität	c	$J/(g \cdot K)$	0,31	0,7	0,35
Wärmeleitfähigkeit	λ	$W/(cm \cdot K)$	0,64	1,45	0,46
Durchbruchfeldstärke	E	V/cm	10^5	$3 \cdot 10^5$	$4 \cdot 10^5$
Schmelzpunkt	ϑ_S	°C	937	1420	1235

Ladungsträgerdichte (Inversionsdichte, Eigenleitungsdichte)

$$n_i = n_0 = p_0 = f(T)$$

Im ungestörten, reinen Halbleiter ist die Elektronendichte gleich der Löcherdichte.

Geschwindigkeit der Ladungsträger im Gittergefüge

$$v = \sqrt{\frac{3kT}{m_0}}$$

k BOLTZMANN-Konstante $\approx 1{,}38 \cdot 10^{-23}$ J/K $\approx 8{,}625 \cdot 10^{-5}$ eV/K

m_0 Elektronenruhemasse $\approx 9{,}11 \cdot 10^{-31}$ kg

Driftgeschwindigkeit der Ladungsträger

$$v_D = \mu E$$

μ Beweglichkeit

Abhängigkeit der Inversionsdichte und der Beweglichkeit von der Temperatur

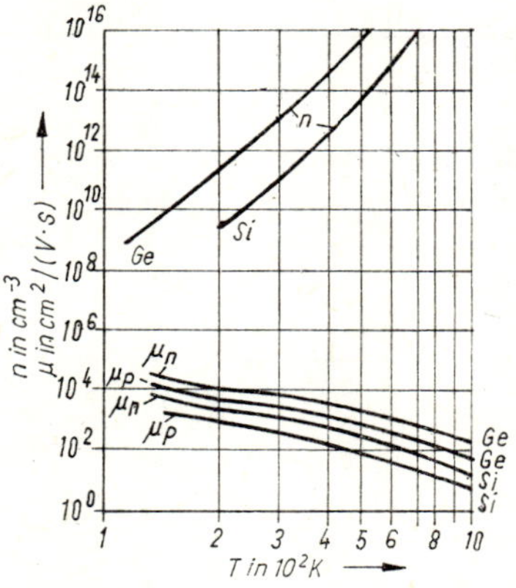

$$n_i^2 = n_{i0}^2 \left(\frac{T}{T_0}\right)^3 e^{\frac{\Delta W \Delta T}{kTT_0}}$$

Elektrische Leitfähigkeit (Eigenleitung)

$$\varkappa = e n_i (\mu_n + \mu_p)$$

e Elementarladung $\approx 1{,}6 \cdot 10^{-19}$ C

Gestörter Halbleiter

Eigenschaften
- Die Leitfähigkeit elektronischer Halbleiter wird durch Gitterstörungen beeinflußt (Störleitung).

Gitterstörungen
- Abweichungen von der idealen Gitterstruktur (Fehlordnungen)
- Beimengungen artfremder Atome (Störstellen)

Dotierung

Als Dotierung bezeichnet man den gezielten Einbau 3wertiger (*Akzeptoren*) oder 5wertiger (*Donatoren*) Fremdatome in das Gittergefüge des Halbleiters ($10^{10} \dots 10^{19}$ Atome je Kubikzentimeter)

Aktivierungsenergie der Dotierungselemente

Grundgitter	Donator	W_D in eV	Akzeptor	W_A in eV
Germanium	Phosphor	0,012	Aluminium	0,01
	Arsen	0,013	Gallium	0,01
	Antimon	0,010	Indium	0,01
Silicium	Phosphor	0,044	Aluminium	0,057
	Arsen	0,049	Gallium	0,065
	Antimon	0,039	Indium	0,160

Verfügbare thermische Energie

$W = kT$ bei $T = 300$ K ist $W \approx 0{,}026$ eV

Massenwirkungsgesetz für Halbleiter

Das Produkt aus der Elektronendichte und der Defektelektronendichte ist für jede Temperatur eine Konstante.

$$\boxed{n_i^2 = n_0 p_0}$$

n_0 Elektronendichte, p_0 Defektelektronendichte } im thermodynamischen Gleichgewicht

n-Leitung

Der Einbau von Donatoren mit der Dotierungsdichte N_D bewirkt einen Elektronenüberschuß.

p-Leitung

Der Einbau von Akzeptoren mit der Dotierungsdichte N_A bewirkt einen Löcherüberschuß.

Elektronen- oder Löcherdichte

Im technisch nutzbaren Temperaturbereich ($-50 \dots +150$ °C) ist die Elektronen- bzw. Löcherdichte (n_n bzw. p_p) annähernd gleich der Dichte der Donatoratome N_D bzw. der Dichte der Akzeptoratome N_A (*Störstellenerschöpfung*). Alle Donator- bzw. Akzeptoratome sind dann ionisiert.

Majoritätsträger
- Elektronen bei n-Leitung (n_n)
- Löcher bei p-Leitung (p_p)

Minoritätsträger
- Elektronen bei p-Leitung (n_p)
- Löcher bei n-Leitung (p_n)

$$n_i^2 = n_n p_n = p_p n_p$$

Elektrische Leitfähigkeit dotierter Halbleiter

$\varkappa = e(n_0\mu_n + p_0\mu_p)$ allgemein

$\varkappa = e(n_n\mu_n + p_n\mu_p)$ bei n-Leitung

$\varkappa = e(n_p\mu_n + p_p\mu_p)$ bei p-Leitung

Temperaturabhängigkeit der Leitfähigkeit eines Störstellenhalbleiters

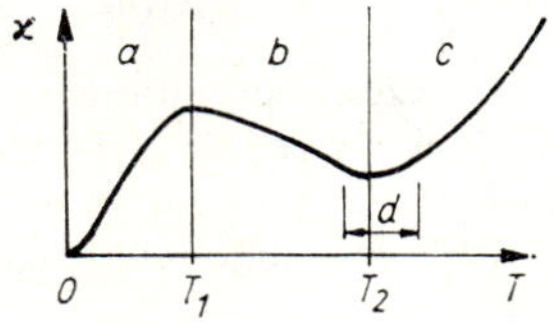

Gebiet a: $0 \leqq T \leqq T_1$, $\varkappa$ nimmt wegen Anwachsen der Ladungsträgerdichte zu,
Gebiet b: $T_1 \leqq T \leqq T_2$, $\varkappa$ nimmt wegen Verringerung der Beweglichkeit der Ladungsträger ab,
Gebiet c: $T \geqq T_2$, $\varkappa$ nimmt wegen starker Erhöhung der Eigenleitung zu,
d: technisch interessierender Temperaturbereich

3.4.2. Thermistoren

Übersicht

Thermistoren — Thermistoren sind polykristalline, homogene, temperaturabhängige Halbleiterwiderstände.

Arten
- Heißleiter, NTC-Widerstände (NTC: negative temperature-coefficient)
- Kaltleiter, PTC-Widerstände (PTC: positive temperature-coefficient)

Bauformen
- Stäbchen-, Perlen- oder Scheibenform,
- freitragend oder im Schutzgehäuse aus Glas oder Metall

Heißleiter

Material — sinterkeramische Massen (Eisenoxid-Mischspinelle, gesinterte Oxidgemische)

Temperaturabhängigkeit des Widerstandes

$$R_T = R_0 e^{-b\left(\frac{1}{T_0} - \frac{1}{T}\right)}$$

R_T gesuchter Widerstand bei der Temperatur T in K

Kennwerte von Heißleitern

Formelzeichen	Einheit	Größe (Kennwert), Bedeutung	Beispiele 1	2
R_0	Ω, kΩ	Bezugswiderstand, vom Hersteller meist für 20 oder 25 °C angegeben	7 kΩ	4,7 kΩ
T_0	K	Bezugstemperatur, 293 oder 298 K	293 K	293 K
b	K	Energiekonstante, Herstellerangabe	4000 K	3250 K
P_v	W, mW	maximal zulässige Verlustleistung	7,5 W	300 mW
P_g	mW	Grenzleistung, bei der noch keine wesentliche Erwärmung eintritt (meist für $T < 0{,}5$ K festgelegt)	30 mW	0,5 mW
ϑ_{max}	°C	maximal zulässige Temperatur des Heißleiters	220 °C	250 °C
U_T	V	Nennbetriebsspannung des Heißleiters; wird für Anlaßheißleiter angegeben	25 V	–
I_T	A, mA	Nennstromstärke des Heißleiters; wird für Anlaßheißleiter angegeben	0,3 A	–
D	mW/K	Dissipationskonstante; sie kennzeichnet die Leistung, die den Heißleiter um 1 K gegenüber der Umgebung aufheizt	38 mW/K	1 mW/K
τ_{th}	s, min	thermische Zeitkonstante; sie kennzeichnet die Zeit, während der sich der Heißleiterwiderstand auf 36% bei Abkühlung verringert (abhängig von der Montage)	7 min	11 s

Beispiel 1 gilt für einen Anlaßheißleiter,
Beispiel 2 gilt für einen Meß-, Kompensations- und Regelheißleiter

Strom-Spannungs-Kennlinie eines Heißleiters

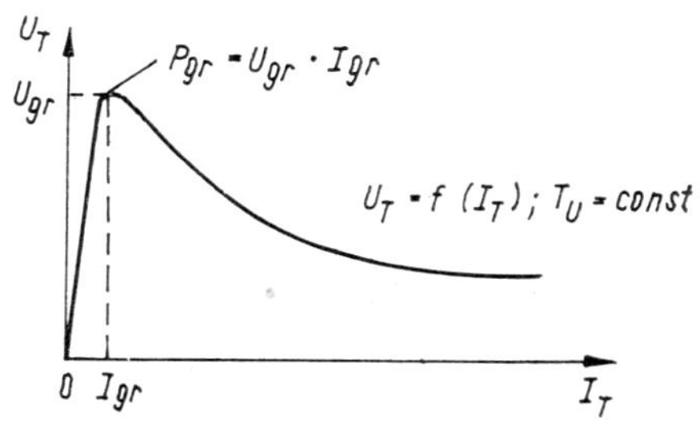

Aufheiz- und Abkühlkurven eines Anlaßheißleiters für eine Betriebsspannung von 220 V

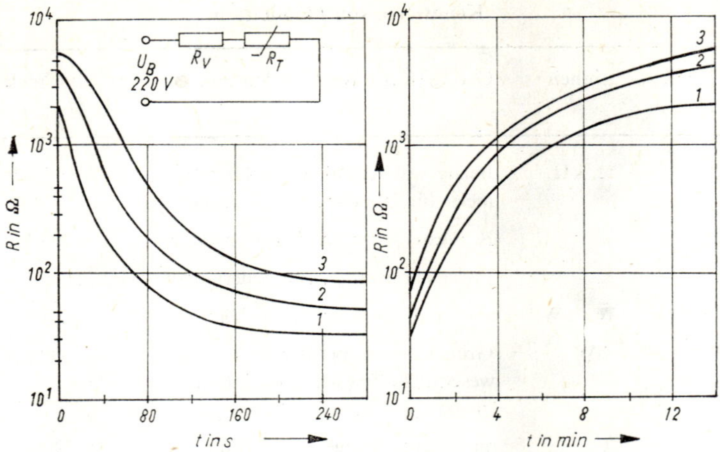

Anwendungen von Heißleitern

- Temperaturfühler in Meßschaltungen (Betrieb ohne Eigenerwärmung)

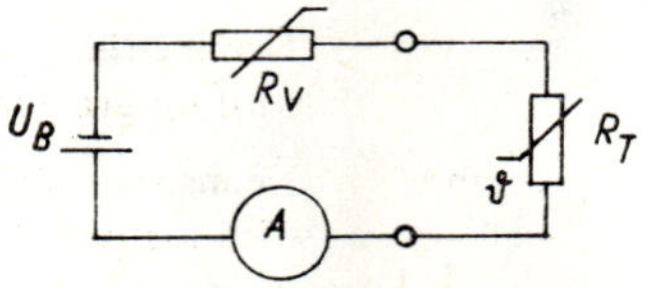

($U_B = 1$ V; A: Strommesser mit $I = 1$ mA und $R_i = 100\ \Omega$; R_T Meßthermistor mit $R_{20} = 4{,}7\ \mathrm{k}\Omega$; $b = 3600$ K, $P_g = 0{,}5$ mW)

- Anlaßschaltungen mit Einschaltstrombegrenzung, Anzugverzögerung von elektromechanischen Relais

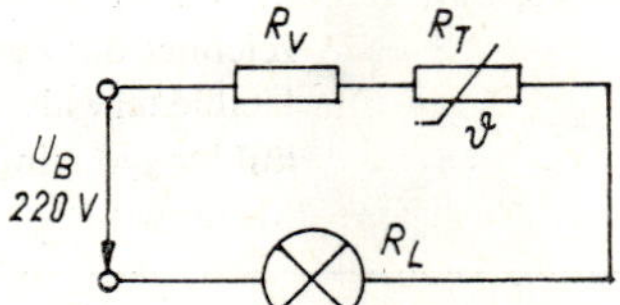

R_L Verbraucher (120 V; 0,3 A und 40 Ω Kaltwiderstand),
R_T Thermistor (25 V; 0,3 A und 7 kΩ bei 20 °C)

- Temperaturkompensation von Widerstandsänderungen anderer Bauelemente einer Schaltung

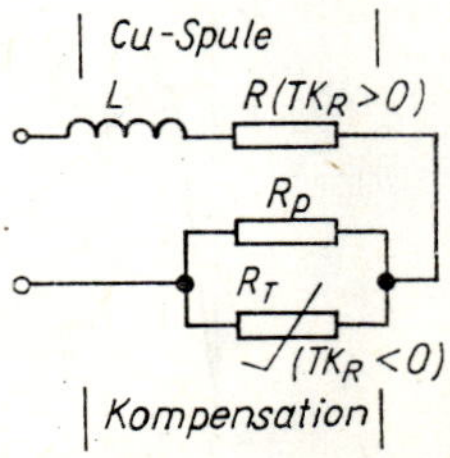

Kaltleiter

Material

gesintertes, mit Metalloxiden oder -salzen dotiertes polykristallines Bariumtitanat

Eigenschaften

Innerhalb eines begrenzten Temperaturbereichs ist der Temperaturkoeffizient des Widerstands positiv. Der Kaltleiterwiderstand ist spannungs- und frequenzabhängig. Eine einfache Exponentialgleichung für die Temperaturabhängigkeit des Widerstandes läßt sich nicht angeben.

Widerstands-Temperatur-Kennlinie

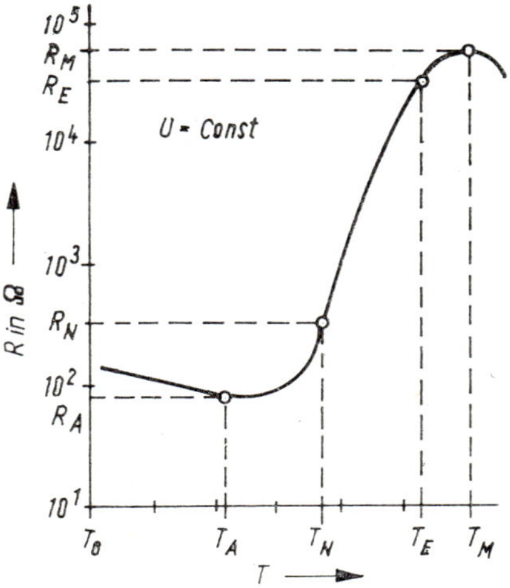

T_A Sprungtemperatur (TK_R wird positiv)
T_N Nenntemperatur ($R_N = 2R_A$)
T_E Endtemperatur
T_M Maximaltemperatur (TK_R wird negativ)

Strom-Spannungs-Kennlinie eines Kaltleiters (a) und Zusammenschaltung mit einem Lastwiderstand
b: Kennlinie des Lastwiderstandes ($R_L > 0$)
c: Kurzschlußkennlinie ($R_L \to 0$)

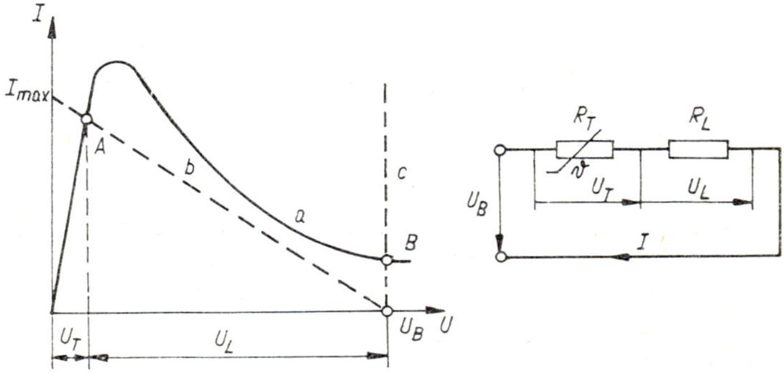

Im Normalbetrieb stellt sich der Arbeitspunkt A ein; bei Überlastung oder Kurzschluß ($R_L \to 0$) stellt sich der Arbeitspunkt B ein.

Anwendungen von Kaltleitern

- Temperaturfühler in Meßschaltungen oder zur Überwachung von Wicklungstemperaturen elektrischer Maschinen (der Meßstrom darf den Kaltleiter nicht erwärmen)
- Flüssigkeitsniveaufühler (der Meßstrom muß den Kaltleiter erwärmen; es wird die unterschiedliche Wärmeableitung von Luft und Flüssigkeit ausgenutzt)
- Überstrom- bzw. Kurzschlußsicherung für kleine Leistungen

3.4.3. Varistoren

Varistoren

| Varistoren sind spannungsabhängige Widerstände für kleine Leistungen, deren Widerstand trägheitslos mit der Spannung sinkt.

Material

polykristallines Material aus Siliciumkarbid oder Zinkoxid mit keramischen Bindemitteln

Bauformen

- Stäbchenform
- Scheibenform

Strom-Spannungs-Kennlinie (links) und Widerstands-Spannungs-Kennlinie (rechts)

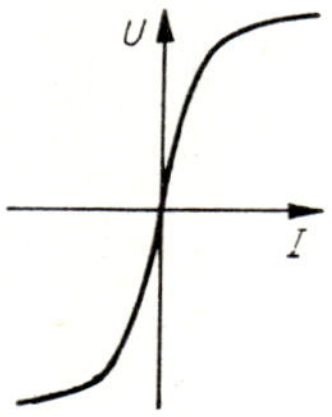

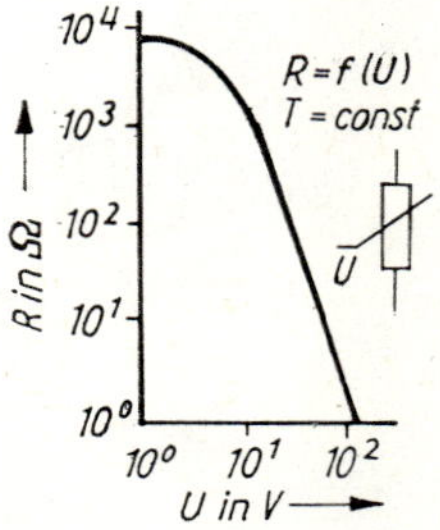

$U = CI^{\beta}$

$R = CI^{(\beta - 1)}$

C Formkonstante
β Materialkonstante (Herstellerangaben)

Praktische Werte für C und β

$C \approx 20 \ldots 3000$

$\beta \approx 0{,}05 \ldots 0{,}30$

Gültigkeitsbereich für C und β

Die Herstellerangaben für C und β gelten für Stromdichten zwischen $J \geqq 0{,}1$ mA/cm² und der maximal zulässigen Stromdichte $J = 1$ A/cm². Wenn $J < 0{,}1$ mA/cm², wird $\beta \to 1$.

Anwendungen von Varistoren

- Schutz vor Überspannungen und zur Funkenlöschung in Stromkreisen mit induktiver Komponente

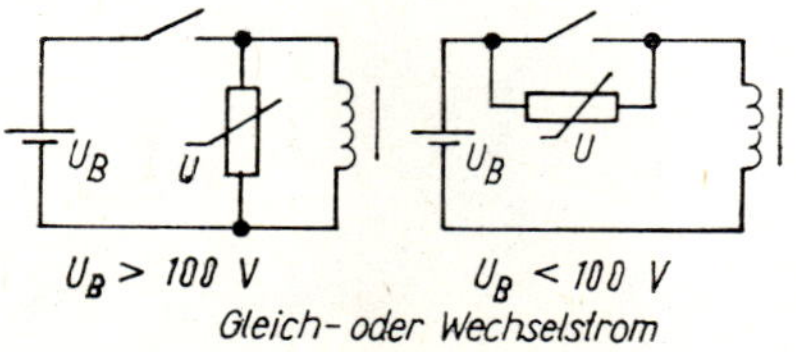

- einfache Spannungsstabilisierungsschaltungen

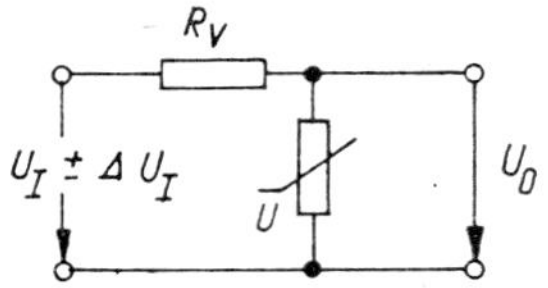

- Verformung sinusförmiger Wechselgrößen zur Oberwellenbildung und Frequenzvervielfachung

3.4.4. Magnetfeldabhängige Widerstände

Prinzip

Magnetfeldabhängige Widerstände beruhen auf der Ausnutzung des HALL-Effekts in:

- HALL-Generatoren
- Feldplatten

HALL-Generatoren

Aufbau

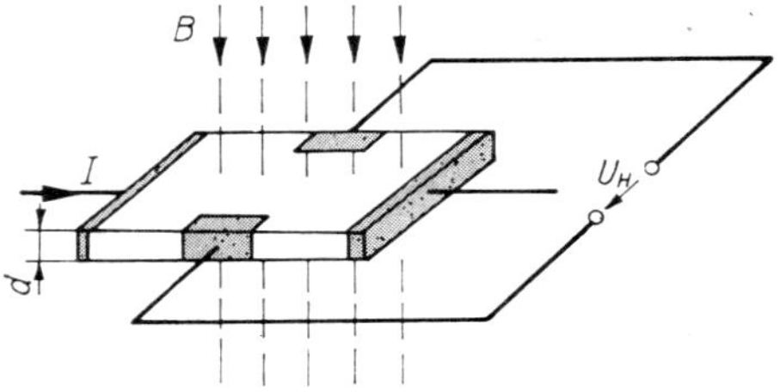

HALL-Spannung:

$$U_H = \frac{R_H}{d} BI$$

R_H HALL-Konstante

Materialien und Materialeigenschaften

Material, Halbleiter	Beweglichkeit der Elektronen μ_n $cm^2/(V \cdot s)$	Spezifischer Widerstand ϱ $\Omega \cdot cm$	HALL-Konstante R_H cm^3/C	Temperaturkoeffizient des HALL-Elementes TK_{RH} %/K
InAs	36000	0,0173	600	0,06
InAs Film	10000		100	
InSb	60000	0,005	350	1,5
InSb Film	12000		400	
InAsP	10500	0,008	850	0,4

Anwendungen

- Magnetfeldmessungen
- Multiplikatoren (Analogmultiplikator, Wattmeter, Phasenmesser, Modulator, Korrelator, Funktionsgenerator)

Feldplatten

Aufbau — Rechteck-, kreis- oder mäanderförmige Halbleiterplättchen

Materialien — InSb, InSb mit eutektisch abgeschiedenen NiSb-Nadeln

Magnetfeld-Widerstands-Abhängigkeit

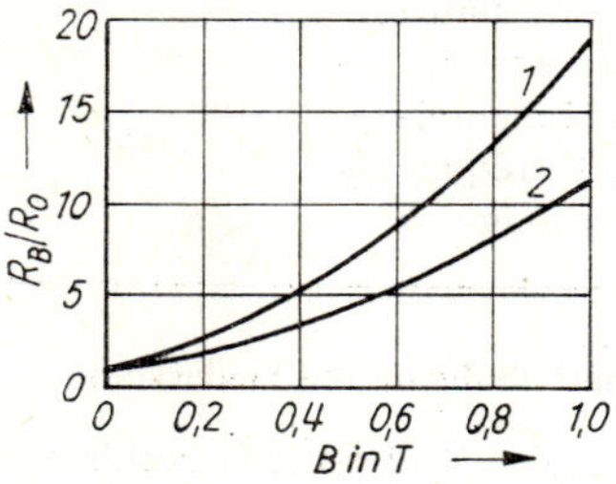

R_0 Widerstand bei $B = 0$
R_B Widerstand bei $B > 0$
1 Kreisscheibe
2 Rechteckplättchen

Technische Daten

$R_0 \approx 10 \ldots 10^4\ \Omega$
$R_B \approx (5 \ldots 18)\ R_0$ bei $B = 1$ T
$U = 5$ V
I wenige Milliampere

Anwendungen

- kontaktlos steuerbare Widerstände (Potentiometer, elektronische Taste)
- Magnetfeldmessungen

3.4.5. Fotowiderstände

Fotowiderstände — Fotowiderstände sind optoelektronische Halbleiterbauelemente, in denen sich die Ladungsträgerdichte und damit die Leitfähigkeit bei Absorption von Lichtquanten (Photonen) erhöhen.

Eigenschaften — Der Widerstandswert eines Fotowiderstandes hängt von der Beleuchtungsstärke und der spektralen Empfindlichkeit des Widerstandsmaterials ab.

Materialien

- CdS, CdSe, CdTe, PbS, PbSe, PbTe, InSb, InAs dotiert mit Stoffen der Spalten Ib, IIIa, Va, VIIa des periodischen Systems der Elemente
- Ge und Si dotiert mit Au, Hg oder Cu

Widerstandsabhängigkeit von der Beleuchtungsstärke

$$\boxed{R = K E_b^{-\gamma}}$$

K Konstante in Ω/lx
E_b Beleuchtungsstärke in lx
γ Steilheit des Fotowiderstandes

Spektrale Empfindlichkeit

1 menschliches Auge, nachts
2 menschliches Auge, tags
3 CdS-Fotowiderstand
4 PbS-Fotowiderstand

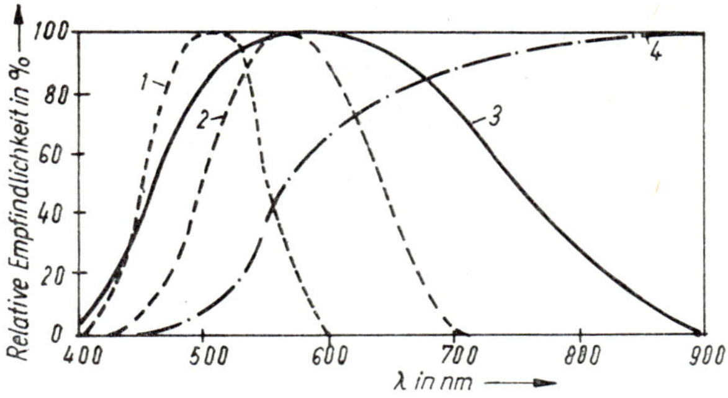

Beleuchtungsstärke-Widerstands-Abhängigkeit eines CdS-Fotowiderstandes

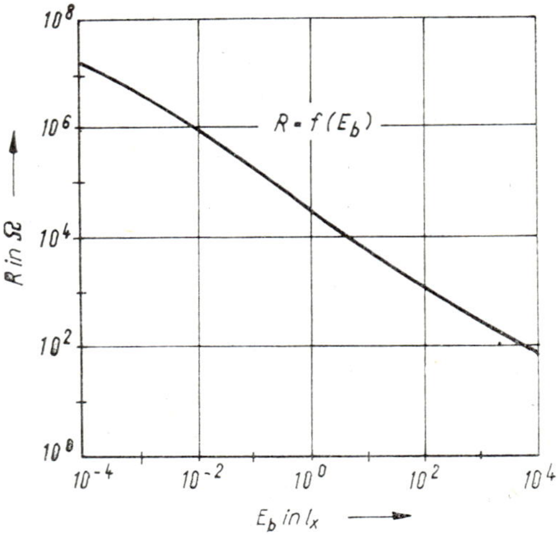

Frequenzabhängigkeit

Die Widerstandsänderung folgt nicht trägheitslos der Beleuchtungsstärkeänderung. Die Zeitkonstante τ der Widerstandsänderung ist vom Material abhängig.

Material	CdS	PbS	InSb	Ge(Cu)
τ in s	0,1 … 10	$10^{-5} \ldots 10^{-3}$	$10^{-6} \ldots 10^{-5}$	10^{-6}

Anwendungen

- Lichtmengen- und Beleuchtungsstärkemessungen
- Meßfühler für Helligkeitsregelungen
- Lichtschranken für Zähl- und Schutzschaltungen
- drehrauschfreie Potentiometer

3.5. Halbleiterdioden

3.5.1. pn-Übergänge

Elektronisches Modell eines pn-Überganges

Aufbau einer pn-Struktur

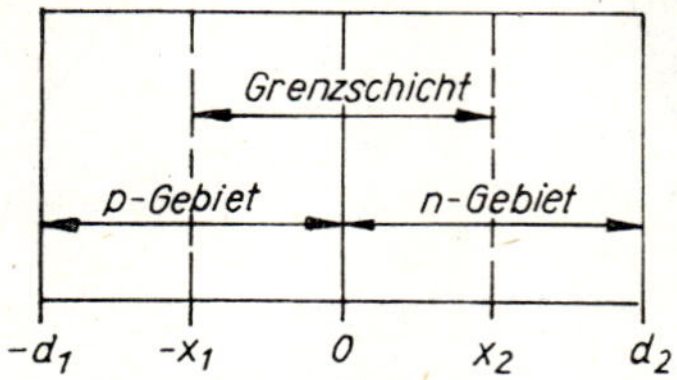

Raumladungszone oder Sperrschicht:

$-x_1 \leqq x \leqq x_2$

neutrale Bahngebiete:

$-d_1 \leqq x \leqq -x_1$

$x_2 \leqq x \leqq d_2$

⊖ Akzeptorionen
⊕ Donatorionen
— frei bewegliche Elektronen
\+ frei bewegliche Löcher
a negative Ionen
b positive Ionen
c eindiffundierte Elektronen
d eindiffundierte Löcher

Diffusion der Ladungsträger

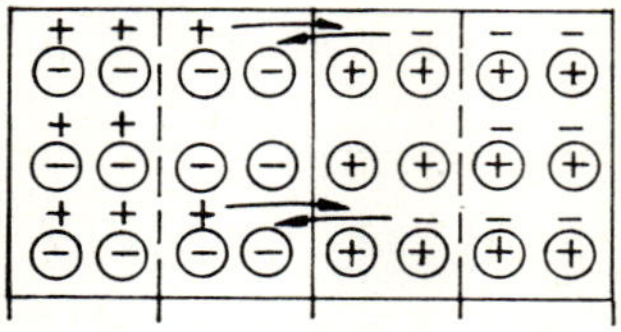

Ladungsträgerverteilung in der Sperrschicht

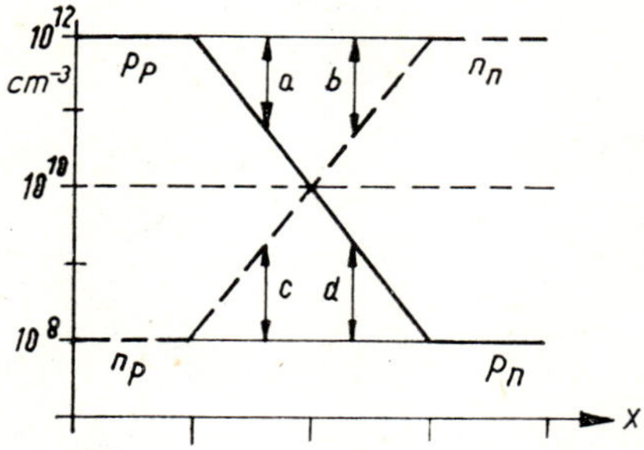

Raumladungsdichteverteilung in der Sperrschicht

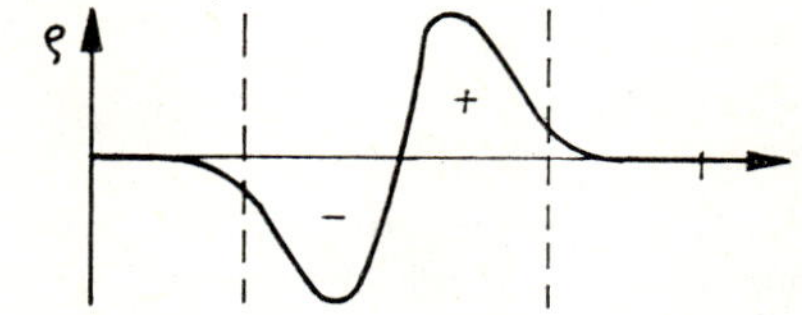

Feldverteilung in der Sperrschicht

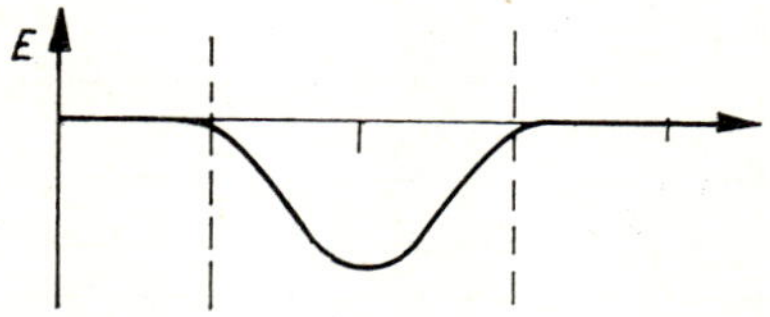

Diffusionsspannung zwischen p- und n-Gebiet

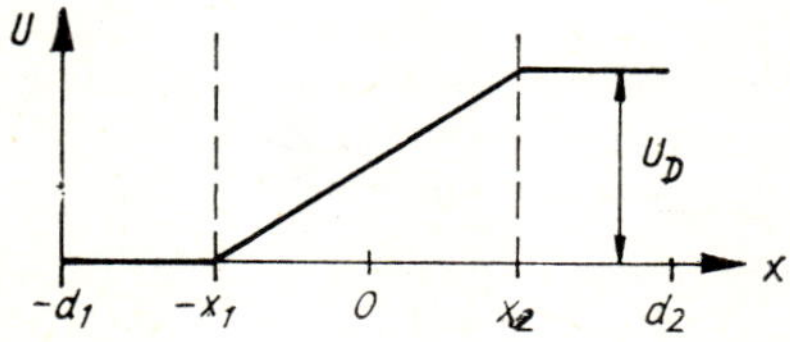

Diffusionsspannung	$$U_D = \frac{kT}{e} \ln \frac{n_n}{n_p} = \frac{kT}{e} \ln \frac{p_p}{p_n} = U_T \ln \frac{N_D N_A}{n_i^2}$$	
		N_D Dotierungsdichte der Donatoren N_A Dotierungsdichte der Akzeptoren
Temperatur-spannung	$U_T = \frac{kT}{e}$	$U_T \approx 26$ mV bei $T = 300$ K
Grenztemperaturen	Germanium: 70...90 °C; Silicium: 150...180 °C	

Stromdurchflossene pn-Übergänge

Polung	Äußere Spannung U_a	Sperrschichteigenschaften
Durchlaßpolung	+ an Anode (p-Gebiet) − an Katode (n-Gebiet)	In der Sperrschicht ist $pn > n_i^2$. Die Sperrschichtbreite wird kleiner.
Sperrpolung	+ an Katode (n-Gebiet) − an Anode (p-Gebiet)	In der Sperrschicht ist $pn < n_i^2$. Die Sperrschichtbreite wird größer.

Strom-Spannungs-Beziehung	$I = I_S e^{U_a/(mU_T)}$	I_S Sättigungssperrstrom $m = 1$ normale pn-Struktur $m = 2$ pin-Struktur
Temperatur-abhängigkeit	$I_S = I_{S0} e^{C_1(T-T_0)}$	
Temperaturbeiwert	$C_1 \approx \frac{\Delta W}{kT_0^2}$	$C_1 \approx 0{,}09$ K^{-1} für Ge $C_1 \approx 0{,}14$ K^{-1} für Si

I_{S0} Sättigungsstrom bei der Bezugstemperatur T_0 (z. B. 300 K)

Sperrschichtbreite und -kapazität

Sperrschichtbreite des abrupten pn-Übergangs	$$d_s = \sqrt{\frac{2\varepsilon_H (N_A + N_D)(U_D - U_a)}{e N_A N_D}}$$	$-x_1 \leq x \leq 0$: $N_D = \text{const}$, $N_A = 0$ $0 \leq x \leq x_2$: $N_D = 0$, $N_A = \text{const}$
Sperrschichtbreite des linearen pn-Übergangs	$$d_s = \sqrt[3]{\frac{12\varepsilon_H (U_D - U_a)}{e\eta}}$$	$-x_1 \leq x \leq x_2$: $N_A - N_D = \eta x$ η Störstellengradient ($10^{22} \ldots 10^{24}$ cm^{-4})
Sperrschicht-kapazität	$C_S = A \frac{\varepsilon_H}{d_s}$	$\varepsilon_H = \varepsilon_0 \varepsilon_r$

3.5.2. Gleichrichter- und Schaltdioden

Schleusenspannung	U_S
	0,6...0,8 V bei Silicium
	0,2...0,4 V bei Germanium
Durchbruch-spannung	U_{RBR}
Statischer Flußwiderstand	$R_D = U_F/I_F$
Differentieller Flußwiderstand	$r_F = dU_F/dI_F$
Differentieller Sperrleitwert	$g_R = dI_R/dU_R$

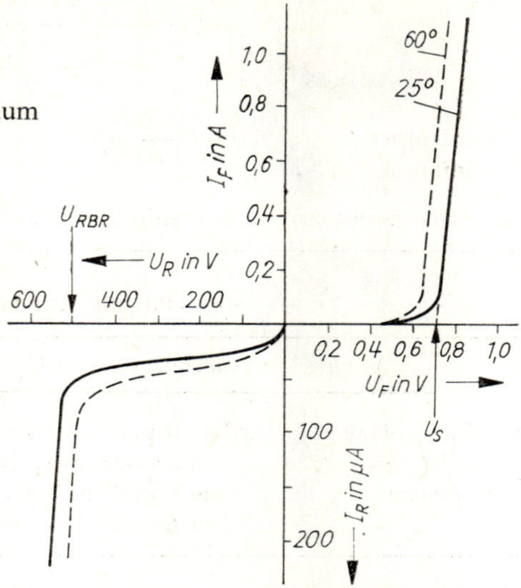

Reale Strom-Spannungs-Kennlinie

Kenn- und Grenzwerte von Gleichrichterdioden

		Beispiele	
Strom in Durchlaßpolung (allgemein)	I_F		
Strom in Sperrpolung (allgemein)	I_R		
Flußspannung (allgemein)	U_F		
Sperrspannung (allgemein)	U_R		
Mittelwert des Stromes in Durchlaßpolung	I_{FAV}	1 A	16 A
Maximaler periodischer Durchlaßstrom	I_{FRM}	8 A	47 A
Maximaler effektiver Durchlaßstrom	I_{FRMS}	3 A	30 A
Stoßstromgrenzwert	I_{FSM}	35 A	250 A
Höchstzulässige Scheitelsperrspannung	U_{RWM}	200 V	700 V
Maximale periodische Sperrspannung	U_{RRM}	260 V	1 000 V
Maximale nichtperiodische Stoßspitzenspannung	U_{RSM}	300 V	1 000 V
Sperrerholungszeit	t_{rr}	20 µs	35 µs
Grenzlastintegral	$\int i^2\, dt$	8 A² · s	226 A² · s
Maximale Kristalltemperatur	ϑ_j		

Veranschaulichung der Dioden-Kenn- und Grenzwert-spannungen

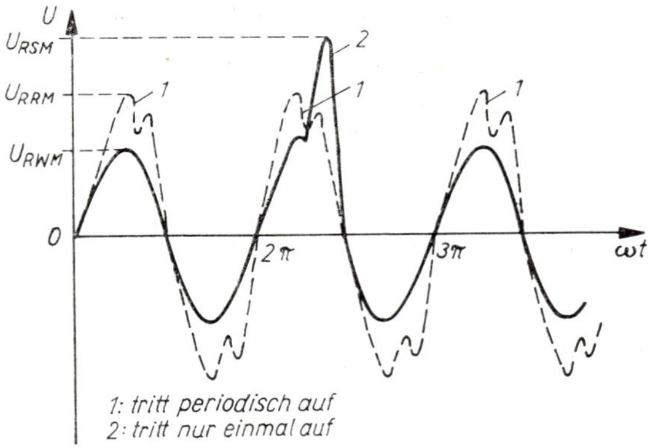

Vergleichende Eigenschaften verschiedener Halbleiterdioden

	Einheit	Halbleiter Selen	Germanium	Silicium
Flächenbelastung	A/cm²	0,2	100	200
Sperr-Durchlaß-Widerstandsverhältnis		10^3	10^5	10^6
Schleusenspannung	mV	450	350	700
Maximale Kristalltemperatur	°C	80	65	150

Schaltverhalten von Halbleiterdioden

Schaltverhalten

Die Umschaltung von der Durchlaß- in die Sperrpolung ist durch einen verzögerten Übergang aus dem Durchlaß- in das Sperrverhalten der Dioden gekennzeichnet. Die durch den Flußstrom in den pn-Gebieten der Diode angehäuften Ladungsträger werden während der Sperrverzugszeit aus den Bahngebieten abgezogen und durch Rekombination exponentiell abgebaut.
Nach der Umschaltung aus der Sperr- in die Durchlaßpolung tritt während der Durchlaßerholzeit außer dem statischen Flußstrom der Entladestrom der Sperrschichtkapazität auf.

Durchlaßerholzeit t_e

Speicherzeit t_s

Sperrerholzeit t_f

Sperrverzugszeit t_{rr}

$t_{rr} = t_s + t_f$

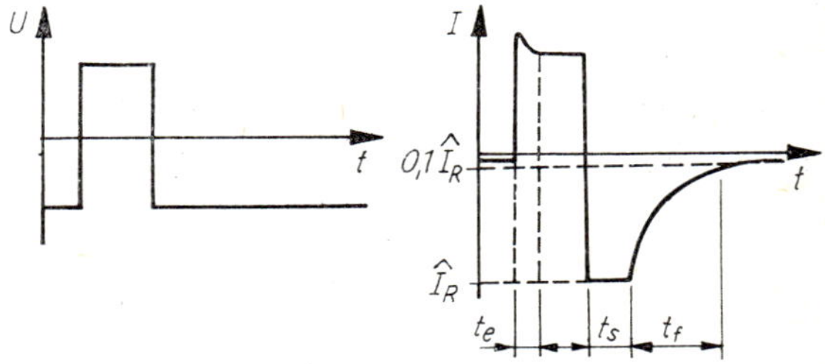

Schnelle Gleichrichter- und Schaltdioden

Schnelle Gleichrichter- und Schaltdioden

Zur Gleichrichtung und Formung hochfrequenter, insbesondere nichtsinusförmiger Wechselspannungen und für Schaltzwecke in der Digitaltechnik sind Dioden mit kleiner Sperrverzugszeit erforderlich. Für ihre Herstellung werden spezielle Technologien angewendet.

Snap-off-Dioden

Snap-off-, Step-Recovery- oder Speichervaraktordioden sind sehr schnelle Schaltdioden mit extrem kurzer Sperrverzugszeit.

Außer für Schaltzwecke werden sie zur Frequenzvervielfachung im Gigahertzbereich verwendet.

Gleichrichterschaltungen

Bezeichnung	Schaltung	Spannungsverlauf
Einwegschaltung E	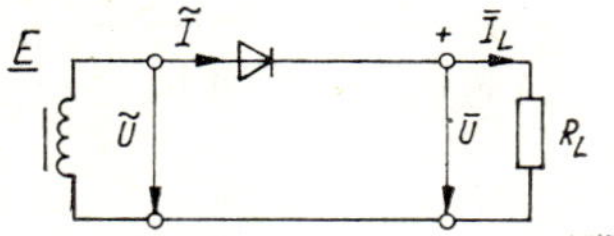	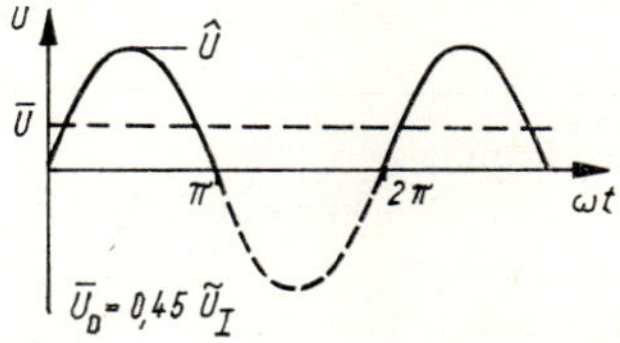
Zweiweg-Mittelpunkt-Schaltung M	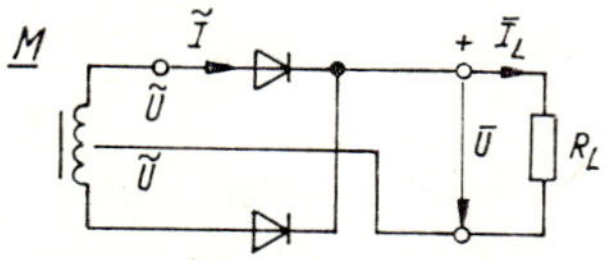	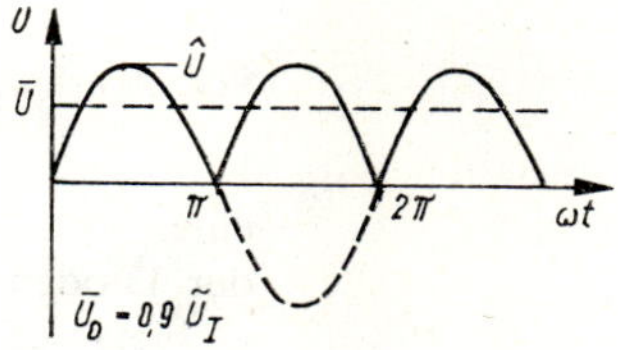
Zweiweg-Brücken-Schaltung B (GRAETZ-*Schaltung*)	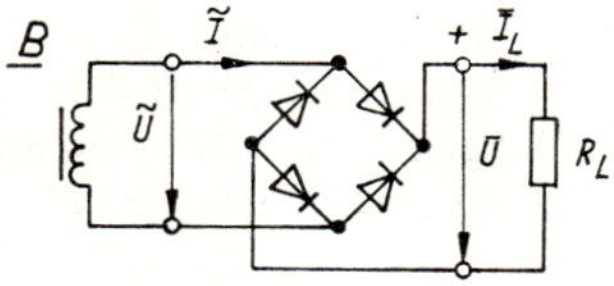	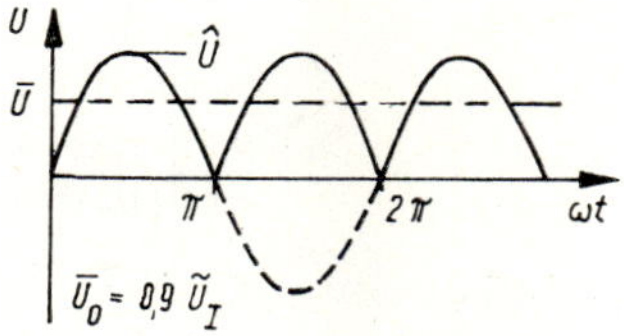
Drehstrom-Stern-Schaltung S	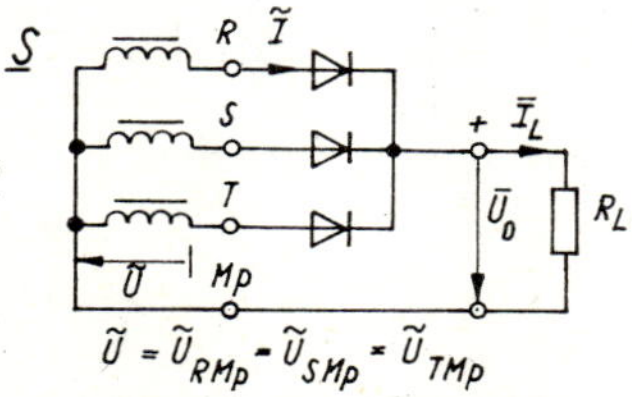	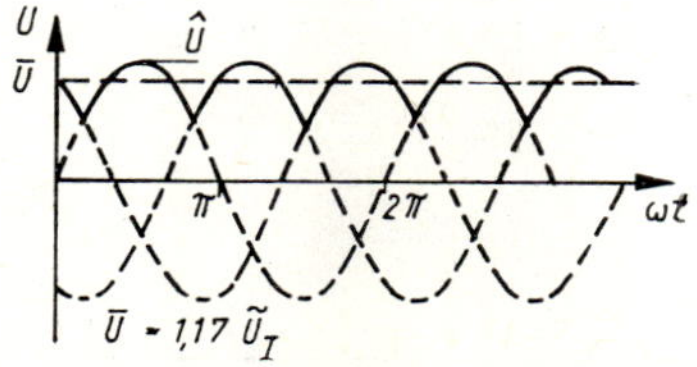

Bezeichnung	Schaltung	Spannungsverlauf
Drehstrom-Brücken-Schaltung DB	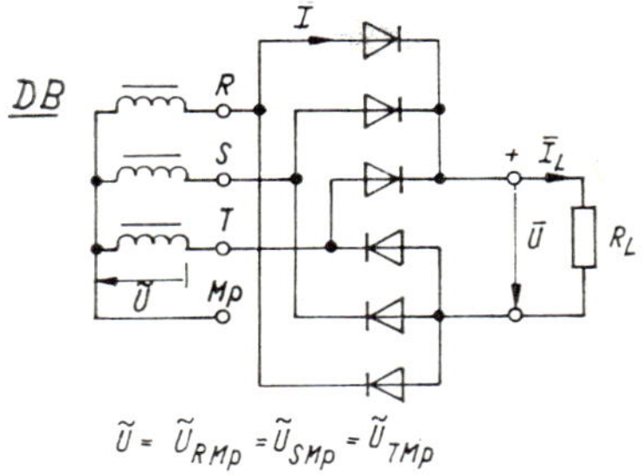	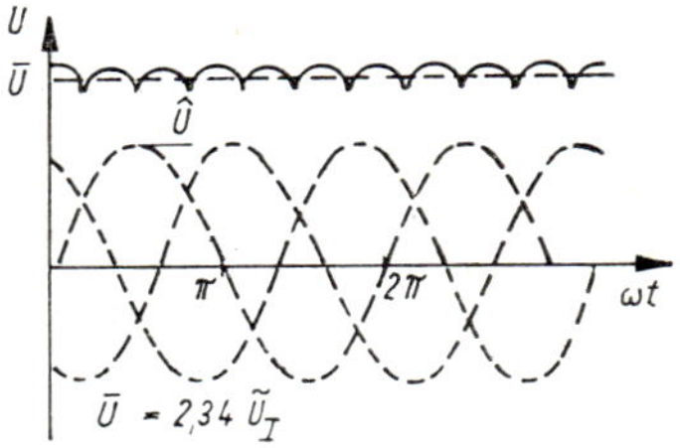

Spannungs- und Stromwerte in Gleichrichterschaltungen

Schaltung	Arithmetischer Mittelwert der Gleichspannung	Strom im Gleichrichter-zweig	Arithmetischer Mittelwert des Gleichrichter-stromes	Sperrspannung am Gleichrichter
	$\bar{U}$	I_{FRMS}	I_{FAV}	U_R
E	$0{,}45\,\tilde{U}$	$1{,}57\,I_L$	I_L	$\sqrt{2}\,\tilde{U}$
M	$0{,}90\,\tilde{U}$	$0{,}79\,I_L$	$0{,}5\,I_L$	$2\sqrt{2}\,\tilde{U}$
B	$0{,}90\,\tilde{U}$	$0{,}79\,I_L$	$0{,}5\,I_L$	$\sqrt{2}\,\tilde{U}$
S	$1{,}17\,\tilde{U}$	$0{,}59\,I_L$	$0{,}33\,I_L$	$\sqrt{3}\,\tilde{U}$
DB	$2{,}34\,\tilde{U}$	$0{,}58\,I_L$	$0{,}33\,I_L$	$\sqrt{3}\,\tilde{U}$

Gleichrichterschaltungen mit Ladekondensator

Spannungsverläufe (*Einwegschaltung*)

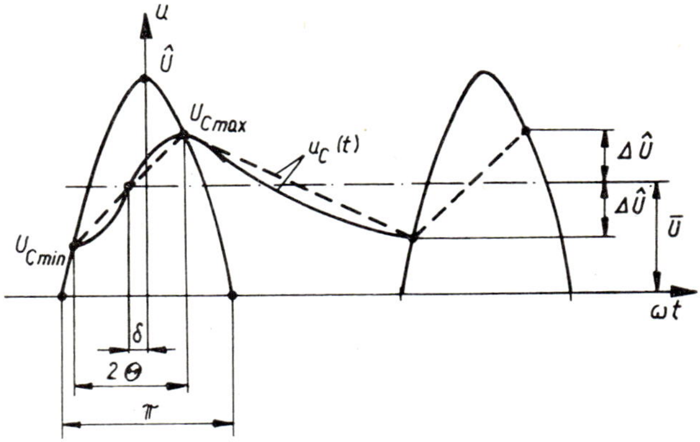

Arithmetischer Mittelwert der Gleichspannung	$\boxed{\bar{U} = \sqrt{2}\,\tilde{U} \cos\Theta \cos\delta}$		
Stromflußwinkel	$\tan\Theta - \Theta = \dfrac{\pi R_i}{p R_L}$	$p = 1$ $p = 2$ R_i	Einwegschaltung Zweiwegschaltung Innenwiderstand der Gleichrichterschaltung
Amplitude der Brummspannung	$\Delta\hat{U} = \sqrt{2}\,\tilde{U} \sin\Theta \sin\delta$		
Welligkeitsfaktor	$k_w = \Delta\hat{U}/\bar{U} = \tan\Theta \tan\delta$		
Ladekondensator	$C_L = \dfrac{\pi/p - \Theta}{R_L \omega \tan\Theta \tan\delta}$	Θ	im Bogenmaß
Ladestromstoß	$I_{CM} = \dfrac{\sqrt{2}\,\tilde{U}}{R_i}$		
Ladezeitkonstante	$\tau = R_i C_L$		
Grenzlastintegral	$\int i^2\,dt = 0{,}5\,\tau I_{CM}^2$		
Gleichrichter-innenwiderstand	$R_i = R_D + R_{Ts} + R_{Tp}(N_s/N_p)^2$	R_{Ts} R_{Tp} N_s/N_p	Trafowiderstand sekundär Trafowiderstand primär Übersetzungsverhältnis der Trafowicklungen

Spannungs- und Stromwerte in Gleichrichterschaltungen mit Ladekondensator

Schaltung	E	M	B
Effektivwert des Gleichrichterstromes I_{FRMS}	$1{,}57\, I_L \sqrt{\dfrac{180°}{2\Theta}}$	$0{,}79\, I_L \sqrt{\dfrac{180°}{2\Theta}}$	$0{,}79\, I_L \sqrt{\dfrac{180°}{2\Theta}}$
Spitzenwert des Gleichrichterstromes I_{FRM}	$\pi I_L \dfrac{180°}{2\Theta}$	$\pi I_L \dfrac{90°}{2\Theta}$	$\pi I_L \dfrac{90°}{2\Theta}$
Effektivwert des Trafostromes I	$1{,}57\, I_L \sqrt{\dfrac{180°}{2\Theta}}$	$0{,}79\, I_L \sqrt{\dfrac{180°}{2\Theta}}$	$1{,}11\, I_L \sqrt{\dfrac{180°}{2\Theta}}$

Schaltung	E	M	B
Sperrspannung am Gleichrichter U_R	$2\sqrt{2}\,\tilde{U}$	$2\sqrt{2}\,\tilde{U}$	$\sqrt{2}\,\tilde{U}$

Diagramm zur Bestimmung des Stromflußwinkels

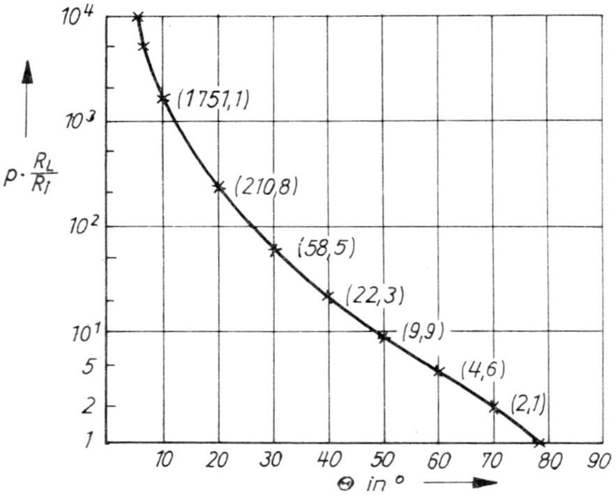

Diagramme zur Bestimmung des Unsymmetriewinkels

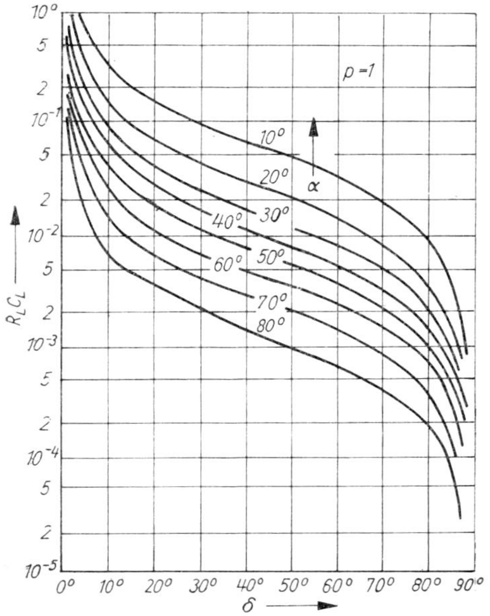

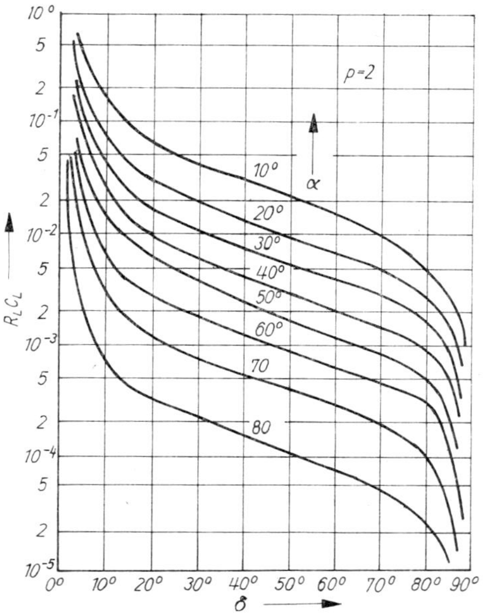

Reihen- und Parallelschaltung von Dioden

Reihenschaltung

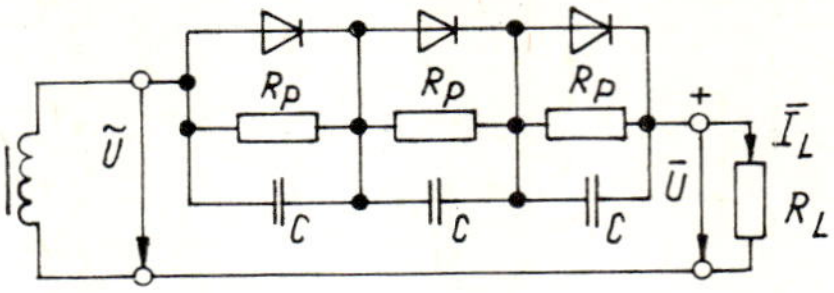

Zur Erhöhung der Sperrspannung werden Dioden gleichen Typs in Reihe geschaltet.

Anzahl der Dioden $n \geqq \dfrac{U_\mathrm{R}}{U_\mathrm{RWM}}\left(\dfrac{1+\beta}{1-\beta}\right)$

β Toleranz der Widerstände

Parallelwiderstände $R_\mathrm{p} \approx \dfrac{U_\mathrm{RWM}}{7I_\mathrm{Smax}}$

I_Smax maximaler Sperrstrom des Diodentyps

Leistungsumsatz an den Widerständen $P_\mathrm{Rp} \approx \dfrac{U^2_\mathrm{RWM}}{R_\mathrm{p}}$

Parallelkapazität $C_\mathrm{p} \approx \dfrac{nt_\mathrm{rr}}{R_\mathrm{L}}$

Parallelschaltung

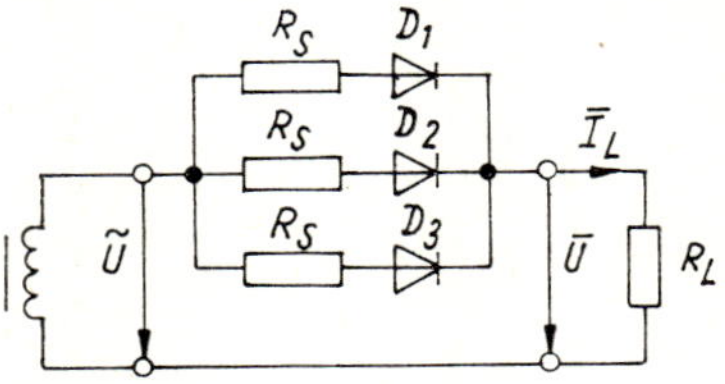

Zur Erhöhung der Strombelastung werden Dioden gleichen Typs parallel geschaltet.

Anzahl der Dioden $n \geqq \dfrac{I_\mathrm{L}(1+\beta)}{I_\mathrm{FRMS}(1-\beta)}$

β Toleranz der Widerstände

Serienwiderstände $R_\mathrm{s} \approx 0{,}5U_\mathrm{s}/I_\mathrm{FAV}$

Leistungsumsatz an den Widerständen $P_\mathrm{Rs} \approx I^2_\mathrm{FRMS}R_\mathrm{p}$

3.5.3. pin- und psn-Dioden

Aufbau Zwischen p- und n-Gebiet ist eine eigenleitende Schicht (Intrinsicschicht, pin-Struktur) oder eine schwach n- bzw. p-dotierte Schicht (psn-Struktur) angeordnet.

Eigenschaft Die Durchbruchspannung hängt bei hochohmiger Zwischenschicht ($\varrho > 100\ \Omega \cdot \mathrm{cm}$) fast nur noch von der Dicke d_i der Schicht ab.

Durchbruchspannung $U_\mathrm{RBR} \approx E_\mathrm{krit} d_\mathrm{i} \quad E_\mathrm{krit} \approx 2 \cdot 10^4\ \mathrm{V/mm}$

Strom-Spannungs-Beziehung $\boxed{I = I_\mathrm{S}(\mathrm{e}^{U_\mathrm{a}/2U_T} - 1)}$

Anwendung Gleichrichter für hohe Sperrspannungen (einige 1000 V) und große Durchlaßströme (einige 100 A), Schaltdioden

3.5.4. Z-Dioden

Eigenschaften und Kennwerte

Z-Dioden

Z-Dioden sind pn-Dioden, bei denen durch spezielle Oberflächenbehandlung und Dotierung eines Silicium-pn-Übergangs mit der Struktur n^+n/p (n^+ bedeutet stark n-dotiert) ein scharf ausgeprägter Durchbruch erzielt wird. Bei Stromänderungen in bestimmten Bereichen bleibt die Spannung konstant.

Kennlinien

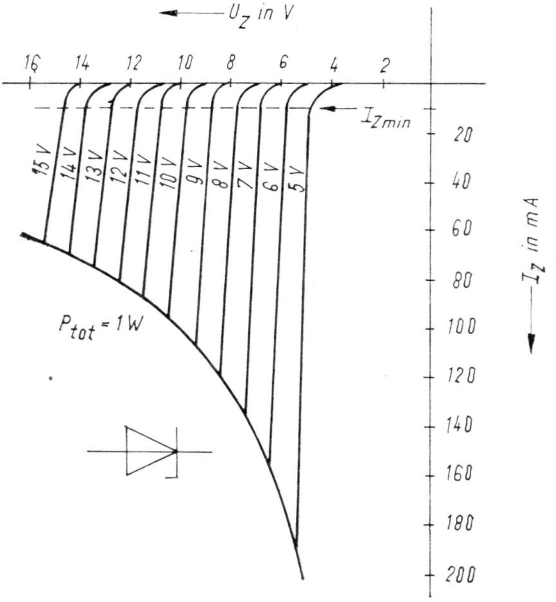

Bedingt durch die bevorzugte Anwendung der Z-Dioden zur Spannungsstabilisierung, interessiert im allgemeinen nur die Sperrkennlinie im Durchbruchbereich.

Kennwerte

Z-Spannung	U_z
differentieller Widerstand	$r_z = dU_z/dI_z$
Gesamtverlustleistung	P_{tot}
maximal zulässiger Z-Strom	$I_{zmax} = P_{tot}/U_z$
Mindest-Z-Strom	$I_{zmin} \approx 0{,}08 I_{zmax}$
Temperaturkoeffizient der Z-Spannung	$TK_{Uz} = dU_z/U_z\,dT$

$TK_{Uz} > 0$ bei $U_z > 6$ V

$TK_{Uz} < 0$ bei $U_z < 5$ V

$TK_{Uz} \approx 0$ bei $U_z \approx 5{,}5$ V

Spannungsstabilisierung mit Z-Dioden

Spannungsstabilisierungsschaltung

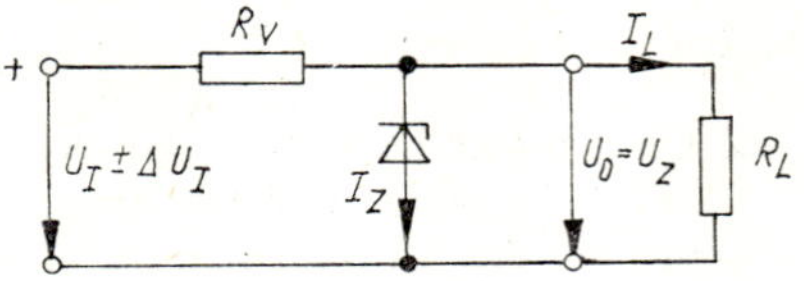

Vorwiderstand

$$R_{\text{vmin}} \geqq \frac{U_\text{I} + \Delta U_\text{I} - U_\text{z}}{I_{\text{zmax}} + I_{\text{Lmin}}}$$

$$R_{\text{vmax}} \leqq \frac{U_\text{I} - \Delta U_\text{I} - U_\text{z}}{I_{\text{zmin}} + I_{\text{Lmax}}}$$

$R_\text{v} \approx (R_{\text{vmax}} + R_{\text{vmin}})/2$

Leistung am Vorwiderstand: $P_{R\text{v}} = (U_\text{I} + \Delta U_\text{I} - U_\text{z})^2/R_\text{v}$

Innenwiderstand der Stabilisierungsschaltung

$R_\text{i} = R_\text{v} r_\text{z}/(R_\text{v} + r_\text{z})$

Glättungsfaktor: $G = R_\text{v}/r_\text{z}$

Stabilisierungsfaktor: $S = \Delta U_\text{I} U_\text{O}/U_\text{I}\, \Delta U_\text{O}$
$= 1 + R_\text{v} U_\text{O}/r_\text{z} U_\text{I}$

Der Stabilisierungsfaktor berücksichtigt nur die Schwankung der Eingangsspannung, nicht den Einfluß des Laststromes.

3.5.5. Tunnel- und Backwarddioden

Aufbau — Extrem abrupter pn-Übergang mit sehr hoher Störstellenkonzentration (10^{18} cm^{-3} bei Backward-, $10^{19} \dots 10^{21}$ cm^{-3} bei Tunneldioden) und sehr schmaler Grenzschicht (<0,01 µm).

Materialien — Ge, Si, GaAs.

Tunneldioden

Tunneldioden — Tunneldioden sind pn-Dioden, in deren Grenzschicht innerhalb eines bestimmten Durchlaßspannungsbereiches infolge der Überlagerung eines Tunnel- und eines Diffusionsstroms der differentielle Widerstand negativ ist (fallende Strom-Spannungs-Kennlinie)

Kennwerte

Höckerspannung	U_p	≈ 50 mV
Höckerstrom	I_p	$\approx 1 \dots 100$ mA
Talspannung	U_v	$\approx 300 \dots 500$ mV
Talstrom	I_v	$I_\text{p}/I_\text{v} \approx 6$ bei Silicium
		$I_\text{p}/I_\text{v} \approx 10$ bei Germanium
		$I_\text{p}/I_\text{v} \approx 60$ bei Galliumarsenid
negativer differentieller Widerstand	r_d	$= \mathrm{d}U_\text{F}/\mathrm{d}I_\text{F}$, $U_\text{p} < U_\text{F} < U_\text{v}$

Strom-Spannungs-Kennlinie

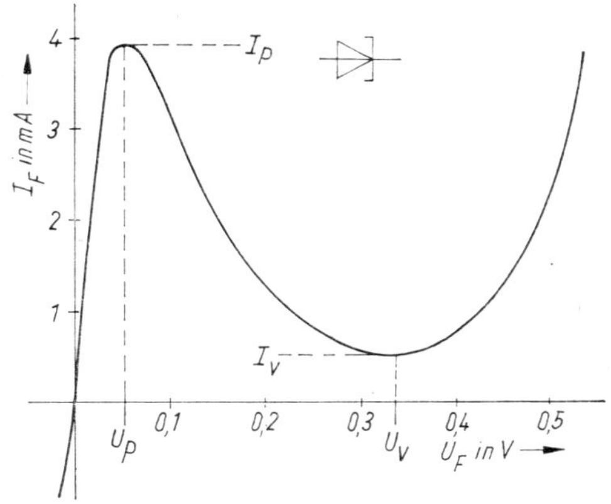

Anwendungen

- aktives Element in Verstärkern
- Entdämpfung von Schwingkreisen
- Schwingungserzeugung
- schneller Schalter
- Druckwandler (Piezodiode), da der Höckerstrom vom mechanischen Druck abhängt
- verwendbar bis in den Gigahertzbereich

Backwarddioden (Rückwärtsdioden)

Dioden mit einer Störstellendichte von 10^{18} cm^{-3} weisen den ausgeprägten Höcker (U_p, I_p) nicht auf. Der steile Stromanstieg in der Sperrichtung bleibt erhalten (→ Bild). Sperr- und Durchlaßrichtung scheinen vertauscht zu sein.

Strom-Spannungs-Kennlinie

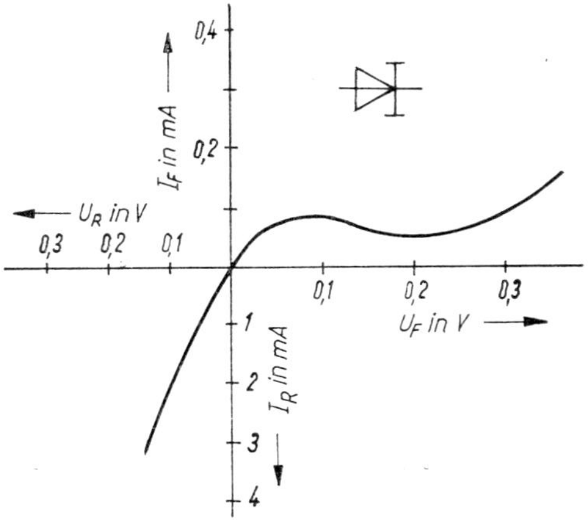

Anwendungen

- Gleichrichtung kleiner Wechselspannungen im mV-Bereich
- Frequenzmischer

3.5.6. Fotodioden und Solarzellen

Aufbau

Ein pn-Übergang ist so gestaltet und angeordnet, daß er vom Licht getroffen werden kann.

- *Fotodiode:* kleine lichtempfindliche Fläche, vorzugsweise Verwendung fokussierten Lichtes
- *Fotoelement, Solarzelle:* große lichtempfindliche Fläche mit etwa 0,1 μm dicker Reflexionsschicht aus SiO oder SiO_2

Materialien

- Ge, Si, GaAs, GaP (pn-, pin- oder Metall-Halbleiter-Strukturen)
- n-GaAs/p-Ge (Heterostruktur)

Funktionsprinzip

Durch Lichteinwirkung entstehen zusätzliche Elektronen-Löcherpaare. Dadurch

- erhöht sich der Sperrstrom bei in Sperrpolung vorgespanntem pn-Übergang (Fotodiode),
- entsteht zwischen p- und n-Schicht eine Urspannung (Fotoelement, Solarzelle).

Relative spektrale Empfindlichkeit

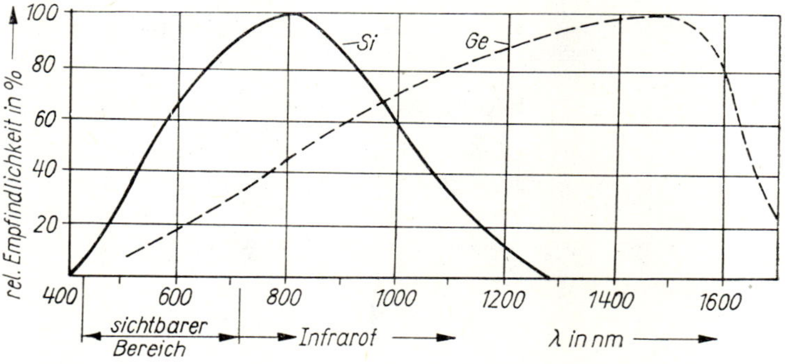

Beleuchtungs- und Bestrahlungsstärke

$$E_b = K_T E_e$$

E_b Beleuchtungsstärke in lx
E_e Bestrahlungsstärke in W/m²
K_T Farbtemperaturfaktor in m² · lx/W
T_f Farbtemperatur in K

Lichtart	Farbtemperatur T_f K	Farbtemperaturfaktor K_T cm² · lx/mW
Normlicht A (Wolframfadenlampe)	2850	210
Sonnenlicht	6000	1000

Fotostrom

$I_p = SAE_e$

$I_p = eA\Phi_0\eta_q$

S spektrale Empfindlichkeit in A/W
A lichtempfindliche Fläche in m^2
Φ_0 wirksame Photonenflußdichte in $1/(m^2 \cdot s)$
η_q Quantenwirkungsgrad

$\Phi_0 = 3{,}7 \cdot 10^{17}\ cm^{-2} \cdot s^{-1}$ in Silicium
$\Phi_0 = 2{,}5 \cdot 10^{17}\ cm^{-2} \cdot s^{-1}$ in Galliumarsenid bei wolkenlosem Himmel

Strom-Spannungs-Beziehung

$$\boxed{I = I_S(e^{U_a/U_T} - 1) - eA\Phi_0\eta_q}$$

Dunkelstrom Fotostrom

Strom-Spannungs-Kennlinien
a) bei Betrieb als Fotoelement
b) bei Betrieb als Diode

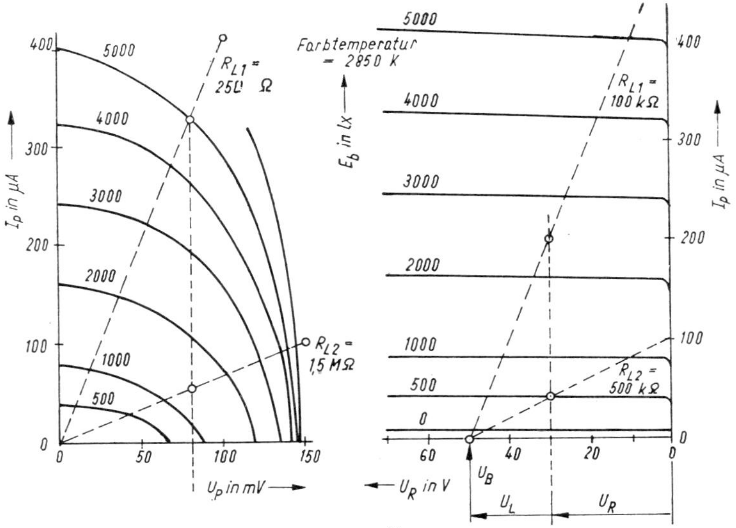

a) b)

Fotodioden-Grundschaltungen
a) für den Betrieb als Fotoelement
b) für den Betrieb als Diode

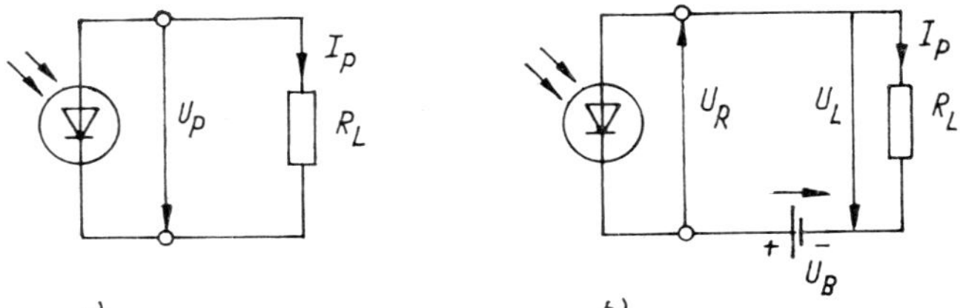

a) b)

Kennwerte

Betriebsspannung	10 ... 100 V
Verlustleistung	20 ... 200 mW
Grenzfrequenz	10^5 ... 10^8 Hz
Beleuchtungsstärke-empfindlichkeit	10^{-2} ... 1 µA/lx

Konversionswirkungsgrad (Solarzellen)

$$\eta_c = \frac{U_m I_m}{A p_0}$$

U_m, I_m Strom und Spannung, bei denen die abgegebene Leistung ein Maximum wird (Anpassung)

p_0 Strahlungsflußdichte der Sonne (im freien Raum 139 mW/cm^2)

Anwendungen

- Lichtschranken für Zähl- und Sicherheitsschaltungen
- Lichtmessungen
- Solarbatterien

3.5.7. Lumineszenzdioden und Halbleiterinjektionslaser

Aufbau

Ein pn-Übergang ist so gestaltet und angeordnet, daß die bei Betrieb in Durchlaßpolung in der Grenzschicht auftretende Rekombinationsstrahlung als Lichtemission genutzt werden kann.

(LED: lichtemittierende Diode)

Funktionsprinzip

Die bei großem Flußstrom injizierten Minoritätsträger rekombinieren in den Bahngebieten in der Nähe des pn-Übergangs. Die dabei frei werdende Energie tritt in Form einer nahezu monochromatischen Strahlung und als Wärme auf.

Materialien

GaP, GaAs, GaAsP, GaAsSi, GaAsZn.

Lumineszenzdioden

Aufbau und Schaltung

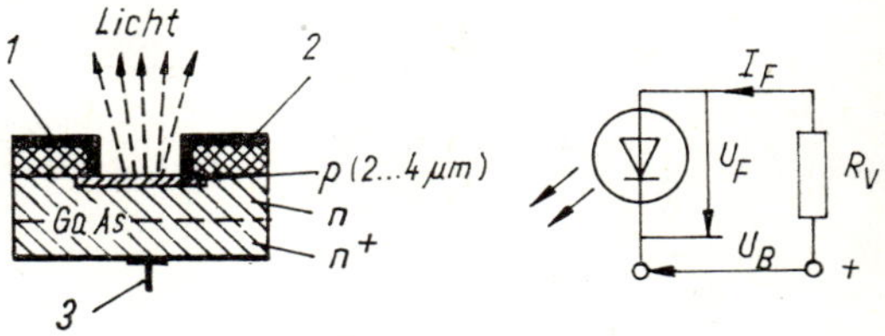

1 Anode
2 Metallisierung
3 Katode
$R_v = (U_B - U_F)/I_F$

Kennwerte

Halbleiter	Leuchtfarbe	Wellenlänge λ nm	Wirkungsgrad η %	Durchlaßspannung U_F V
GaP	Rot	690	1	2,0
GaP	Grün	565	0,04	2,0
GaAs	Gelb	590	0,02	2,0
GaAs	Rot	650	0,1	1,6
GaAsSi	IR	950	4	1,1
GaAsZn	IR	900	0,5	1,1

U_F bei I_F = 10 mA; IR Infrarot

Display-Bauelemente — Display-Bauelemente sind LED-Anzeigesysteme zur Darstellung von Ziffern und Symbolen.
Das Substrat (Gegenelektrode) kann Katode (n-dotiert) oder Anode (p-dotiert) sein; die Segmente sind dann Anoden oder Katoden.

Schaltung — Jeder Segmentanschluß muß einen Vorwiderstand erhalten.

Anwendungen

- Signalelemente
- Ziffern- und Zeichendarstellung
- Strahler für Lichtschranken (IR-Dioden)
- Optokoppler (potentialfreie Übertragung von Signalen)

Halbleiterinjektionslaser

Aufbau

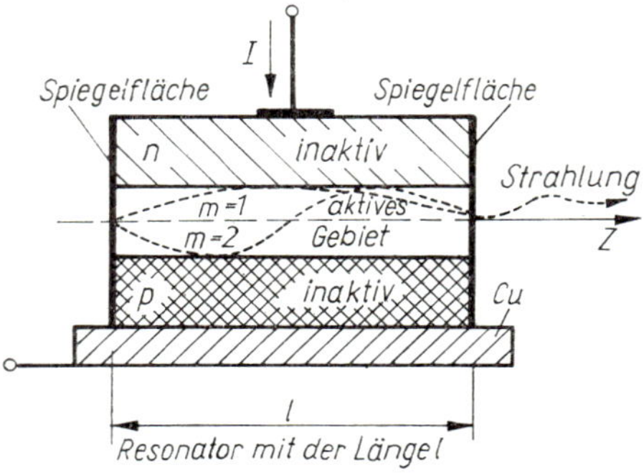

Funktionsprinzip — In dem durch die halbdurchlässigen, planparallelen Spiegelflächen geschaffenen Resonatorsystem mit der Länge l können sich Photonen der Rekombinationsstrahlung, die eine bestimmte Frequenz und Phasenlage haben, aufschaukeln. Sie regen ihrerseits weitere Rekombinations- und Emissionsakte an (stimulierte Emission), so daß es zu einer Verstärkung der Photonenstrahlung mit der durch das Resonatorsystem festgelegten Frequenz- und Phasenlage kommt. Die entstandene kohärente Laserstrahlung verläßt durch die Spiegelflächen die Diode. Die Laserstrahlung setzt erst bei einer bestimmten Mindeststromdichte (Schwellstromdichte) ein.

Schwellstromdichte

$$J_p = \left[\frac{1}{\beta}\left(\alpha + \frac{1}{2l}\ln\frac{1}{R^2}\right)\right]^{1/b}$$

α, β, b	Materialkonstanten
l	Resonatorlänge
R	Reflexionsfaktor (0,32 an GaAs-Luft-Übergang)

Realisierbare Parameter

Wirkungsgrad	10...20%
Impulsleistung	100 W
Dauerstrichleistung	0,1 W
Schwellstromdichte	einige kA/cm²

3.5.8. Weitere Diodenarten

Kapazitätsdioden

Kapazitäts- oder Varaktordioden

> Kapazitätsdioden sind in Sperrpolung betriebene pn-Dioden für spannungsgesteuerte Kapazitätsänderungen.

Eigenschaft

Die Sperrschichtkapazität hängt von der Sperrspannung (Steuerspannung U_{st}) ab.

Sperrschicht-kapazität

$$C_s = C_0 \left(\frac{U_D}{U_D - U_{st}}\right)^\gamma$$

C_s Kapazität bei $U_{st} < 0$
C_0 Kapazität bei $U_{st} = 0$

$\gamma = 0{,}33$ bei linearem pn-Übergang (einfach diffundiert)
$\gamma = 0{,}5$ bei abruptem pn-Übergang (legiert)
$\gamma = f(U_{st}) > 0{,}5$ bei hyperabruptem pn-Übergang

Anwendungen

- elektronische Abstimmung von Schwingkreisen in Empfangs- und Sendeeinrichtungen (Senderabstimmung über Sensortasten)
- automatische Scharfabstimmung (AFC) in UKW-Geräten
- in Modulator- und Frequenzvervielfacherschaltungen
- als aktives Bauelement in parametrischen Verstärkern

Spitzendioden

Spitzendioden

> Spitzendioden sind pn-Dioden mit Metall-Halbleiter-Punktkontaktübergängen. Sie verhalten sich prinzipiell wie Flächendioden.

Eigenschaften

- kleine Sperrschichtkapazität
- bei Golddrahtdioden hohes Durchlaß-Sperrstrom-Verhältnis

Anwendung

Demodulator für hohe Frequenzen

SCHOTTKY-Dioden

SCHOTTKY-Dioden

> SCHOTTKY-Dioden sind Halbleiterdioden mit einem SCHOTTKY-Kontakt (Metall-Halbleiter-Übergang).

Eigenschaften

- Halbleiter ist an der Grenfläche zum Metall an Elektronen verarmt
- keine Speicherzeit
- kleine Sperrschichtkapazität
- kleine Bahnwiderstände
- sehr hohe Grenzfrequenz

Aufbau und Strom-Spannungs-Beziehung

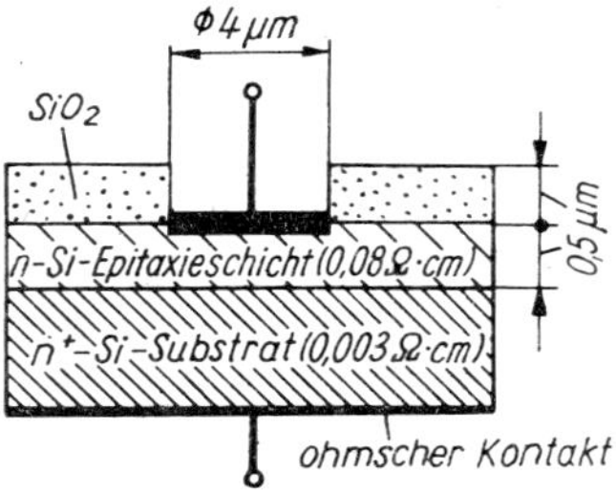

$$I = I_S e^{-\Delta W/kT} (e^{U_a/U_T} - 1)$$

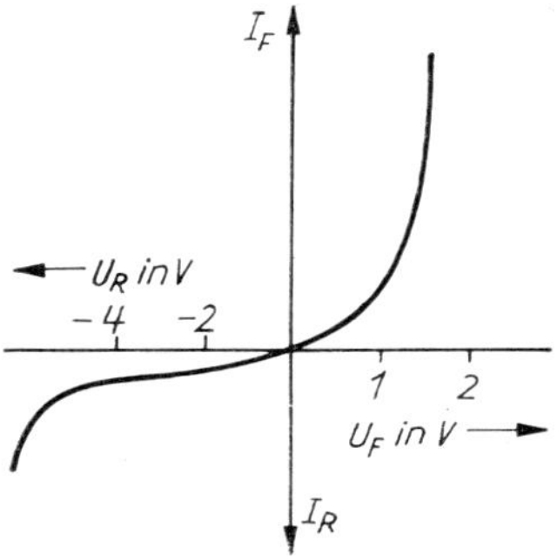

Barrierenhöhe

Experimentelle Werte für die Potentialbarriere ΔW zwischen Metall und Halbleiter in eV

Metall / Halbleiter	Silber	Kupfer	Gold	Platin	Aluminium
Silicium	0,56 ... 0,79	0,65 ... 0,79	0,82	0,81	0,50 ... 0,79
Germanium	0,47	0,37	0,47	0,45	–

Anwendungen

- Mikrowellendioden
- schnelle Schaltdioden
- Leistungsgleichrichter für hohe Ströme (>100 A) bei kleinen Sperrspannungen (<20 V)
- SCHOTTKY-Barrieren in schnellen bipolaren integrierten Schaltkreisen

Heterodioden

Heterodioden

Heterodioden sind pn-Dioden mit einem Übergang zwischen unterschiedlichen Halbleitermaterialien (z. B. Ge/Ga As).

Eigenschaft

kleine Speicherzeit, da die Minoritätsträgerinjektion sehr gering ist

Anwendungen

- Tunneldioden
- Fotodioden
- schnelle Schaltdioden

Impatt- und Barrit-Dioden

Aufbau

mehrstufige pn-Übergänge der Strukturen n^+pip^+, n^+np^+, n^+npp^+
$+$ bedeutet hoch dotiert, i bedeutet nicht dotiert.

Anwendungen

- Erzeugung und Verstärkung von Mikrowellen bis etwa 300 GHz und Dauerstrichleistungen bis 1 W
- Impulsformung
- logische Verknüpfungen

Impatt-Dioden (impact avalanche transit time)

Impatt-Dioden sind Laufzeitdioden, in denen durch Lawinenvervielfachung der Ladungsträger infolge von Stoßionisation und Laufzeitverzögerung zwischen Strom und Spannung eine Phasenverschiebung von π erzeugt wird. Dies hat einen negativen differentiellen Widerstand zur Folge.

Barrit-Dioden

Bei Barrit-Dioden wird der negative Widerstand ebenfalls durch Laufzeiteffekte, die Ladungsträgererzeugung jedoch durch thermische Emission an einer Potentialschwelle erzielt.

READ-Diode

Die READ-Diode ist die klassische Form der Impatt-Diode mit der Struktur n^+pip^+.

3.6. Volumeneffektdioden

Funktion

Die Funktion dieser Dioden wird nicht durch die Eigenschaften eines pn-Überganges, sondern durch elektronische Vorgänge im Inneren eines makroskopisch homogenen Halbleitergebietes bestimmt.

3.6.1. Dielektrische Dioden

Aufbauvarianten

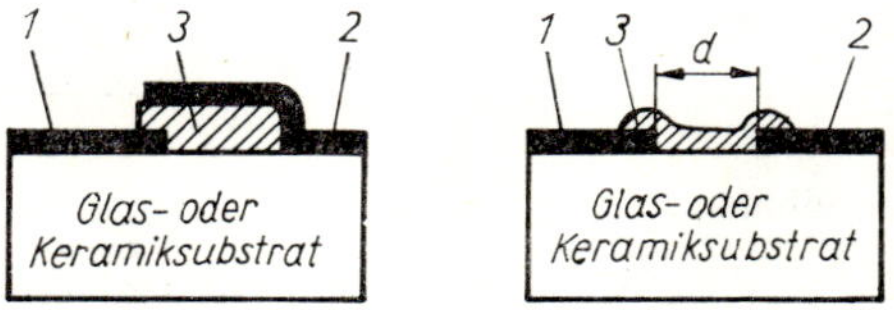

1 Metall 1 (z.B. In)
2 Metall 2 (z.B. Ta, Au)
3 hochohmiger Halbleiter (CdS)

Strom-Spannungs-Abhängigkeit

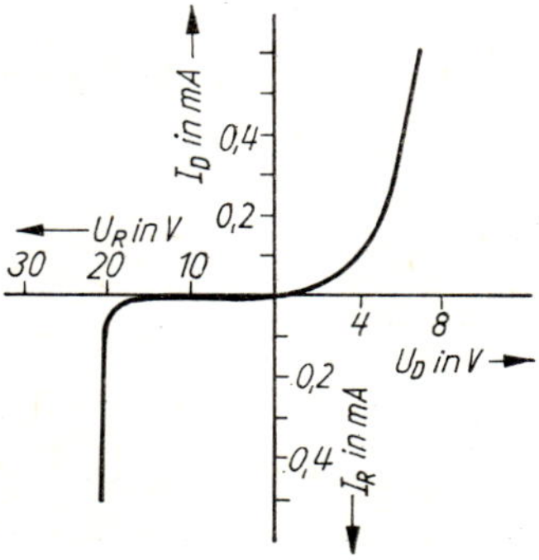

$I_D = 9/8 A \varepsilon_H \mu_n U_D^2 / d^3$

$\varepsilon_H = \varepsilon_0 \varepsilon_r$

ε_r, μ_n → 3.4.1.

Eigenschaften

- geringe Temperaturabhängigkeit der *I*-*U*-Kennlinie
- geringes Rauschen
- gut in Dünnschichttechnik integrierbar

3.6.2. GUNN-Dioden

Aufbau

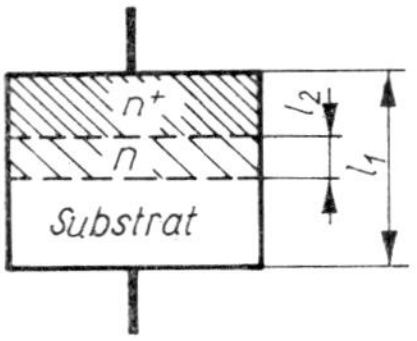

$l_1 \approx 100\ \mu m$

$l_2 \approx 1 \ldots 10\ \mu m$

Substrat: GaAs, 0,001 $\Omega \cdot$ cm

Eigenschaften

Im Halbleiter bilden sich bei Stromfluß Raumladungsdomänen aus, die durch das Halbleitergebiet wandern und zu einer Oszillation des Stromes (periodische Stromschwankungen) führen.

Anwendung

Oszillatorschaltungen im Frequenzbereich 5...100 GHz mit Dauerstrichleistungen bis 1 W

3.7. Vierschichtbauelemente

3.7.1. Vierschichtdioden

Vierschichtdioden

Vierschichtdioden sind mehrstufige pn-Anordnungen mit der Struktur pnpn. Das äußere p-Gebiet wird als Anode A, das äußere n-Gebiet als Katode K mit einer Anschlußelektrode versehen.

Eigenschaften

In *Sperrpolung* (+ an K, − an A) liegt das bekannte Sperrverhalten eines pn-Übergangs vor. Bei U_{RBR} erfolgt der Durchbruch.
In *Durchlaßpolung* geht das Verhalten der Diode erst nach Überschreiten der Kipp- oder Zündspannung U_{DT} aus einem typischen Sperr- in das Durchlaßverhalten eines pn-Übergangs über. Wird der Haltestrom I_H unterschritten, verliert die Diode ihr Durchlaßverhalten und geht in den Blockierzustand über.

Strom-Spannungs-Kennlinie

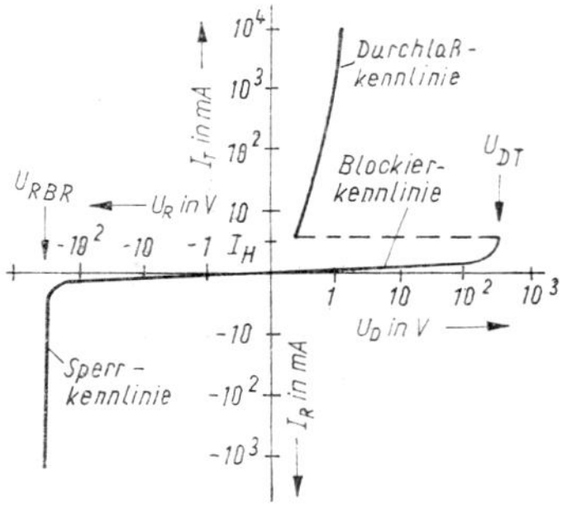

Anwendungen

- aktive Elemente in Impulserzeugungsschaltungen
- Multivibratoren
- Zählschaltungen

3.7.2. Symmetrische Vierschichtdioden

DIAC (diode alternating-current switch)

Symmetrische Vierschicht- oder Triggerdioden stellen in ihrer Halbleiterstruktur eine Antiparallelschaltung zweier Vierschichtdioden dar.

Eigenschaften

Unabhängig von der Polung der äußeren Spannung liegen Blockier- und Durchlaßverhalten vor.

Strom-Spannungs-Kennlinie

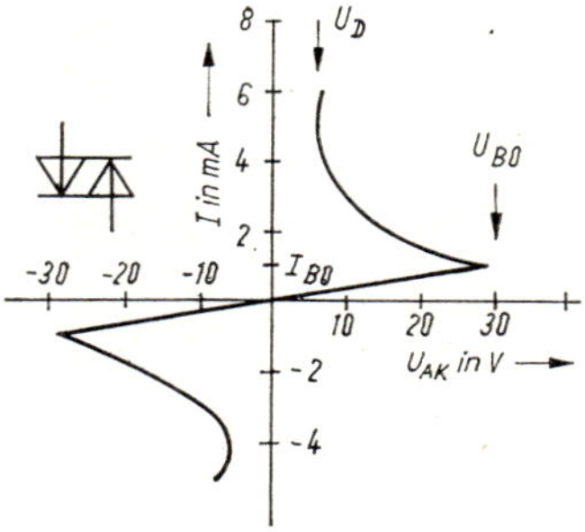

Anwendungen

Ansteuerelemente für Thyristoren und TRIAC

3.7.3. Thyristoren und TRIAC

Thyristoren

Thyristoren sind steuerbare Vierschichtdioden, bei denen der Übergang aus dem Blockier- in den Durchlaßzustand durch einen kleinen, in die Steuerelektrode (Gate G) eingespeisten Strom I_{GT} beeinflußt werden kann. Die Steuerung ist in Sperrpolung nicht möglich.

TRIAC (triode alternating-current switch)

Der TRIAC stellt in seiner Halbleiterstruktur eine Antiparallelschaltung zweier Thyristoren mit einer Steuerelektrode dar. Unabhängig von der Polung der äußeren Spannung liegen Blockier- und Durchlaßverhalten mit steuerbarem Übergang vom Blockier- in den Durchlaßzustand vor.

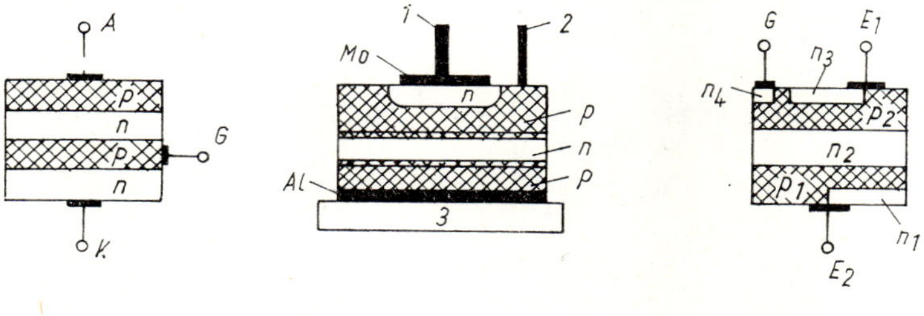

Aufbau
Zonenfolge (links)
technischer Aufbau (Mitte)
symmetrischer Thyristor (rechts)
Mo *Molybdän,*
1 Katode, 2 Gate,
3 Anode

Strom-Spannungs-Kennlinie des Thyristors
U_R Sperrspannung, I_R Sperrstrom, I_H Haltestrom, I_T Durchlaßstrom, U_T Durchlaßspannung, I_{GT} Steuerstrom, U_{k0} Nullkippspannung, U_D Anoden-Katoden-Spannung, I_{AK} Blockierstrom, U_{RBR} Durchbruchspannung,
1 Durchlaßkennlinie,
2 vom Steuerstrom abhängige Kippspannung,
3 Blockierkennlinie,
4 Sperrkennlinie

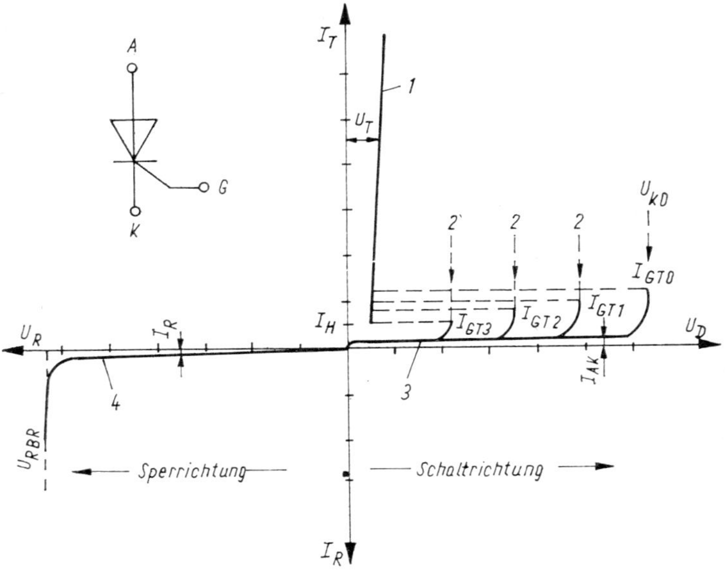

Eigenschaften

- Die Kipp- oder Zündspannung U_k, bei der der Thyristor oder TRIAC vom Blockier- in den Durchlaßzustand übergeht, ist um so kleiner, je größer der Steuerstrom I_{GT} ist. Die bei $I_{GT} = 0$ vorliegende Kippspannung ist die Nullkippspannung U_{k0}. Überschreitet die Amplitude der an die Hauptelektroden des Thyristors oder TRIAC angelegten äußeren Spannung die Nullkippspannung, erfolgt unerwünschte *Selbstzündung*.
- Eine Löschung (Übergang vom Durchlaß- in den Blockierzustand) kann über das Gate nicht erzwungen werden. *Löschung* ist nur durch Verminderung des Laststromes auf $I_L < I_H$ möglich (Erhöhung des Lastwiderstandes, Nulldurchgang der Betriebsspannung, Kompensation des Laststromes durch einen entgegengesetzt gepolten kurzen Kondensator-Entladestrom).
- Die Thyristor- und TRIAC-Parameter sind stark *temperaturabhängig* (höhere Temperatur verringert Kippspannung, Durchbruchspannung, Haltestrom).

Kennwerte

Spitzensperrspannung	U_{RRM}	70 ...2000 V
Blockierspannung	U_{DRM}	70 ...2000 V
Durchlaßstrom	I_{TAV}	0,5...1000 A
Durchlaßspannung	U_T	1,5... 5 V
Zündstrom	I_{GT}	10 ... 500 mA
Zündspannung	U_{GT}	1 ... 5 V

Weitere charakteristische Kennwerte	Haltestrom	I_H	10 … 600 mA
	Einschaltzeit	t_{on}	1 … 5 µs
	Freiwerdezeit	t_q	2 … 500 µs
Spezielle Grenzwerte	Spannungsanstiegsgeschwindigkeit	du/dt	10 …1000 V/µs
	Stromanstiegsgeschwindigkeit	di/dt	5 … 300 A/µs

Veranschaulichung der Einschalt- und Freiwerdezeit

t_{DHL} *Einschaltverzugszeit*
t_r *Stromanstiegszeit*
t_{on} *Einschaltzeit*
t_{rr} *Sperrverzögerungszeit*
t_q *Freiwerdezeit*
1 *Sperrstrom*
2 *Rückstrom*

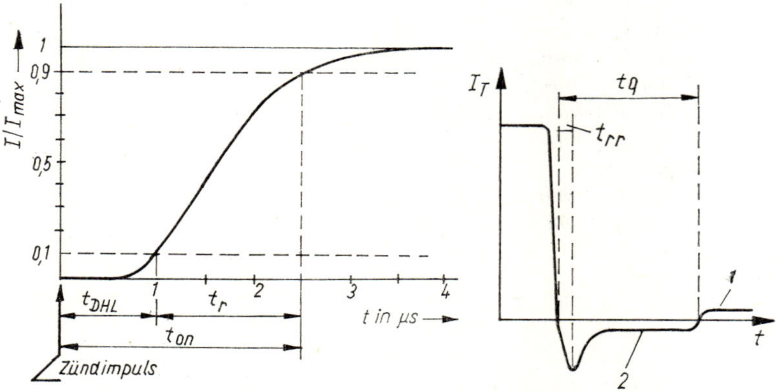

Bedeutung der Spannungs- und Stromanstiegsgeschwindigkeit

Wenn die maximal zulässige Spannungsanstiegsgeschwindigkeit überschritten wird, kann Selbstzündung erfolgen.
Eine Überschreitung der maximal zulässigen Stromanstiegsgeschwindigkeit kann zur thermischen Zerstörung der Halbleiterstruktur führen.

3.7.4. Anwendungen von Thyristoren und TRIAC

Wechselstrom-Leistungsschalter Halbwellenbetrieb (links) Vollwellenbetrieb mit Gleichrichterbrücke (rechts)

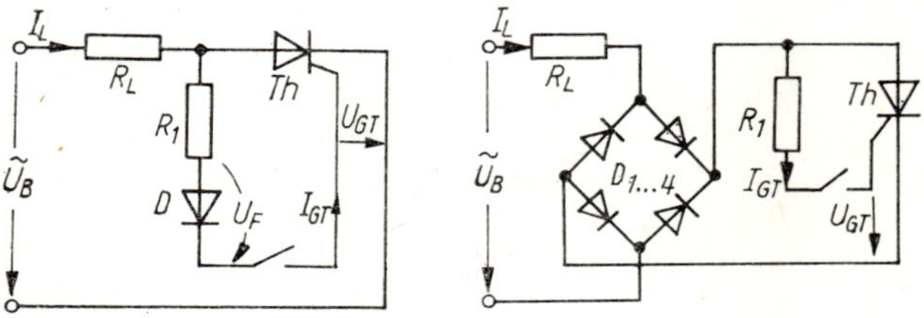

Vollwellenbetrieb mit antiparallelen Thyristoren

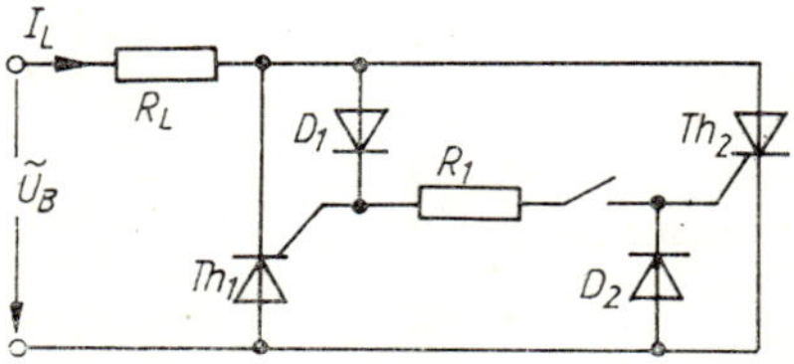

Zur Gewährleistung der Zündung bei einem Phasenwinkel von etwa 10° gilt:

$$R_1 \approx \frac{\sqrt{2}U_B - k_1(U_F + U_{GT})}{k_1 I_{GT}}$$

$U_F \approx 0{,}7$ V, $U_{GT} \approx 3$ V

Gleichstrom-Leistungsschalter

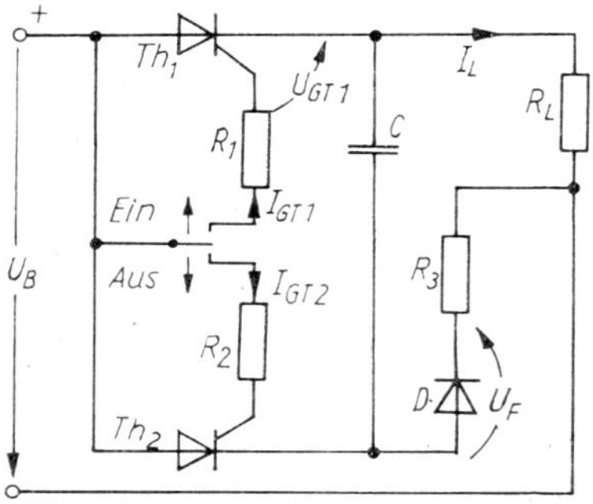

Th1 Schaltthyristor
Th2 Löschthyristor

Um eine sichere Zündung zu gewährleisten, gelten folgende Näherungsformeln:

$$R_1 \leqq \frac{U_B - U_{GT1}}{k_2 I_{GT1}}$$

$$R_2 \leqq \frac{U_B - (U_T + U_F)}{k_2 I_{GT2}}$$

$$C \geqq \frac{I_{Lmax} t_q}{U_B - (U_T + U_F)}$$

$$R_3 \approx k_3 U_B / I_{H2}$$

Sicherheitsfaktoren:

$k_1 \approx 3 \ldots 8$, $k_2 \approx 2 \ldots 5$, $k_3 \approx 4 \ldots 6$

Über R_1 wird Th_1 gezündet. Nach der Zündung lädt sich C über R_3 und D auf die an R_L abfallende Spannung auf.
Über R_2 kann Th_2 gezündet werden; der Kondensator entlädt sich über Th_2 und Th_1. Der Entladestrom ist dem Laststrom entgegengerichtet, so daß der Haltestrom unterschritten und die Thyristoren gelöscht werden.

Leistungssteller mit Phasenanschnittsteuerung

Zur Zündung des Thyristors genügt ein kurzer Zündimpuls, der über einen Impulsgenerator (Zündgerät) zu einem beliebig einstellbaren Zeitpunkt (bzw. Phasenwinkel) während einer halben Periode der Betriebswechselspannung ausgelöst werden kann. Dem Lastwiderstand wird nur während eines Teils jeder Halbperiode Leistung zugeführt.

Mittelwert der Gleichspannung (→ Bild: gesteuerte Gleichrichter)

Die am Lastwiderstand wirksame Gleichspannung ist vom Phasenanschnittwinkel α bzw. vom Stromflußwinkel Θ abhängig.

$$\overline{U} = \frac{\hat{U}}{2\pi} \int_{\alpha}^{\pi} \sin\alpha \, d\alpha = \frac{\sqrt{2}\,\tilde{U}}{2\pi} (-\cos\alpha)_{\alpha}^{\pi}$$

Einweg-Gleichrichter: $\overline{U} = 0{,}225\tilde{U}(1 + \cos\alpha)$

Zweiweg-Gleichrichter: $\overline{U} = 0{,}45\tilde{U}(1 + \cos\alpha)$

Gesteuerte Gleichrichter
a) Schaltung
b) Steuerstrom
c) Betriebswechselspannung und durch Steuerung erzeugter Gleichstrom
d) Sperrspannung bei ohmschem Lastwiderstand

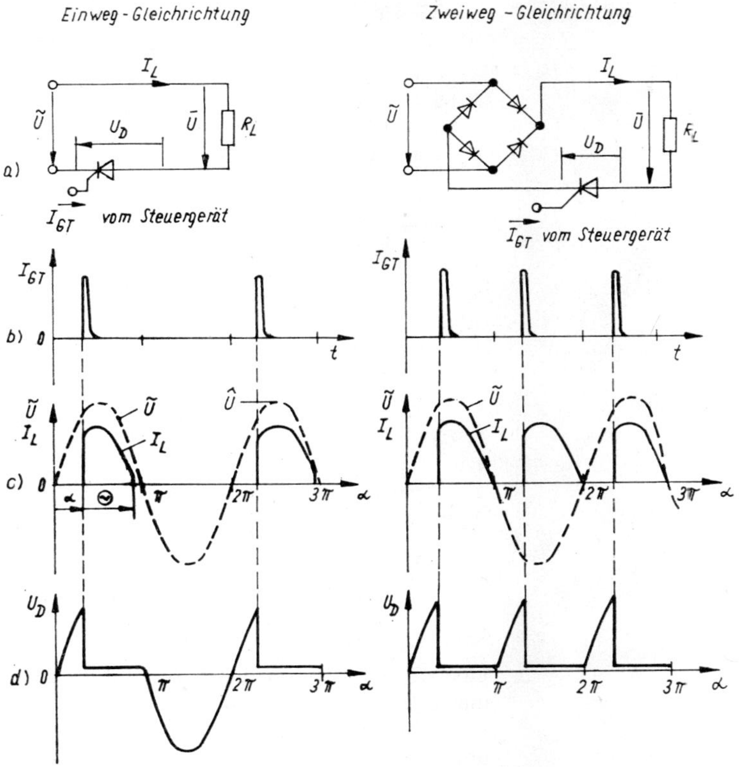

Steuerung der Wechselstromleistung

Wird in der gesteuerten Zweiweg-Gleichrichterschaltung R_L in die Zuleitung von der Wechselspannungsquelle zur Gleichrichterbrücke geschaltet, so erhält R_L eine über den Thyristor zwischen Null und $P_{max} = U^2/R_L$ einstellbare Wechselstromleistung.

Leistungssteuerung mit TRIAC und DIAC

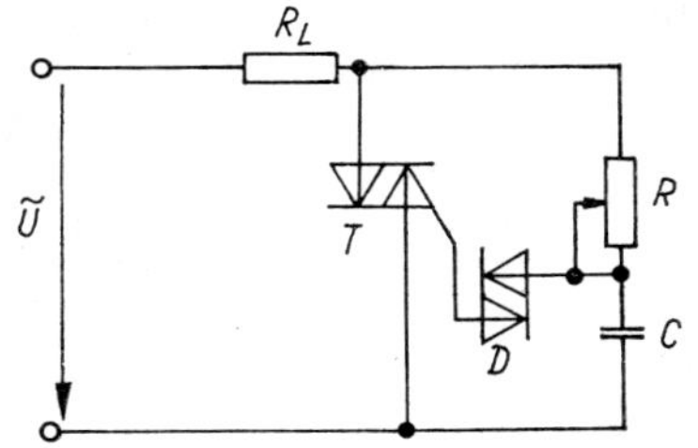

Anwendungen der Leistungssteller

verlustarme Leistungseinstellung bei Beleuchtungen, Heizungen und elektromotorischen Antrieben

Leistungssteller mit Wellenpaketsteuerung

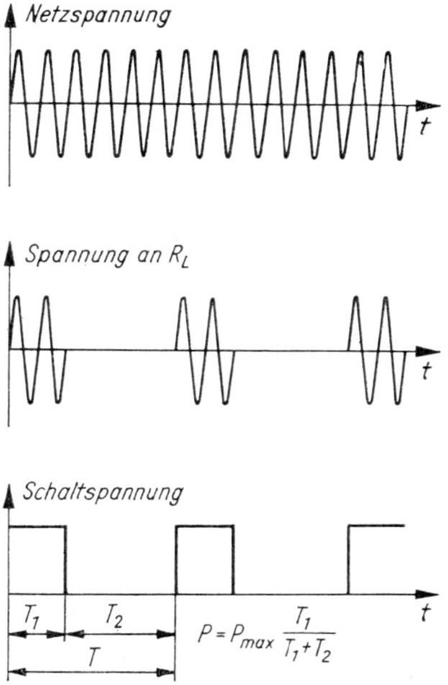

Bei der Wellenpaket-, Schwingungspaket-, Periodengruppen- oder Schwingungsblocksteuerung wird der Stromdurchgang während einer ganzen Zahl von Halbschwingungen freigegeben und während einer ganzen Zahl folgender Halbschwingungen gesperrt.

T_1 Einschaltdauer
T_2 Ausschaltdauer

Anwendungen, Vor- und Nachteile

- verlustarme Leistungseinstellung bei Heizungen und elektromotorischen Antrieben
- geringe Oberwellenstörungen und damit kleiner Aufwand zur Entstörung
- nur für Geräte mit großer Trägheit geeignet; die Steuerung von Beleuchtungseinrichtungen ist wegen des auftretenden Flimmereffektes nicht möglich.

3.8. Feldeffekttransistoren

3.8.1. Übersicht

Transistor

*trans*fer-res*istor*: Übertragungswiderstand

Feldeffekttransistoren

Feldeffekt- oder Unipolartransistoren (FET) sind Halbleiterbauelemente, in denen die Leitfähigkeit eines halbleitenden Kanals durch ein elektrisches, auf den Kanal einwirkendes Feld gesteuert werden kann. Der halbleitende Kanal ist in die Oberfläche einer Siliciumkristallscheibe (Substrat) eingebettet.

Elektroden

- Anschlüsse des Kanals: Source S (Quelle), Drain D (Senke)
- Anschluß der Steuerelektrode: Gate G (Tor)
- Anschluß des Substrats: Bulk B (Masse)

Steuerung

Das die Leitfähigkeit des Kanals steuernde elektrische Feld wird durch den Potentialunterschied zwischen dem Gate und dem Kanal bzw. dem Substrat an einem pn- oder Metall-Halbleiter-Übergang (Sperrschicht-FET) oder durch Influenzwirkung an einer Isolierschicht (Isolierschicht-FET) hervorgerufen.

Kanal

Der leitfähige Kanal kann

- p-leitend (p-Kanal-FET) oder
- n-leitend (n-Kanal-FET) sein.

Durch die Steuerspannung U_{GS} kann

- die Leitfähigkeit des Kanals erhöht werden (Anreicherungs-, Enhancement- oder selbstsperrender Typ),
- die Leitfähigkeit des Kanals vermindert werden (Verarmungs-, Depletion- oder selbstleitender Typ).

3.8.2. Feldeffekttransistorarten

Sperrschicht-Feldeffekttransistor

Funktionsprinzip

Die Leitwertsteuerung erfolgt durch elektronische Steuerung des Kanalquerschnitts.

Aufbau

- Die Sperrschicht ist ein pn-Übergang – SFET, JFET (junction FET).
- Die Sperrschicht ist ein Metall-Halbleiter-Übergang (Metall-Silicium, Metall-GaAs) – SCHOTTKY-Barrieren-Transistor.

	Schaltzeichen	$I_D = f(U_{GS})$	Potentiale
p-Kanal-SFET	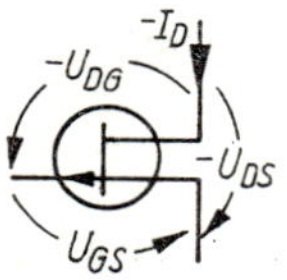	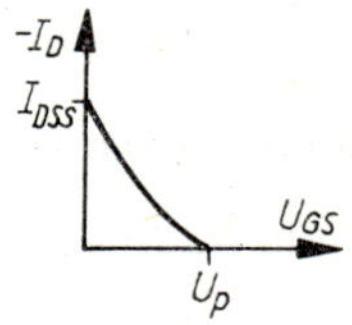	$U_{DS} < 0$ $U_{GS} \geq 0$ $U_{GS} < 0$ nicht zulässig
n-Kanal-SFET	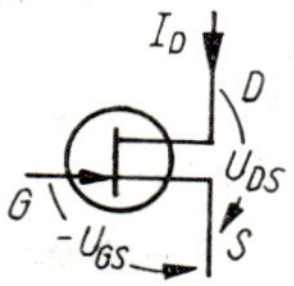	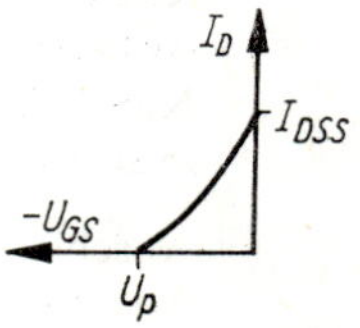	$U_{DS} > 0$ $U_{GS} \leq 0$ $U_{GS} > 0$ nicht zulässig

Isolierschicht-Feldeffekttransistor (IGFET, MISFET)

Funktionsprinzip

Die Leitwertsteuerung erfolgt durch Änderung der Ladungsträgerdichte im Kanal.

Aufbau

- Die Isolierschicht ist ein Oxid (SiO_2, Al_2O_3) – MOSFET – oder
- die Isolierschicht ist ein Nitrid (Si_3N_4) – MNSFET – oder
- der Aufbau erfolgt mittels polykristalliner, dünner Schichten auf einem Glas- oder Keramiksubstrat – TFT (thin-film transistor).
- Das Gate ist als dünne Metallschicht (Al) aufgedampft – MGT (Metallgatetechnik).
- Das Gate besteht aus polykristallinem Silicium – SGT (Siliciumgatetechnik).

	Schaltzeichen	$I_D = f(U_{GS})$	Potentiale

p-Kanal-Anreicherungs-IGFET

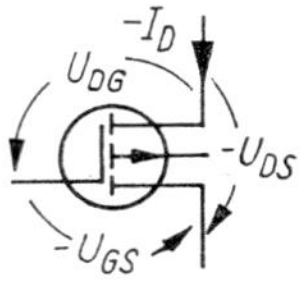

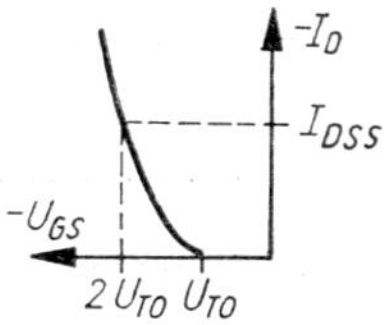

$U_{DS} < 0$
$U_{GS} < 0$

p-Kanal-Verarmungs-IGFET

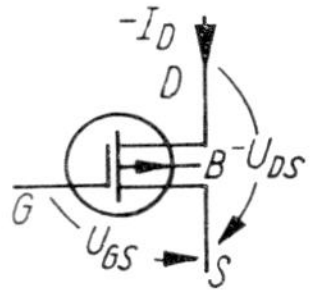

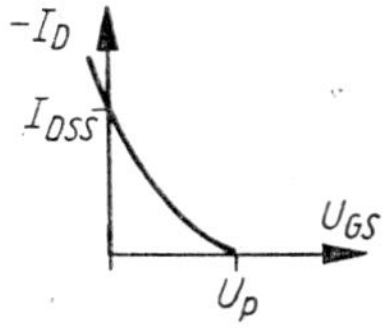

$U_{DS} < 0$
$U_{GS} \geq 0$
$U_{GS} < 0$ zulässig

n-Kanal-Anreicherungs-IGFET

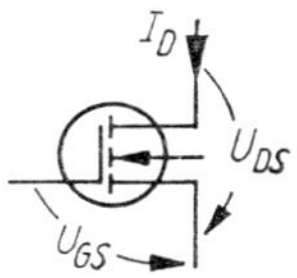

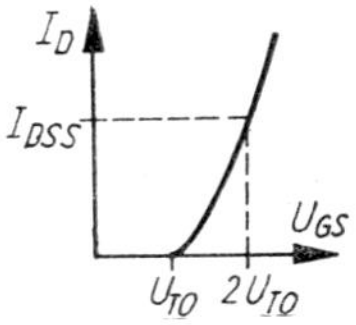

$U_{DS} > 0$
$U_{GS} \geq 0$

n-Kanal-Verarmungs-IGFET

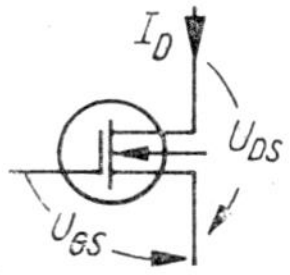

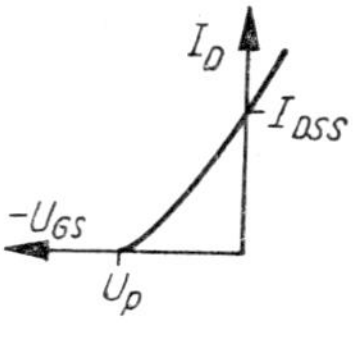

$U_{DS} > 0$
$U_{GS} \leqq 0$
$U_{GS} > 0$ zulässig

Steilheit	$S = \partial I_D / \partial U_{GS} \approx \Delta I_D / \Delta U_{GS}$ $\quad U_{DS} = \text{const}$
Schwellspannung	U_{T0} (threshold voltage, bei Anreicherungs-FET)
	bei $\lvert U_{GS} \rvert > \lvert U_{T0} \rvert$ leitet der Kanal
Abschnürspannung	U_p (pinch-off voltage, bei Verarmungs-FET)
	bei $\lvert U_{GS} \rvert < \lvert U_p \rvert$ leitet der Kanal nicht mehr

Schematischer Aufbau von Feldeffekttransistoren

Sperrschicht-FET n-Kanal-Typ

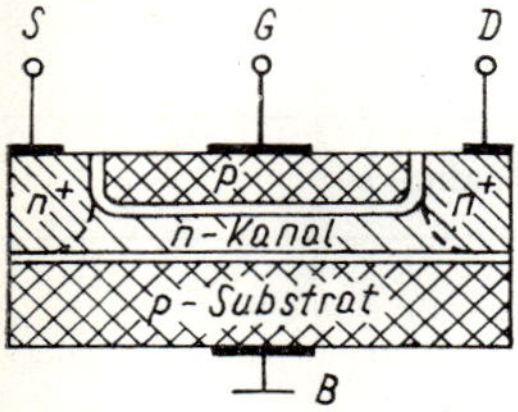

p-Kanal-Enhancement-MOSFET

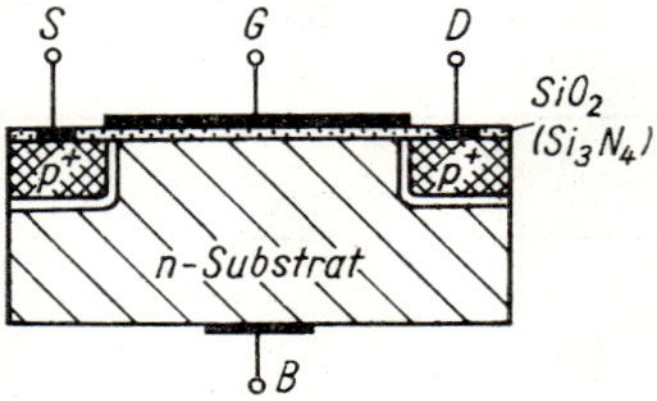

n-Kanal-Depletion-MOSFET

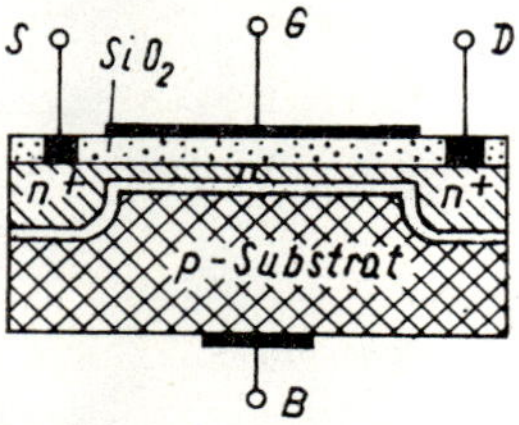

3.8.3. Kennlinienfelder

Arten	Übertragungskennlinienfeld	Ausgangskennlinienfeld
	$I_D = f(U_{GS})$	$I_D = f(U_{DS})$
	U_{DS} Parameter	U_{GS} Parameter

Sperrschicht-FET n-Kanal-Typ

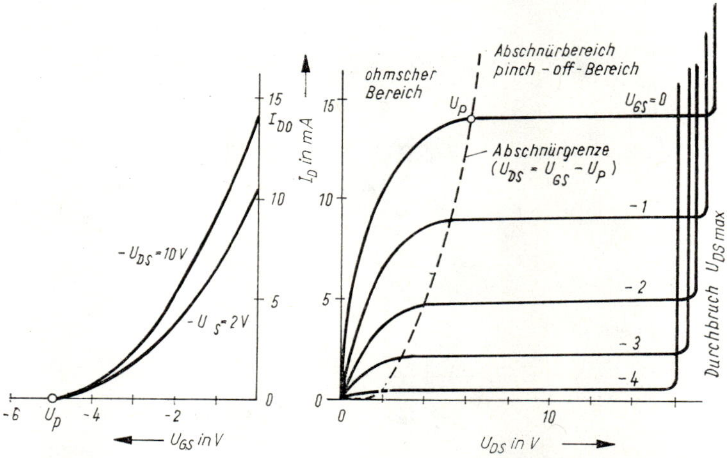

Isolierschicht-FET p-Kanal-Anreicherungstyp

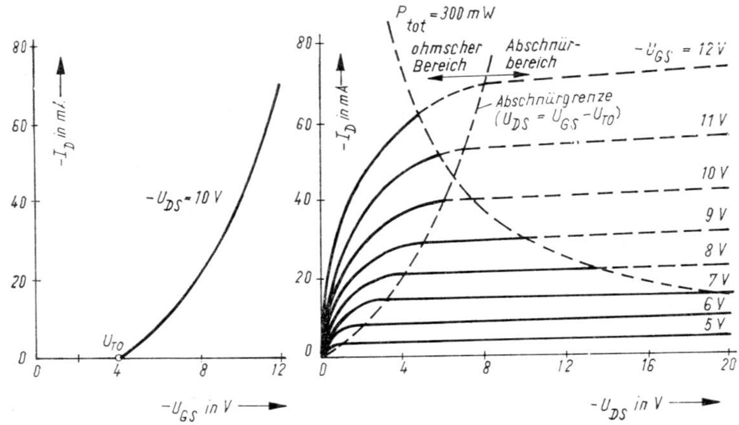

Isolierschicht-FET n-Kanal-Verarmungstyp

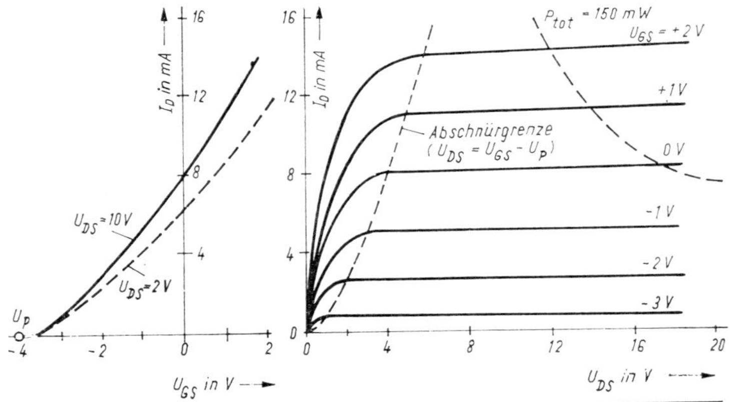

Schwellspannung, Abschnürspannung — Bei U_p bzw. U_{T0} ist $I_D \approx 0$ (üblich 10 µA).

Abschnürgrenze — Durch die Abschnürgrenzspannung

$$U_{DSp} = U_{GS} - U_p \quad \text{bzw.} \quad U_{DSp} = U_{GS} - U_{T0}$$

wird das Ausgangskennlinienfeld in einen

- ohmschen Bereich und den
- Abschnür-, Pinch-off- oder Sättigungsbereich aufgeteilt.

Ohmscher Bereich — $U_{DS} < U_{GS} - U_p$ bzw. $U_{DS} < U_{GS} - U_{T0}$

Der Transistor verhält sich wie ein Widerstand. In der Nähe des Koordinatenursprungs ($U_{DS} = 0{,}1$ V) sind die Kennlinien Geraden.

Abschnürbereich — $U_{DS} > U_{GS} - U_p$ bzw. $U_{DS} > U_{GS} - U_{T0}$

Der Drainstrom nimmt trotz Erhöhung der Drainspannung kaum noch zu; der Kanal ist am drainseitigen Ende abgeschnürt.

Ausnutzbarer Bereich des Ausgangskennlinienfeldes

Das Ausgangskennlinienfeld ist nur innerhalb der für den jeweiligen Transistortyp zulässigen Grenzwerte

I_{Dmax}, U_{DSmax}, U_{GSmax}, P_{tot}

ausnutzbar.

Drainstrom im ohmschen Bereich (IGFET)

$$I_D = \frac{2I_{DSS}}{U_0^2}\left[(U_{GS} - U_0)\, U_{DS} - \frac{U_{DS}^2}{2}\right]$$

Drainstrom im Abschnürbereich (IGFET)

$$I_D = I_{DSS}\left(\frac{U_{GS}}{U_0} - 1\right)^2$$

I_{DSS} Drain-Sättigungsstrom (bei $U_{GS} = 0$ bzw. $U_{GS} = 2U_{T0}$)

$U_0 \equiv U_p$ bei Verarmungstypen, $|U_{GS}| < |U_p|$

$U_0 \equiv U_{T0}$ bei Anreicherungstypen, $|U_{GS}| > |U_{T0}|$

Drainstrom im Abschnürbereich (SFET)

$$I_D = I_{DSS}\left(1 - \frac{U_{GS}}{U_p}\right)^2$$

Kanalwiderstand

Bei kleiner Drain-Source-Spannung (<100 mV) hängt der Kanalwiderstand nur von der Gate-Source-Spannung ab.

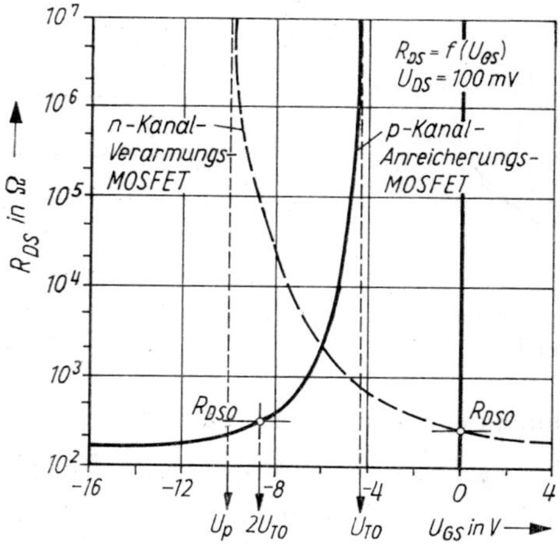

Kanalwiderstand von IGFET

Anreicherungstypen

$$R_{DS} = \frac{R_{DS0}}{(U_{GS}/U_{T0}) - 1}$$

mit $R_{DS0} = U_{T0}/2I_{DSS}$ Kanalwiderstand bei $U_{GS} = 2U_{T0}$

Verarmungstypen

$$R_{DS} = \frac{U_p^2}{2I_{DSS}(U_{GS} - U_p)}$$

Kanalwiderstand von SFET

$$R_{DS} = \frac{R_{DS0}}{1 - \sqrt{U_{GS}/U_p}}$$

R_{DS0} Kanalwiderstand bei $U_{GS} = 0$ V

Temperaturabhängigkeit des Drainstromes

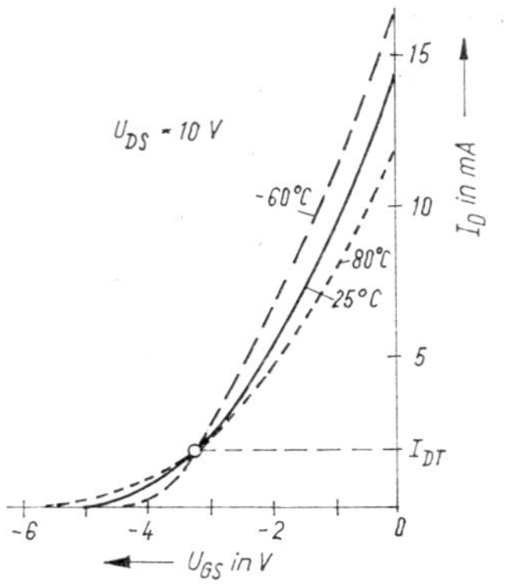

Bei einem bestimmten Drainstrom I_{DT} ist der Temperaturkoeffizient gleich Null.

Steuerung des Drainstromes über das Substrat

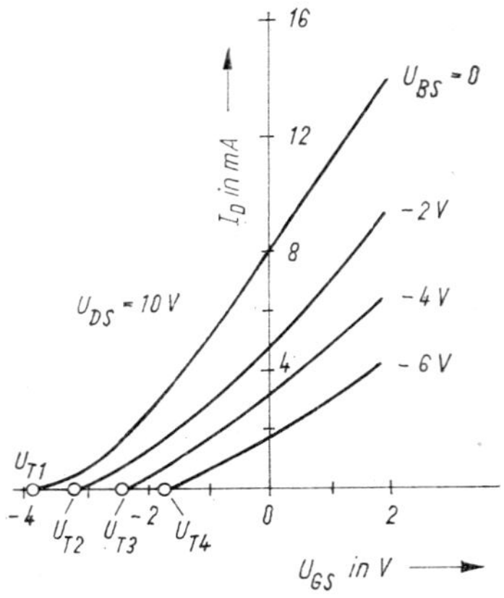

Zwischen Kanal und Substrat bildet sich eine Sperrschicht aus, deren Ausdehnung durch eine in Sperrpolung wirkende Bulk-Source-Spannung U_{BS} verändert werden kann.

Steuerung des Drainstromes über ein zweites Gate

Der Dual-Gate-MOSFET (MOSFET-Tetrode) besitzt zwei Steuerelektroden, durch die eine multiplikative Steuerung des Drainstromes möglich ist.

Querschnitt und Schaltzeichen

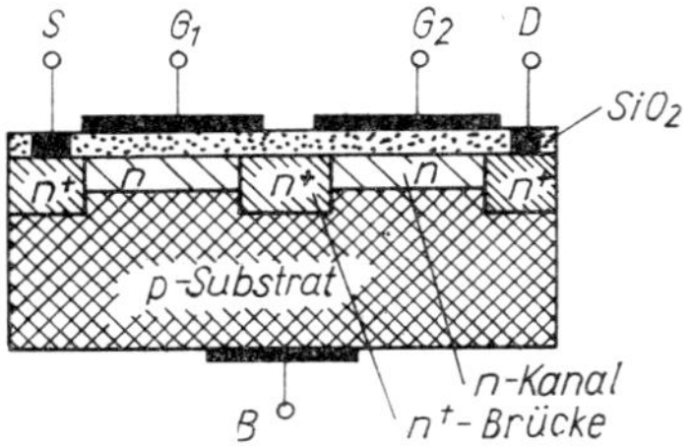

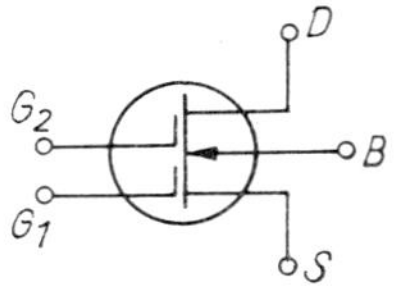

Kennlinien

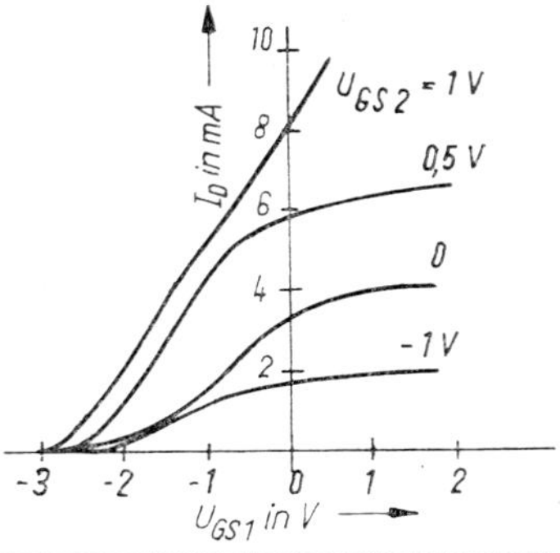

3.8.4. Ersatzschaltbilder

Ersatzschaltbilder

Ersatzschaltbilder kennzeichnen die unter bestimmten Betriebsbedingungen im Transistor wirksamen Funktionselemente.

π-Ersatzschaltbild für SFET und IGFET

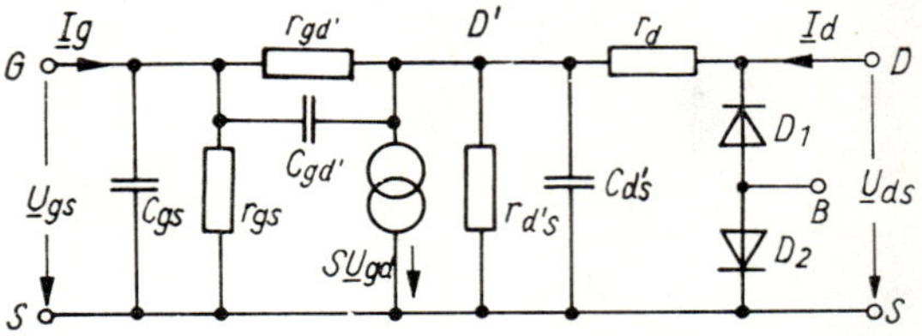

Vereinfachtes π-Ersatzschaltbild für SFET und IGFET

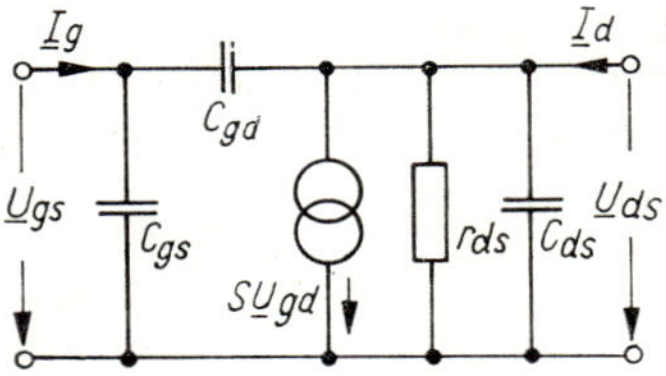

Das π-Ersatzschaltbild gilt für den Frequenzbereich von 0 bis zu einigen 10 MHz.

Bedeutung der Ersatzschaltbildelemente

C_{gs}, $C_{d's}$, $C_{gd'}$	wirksame innere Kapazitäten zwischen den Elektroden
r_{gs}, $r_{gd'}$	Widerstände, die die Leckströme berücksichtigen
$r_{d's}$	dynamischer Ausgangswiderstand des inneren Transistors
r_d	Reihenverlustwiderstand; er ergibt zusammen mit r_{ds} den Ausgangswiderstand des gesamten Transsistors
D_1, D_2	pn-Übergänge zwischen Substrat und Drain bzw. Substrat und Source
$S = \dfrac{\Delta I_D}{\Delta U_{GS}}$	Steilheit

3.8.5. Spezielle Arten der Feldeffekttransistoren

Piezoelektrischer MOSFET

Ein auf das Gate wirkender Druck führt zu Ladungen im Piezoelektrikum, die durch Influenz die Leitfähigkeit des Kanals beeinflussen.

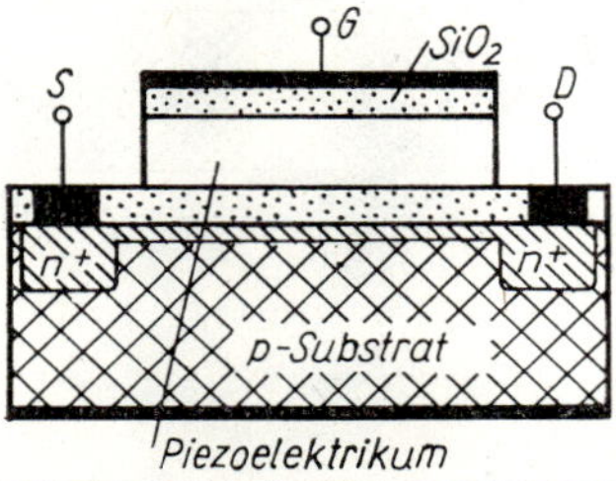

Anwendung

Drucksensor

Infrarot-MOSFET

Das p-leitende Substrat ist zusätzlich mit Störstellen (z. B. Gold) dotiert. Diese Störstellen werden erst bei Infrarotbestrahlung ionisiert. Dies führt zu einer Erhöhung der Schwellspannung und damit zu einer Verminderung des Drainstromes.

Anwendung

Infrarotsensor

Speicher-FET, FAMOS

In die SiO_2-Schicht ist eine Gateelektrode aus polykristallinem Silicium eingelagert.

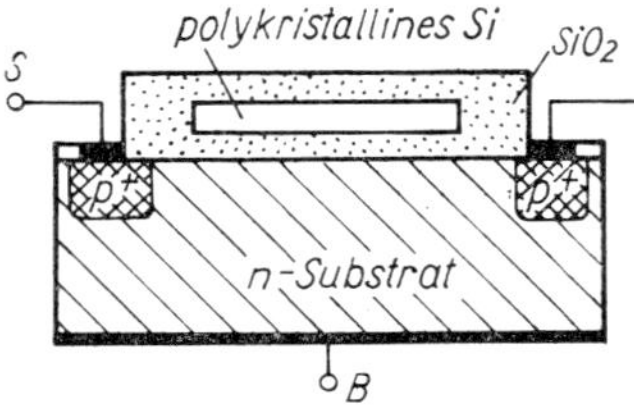

Wird zwischen Drain und Bulk ein kurzer, hoher Sperrspannungsimpuls angelegt (≈ 50 V), erfolgt in der Grenzschicht Lawinendurchbruch. Die dabei entstehenden energiereichen Elektronen überwinden zum Teil die Barriere Substrat–SiO_2–polykristallines Silicium und laden die Gateelektrode negativ auf, so daß ein niederohmiger Kanal ausgebildet wird (Transistor ist leitend). Die Ladung kann durch UV-Bestrahlung wieder entfernt werden (Transistor ist nicht leitend).

Anwendung

Bestandteil von Speicherschaltkreisen (EPROM: elektrisch programmierbarer Nur-Lese-Speicher)

Vertikal-MOS-Transistor (VMOS)

Mittels anisotroper Ätztechnik entsteht ein MOS-Transistor mit vertikaler Anordnung. Die Konstruktion verbindet hohe Belastungsfähigkeit mit hoher Spannungsfestigkeit.
Die zwischen Kanal und Drain angeordnete schwach p-leitende Zone (π-Zone) nimmt die hohe Spannung auf.

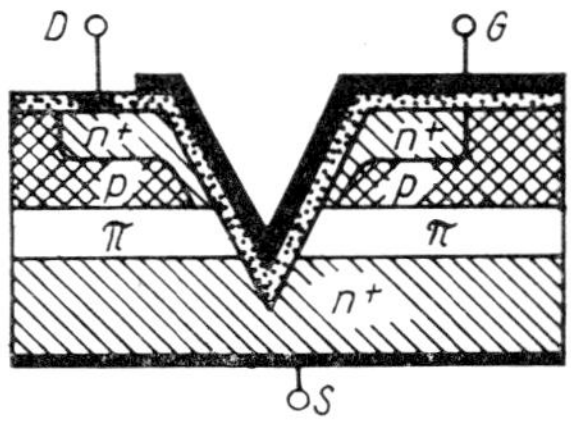

Leistungs-MOS-Transistor (SIPMOS)

Auf einer n^+-Schicht befindet sich eine schwach n-leitende Schicht, in deren Oberfläche n^+-leitende Zellen in p-leitenden Wannen eingelassen sind. Die n^+-Grundschicht stellt die Drainelektrode, die n^+-leitenden Zellen viele Sourceelektroden dar. Zwischen den Sourcezellen befinden sich, eingebettet in Siliciumoxid, polykristalline Siliciumgateelektroden, die alle miteinander verbunden sind. Damit besteht der Transistor aus einer Vielzahl (praktisch einige Tausend) winziger, parallelgeschalteter Einzeltransistoren auf einem Chip.

Eigenschaften

- hoher Eingangswiderstand
- kleiner Kanalwiderstand im EIN-Zustand
- keine Speicherzeit
- positiver Temperaturkoeffizient des Kanalwiderstandes, deshalb kein zweiter Durchbruch wie bei Bipolartransistoren möglich (thermischer Selbstschutz)
- Parallelschaltung vieler Transistoren der gleichen Type ist ohne besondere Maßnahmen möglich

Anwendungen

- sehr schneller Schalter in der Leistungselektronik
- Leistungsendstufen in der Datentechnik
- Leistungsendstufen in Mikroprozessoren ohne Treiber
- NF-, HF- und Breitbandverstärker
- Leistungselement in der Kfz-Technik

Parameter

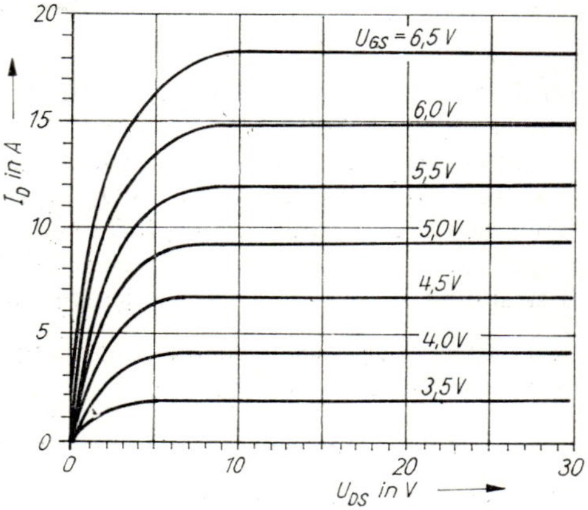

U_{DS} bis 1000 V

$R_{DS\ on} \approx 0{,}1 \ldots 5\ \Omega$

$I_{D\ on}$ bis 20 A

3.8.6. Vierpolparameter (→ 4.1.1.)

Vierpol-Ersatzschaltung

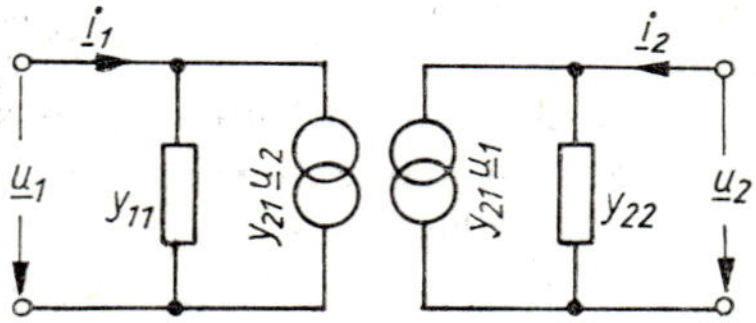

Eingangsleitwert (Ausgang kurzgeschlossen)
$y_{11} = \underline{i}_1/\underline{u}_1 \quad \underline{u}_2 = 0$
$y_{11} = g_{11} + j\omega(C_{11} + C_{12})$

Rückwärtssteilheit (Eingang kurzgeschlossen)
$y_{12} = \underline{i}_1/\underline{u}_2 \quad \underline{u}_1 = 0$
$y_{12} = -j\omega C_{12}$

Vorwärtssteilheit (Ausgang kurzgeschlossen)
$y_{21} = \underline{i}_2/\underline{u}_1 \quad \underline{u}_2 = 0$
$y_{21} = g_{21} - j\omega C_{12}$

Im Niederfrequenzbereich kann der Imaginärteil der y-Parameter vernachlässigt werden.

Richtwerte:

$C_{11} \approx 5$ pF Kurzschluß-eingangskapazität

$C_{12} \approx 1$ pF Rückwirkungs-kapazität

Ausgangsleitwert (Eingang kurzgeschlossen)	$y_{22} = \underline{i}_2/\underline{u}_2 \quad \underline{u}_1 = 0$ $y_{22} = g_{22} + j\omega(C_{22} + C_{12})$	$C_{22} \approx 3$ pF Kurzschlußausgangskapazität $y_{21} \approx 6$ mS bei 200 MHz $g_{22} \approx 100\ \mu$S bei 200 MHz $g_{11} \approx 500\ \mu$S bei 200 MHz

3.8.7. Feldeffekttransistoren als steuerbare Widerstände und Schalter

Spannungsteiler mit Längstransistor

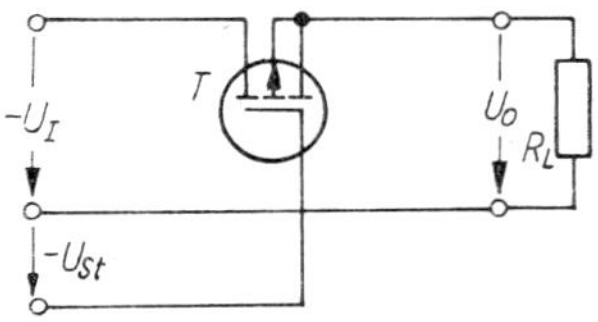

$$\frac{U_O}{U_I} = \frac{R_L}{R_L + R_{DS}}$$

Spannungsteiler mit Quertransistor

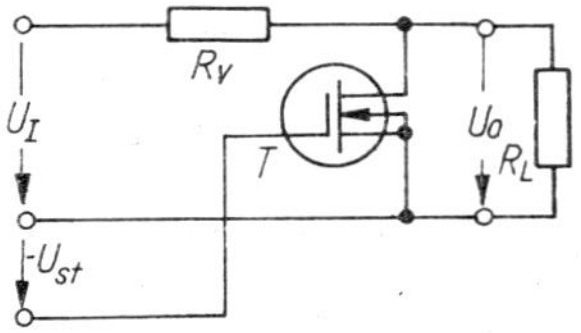

$$\frac{U_O}{U_I} = \frac{R_L R_{DS}}{R_v R_L + R_{DS}(R_v + R_L)}$$

Spannungsteiler mit Längs- und Quertransistor

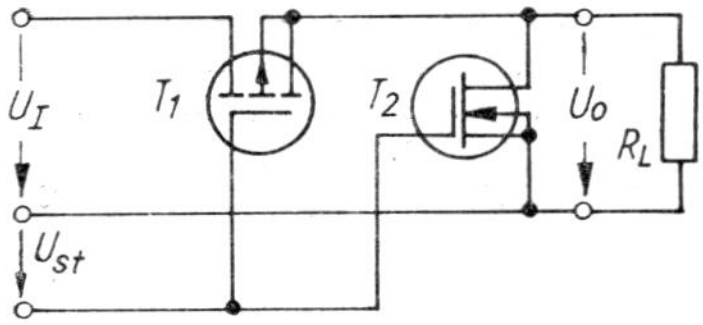

$$\frac{U_O}{U_I} = \frac{R_L R_{DS2}}{R_{DS1} R_{DS2} + R_L(R_{DS1} + R_{DS2})}$$

Inverter mit p-Kanal-Anreicherungs-MOSFET

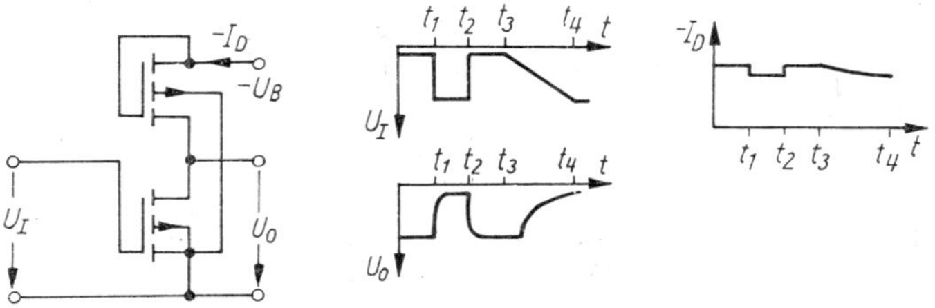

Inverter mit komplementären FET, CMOS-Inverter

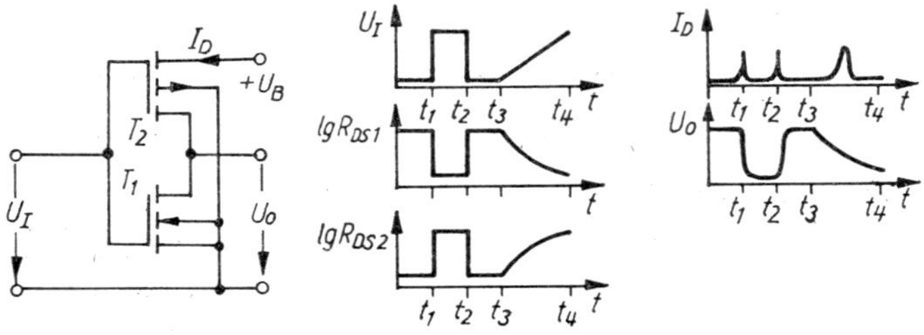

3.8.8. Feldeffekttransistoren als Analogverstärker (→ 4.2.1., 4.2.2.)

Sourceschaltung mit p-Kanal-Anreicherungs-FET

Grundschaltung zur Festlegung des Arbeitspunktes

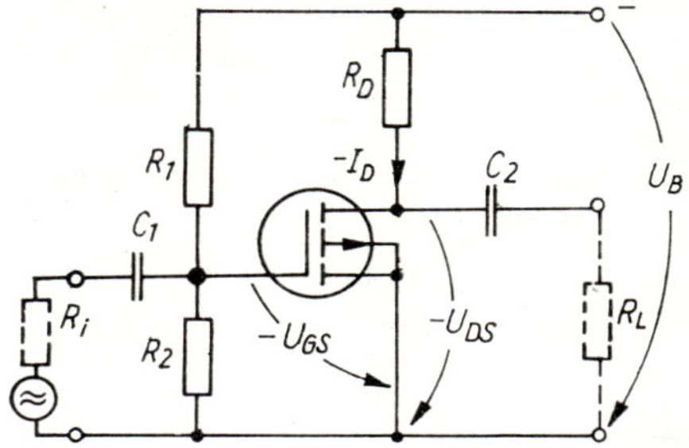

Kennlinienfeld mit eingetragener Arbeitsgeraden

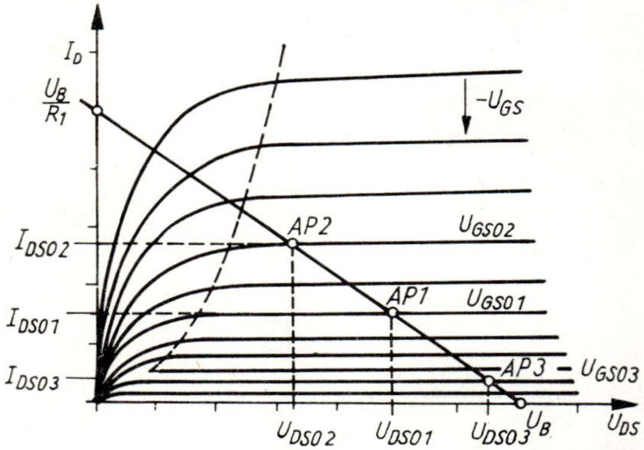

*AP*1: große Aussteuerbarkeit
mittlere Steilheit
mittlerer Verstärkungsgrad

*AP*2: kleine Aussteuerbarkeit
große Steilheit
großer Verstärkungsgrad
großer Drainstrom

*AP*3: kleine Aussteuerbarkeit
kleine Steilheit
kleiner Verstärkungsgrad
kleiner Drainstrom

Arbeitsgerade

Die Lage der Arbeitsgeraden ergibt sich aus der Maschengleichung des Drainstromkreises:

$$U_B - U_{DS} - I_D R_D = 0 \quad \text{und daraus} \quad I_D = \frac{U_B}{R_D} - \frac{U_{DS}}{R_D}$$

Die Gerade schneidet die Achsen in den Punkten:

$$U_{DS} = U_B \ (I_D = 0) \quad \text{und} \quad I_D = U_B/R_D \ (U_{DS} = 0)$$

Gatespannungsteiler

$$\frac{R_1}{R_2} = \frac{U_B - U_{GS0}}{U_{GS0}}$$

R_1 und R_2 sind frei wählbar, aber das Verhältnis $R_1 R_2/(R_1 + R_2)$ soll möglichst groß sein (einige Megaohm).

Schaltung mit Gatevorwiderstand

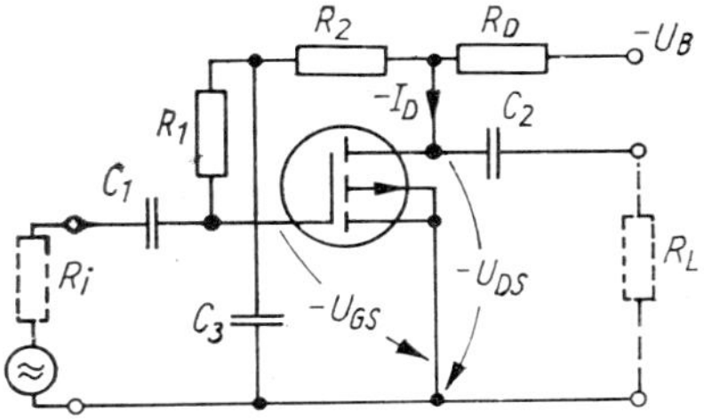

Da $R_1 + R_2$ am Drain liegen, stellt sich der Arbeitspunkt automatisch so ein, daß $U_{GS0} = U_{DS0}$.
Wegen der Gleichstromgegenkopplung wird die Lage des Arbeitspunktes stabilisiert.

Sourceschaltungen mit n-Kanal-Verarmungs-FET

Schaltung mit Hilfsspannung

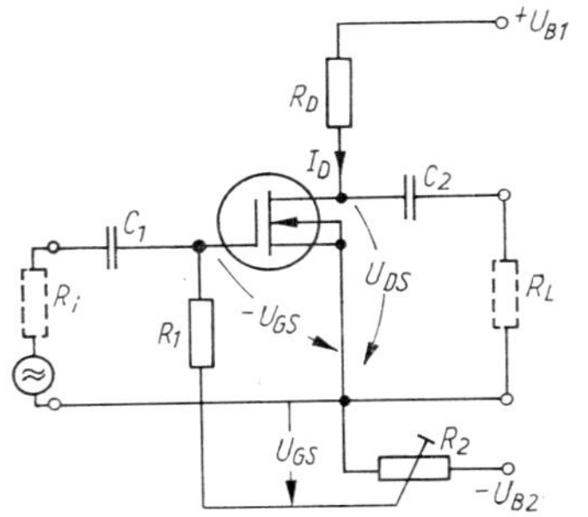

R_2 wird so eingestellt, daß am Schleifer U_{GS0} auftritt. R_2 ist frei wählbar (1...100 kΩ), R_1 ist frei wählbar (einige Megaohm). Der Arbeitspunkt wird nicht stabilisiert; Temperatur- und Betriebsspannungsänderungen wirken sich stark aus.

Schaltung mit Sourcewiderstand

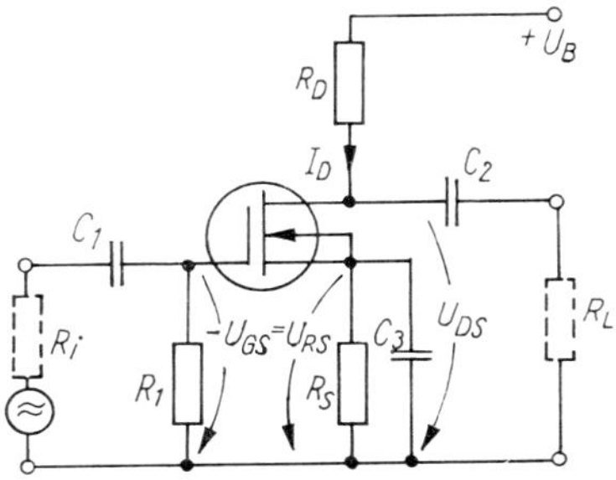

Man wählt $R_D \approx U_B/3I_{D0}$; U_{GS0} wird bei I_{D0} und $U_B/2$ im Kennlinienfeld abgelesen, dann gilt:

$R_S \approx U_{GS0}/I_{D0}$

Der Arbeitspunkt wird stabilisiert.

Verstärkerparameter in Sourceschaltungen ohne Gegenkopplung

Spannungsverstärkung $\boxed{V_u \approx SR_a}$ $\boxed{V_u = -\frac{g_{21}R_a}{1 + g_{22}R_a}}$

Eingangswiderstand $Z_e = \frac{R_G/g_{11}}{R_G + 1/g_{11}}$

$R_a = R_D // R_L$

R_G Parallelschaltung der am Gate liegenden Widerstände

Eingangskapazität $C_e = C_{11} + (1 + |V_u|)\, C_{12}$

Ausgangswiderstand $Z_a = \frac{R_a g_{22}}{R_a + 1/g_{22}}$

Verstärkerparameter in Sourceschaltungen mit Gegenkopplung

(Schaltung mit Sourcewiderstand, aber R_S nicht durch C_3 überbrückt).

Spannungsverstärkung

$$V_u^* = \frac{V_u}{1 + g_{21} R_S}$$

Voraussetzung:

$R_S \ll (1/g_{22} + R_D)$

Ausgangswiderstand $Z_a^* = 1/g_{22}(1 + g_{21} R_S)$

Analogverstärker in Drainschaltung

Drainschaltung

Die Drainschaltung (*Sourcefolger*) dient als Impedanzwandler. Der Eingangswiderstand ist groß, der Ausgangswiderstand klein, die Spannungsverstärkung ist kleiner als Eins.

Drainschaltung mit p-Kanal-Anreicherungs-FET

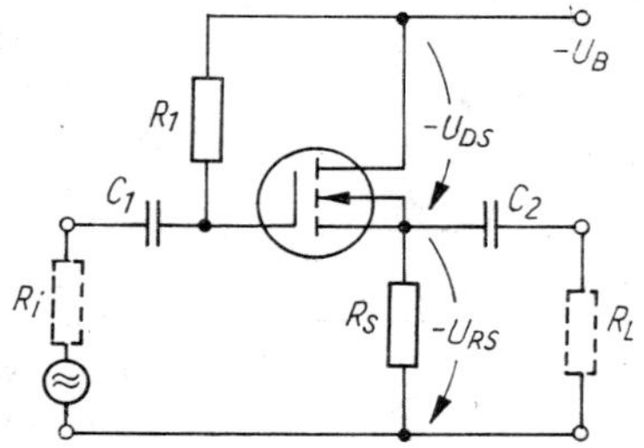

$R_S \approx U_B/2I_{D0}$

R_1 ist frei wählbar, und zwar möglichst hochohmig (einige Megaohm)

Drainschaltung mit n-Kanal-Verarmungs-FET

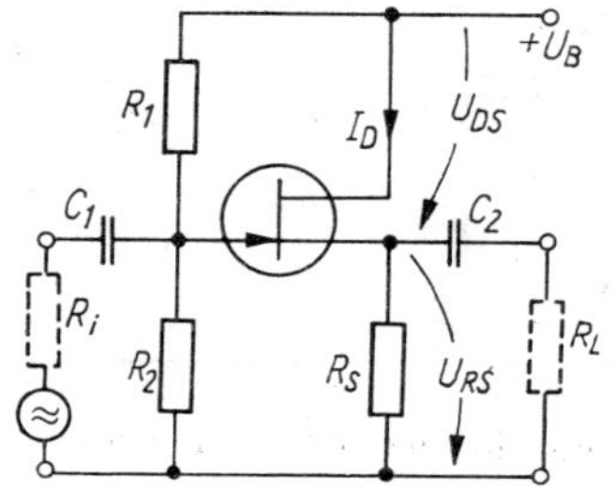

$R_S \approx U_B/2I_{D0}$

Die Arbeitsgerade für U_B und R_S ist in das Kennlinienfeld einzutragen, U_{GS0} bei I_{D0} abzulesen; dann gilt:

$$\frac{R_2}{R_1} = \frac{U_B - 2\,|U_{GS0}|}{U_B + 2\,|U_{GS0}|}$$

Sourcefolger in Bootstrapschaltung

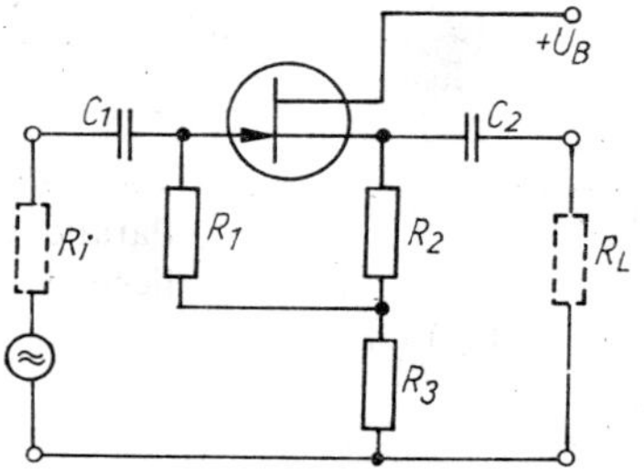

Mit der Bootstrapschaltung wird der dynamische Eingangswiderstand vergrößert.

$$R_2 = \frac{U_{GS0}}{I_{D0}}$$

$$R_3 = \frac{U_B - 2U_{GS0}}{2I_{D0}}$$

$$Z_e \approx (1 + SR_3)\, R_1$$

Verstärkerparameter in Drainschaltungen

Spannungsverstärkung $V_u = \frac{g_{21} R_a}{1 + g_{21} R_a}$ $V_u \approx \frac{1}{1 + (1/SR_a)}$

Eingangskapazität $C_e = C_{12} + (1 - V_u)\, C_{11}$ $R_a = R_S // R_L$

Ausgangswiderstand $Z_a = \frac{g_{22} R_a}{1/g_{22} + (1 + g_{21}/g_{22})\, R_a}$

Ausgangskapazität $C_a = C_{22} + \frac{1 - V_u}{V_u} C_{12}$

Analogverstärker in Gateschaltung

Gateschaltung

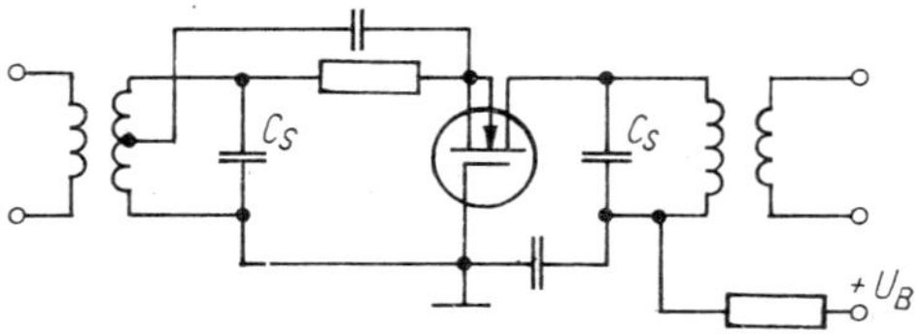

Leistungsverstärkung

$$V_p = \frac{(y_{21})^2}{2 g_{11} 2\pi\, \Delta f C_s}$$

Die Gateschaltung wird in der Hochfrequenz-Verstärkertechnik angewendet.
Der *Rückwirkungsleitwert* y_{12} nimmt in der Gateschaltung sehr kleine Werte an, so daß die Schaltung nicht neutralisiert werden muß.

Vergleich der drei Analogverstärker-Grundschaltungen

Schaltung	Sourceschaltung	Drainschaltung	Gateschaltung
Bezugselektrode	Source	Drain	Gate
Anschluß des Eingangssignals	Gate-Source	Gate-Drain	Drain-Gate
Anschluß des Ausgangssignals	Drain-Source	Source-Drain	Drain-Gate
Eingangswiderstand	groß	groß	klein
Ausgangswiderstand	mittel	klein	groß
Spannungsverstärkung	$\gg 1$	< 1	> 1
Typische Anwendung	Nieder- und Mittelfrequenzverstärker	Impedanzwandler	Hoch- und Höchstfrequenzverstärker

3.8.9. Rauschen von Feldeffekttransistoren

Rauschen

In jedem elektronischen Bauelement werden durch den diskreten Charakter des elektronischen Stromflusses regellose spontane Strom- und Spannungsänderungen, das Rauschen, erzeugt. Rauschvorgänge sind stationär und ergotisch; ihre statistischen Eigenschaften ändern sich nicht mit der Zeit.

Rauschleistung

Nach NYQUIST rauscht ein Widerstand mit der mittleren Leistung P_R.

$$\boxed{P_R = 4kT\,\Delta f} \qquad k \approx 1{,}38 \cdot 10^{-23}\ \mathrm{W/(K \cdot Hz)}$$

Für $T = T_0 = 300$ K ist $P_R \approx 1{,}66 \cdot 10^{-20} \cdot \Delta f$ W/Hz

Rauschstrom und Rauschspannung bei Leerlauf

$$\boxed{I_R = \sqrt{4kT\,\Delta f/R}} \qquad \boxed{U_R = \sqrt{4kT\,\Delta f R}}$$

Für $T = T_0 = 300$ K ergibt sich:

$$U_{R0} \approx 0{,}129\,\sqrt{R\,\Delta f} \qquad \frac{U_{R0}}{\mu V} \quad \frac{R}{k\Omega} \quad \frac{\Delta f}{kHz}$$

Rauschspannung und Rauschleistung bei Anpassung

Bei Anpassung an einen gleichgroßen, rauschfrei gedachten Widerstand ergeben sich die halbe Klemmenspannung und die maximal abgebbare Rauschleistung.

$$\boxed{U_R = \sqrt{kT\,\Delta f R}} \qquad \boxed{P_{R\max} = kT\,\Delta f}$$

Je Hertz Bandbreite und für $T = T_0 = 300$ K ergibt sich:

$$P_{R\max} = kT_0 = 4{,}1 \cdot 10^{-21}\ \mathrm{W/Hz}$$

Weißes Rauschen

Die Rauschspannung ist bis zu sehr hohen Frequenzen frequenzunabhängig (weißes Rauschen). In jedem Frequenzband der Breite Δf steht immer die gleiche Rauschleistung zur Verfügung.

Äquivalenter Rauschwiderstand

Das Bauelement (z.B. Transistor) wird durch einen gedachten Widerstand, dem äquivalenten Rauschwiderstand, ersetzt, der die gleiche Rauschspannung hervorbringt.

Rauschzahl

Die Rauscheigenschaften eines Bauelementes werden durch die Rauschzahl F angegeben. Dabei wird auf den vorhandenen Eingangs- oder Generatorwiderstand Bezug genommen.

- Die Rauschzahl F gibt dann an, um wievielmal mehr das Bauelement rauscht.
- Es ist auch möglich, das Rauschen des Bauelementes mit der Rauschleistung $P_{R\max} = kT_0$ zu vergleichen und als Vielfaches dieses Wertes anzugeben.

Rauschmaß

$F' = 10 \cdot \lg F$ in dB

Rauschen von Feldeffekttransistoren

Ursachen

- thermisches Rauschen (Kanalwiderstand)

  $U_{th} = \sqrt{kT\,\Delta f \alpha / S}$ α Transistorkonstante (1 ... 3)

  Steilheit des Transistors: $S = \Delta I_D / \Delta U_{GS}$

- Schrotrauschen (Gatestrom; vernachlässigbar)
- Funkelrauschen (Generation und Rekombination von Ladungsträgern; nimmt mit der Frequenz ab)

Äquivalenter Rauschwiderstand von FET

$R_{ae} = \alpha / S$ S nimmt mit steigender Frequenz ab

Rauscheigenschaften von Feldeffekttransistoren

Wegen der Zunahme des Funkelrauschens bei kleinen und der Abnahme der Steilheit bei großen Frequenzen ergibt sich ein frequenzabhängiger Verlauf des äquivalenten Widerstandes.

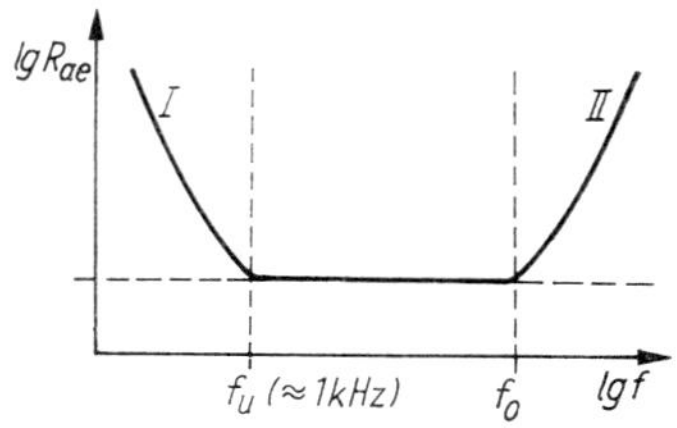

I Funkelrauschen nimmt zu
II Steilheit nimmt ab

Abhängigkeit des Rauschens vom Generatorwiderstand

Das Rauschen hat bei einem bestimmten Generator- oder Signalquellenwiderstand R_{Gopt} ein Minimum (Rauschanpassung).

Beurteilung des Rauschmaßes von FET

Die Angabe des Rauschmaßes bezieht sich auf einen bestimmten Arbeitspunkt, den Generatorwiderstand, und eine bestimmte Frequenz.

Beispiel: $F' \leqq 2{,}5$ dB bei $R_G = 1\,k\Omega$

$f = 100$ MHz

$U_{DS} = 15$ V, $U_{GS} = 0$, $S \geqq 3{,}5$ mS

Praktische Werte des Rauschmaßes von Feldeffekttransistoren

	MOSFET NF	HF (Sourceschaltung)	SFET NF	HF (Gateschaltung)
R_G in Ω	$10^7 \ldots 10^8$	500 ... 1000	$10^5 \ldots 10^7$	200 ... 300
F in dB	6 ... 15	2 ... 4	1,5 ... 3	1 ... 4

3.9. Bipolare Transistoren

3.9.1. Übersicht

Bipolare Transistoren

Bipolare Transistoren sind dreipolige Halbleiterbauelemente, in denen zwei pn-Übergänge derart angeordnet sind, daß sie sich gegenseitig beeinflussen. In Abhängigkeit von der Zonenfolge unterscheidet man pnp- und npn-Transistoren.

Elektroden

Emitter (E), Basis (B) und Kollektor (C)

Zonenfolge, Diodenersatzschaltung und Schaltzeichen von npn- und pnp-Transistoren

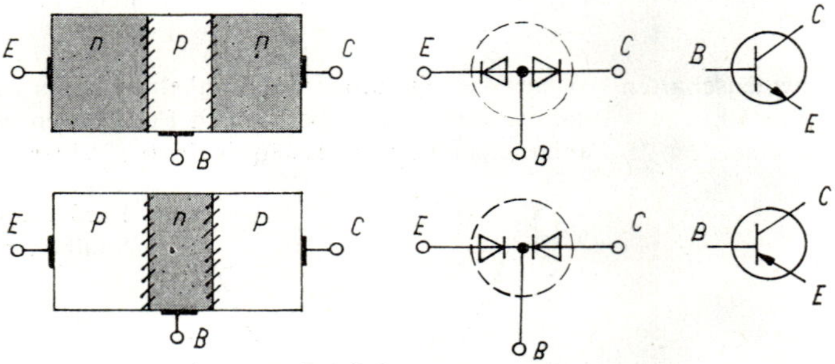

Materialien

- Silicium (heute vorzugsweise verwendet)
- Galliumarsenid (für spezielle Transistoren)
- Germanium (wird nur noch für wenige Typen eingesetzt)

Technologische Varianten

npn- und pnp-Zonenfolgen werden nach verschiedenen Verfahren hergestellt. Die Dotierung wird durch Legierungs-, Diffusions- und Implantationsverfahren vorgenommen.

Die wichtigsten technologischen Varianten

Legierungstransistor

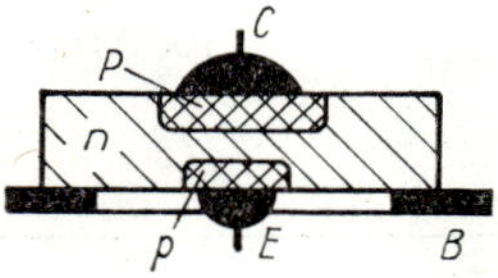

Von beiden Seiten eines vordotierten Halbleiterplättchens werden Legierungspillen einlegiert (meist Indium auf n-Germanium). Es entsteht ein abruptes Störstellenprofil.
$f_{max} \approx 10$ MHz; veraltete Technologie

Drifttransistor

Die Herstellung erfolgt wie beim Legierungstransistor, aber auf Basisplättchen mit inhomogenem Störstellenprofil. Dadurch ergibt sich eine höhere Grenzfrequenz.

Diffundiert-legierter Mesa-transistor

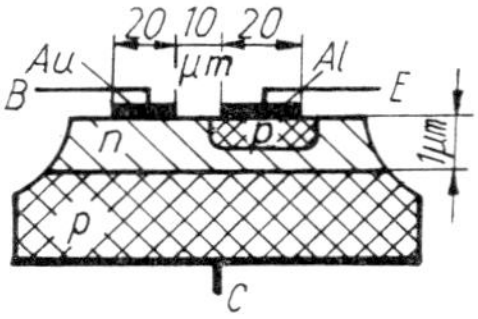

Der pn-Übergang C–B wird durch Diffusion von Donatoren in ein p-dotiertes Plättchen erzeugt. Die Emitter-p-Zone entsteht durch Legierung (Al). Der Transistor zeigt gute HF-Eigenschaften.

Planartransistor

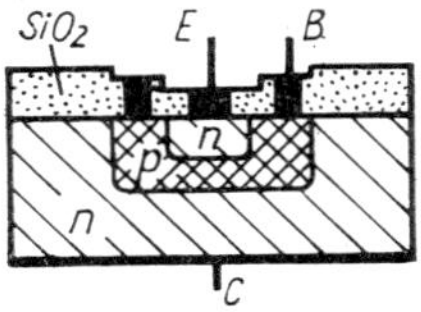

Die Herstellung der npn-Struktur entsteht durch Doppeldiffusion von einer Seite in ein n-leitendes Siliciumplättchen. Die Oberfläche ist durch SiO_2 oder Si_3N_4 passiviert. Der Transistor hat sehr gute elektrische Eigenschaften.

Epitaxie-Planar-transistor

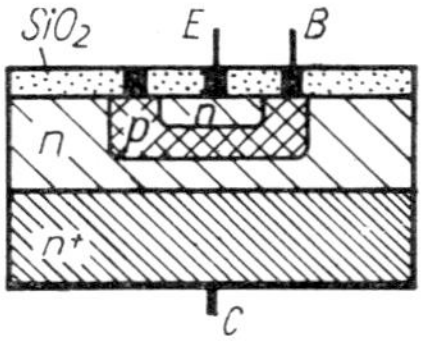

Auf hochdotiertes Silicium (n^+, $\varrho = 0{,}002\ \Omega \cdot \mathrm{cm}$) läßt man eine dünne, schwach dotierte Siliciumschicht mit gleicher Kristallstruktur aufwachsen (n, $\varrho = 2\ \Omega \cdot \mathrm{cm}$). Durch die n-Schicht ergibt sich eine hohe Durchbruchspannung, durch die n^+-Schicht ein geringer Kollektorbahnwiderstand.

HF-Leistungs-transistor

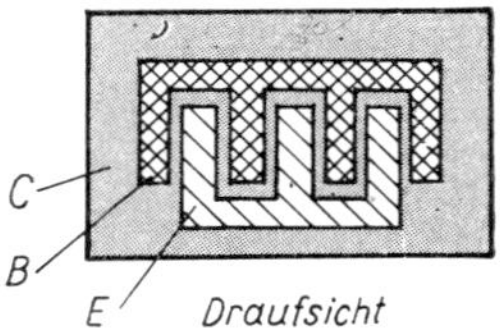

Der Emitter wird kamm-, stern- oder schneeflockenförmig ausgeführt, um ein großes Verhältnis von Emitterrand zu Emitterfläche zu gewährleisten.

Overlay-Transistor

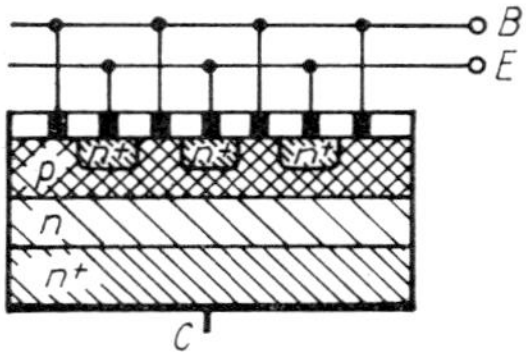

Hohe Leistung und hohe Grenzfrequenz werden durch Parallelschaltung vieler Mikrotransistoren erreicht. Diese entstehen durch Diffusion vieler Emitter in einer Epitaxie-Planarstruktur.

Hochspannungs-transistor

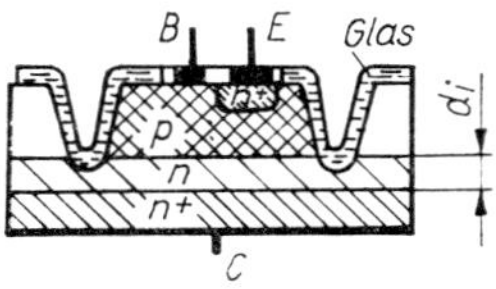

Die hohe Durchbruchspannung wird durch eine dicke hochohmige Kollektorschicht erzielt. Die eingeätzten und durch Glas passivierten Gräben sollen Feldstärkespitzen an den Rändern der pn-Übergänge verhindern. Die Durchbruchspannung C–B ist:

$$U_{\mathrm{RBR}} = E_{\mathrm{krit}} d_{\mathrm{i}}$$

$$E_{\mathrm{krit}} \approx 3 \cdot 10^5\ \mathrm{V/cm}$$

3.9.2. Funktion und Eigenschaften bipolarer Transistoren

Funktionsprinzip

Das Funktionsprinzip beruht auf der wechselseitigen Beeinflussung der Ströme in den beiden pn-Übergängen. Am Leitungsvorgang sind sowohl Elektronen als auch Löcher beteiligt.
Im Normalbetrieb wird die Basis-Emitter-Diode in Durchlaßpolung, die Basis-Kollektor-Diode in Sperrpolung betrieben.

Funktionsmodell (Basisschaltung)

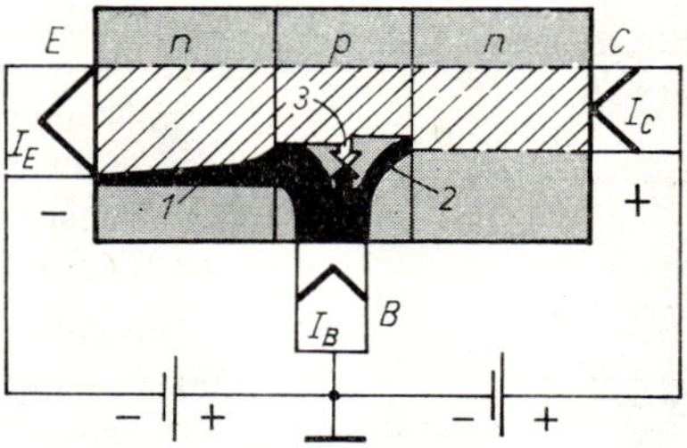

1 Rekombinations-Generationsstrom in der Raumladungszone

2 Sperrstrom des C–B-Übergangs

3 Rekombinationsstrom in der Basiszone

Transistorgrundschaltungen

Basisschaltung

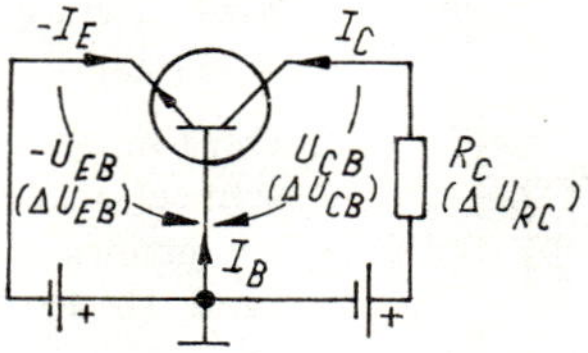

Gleichstromverstärkung $A_N = I_C/I_E$ $(A_N < 1)$

Wechselstromverstärkung $\alpha = \Delta I_C/\Delta I_E$

Index N bedeutet Normalbetrieb.

Emitterschaltung

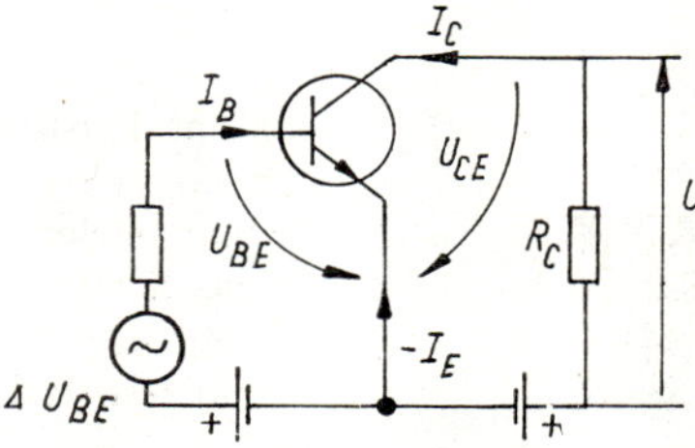

Gleichstromverstärkung

$B_N = I_C/I_B$
$= A_N/(1 - A_N)$

Wechselstromverstärkung

$\beta = \Delta I_C/\Delta I_B$
$= \alpha/(1 - \alpha)$

Kollektorschaltung

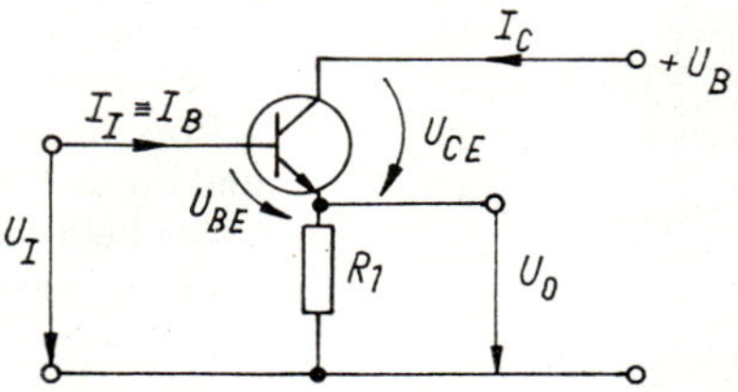

$I_C \gg I_I$

$U_0 \approx U_I - U_{BE}$

Betriebsfälle (npn-Struktur)

Betriebsfall	U_{BC}	U_{BE}	B–C-Diode	B–E-Diode	Anwendung
Aktiv, normal	< 0	> 0	gesperrt	leitend	Verstärker
Aktiv, invers	> 0	< 0	leitend	gesperrt	–
Sperrbetrieb	< 0	< 0	gesperrt	gesperrt	Schalter
Sättigungsbetrieb (Übersteuerung)	> 0	> 0	leitend	leitend	Schalter

3.9.3. Kennlinienfelder und Kennwerte

Kennlinienfelder

Im Transistor stehen vier Größen zueinander in Beziehung:

	Basis-schaltung	Emitter-schaltung	Kollektor-schaltung
Eingangsstrom I_I	I_E	I_B	I_B
Eingangsspannung U_I	U_{EB}	U_{BE}	U_{BC}
Ausgangsstrom I_O	I_C	I_C	I_E
Ausgangsspannung U_O	U_{CB}	U_{BC}	U_{CE}

Wegen der inneren Verkopplungen über die Sperrschichten hängen alle vier Größen voneinander ab. In den Kennlinienfeldern werden die Abhängigkeiten anschaulich dargestellt. Am wichtigsten sind die Kennlinienfelder der Emitterschaltung.

Kennlinienfelder in Basisschaltung

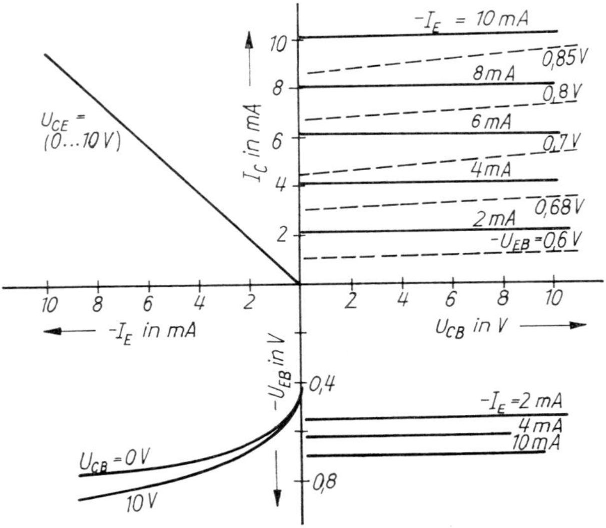

Kennlinienfelder in Kollektorschaltung

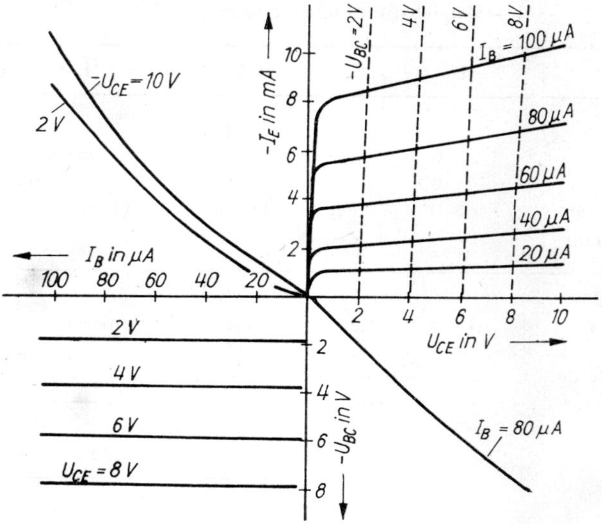

Kennlinienfelder in Emitterschaltung

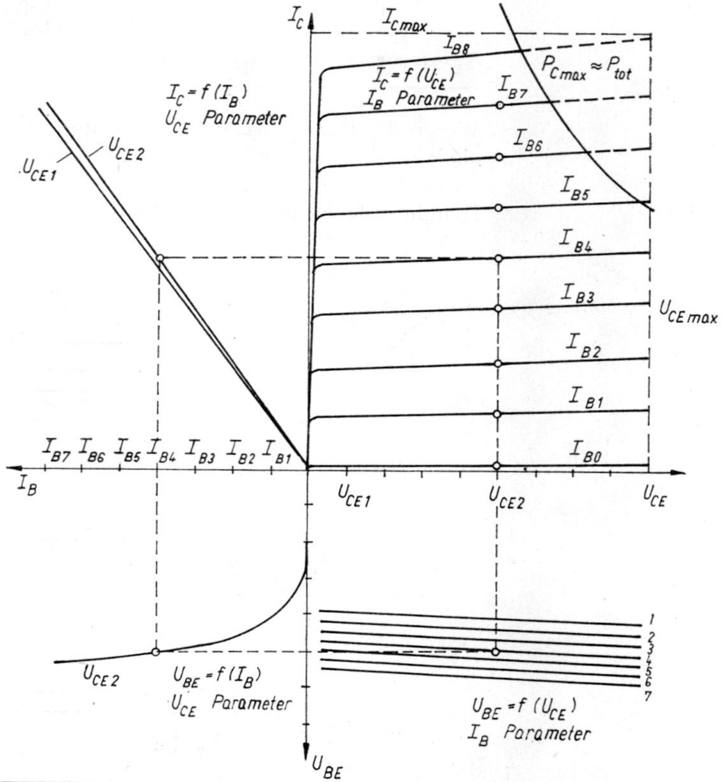

Kennwerte

Die in den Kennlinien verankerten Kennwerte werden von den Herstellern der Transistoren für bestimmte Arbeitspunkte in den Datenblättern angegeben. Da die Transistordaten herstellungsbedingt von Exemplar zu Exemplar stark streuen, teilt man die Transistoren einer Type in mehrere Stromverstärkungsgruppen ein.

Stromverstärkungsgruppen (*Beispiel*)

Gruppe	B	C	D
Stromverstärkung	28...71	56...140	112...280

Gruppe	E	F
Stromverstärkung	224...560	450...1120

Grenzwerte

Eine einwandfreie Funktion der Transistoren ist nur bei Einhaltung der vom Hersteller vorgeschriebenen Grenzwerte zu erwarten. Ihre Überschreitung kann zu bleibenden Parameteränderungen oder zur Zerstörung des Bauelementes führen.

Maximale Strombelastbarkeit

Eine Überschreitung des maximal zulässigen Kollektor- oder Basisstromes kann zu irreversiblen Änderungen der Transistorparameter oder zum Abschmelzen innerer Verbindungen führen.

Maximale Spannungsbelastbarkeit, 1. Durchbruch

Eine Überschreitung der maximal zulässigen Kollektor-Emitter- oder Kollektor-Basis-Spannung kann zum Durchbruch der pn-Schichten führen (Lawinendurchbruch).

2. Durchbruch

Ursachen können starke lokale Erhitzungen (Heißfleckbildung) in der Transistorstruktur

- als Folge eines 1. Durchbruches,
- als Folge eines großen Kollektorstromes sein.

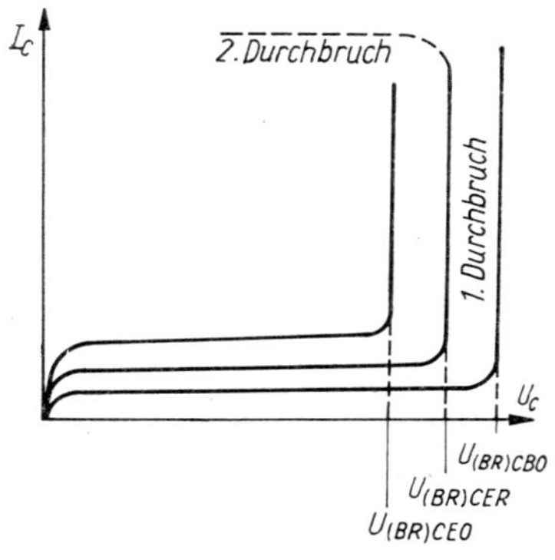

$U_{(BR)CEO}$: $I_B = 0$ (Basis offen)

$U_{(BR)CER}$: Widerstand zwischen Basis und Emitter

$U_{(BR)CBO}$: $I_E = 0$ (Emitter offen)

Maximale Verlustleistung

Die maximale Verlustleistung setzt sich aus der Kollektorverlustleistung und der Basisverlustleistung zusammen.

$$P_{tot} = P_C + P_B = U_{CE} I_C + U_{BE} I_B$$

Verlustleistung in Abhängigkeit von Umgebungs- und Sperrschicht-temperatur

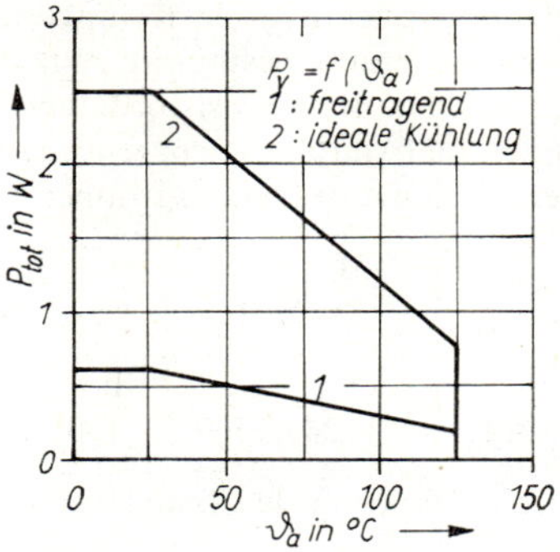

Die zulässige Verlustleistung ist durch die maximal mögliche Sperrschichttemperatur, die Umgebungstemperatur und die Kühlverhältnisse bestimmt.

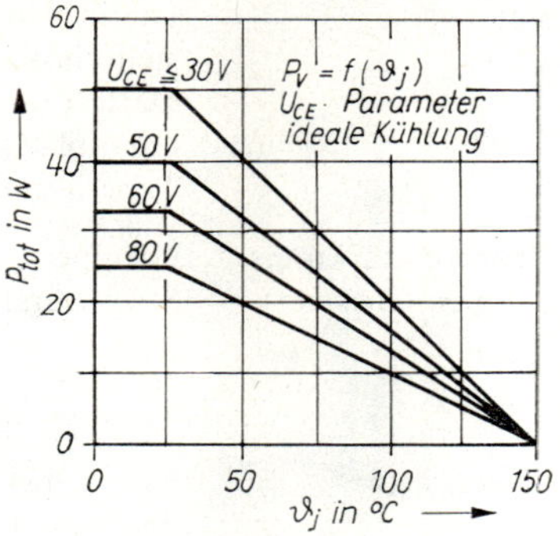

Bei Leistungstransistoren wird die maximal zulässige Verlustleistung außerdem von der Kollektor-Emitter-Spannung bestimmt.

Zulässiger Arbeitsbereich

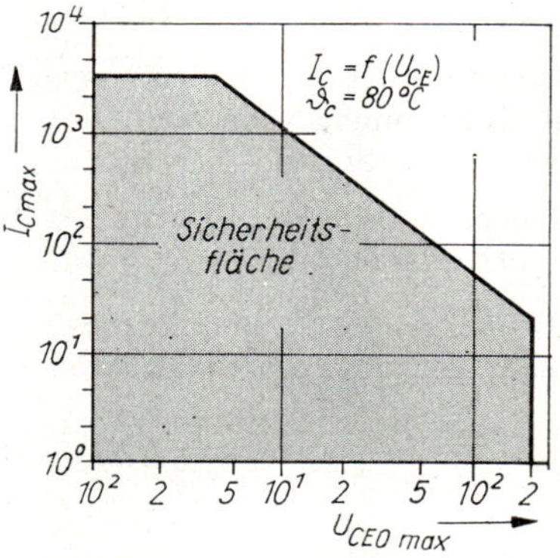

Bei Leistungstransistoren ist für einen sicheren Betrieb (SOAR: safe operating area) der zulässige Arbeitsbereich (Zuordnung I_{Cmax} zu U_{CEmax}) zu beachten!

3.9.4. Vierpolparameter (→ 4.1.1.)

Vierpolparameter

Für kleine Aussteuerungen kann der Transistor als linearer Vierpol angesehen werden, dessen Eigenschaften durch Vierpolparameter beschrieben werden. Diese können als Leitwerte (y-Parameter) oder als gemischte Größen (h-Parameter bzw. Hybridparameter) auftreten. Für den Bereich niedriger Frequenzen verwendet man die h-Parameter, bei hohen Frequenzen die komplexen y-Parameter (→ 3.7.6.).

Hybridparameter

Hybridparameter

Die Hybridparameter werden vom Hersteller für bestimmte Arbeitsbedingungen angegeben. Wegen der Kennlinienkrümmung gelten sie

nur für einen bestimmten Arbeitspunkt und differentiell kleine Strom- und Spannungsänderungen.
Die h-Parameter können den Kennlinienfeldern entnommen werden. Sie sind folgendermaßen definiert:

Kurzschluß-Eingangswiderstand	$h_{11} = \Delta U_I / \Delta I_I$	$\Delta U_O = 0$	(3. Quadrant)
Kurzschluß-Stromverstärkung	$h_{21} = \Delta I_O / \Delta I_I$	$\Delta U_O = 0$	(2. Quadrant)
Leerlauf-Spannungsrückwirkung	$h_{12} = \Delta U_I / \Delta U_O$	$\Delta I_I = 0$	(4. Quadrant)
Leerlauf-Ausgangsleitwert	$h_{22} = \Delta I_O / \Delta U_O$	$\Delta I_I = 0$	(1. Quadrant)

h-Parameter der verschiedenen Grundschaltungen

Die h-Parameter haben in den drei Grundschaltungen unterschiedliche Werte; gegebenenfalls müssen sie ineinander umgerechnet werden. Für welche Schaltungsart sie gelten, wird durch den Index e (Emitter), b (Basis) bzw. c (Kollektor) ausgedrückt.

Umrechnung der h-Parameter

Emitter- in Basisschaltung	Emitter- in Kollektorschaltung
$h_{11b} = \frac{h_{11e}}{1 + h_{21e}} \approx \frac{h_{11e}}{h_{21e}}$	$h_{11c} = h_{11e}$
$h_{12b} = -\frac{h_{12e} - \Delta h_e}{1 + h_{21e}}$	$h_{12c} = 1$
$h_{21b} = -\frac{h_{21e}}{1 + h_{21e}} \approx -1$	$h_{21c} = -(1 + h_{21e})$
$h_{22b} = \frac{h_{22e}}{1 + h_{21e}} \approx \frac{h_{22e}}{h_{21e}}$	$h_{22c} = h_{22e}$
$\Delta h_e = h_{11e} h_{22e} - h_{12e} h_{21e}$	

Arbeitspunktabhängigkeit der h-Parameter

Parameter	Stromabhängigkeit	Spannungsabhängigkeit
h_{11e}	$\sim 1/I_E$	unabhängig von U_{CB}
h_{12e}	unabhängig von I_E für mittlere Ströme	$\sim 1/\sqrt{U_{CB}}$
h_{21e}	Maximum bei mittleren Strömen	wenig abhängig von U_{CB}
h_{22e}	$\sim I_C$	$\sim 1/\sqrt{U_{CB}}$

Temperaturabhängigkeit der h-Parameter

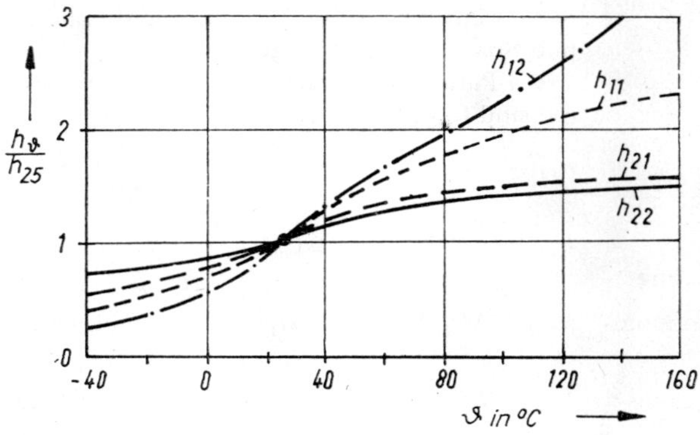

Grenzfrequenzen

Frequenzabhängigkeit der Stromverstärkung

Mit zunehmender Frequenz führen innere Widerstände und Kapazitäten zu einer Abnahme der Verstärkungsfaktoren.

Frequenzabhängigkeit des Betrages und des Phasenwinkels der Stromverstärkung eines Transistors in Basisschaltung

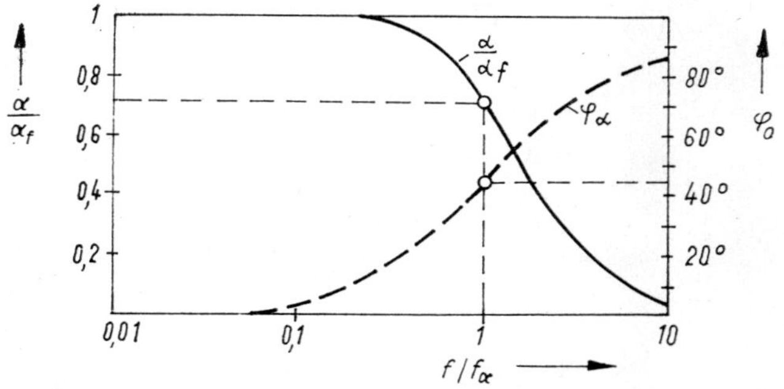

Grenzfrequenzen

Die Grenzfrequenz f_α bzw. f_β ist die Frequenz, bei der die Stromverstärkung in Basis- bzw. Emitterschaltung auf das 0,707fache des Wertes bei tiefen Frequenzen abgesunken ist.
Zwischen den beiden Grenzfrequenzen besteht etwa der Zusammenhang $f_\alpha \approx \beta f_\beta$.

Transitfrequenz

Die Transit- oder Übergangsfrequenz ist als das Produkt aus der Meßfrequenz und der Stromverstärkung in Emitterschaltung definiert. Dabei muß die Meßfrequenz innerhalb des Bereichs liegen, in dem die Stromverstärkung um 6 dB je Oktave abfällt. Größenordnungsmäßig ist f_α etwa des 1,2fache der Transitfrequenz f_T.

3.9.5. Ersatzschaltbilder

π-Ersatzschaltbild nach GIACOLETTO

Das π-Ersatzschaltbild von GIACOLETTO gilt mit guter Genauigkeit im Frequenzbereich bis $0{,}1 f_T$.

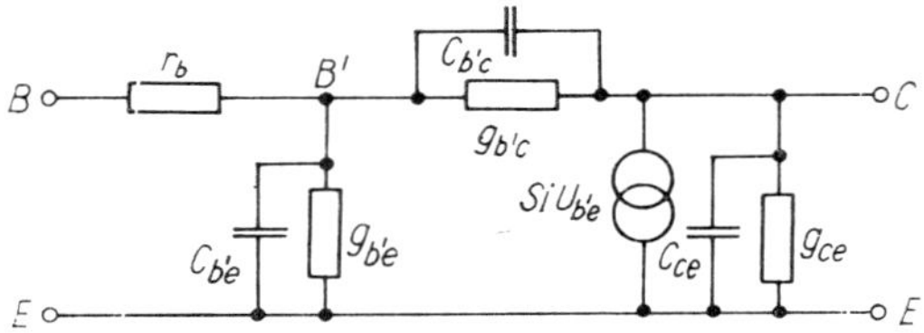

B′	innerer Basisanschluß (nicht zugänglich)	$C_{b'e}$	Kapazität zwischen B′ und E (Diffusionskapazität)
r_b	Basisbahnwiderstand	$C_{b'c}$	Kapazität zwischen B′ und C
$g_{b'e}$	Leitwert zwischen B′ und E	C_{ce}	Kapazität zwischen C und E
$g_{b'c}$	Leitwert zwischen B′ und C	S_i	innere Steilheit des Transistors
g_{ce}	Leitwert zwischen C und E		

$S_i \approx \Delta I_C / \Delta U_{b'e} \approx I_C / U_T$

Vierpol-Ersatzschaltbilder

h-Ersatzschaltbild

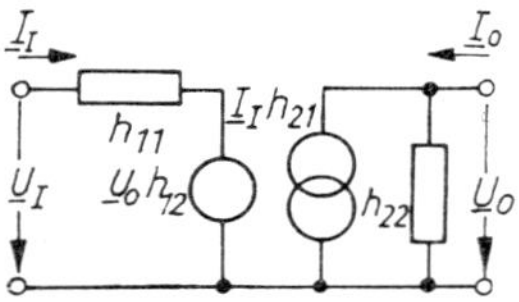

y-Ersatzschaltbild

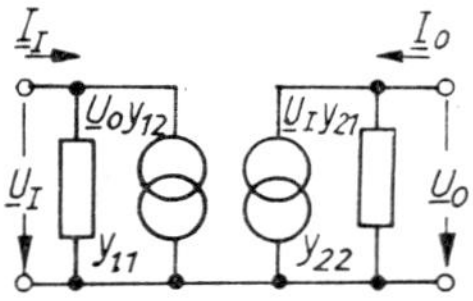

3.9.6. Temperaturabhängigkeit der Transistoreigenschaften

Maximale Betriebstemperatur

Die Kristalltemperatur ϑ_j darf bei

- Siliciumtransistoren 120...200 °C
- Germaniumtransistoren 60...90 °C

nicht übersteigen.

Kollektorreststrom

Der Kollektorreststrom I_{C0} ist der bei

- offenem Emitter in Basisschaltung
- offener Basis in Emitterschaltung

bei einer festgelegten Kollektorspannung gemessene Kollektorstrom.

Kollektorreststromänderung

I_{C0} verdoppelt sich

- bei Siliciumtransistoren mit je 6 K
- bei Germaniumtransistoren mit je 9 K

Temperaturzuwachs.

Basis-Emitter-Spannungsänderung	$\Delta U_{BE} \approx -2{,}5\,\frac{mV}{K}\,\Delta T$ (npn-Transistoren)
	$\Delta U_{BE} \approx +2{,}5\,\frac{mV}{K}\,\Delta T$ (pnp-Transistoren)
Kollektorstromänderung	$\Delta I_C \approx I_C(e^{\Delta U_{BE}/U_T} - 1)$
Änderung der Vierpolparameter	→ 3.9.4.

3.9.7. Rauschen von bipolaren Transistoren

Rauschen

Definition → 3.8.9.

Rauschen von bipolaren Transistoren

Ursachen

- thermisches Rauschen (Basisbahnwiderstand)
- Stromverteilungsrauschen (Kollektor- und Emitterstrom in den pn-Übergängen)
- Funkelrauschen (Leckströme in den gesperrten pn-Übergängen)

Frequenzgang des Rauschens von Siliciumtransistoren

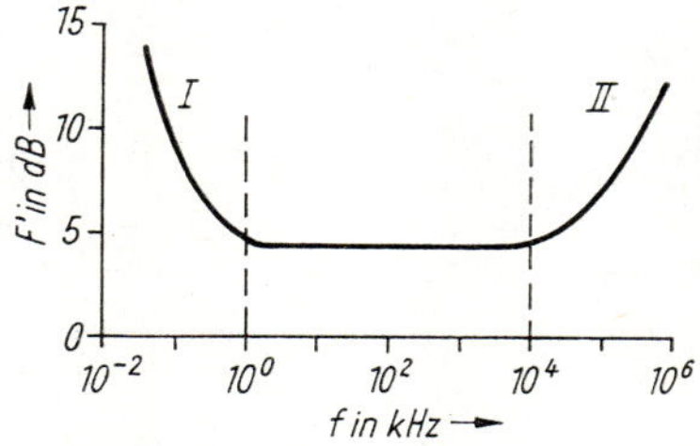

I Funkelrauschen nimmt nach kleineren Frequenzen hin zu

II Stromverstärkung h_{21b} nimmt mit steigender Frequenz ab

Das Rauschen hat bei einem bestimmten Signalquellenwiderstand R_{Gopt} und einem bestimmten Emitterstrom I_{Eopt} ein Minimum.

Praktische Werte des Rauschmaßes eines Siliciumtransistors

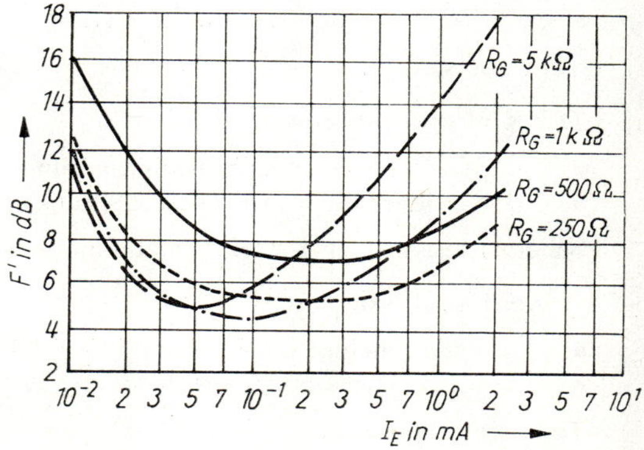

Abhängigkeit des Rauschmaßes von dem Generatorwiderstand und dem Emitterstrom

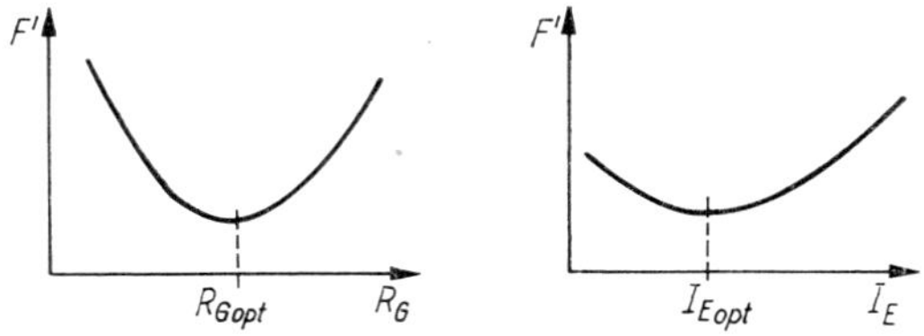

Rauscharmer Vorstufentransistor; $F = f(I_E; R_G)$; $f = 1$ kHz, $\Delta f = 600$ Hz, $U_{CE} = 6$ V

3.9.8. Bipolare Transistoren im Schalterbetrieb

Schaltzustände

AUS: Transistor gesperrt, $I_C = I_{C0} \approx 0$, $I_B \leqq 0$

EIN: Transistor durchgesteuert

Schaltstufe

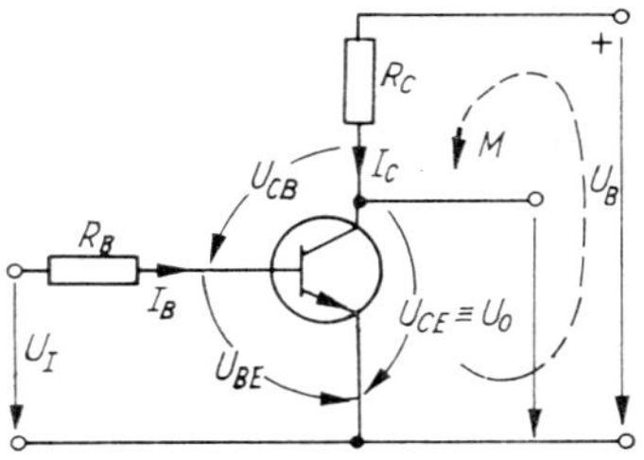

Ausgangskennlinienfeld mit eingetragener Arbeitsgerade

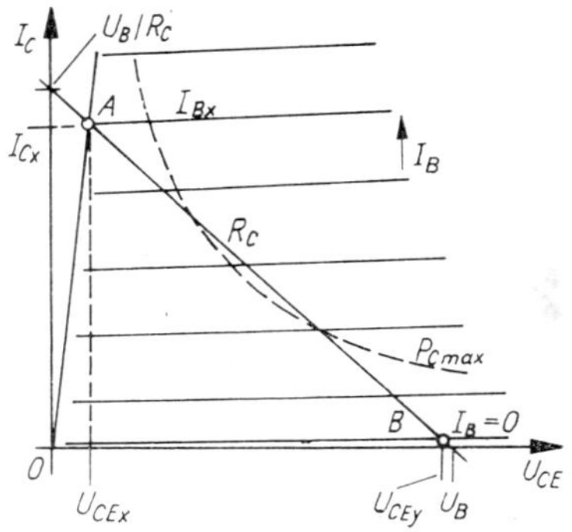

Masche M: $I_C R_C + U_{CE} - U_B = 0 \quad I_C = \dfrac{U_B}{R_C} - \dfrac{U_{CE}}{R_C}$

Gleichung der Arbeitsgeraden (Kennlinie des Kollektorwiderstandes)

Ströme und Spannungen in den Schaltzuständen

AUS (y-Zustand): $I_B = 0, \quad I_{Cy} = I_{C0} \to 0 \quad U_{CE} = U_{CEy} \approx U_B$

EIN (x-Zustand): $I_B \geqq I_{Bx}, \quad I_C = I_{Cx} \approx U_B/R_C, \quad U_{CE} = U_{CEx}$

Sättigungsfälle

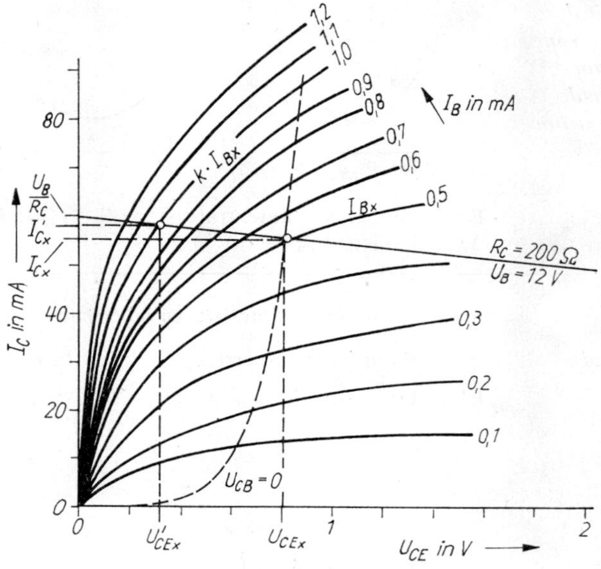

	I_B	I_C	U_{CB}	U_{CE}
Durchgesteuert	$I_{Bx} = \dfrac{U_B}{BR_C}$	$I_{Cx} \approx \dfrac{U_B}{R_C}$	$U_{CBx} = 0$	$U_{CEx} = U_{BEx}$
Übersteuert	$I'_{Bx} = \dfrac{kU_B}{BR_C}$	$I'_{Cx} \approx \dfrac{U_B}{R_C}$	$U'_{CBx} < 0$	$U'_{CEx} < U'_{BEx}$
	$k > 1$			

Berechnung einer Schaltstufe

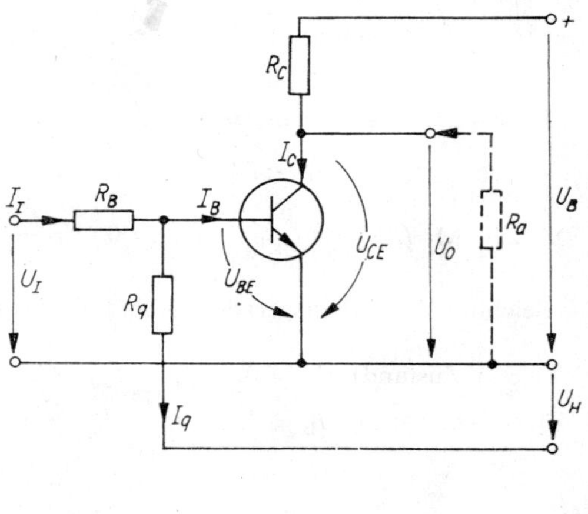

Variante mit Sperrspannung	Für den Fall, daß $U_{BEy} = 0$ (Transistor gesperrt): $$U_{Iy} = \frac{R_B}{R_q} U_H$$ $$U_{Ix} \geqq R_B \left(\frac{kU_B}{BR_C} + \frac{U_{BEx} + U_H}{R_q}\right) + U_{BEx} \qquad U_{BEx} \approx 0{,}8\ \text{V}$$
Variante ohne Sperrspannung	$U_H = 0$, R_q an Nullpotential; für den Fall, daß $U_{BEy} \leqq 0{,}4$ V (Transistor gesperrt): $$U_{Iy} \leqq \frac{R_B + R_q}{R_q} \cdot 0{,}4\ \text{V} \qquad U_{Ix} \geqq R_B \left(\frac{kU_B}{BR_C} + \frac{U_{BEx}}{R_q}\right) + U_{BEx}$$
Variante ohne R_q	Für den Fall, daß $U_{BEy} \leqq 0{,}4$ V: $$U_{Iy} \leqq 0{,}4\ \text{V} \qquad U_{Ix} \geqq R_B \frac{kU_B}{BR_C} + U_{BEx}$$

3.9.9. Bipolare Transistoren als Kleinsignal-Analogverstärker
(→ 4.2.)

Grundschaltungen

Die drei Grundschaltungen bipolarer Transistoren (→ 3.9.2.) unterscheiden sich wesentlich in ihren Eigenschaften. Aus diesen Eigenschaften leiten sich die Anwendungsfälle ab.

Eigenschaften der Grundschaltungen	Basisschaltung	Emitterschaltung	Kollektorschaltung
Eingangswiderstand	klein (50...200 Ω)	mittel (0,5...5 kΩ)	groß (0,1...0,5 MΩ)
Ausgangswiderstand	groß (0,5...2 MΩ)	mittel (10...100 kΩ)	klein (30...500 Ω)
Stromverstärkung	klein (<1)	groß (10...200)	groß (10...200)
Spannungsverstärkung	groß (100...1000)	groß (100...1000)	klein (<1)
Lage der Ausgangs- zur Eingangsspannung	gleichphasig	gegenphasig	gleichphasig
Typische Anwendungen	HF-Verstärker (geringe Rückwirkung zwischen Ein- und Ausgang)	NF- und HF-Verstärker	Impendanzwandler

Emitterschaltung

Festlegung des Arbeitspunktes

Schaltung

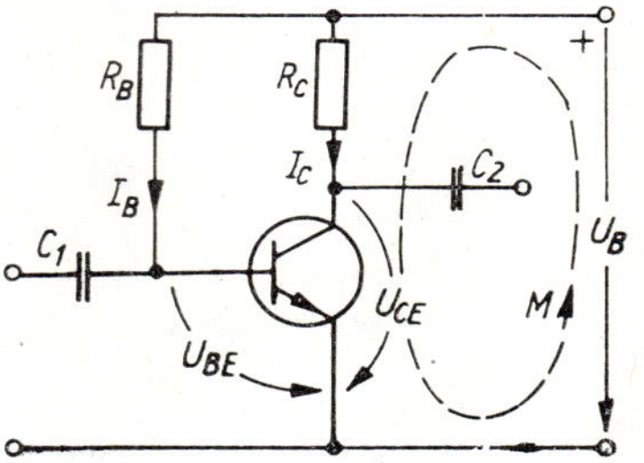

Kennlinienfeld mit eingetragener Arbeitsgeraden

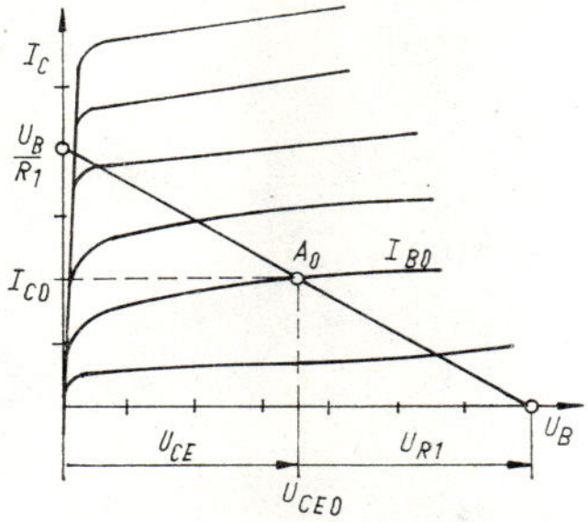

Für eine analoge, verzerrungsfreie Verstärkung muß der Arbeitspunkt (Ruhewerte für I_C, I_B, U_{CE} und U_{BE}) etwa in der Mitte der Kennlinie des Kollektorwiderstandes liegen. Bei sehr kleinen Eingangswechselspannungen kann der Arbeitspunkt in Richtung U_B verlagert werden.

Arbeitsgerade

Die Lage der Arbeitsgeraden ergibt sich aus der Maschengleichung des Kollektorstromkreises:

$$-U_B + I_C R_C + U_{BE} = 0, \text{ und daraus } I_C = \frac{U_B}{R_C} - \frac{U_{CE}}{R_C}$$

Die Gerade schneidet die Achsen in den Punkten:

$U_{CE} = U_B\,(I_C = 0)$ und $I_C = U_B/R_C\,(U_{CE} = 0)$

Basisvorwiderstand

$$R_B = \frac{U_B - U_{BE0}}{I_{B0}} = \frac{B(U_B - U_{BE0})}{I_{C0}}$$

Stabilisierung des Arbeitspunktes

Zur Stabilisierung des Arbeitspunktes wird eine Gleichspannungs- oder Gleichstrom-Gegenkopplung angewendet.

Schaltung mit Spannungsgegenkopplung

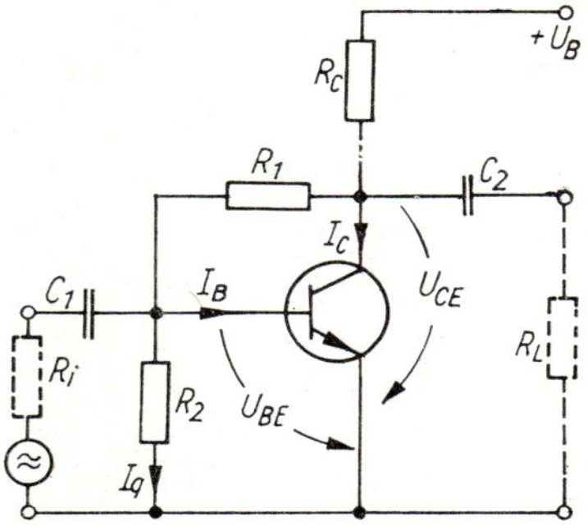

Zur Vermeidung einer verstärkungsmindernden Wechselspannungsgegenkopplung ist R_1 in zwei Widerstände aufzuteilen und gegen Masse abzublocken.

$$R_C = \frac{U_B - U_{CE0}}{I_{C0} + I_{B0} + I_q} = \frac{B(U_B - U_{CE0})}{I_{C0}(1 + B + n)}$$

$$R_1 = \frac{U_{CE0} - U_{BE0}}{I_{B0} + I_q} = \frac{B(U_{CE0} - U_{BE0})}{I_{C0}(1 + n)}$$

$$R_2 = \frac{U_{BE0}}{I_q} = \frac{U_{BE0}B}{I_{C0}n}$$

$I_q = nI_{B0}$ mit $n = 0\ldots10$

Schaltung mit Stromgegenkopplung

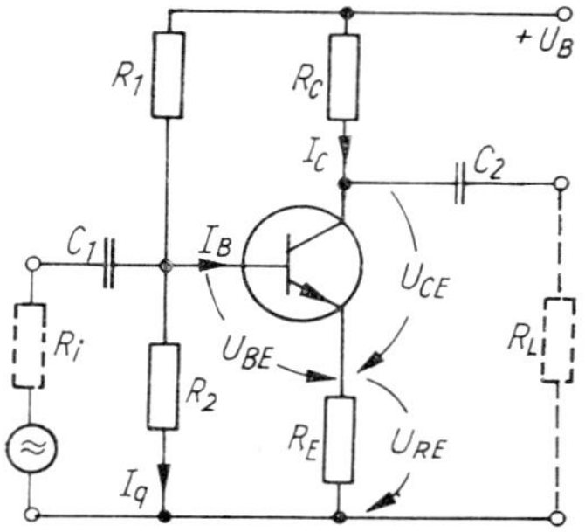

Zur Vermeidung einer verstärkungsmindernden Wechselstromgegenkopplung ist R_E kapazitiv zu überbrücken

$$C \geqq \frac{1}{\omega_u R_E}$$

ω_u untere Grenzwinkelfrequenz

$$R_C = \frac{U_B - U_{CE0} - I_{C0}R_E}{I_{CO}} \qquad R_E = \frac{U_{RE}}{I_{C0} + I_{B0}} = \frac{U_{RE}B}{I_{C0}(B + 1)}$$

$$R_1 = \frac{U_B - U_{BE0} - U_{RE}}{I_{B0} + I_q} = \frac{(U_B - U_{BE0} - U_{RE})\,B}{(1 + n)\,I_{C0}}$$

$$R_2 = \frac{U_{BE} + U_{RE}}{I_q} = \frac{(U_{BE0} + U_{RE})\,B}{I_{C0}n}$$

$I_q = nI_{B0}$ mit $n = 0\ldots10$

$U_{RE} \approx 0{,}1U_B$, aber nicht kleiner als 1 V

Kollektorschaltung

Schaltung

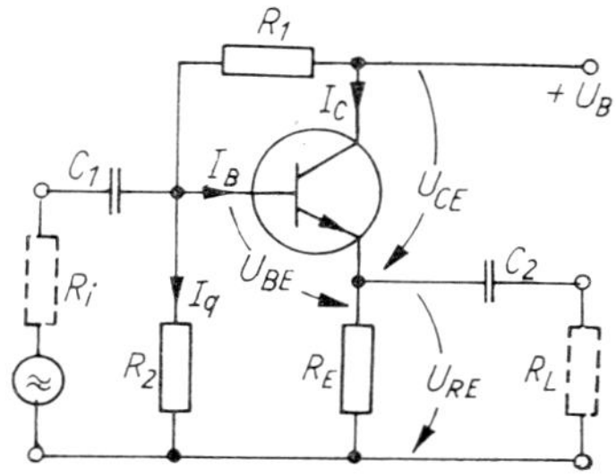

Festlegung des Arbeitspunktes

Der Arbeitspunkt wird im allgemeinen so festgelegt, daß $U_{RE} \approx 0{,}5U_B$.

$$R_E = \frac{U_{RE}}{I_{C0} + I_{B0}} = \frac{U_{RE}B}{I_{C0}(1 + B)}$$

$$R_1 = \frac{U_B - U_{RE} - U_{BE0}}{I_{B0} + I_q} = \frac{(U_{CE} - U_{BE0})\,B}{I_{C0}(1 + n)}$$

$$R_2 = \frac{U_{BE0} + U_{RE}}{I_q} = \frac{(U_{RE} + U_{BE0})\,B}{I_{C0}n}$$

$I_q = nI_{B0}$ mit $n = 0 \ldots 10$

3.9.10. Kleinsignal-Verstärkerparameter (→ 4.2.)

Emitterschaltung

Eingangswiderstand $Z_e = \dfrac{h_{11e} + \Delta h R_a}{1 + h_{22e}R_a}$

Ausgangswiderstand $Z_a = \dfrac{h_{11e} + R_G}{h_{22e}R_G + \Delta h_e}$

Stromverstärkung $V_i = \dfrac{h_{21e}}{1 + h_{22e}R_a} \approx h_{21e}$

Spannungsverstärkung $V_u = -\dfrac{h_{21e}R_a}{h_{11e} + \Delta h R_a} \approx \dfrac{I_C R_a}{U_T}$

Leistungsverstärkung $V_p = V_u V_i$

$R_a = R_C//R_L$ (am Verstärkerausgang wirksamer Belastungswiderstand)

R_G Parallelschaltung des Signalquellenwiderstandes R_i und der Basiswiderstände

Kollektorschaltung

Eingangswiderstand $Z_e = \dfrac{h_{11c} + \Delta h_c R_a}{1 + h_{22c}R_a} = \dfrac{h_{11e} + (1 + h_{21e})\,R_a}{1 + h_{22e}R_a}$

Ausgangswiderstand $Z_a = \dfrac{h_{11c} + R_a}{h_{22c}R_G + \Delta h_c} = \dfrac{h_{11e} + R_G}{h_{22e}R_G + h_{21e} + 1}$

Stromverstärkung $V_i = \dfrac{h_{21c}}{1 + h_{22c}R_a} = \dfrac{h_{21e} + 1}{1 + h_{22e}R_a}$

Spannungsverstärkung $V_u = \dfrac{h_{21c}R_a}{h_{11c} + \Delta h_c R_a} = \dfrac{(h_{21e} + 1)\,R_a}{h_{11e} + (h_{21e} + 1)\,R_a}$

Leistungsverstärkung $V_p = V_u V_i$

$R_a = R_E//R_L$ (am Verstärkerausgang wirksamer Belastungswiderstand)

R_G Parallelschaltung des Signalquellenwiderstandes R_i und der Basiswiderstände

3.9.11. Bipolare Transistoren als Leistungsverstärker im *A*-Betrieb

(→ 4.2.5.)

Leistungsverstärker

Im Leistungsverstärker wird der Transistor so weit ausgesteuert, daß die Vierpolparameter nicht mehr anwendbar sind (*Großsignalbetrieb*).

A-Betrieb

Der Arbeitspunkt liegt in der Mitte der Arbeitsgeraden.

Ausnutzbarkeit des Kennlinienfeldes

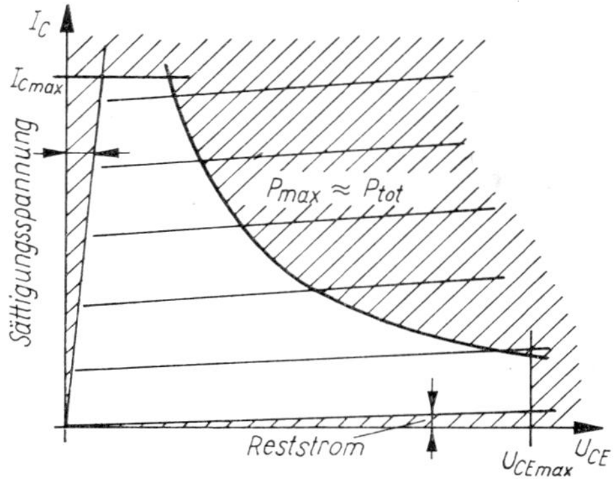

Das Kennlinienfeld ist innerhalb der Grenzdaten des Transistors (I_{Cmax}, U_{CEmax}, P_{tot}), der Sättigungsspannung und des Reststromes ausnutzbar.

Leistungsverstärker mit *RC*-Kopplung

Schaltung und Kennlinienfeld mit Arbeitsgeraden

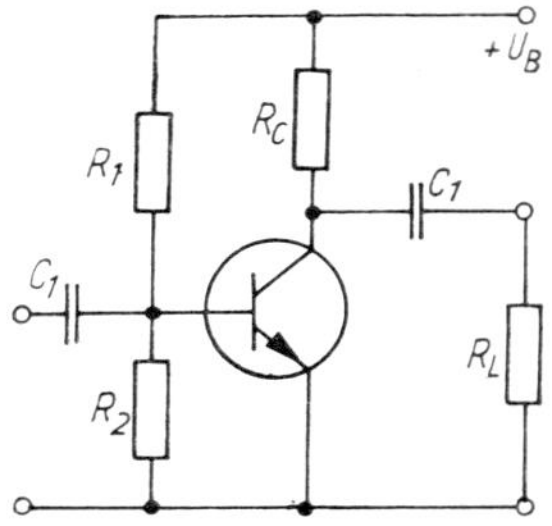

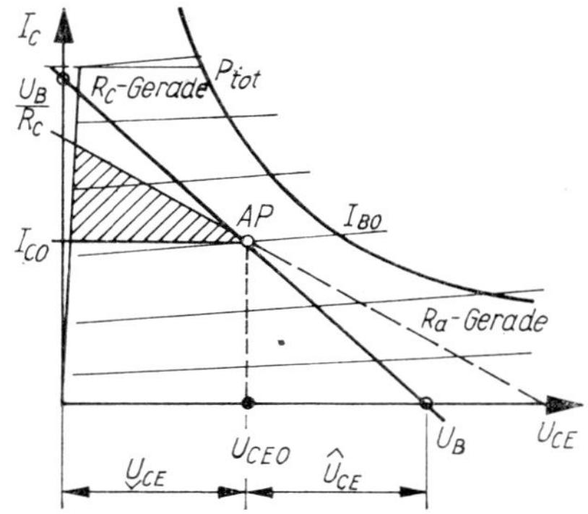

Lage der Gleichstrom-Arbeitsgeraden

Die Gleichstrom-Arbeitsgerade schneidet die Achsen in den Punkten U_B und U_B/R_C.

Lage der Wechselstrom-Arbeitsgeraden

Die Wechselstrom-Arbeitsgerade verläuft durch den gewählten und mit I_{B0} eingestellten Arbeitspunkt. Ihre Steigung ergibt sich aus $\Delta U_{CE} = -\Delta I_C / R_a$ mit $R_a = R_C // R_L$ (reelle Widerstände vorausgesetzt; kapazitiver Widerstand von C_2 innerhalb des zu übertragenden Frequenzbereiches vernachlässigbar).

Abgebbare Wechselstromleistung	$P_{\text{amax}} \approx \dfrac{U_B^2}{8R_a} \approx \dfrac{U_B I_{C0}}{4}$	bei $R_{\text{aopt}} = \dfrac{U_B}{2I_{C0}}$
	Diese Signalleistung verteilt sich auf R_C und R_L:	
	$P_{RL} = P_a \dfrac{R_C}{R_C + R_L}$	$P_{RC} = P_a \dfrac{R_L}{R_L + R_C}$
Gleichstromverlustleistung und Wirkungsgrad	$P_v = U_{CE0} I_{C0}$	$\eta = \dfrac{P_{RL}}{P_v} \cdot 100\,\%$

Leistungsverstärker mit Übertragerkopplung

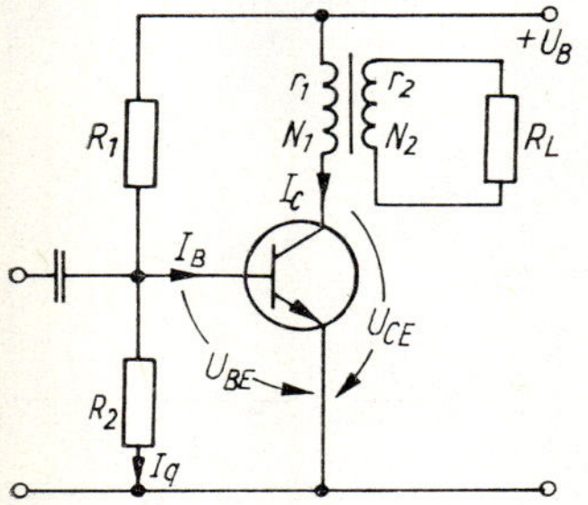

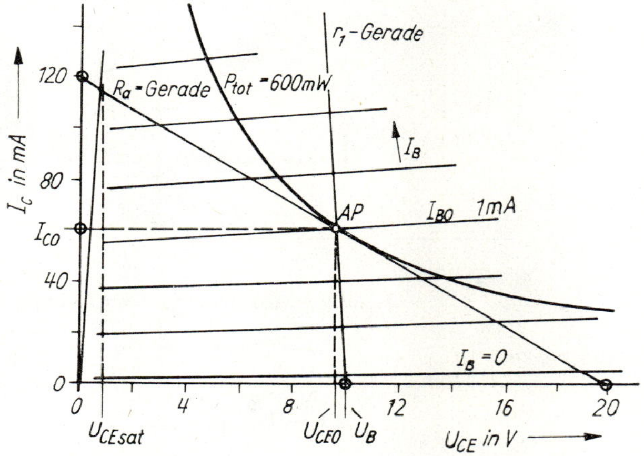

Lage der Gleichstrom-Arbeitsgeraden	Die Gleichstrom-Arbeitsgerade schneidet die U_{CE}-Achse bei U_B; ihre Steigung ergibt sich aus $\Delta U_{CE} = -\Delta I_C r_1$ (r_1 Wicklungswiderstand primär).	
Lage des Arbeitspunktes	Der Arbeitspunkt wird in die Nähe der Verlustleistungshyperbel gelegt.	
Lage der Wechselstrom-Arbeitsgeraden	Die Wechselstrom-Arbeitsgerade verläuft durch den Arbeitspunkt. Das Übersetzungsverhältnis N_1/N_2 ist so zu wählen, daß die Arbeitsgerade von R_a die U_{CE}-Achse bei $2U_B$ schneidet. Die Steigung der Arbeitsgeraden ergibt sich aus $\Delta U_{CE} = -\Delta I_C R_a$	
Wirksamer Lastwiderstand	$R_a = (R_L + r_2)\left(\dfrac{N_1}{N_2}\right)^2 + r_1$	N_1 Windungszahl primär N_2 Windungszahl sekundär r_2 Wicklungswiderstand sekundär
Abgebbare Wechselstromleistung	$P_{\text{amax}} = \dfrac{(U_B - U_{CEsat})^2}{2R_L \ddot{u}^2}$	$\ddot{u} = N_1/N_2$, Übertragerverluste vernachlässigt

Gleichstrom-verlustleistung	$P_v = U_{CE0} I_{C0}$
Wirkungsgrad	$\eta = P_{amax}/P_v$

3.10. Wärmeableitung bei Halbleiterbauelementen

3.10.1. Thermische Ersatzschaltungen

Wärmeableitung

Die im Bauelement in Wärmeleistung P_W umgesetzte elektrische Leistung P_v wird über Wärmewiderstände R_{th} an die Umgebung abgeführt. Dabei stellt sich das Temperaturgefälle ΔT ein.

$$\Delta T = \vartheta_j - \vartheta_a = P_v R_{th}$$

Maximal zulässige Verlustleistung

$$P_{vmax} = \frac{\vartheta_{jmax} - \vartheta_a}{R_{th}}$$

$$P_{vmax} = P_N \frac{\vartheta_{jmax} - \vartheta_a}{\vartheta_{jmax} - \vartheta_N}$$

ϑ_j Kristalltemperatur
ϑ_a Umgebungstemperatur
P_N Nennleistung
ϑ_N Nenntemperatur (meist 25 °C)
ϑ_{jmax} maximal zulässige Kristalltemperatur

Wärmeableitung ohne Kühlkörper

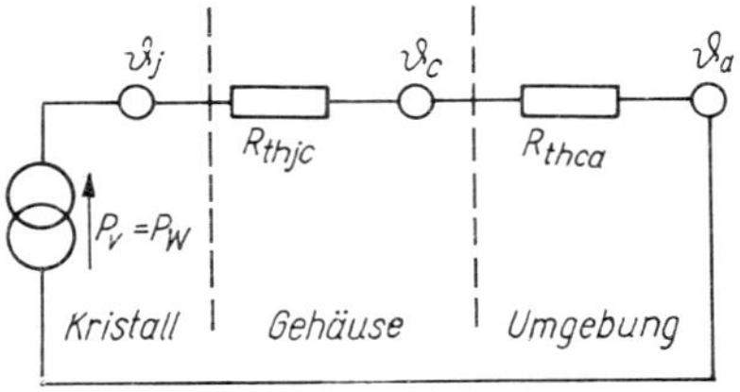

Die vom Kristall zum Gehäuse übertragene Wärmeleistung wird unmittelbar vom Gehäuse an die Umgebung abgegeben.

R_{thjc} Wärmewiderstand zwischen Kristall und Gehäuse
R_{thca} Wärmeübergangswiderstand zwischen Gehäuse und Umgebung
ϑ_c Gehäusetemperatur

Gesamtwärmewiderstand

$R_{thja} = R_{thjc} + R_{thca}$ (Herstellerangabe)

Wärmeableitung mit Kühlkörper oder -blech und Isolierscheibe

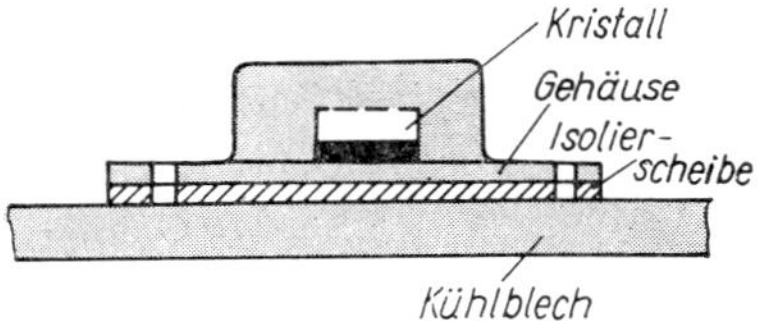

Durch die Isolierscheibe wird der Gesamtwärmewiderstand erhöht, durch den Kühlkörper wird er wesentlich herabgesetzt.

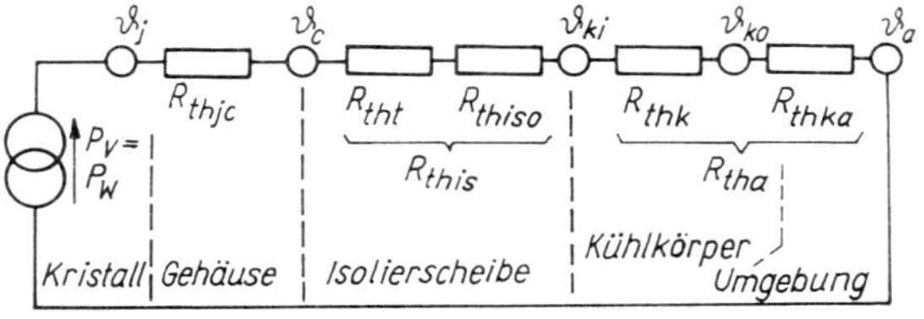

$R_{this} = R_{tht} + R_{thiso}$ — Wärmewiderstand der montierten und gegebenenfalls gefetteten Isolierscheibe (Herstellerangabe)

$R_{tha} = R_{thk} + R_{thka}$ — Wärmewiderstand des montierten Kühlkörpers (-bleches)

ϑ_{ki} Kühlkörpertemperatur an der Isolierscheibe
ϑ_{ko} Kühlkörpertemperatur an der Oberfläche zum Umgebungsmedium

Temperaturgefälle $\vartheta_j - \vartheta_c = P_v R_{thjc}$ $\quad \vartheta_c - \vartheta_{ki} = P_v R_{this}$ $\quad \vartheta_{ki} - \vartheta_a = P_v R_{tha}$

3.10.2. Wärmewiderstände

Wärmewiderstände von Isolierscheiben in K/W (Richtwerte für Gehäuse TO 3)

Material	Dicke mm	Trockene Scheibe	Gefettete Scheibe
Glimmer	0,05	1,25	0,5
Glimmer	0,10	1,50	0,8
Hartpapier	0,05	1,65	1,0
Hartpapier	0,10	2,00	1,4

Wärmewiderstände für Transistoren in K/W (Richtwerte)

Transistorart	Gehäuse	R_{thja}	R_{thjc}
Leistungstransistor	TO-3	30 … 50	1,5 … 5
Leistungstransistor	SOT-32	80 … 200	8 … 20
Vorstufentransistor	TO-5	150 … 400	40 … 60

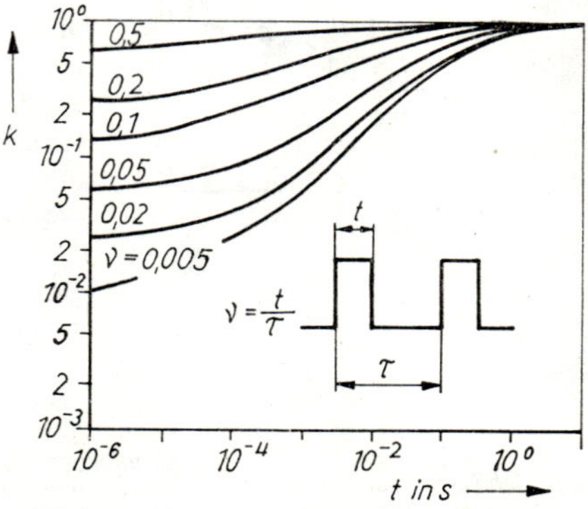

Relative Verringerung des Wärmewiderstandes bei Impulsbelastung

Bei Impulsbetrieb darf die Impulsleistung größer als die Nennleistung sein. Der Wärmewiderstand R_{thjc} wird scheinbar verringert.

$$R'_{thjc} = k R_{thjc}$$

Strom-Spannungs-Abhängigkeit des Wärmewiderstandes (Beispiel)

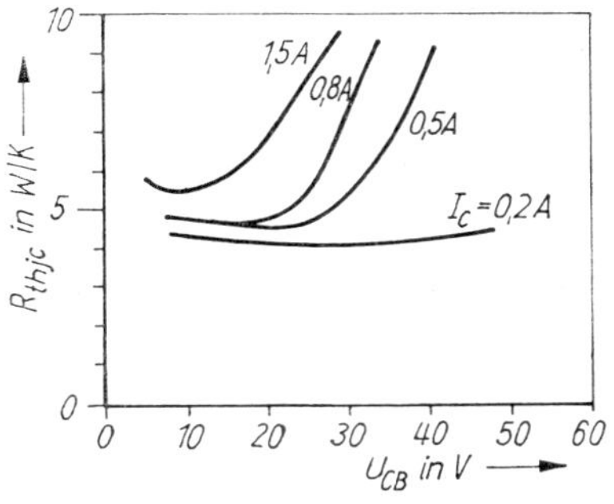

Bei Leistungstransistoren ändert sich bei größeren Kollektorspannungen mit steigendem Temperaturgradienten der am Stromfluß beteiligte Querschnitt, so daß es zu einer Zunahme des Wärmewiderstandes R_{thjc} kommt.

3.10.3. Berechnung von Kühlblechen

Kühlkörper

Die Auswahlbedingungen (Profil, Abmessungen usw.) von Kühlkörpern werden von den Kühlkörperherstellern angegeben.

Kühlbleche

Für quadratische Bleche, in deren Mitte das Bauelement montiert ist, kann der Wärmewiderstand näherungsweise berechnet werden.

$$R_{tha} = \frac{3{,}3}{\sqrt{\lambda d}} C^{0,25} + \frac{650}{A} C$$

R_{tha} Wärmewiderstand des Kühlblechs in K/W
λ Wärmeleitwert des Bleches in W/(K · cm)
d Blechdicke in mm
A Fläche (einseitig) in cm^2
C Konstante zur Berücksichtigung von Lage und Oberflächenbeschaffenheit des Bleches

Wärmeleitwerte

Material	Aluminium	Kupfer	Stahl
λ in W/(K · cm)	2,1	3,8	0,46

Konstante C

Lage	Oberfläche blank	geschwärzt
waagerecht	1,0	0,50
senkrecht	0,85	0,43

λ und C gelten für ruhende Luft bis etwa 45 °C.

Kühlblechberechnung mit Näherungsformel

$$A = \frac{K_1}{R_{tha} - K_2}$$

A in cm^2
R_{tha} in K/W
K_1, K_2 Material- und Lagekonstanten

Konstante K_1 zur Berücksichtigung von Lage und Oberflächenbeschaffenheit

Oberflächenbeschaffenheit	waagerechte Lage	senkrechte Lage
blank	650	555
geschwärzt	330	280

Konstante K_2 zur Berücksichtigung von Materialart und -dicke

Material	Dicke	waagerecht		senkrecht	
	mm	blank	schwarz	blank	schwarz
Al	1	2,30	1,90	2,20	1,85
	2	1,60	1,35	1,55	1,30
	3	1,30	1,10	1,25	1,05
	4	1,15	0,95	1,10	0,90
	5	1,05	0,85	1,00	0,80
Cu	1	1,70	1,40	1,60	1,35
	2	1,20	1,00	1,15	0,95
	3	1,00	0,80	0,95	0,80
	4	0,85	0,70	0,80	0,68
	5	0,75	0,65	0,73	0,60
Fe	1	4,90	4,10	4,70	4,00
	2	3,50	2,90	3,30	2,80
	3	2,80	2,40	2,70	2,30
	4	2,40	2,10	2,30	2,00
	5	2,25	1,90	2,10	1,75

3.11. Schaltungsintegration

3.11.1. Übersicht

Integrierte Schaltkreise

Der integrierte Schaltkreis ist die irreparable, nicht demontierbare kleinste Einheit der *Mikroelektronik*. Er kann als ein einziges Bauelement aufgefaßt werden, das sich von herkömmlichen diskreten Bauelementen durch ein *höheres Funktionsniveau* unterscheidet.

Integrationsgrade

Je nach der Anzahl der integrierten Schaltelemente oder Elementarschaltungen werden verschiedene Integrationsgrade unterschieden

- SSI (small-scale integration)
  2...20 Funktionen, bis 100 Transistoren,
  3 mm² mittlerer Flächenbedarf
- MSI (medium-scale integration)
  20...100 Funktionen, bis 1000 Transistoren,
  8 mm² mittlerer Flächenbedarf

- LSI (large-scale integration)
  100...10000 Funktionen, bis 20000 Transistoren,
  20 mm² mittlerer Flächenbedarf
- VLSI (very large-scale integration)
  über 10000 Funktionen, über 20000 Transistoren,
  über 30 mm² mittlerer Flächenbedarf

Technologien der Mikroelektronik

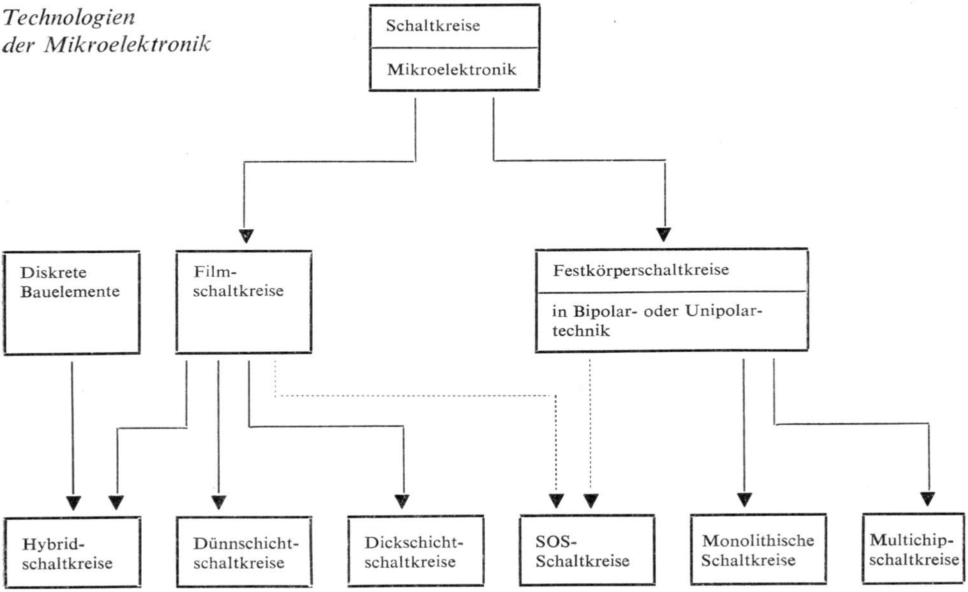

3.11.2. Filmschaltkreise

Filmschaltkreise

Auf ein isolierendes Trägermaterial werden durch leitfähige, einbrennbare Pasten oder durch einen Aufdampfprozeß Leitungszüge und passive Bauelemente in funktionsfähigen Zusammenschaltungen (Widerstandsnetzwerken) erzeugt.

Dick- und Dünnschichttechnik

	Dickschichttechnik	Dünnschichttechnik
Substrat	Oxidkeramik	Glas
Leitermaterial	Silber, Silber-Palladium, Gold, Gold-Palladium, Gold-Platin	Kupfer, Aluminium, Gold, Silber

	Dickschichttechnik	Dünnschichttechnik
Widerstandsmaterial	Metall-Metalloxid von Palladium, Ruthenium, Iridium, Tantal	Tantal, Nickel-Chromium
Beschichtungsprozeß	Siebdruck leitfähiger Pasten, Einbrennen	Aufdampfen oder Katodenzerstäubung im Vakuum
realisierbare Bauelemente	Leiterzüge, Widerstände, Kondensatoren	Leiterzüge, Widerstände, Kondensatoren
Dielektrikum für Kondensatoren	Siliciummonoxid, Aluminiumoxid, Bariumtitanat	Tantalpentoxid
Schichtdicke Bauelementedichte	15 ... 25 µm 5 cm^{-3}	0,1 ... 0,2 µm 10 ... 20 cm^{-3}

Hybridschaltkreise

Halbleiterbauelemente (Dioden, Transistoren) und Kondensatoren werden als diskrete Elemente in den Filmschaltkreis eingelötet; vorteilhaft und kostengünstig für geringe Stückzahlen bei geringem Integrationsgrad.

SOS-Technik

Die SOS-Technik geht von einem einkristallinen Isolatorsubstrat (kristallines Aluminiumoxid, Saphir) aus, auf das passive Schaltelemente aufgedampft und durch Heteroepitaxie und Dotierung die aktiven Bauelemente erzeugt werden. Die gebildeten Schaltelemente werden durch aufgedampfte Leiterstreifen miteinander verbunden.

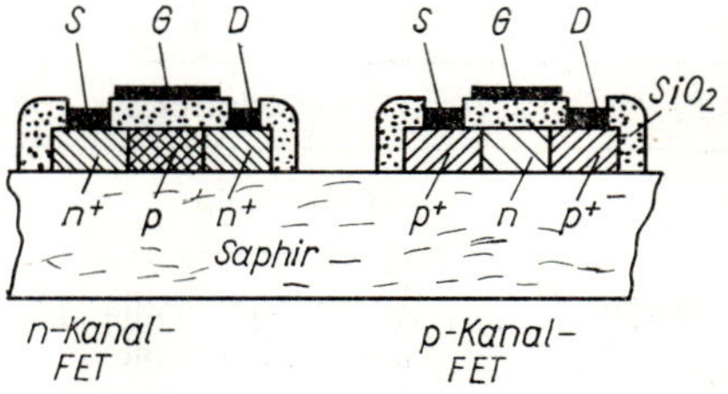

In SOS-Technik werden als aktive Elemente ausschließlich MOSFET-Strukturen realisiert.

3.11.3. Monolithisch integrierte Schaltkreise

Monolithische Schaltkreise

Monolithische, Festkörper- oder Halbleiterblock-Schaltkreise beruhen auf der Epitaxie-Planartechnologie.
Alle passiven und aktiven elektronischen Schaltelemente werden in einem gemeinsamen Fertigungsprozeß auf einem einkristallinen Siliciumplättchen (*Chip*) hergestellt.

Einteilung nach Technologie und Schaltungsart

Monolithische integrierte Schaltungen (IS)			
Bipolare IS (stromgesteuert)		Unipolare IS (spannungsgesteuert)	
digital	analog	digital	analog
SSI	SSI	MSI	geringe Bedeutung
MSI	MSI	LSI	(kombiniert mit
LSI		VLSI	bipolaren
			Strukturen)

Einteilung nach der Anwendung

- lineare, vielseitig verwendbare Schaltungen für allgemeine Anwendungen (Operationsverstärker, Spannungsregler)
- lineare Schaltungen für die Unterhaltungselektronik (Bausteine für den Entertainment-Sektor, Rundfunk- und Fernsehschaltkreise)
- digitale Standardschaltungen (TTL-, LSL-, MOS-Serien)
- Mikroprozessor- und Mikrocomputer-Schaltkreise
- Halbleiter-Speicherschaltkreise
- kundenspezifische analoge und digitale Schaltkreise

Funktionselemente

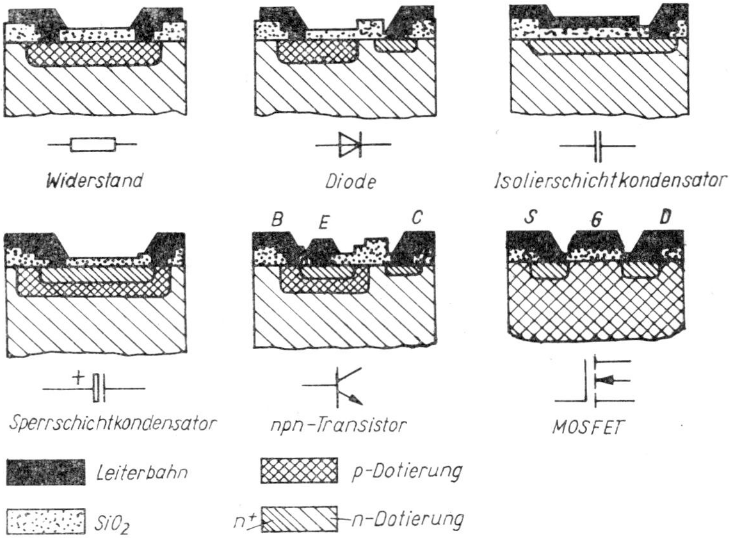

Bipolare Schaltkreise (→ 5.2.4. bis 5.2.6.)

Bipolare Schaltkreise

Bipolare Schaltkreise sind monolithische Analog- oder Digitalschaltungen in Silicium-Planartechnik.

Integrierter Standard-Schaltkreis mit Kondensator, Transistor und Widerstand

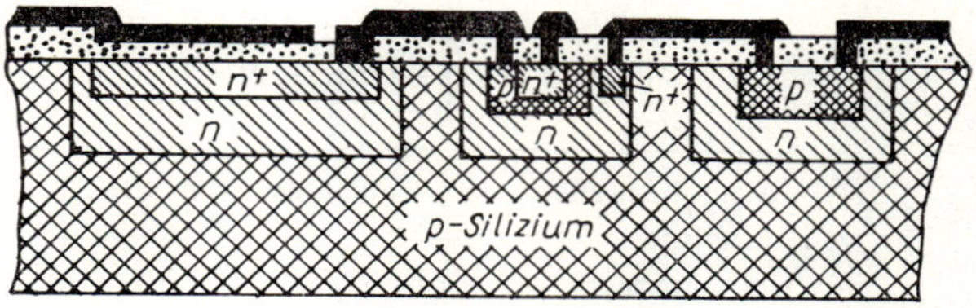

Bipolare Schaltkreise mit verbesserten Eigenschaften

- Schottky-Dioden-Transistor-Logik-Schaltkreise
- Strominjektionslogik

Transistor mit Schottky-*Diode*

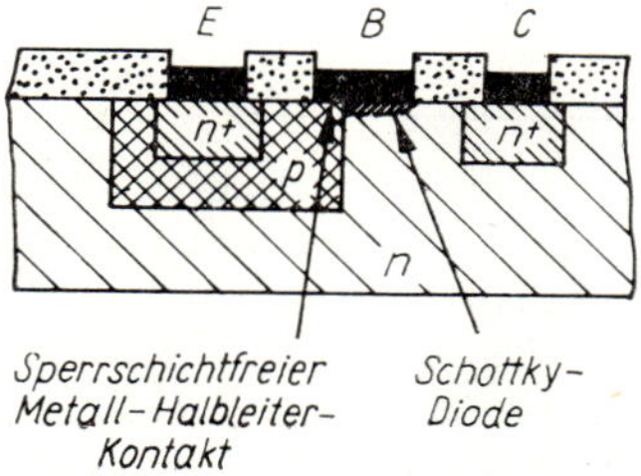

Strominjektionslogik (Schaltung)

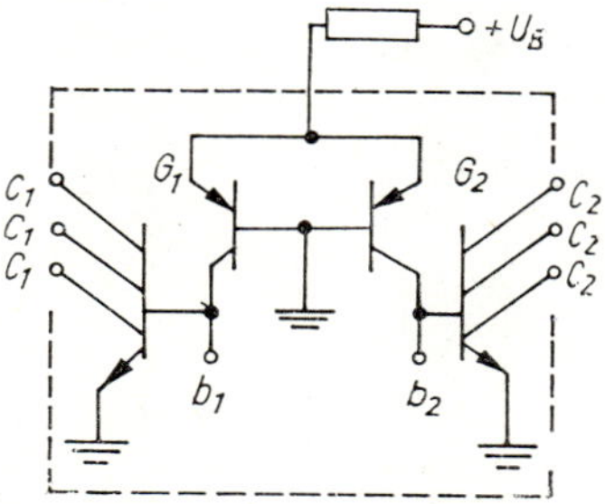

Es werden erreicht:

- geringerer Leistungsverbrauch
- höhere Integrationsgraddichte
- höhere Arbeitsgeschwindigkeit

Strominjektionslogik (Struktur)

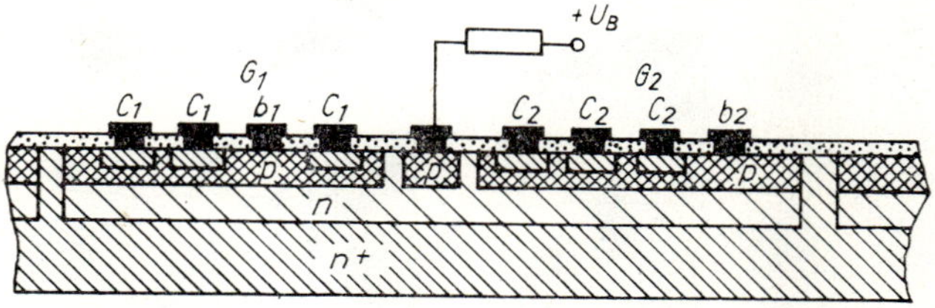

Flächenbedarf je Gatter	Standardtechnologie	Low-Power-Schottky	Strominjektionslogik
	34200 µm²	12800 µm²	3000 µm²

MOS-Schaltkreise

MOS-Schaltkreise

MOS-Schaltkreise sind monolithische Digitalschaltungen, die ausschließlich MOS-Transistorstrukturen enthalten. Widerstände werden durch eine Source-Drain-Strecke dargestellt. Wegen der mikroskopischen Strukturen werden extreme Anforderungen an Genauigkeit und Staubfreiheit gestellt.

MOS-Schaltkreistechniken (→ 5.2.7., 5.2.8.)

p-Kanal-Hochvolttechnik

- einfacher Herstellungsprozeß mit niedrigen Produktionskosten
- hohe Versorgungsspannung (−27 V), geringe Schaltgeschwindigkeit

p-Kanal-Niedervolttechnik

- Weiterentwicklung der Hochvolttechnik
- geringere Versorgungsspannung (8 ... 12 V)
- geringere Leistungsaufnahme
- höhere Schaltgeschwindigkeit

n-Kanal-Siliciumgatetechnik

- wesentlich höhere Schaltgeschwindigkeit als p-Kanal-Techniken
- geringe Versorgungsspannung und Leistungsaufnahme

CMOS-Technik

- jedes Gatter enthält jeweils ein komplementäres Transistorpaar (n-Kanal- und p-Kanal-Anreicherungs-FET)
- kleine Betriebsspannung, minimale Leistungsaufnahme, aber kompliziertere Herstellungstechnik und höherer Bedarf an Bauelementefläche

---

3.12. Zuverlässigkeit elektronischer Bauelemente

3.12.1. Ausfälle von Bauelementen

Formen der Ausfälle

- *Primärausfall:* eigener Fehler des Bauelementes
- *Sekundärausfall:* Folgeerscheinung des Ausfalls eines anderen Bauelementes
- *Vollausfall:* Bauelement wird schlagartig völlig unbrauchbar
- *Driftausfall:* Die Parameter des Bauelementes ändern sich langsam so stark, daß die volle Funktionsfähigkeit nicht mehr gewährleistet ist.

Arten der Ausfälle

- *Vorbetriebsausfall:* Fertigungsfehler
- *Betriebsausfälle*
  - Frühausfall: Der Ausfall erfolgt kurz nach der Inbetriebnahme.
  - Normalausfall: Die Ausfälle sind unregelmäßig nach Ort und Zeit verteilt.

– Verschleißausfall: Das Bauelement fällt nach Erreichen der mittleren Lebensdauer aus.

Ausfallrate

Die Ausfallrate bezieht sich auf die Normalausfälle.

$$\lambda = \frac{\ln N_1 - \ln N_2}{\Delta t}$$

N_1 Menge der funktionstüchtigen Bauelemente zu Beginn der Betriebszeit Δt

N_2 Menge der noch funktionstüchtigen Bauelemente am Ende der Betriebszeit Δt

Erwartungswert für die Funktionstüchtigkeit

$m = 1/\lambda$

Ausfallabstand

$t_A = m/N_1$

t_A gibt an, nach welcher Zeitdauer mit einem Bauelementeausfall aus einer großen Menge gleicher Bauelemente zu rechnen ist.

3.12.2. Ausfallraten elektronischer Bauelemente

Ausfallraten elektronischer Bauelemente bei Nennbelastung

Bauelement	λ in 10^{-9} h^{-1}
Drahtwiderstand	500 ... 1000
Kohleschichtwiderstand	100 ... 500
Metallschichtwiderstand	30 ... 100
Filmwiderstand	15 ... 50
Aluminium-Elko	1000 ... 5000
Tantal-Elko	200 ... 1000
Papierkondensator	100 ... 500
Metallpapierkondensator	10 ... 100
Keramikkondensator	10 ... 100
Siliciumdiode $P_{tot} > 1$ W	100 ... 500
Siliciumdiode $P_{tot} < 1$ W	50 ... 100
Z-Diode	100 ... 200
Silicium-Planartransistor	50 ... 200
Feldeffekttransistor	50 ... 200
Thyristor, TRIAC	500 ... 1000
Integrierte Schaltkreise	0,01 ... 0,02 (je integriertes Funktionselement)

Einflußfaktoren

- Unterbelastung mit P verringert gegenüber der Nennbelastung P_N die Ausfallrate um den Faktor $a = P/P_N$
- Einsatz unter hohen oder niedrigen Temperaturen ($\vartheta_a > 50\,°C$; $\vartheta_a < -10\,°C$) erhöht die Ausfallrate um den Faktor 2...3

4. Analoge Schaltungen

4.1. Berechnungsmethoden

4.1.1. Vierpolberechnung

Vierpol

Ein *Vierpol* ist ein Übertragungssystem mit vier äußeren Anschlußstellen (Klemmen, Pole), von denen jeweils zwei zusammen betrachtet werden (2 Eingangsklemmen, 2 Ausgangsklemmen).

Für die Berechnung wird hier das in der Transistortechnik übliche Zählpfeilsystem verwendet. Für $\underline{I}_2$ ist noch eine zweite Richtung zugelassen (im Bild eingeklammert).

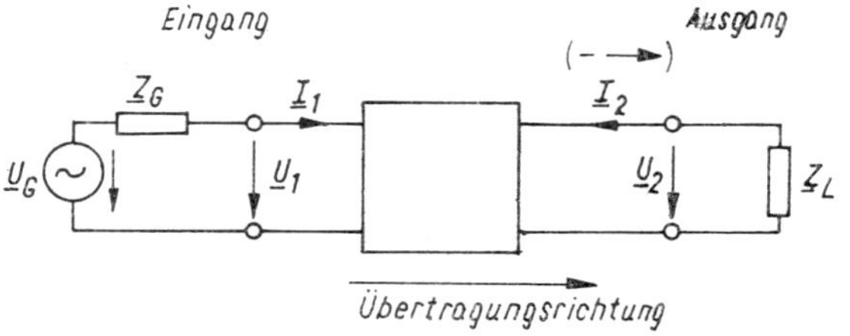

Systematik der Vierpole

Klassifizierung der Vierpole		Besonderheiten
Linearität	lineare Vierpole	Aufbau aus R, L, C
	nichtlineare Vierpole	Aufbau aus D, T, Rö, IS
	quasilineare Vierpole	Frequenzumsetzer
Leistungsbilanz	passive Vierpole	*ohne* Energiequellen; Aufbau aus R, L, C, D
	aktive Vierpole	*mit* Energiequellen; Aufbau aus T, Rö, IS

Klassifizierung der Vierpole		Besonderheiten
Umkehrbarkeit	umkehrbare Vierpole	$\underline{z}_{12} = \underline{z}_{21}$; $\Delta\underline{a} = -1$
	nichtumkehrbare Vierpole	$\underline{z}_{12} \neq \underline{z}_{21}$; $\Delta\underline{a} \neq -1$
Übertragungs-symmetrie	symmetrische Vierpole	$\underline{z}_{11} = \underline{z}_{22}$; $\underline{a}_{11} = -\underline{a}_{22}$
	unsymmetrische Vierpole	$\underline{z}_{11} \neq \underline{z}_{22}$; $\underline{a}_{11} \neq -\underline{a}_{22}$
Erdsymmetrie	erdsymmetrische Vierpole	Eingangsklemmen sind vertauschbar, ebenso Ausgangsklemmen
	erdunsymmetrische Vierpole	durchgehende Masseleitung vorhanden

D Diode, T Transistor, Rö Röhre, IS Integrierter Schaltkreis

Umkehrbarkeit

Umkehrbare Vierpole haben in beiden Richtungen gleiches Übertragungsverhalten (→ Bild). Alle passiven linearen Vierpole sind umkehrbar.

Nichtumkehrbar sind aktive Vierpole (Verstärker) und Gleichrichterschaltungen.

Umkehrbar ist ein Vierpol, wenn $I_{2A} = I_{2B}$ gilt.

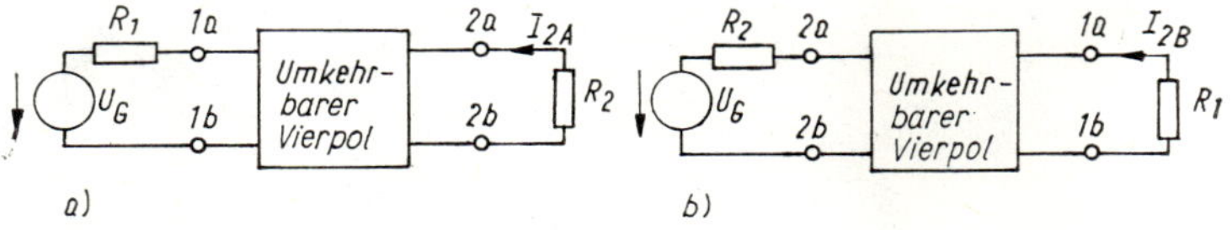

Vierpolgleichungen

Beschreibungsformen für Vierpole

Ströme ($\underline{I}_1$; $\underline{I}_2$) und Spannungen ($\underline{U}_1$, $\underline{U}_2$) sind über die *Vierpolparameter* miteinander linear verknüpft.

Widerstandsform

$$\begin{pmatrix} \underline{U}_1 \\ \underline{U}_2 \end{pmatrix} = \begin{pmatrix} \underline{z}_{11} & \underline{z}_{12} \\ \underline{z}_{21} & \underline{z}_{22} \end{pmatrix} \begin{pmatrix} \underline{I}_1 \\ \underline{I}_2 \end{pmatrix}$$

Leitwertform

$$\begin{pmatrix} \underline{I}_1 \\ \underline{I}_2 \end{pmatrix} = \begin{pmatrix} \underline{y}_{11} & \underline{y}_{12} \\ \underline{y}_{21} & \underline{y}_{22} \end{pmatrix} \begin{pmatrix} \underline{U}_1 \\ \underline{U}_2 \end{pmatrix}$$

Hybridform

$$\begin{pmatrix} \underline{U}_1 \\ \underline{I}_2 \end{pmatrix} = \begin{pmatrix} \underline{h}_{11} & \underline{h}_{12} \\ \underline{h}_{21} & \underline{h}_{22} \end{pmatrix} \begin{pmatrix} \underline{I}_1 \\ \underline{U}_2 \end{pmatrix}$$

Kettenform

$$\begin{pmatrix} \underline{U}_1 \\ \underline{I}_1 \end{pmatrix} = \begin{pmatrix} \underline{a}_{11} & \underline{a}_{12} \\ \underline{a}_{21} & \underline{a}_{22} \end{pmatrix} \begin{pmatrix} \underline{U}_2 \\ \underline{I}_2 \end{pmatrix}$$

Vierpolparameter		Gleichung		Bemerkungen
Leerlauf-Eingangswiderstand	$(\underline{z})$	$\underline{z}_{11} = \frac{\underline{U}_1}{\underline{I}_1}$	$\underline{I}_2 = 0$	Widerstandsparameter sind auf Leerlauf ($\underline{I} = 0$) bezogen
Leerlauf-Rückwirkungswiderstand		$\underline{z}_{12} = \frac{\underline{U}_1}{\underline{I}_2}$	$\underline{I}_1 = 0$	
Leerlauf-Übertragungswiderstand		$\underline{z}_{21} = \frac{\underline{U}_2}{\underline{I}_1}$	$\underline{I}_2 = 0$	
Leerlauf-Ausgangswiderstand		$\underline{z}_{22} = \frac{\underline{U}_2}{\underline{I}_2}$	$\underline{I}_1 = 0$	
Kurzschluß-Eingangsleitwert	$(\underline{y})$	$\underline{y}_{11} = \frac{\underline{I}_1}{\underline{U}_1}$	$\underline{U}_2 = 0$	Leitwertparameter sind auf Kurzschluß ($\underline{U} = 0$) bezogen
Kurzschluß-Rückwirkungsleitwert		$\underline{y}_{12} = \frac{\underline{I}_1}{\underline{U}_2}$	$\underline{U}_1 = 0$	
Kurzschluß-Übertragungsleitwert		$\underline{y}_{21} = \frac{\underline{I}_2}{\underline{U}_1}$	$\underline{U}_2 = 0$	
Kurzschluß-Ausgangsleitwert		$\underline{y}_{22} = \frac{\underline{I}_2}{\underline{U}_2}$	$\underline{U}_1 = 0$	
Kurzschluß-Eingangswiderstand	$(\underline{h})$	$\underline{h}_{11} = \frac{\underline{U}_1}{\underline{I}_1}$	$\underline{U}_2 = 0$	Hybridparameter sind auf Kurzschluß oder Leerlauf bezogen
Leerlauf-Spannungsrückwirkung		$\underline{h}_{12} = \frac{\underline{U}_1}{\underline{U}_2}$	$\underline{I}_1 = 0$	
Kurzschluß-Stromverstärkung		$\underline{h}_{21} = \frac{\underline{I}_2}{\underline{I}_1}$	$\underline{U}_2 = 0$	
Leerlauf-Ausgangsleitwert		$\underline{h}_{22} = \frac{\underline{I}_2}{\underline{U}_2}$	$\underline{I}_1 = 0$	
reziproke Leerlauf-Spannungsverstärkung	$(\underline{a})$	$\underline{a}_{11} = \frac{\underline{U}_1}{\underline{U}_2}$	$\underline{I}_2 = 0$	Kettenparameter sind auf Leerlauf oder Kurzschluß bezogen
Kurzschluß-Übertragungswiderstand		$\underline{a}_{12} = \frac{\underline{U}_1}{\underline{I}_2}$	$\underline{U}_2 = 0$	
Leerlauf-Übertragungsleitwert		$\underline{a}_{21} = \frac{\underline{I}_1}{\underline{U}_2}$	$\underline{I}_2 = 0$	
reziproke Kurzschluß-Stromverstärkung		$\underline{a}_{22} = \frac{\underline{I}_1}{\underline{I}_2}$	$\underline{U}_2 = 0$	

Vierpol-Ersatzschaltbilder

Die Vierpolgleichungen können durch Ersatzschaltbilder veranschaulicht werden.

h-Ersatzschaltbild

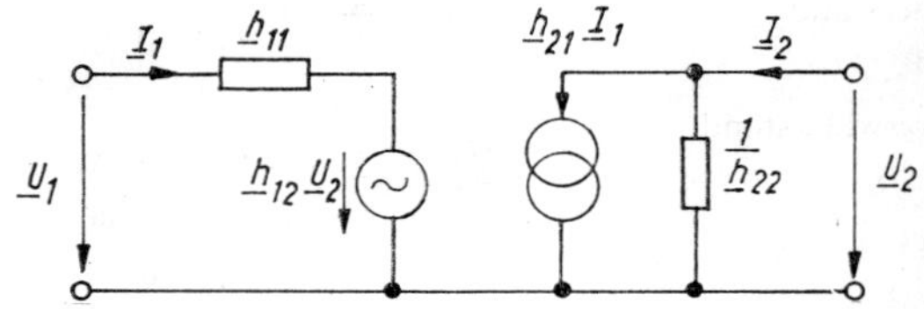

Anwendung bei NF-Transistoren

y-Ersatzschaltbild mit zwei Quellen

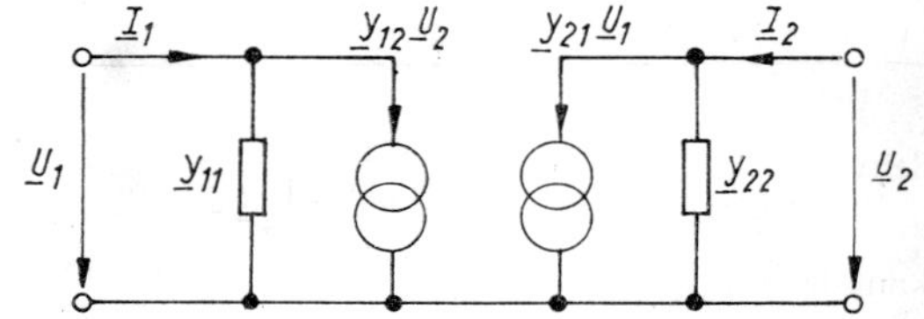

Anwendung bei HF-Transistoren

y-Ersatzschaltbild mit einer Quelle

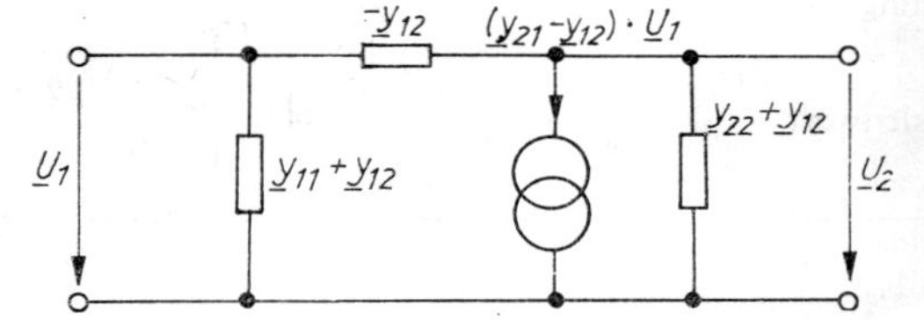

Anwendung bei HF-Transistoren und zur Berechnung der Neutralisation

Gesteuerte Quellen

Gesteuerte Quellen sind an das Ersatzschaltbild gebundene Strom- oder Spannungsquellen, deren Kurzschlußströme (I_k) oder Leerlaufspannungen (U_1) von anderen elektrischen Größen (z.B. Klemmenspannung, Klemmenstrom) abhängig sind.

Matrizen von Grundvierpolen

Zur Berechnung des Übertragungsverhaltens komplizierterer Vierpole wird die Schaltung in bekannte Grundvierpole zerlegt. Die Matrix des Gesamtvierpols berechnet sich dann aus den Matrizen der Einzelvierpole, wobei die Art der Zusammenschaltung beachtet werden muß.

Zusammenschaltungen

- Reihenschaltung
- Parallelschaltung
- Reihen-Parallel-Schaltung
- Parallel-Reihen-Schaltung

Grundvierpol		Matrix
1. *Längswiderstand*	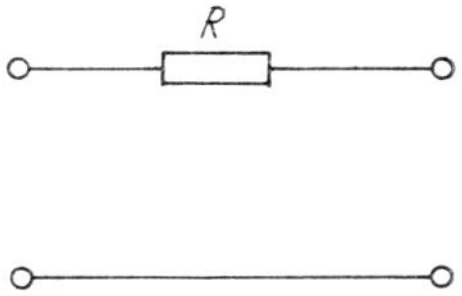	(z): (existiert nicht) (y): $\begin{pmatrix} G & -G \\ -G & G \end{pmatrix}$ (a): $\begin{pmatrix} 1 & -R \\ 0 & -1 \end{pmatrix}$ (h): $\begin{pmatrix} R & 1 \\ -1 & 0 \end{pmatrix}$
2. *Querwiderstand*	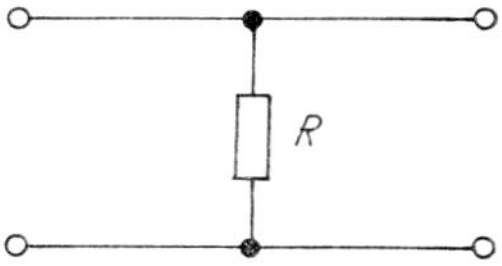	(z): $\begin{pmatrix} R & R \\ R & R \end{pmatrix}$ (y): (existiert nicht) (a): $\begin{pmatrix} 1 & 0 \\ G & -1 \end{pmatrix}$ (h): $\begin{pmatrix} 0 & -1 \\ -1 & G \end{pmatrix}$
3. *Kreuzverbindung*	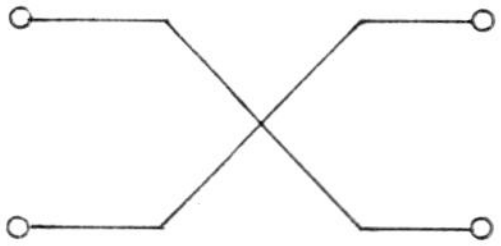	(z): (existiert nicht) (y): (existiert nicht) (a): $\begin{pmatrix} -1 & 0 \\ 0 & 1 \end{pmatrix}$ (h): $\begin{pmatrix} 0 & -1 \\ 1 & 0 \end{pmatrix}$
4. T-*Halbglied*	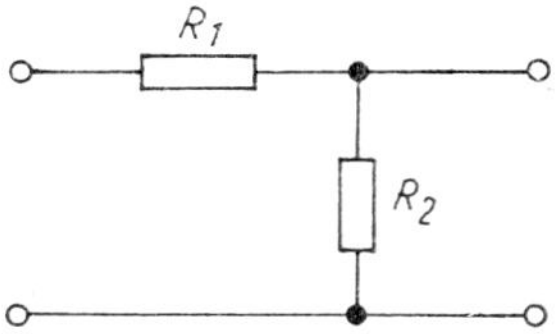	(z): $\begin{pmatrix} R_1 + R_2 & R_2 \\ R_2 & R_2 \end{pmatrix}$ (y): $\begin{pmatrix} G_1 & -G_1 \\ -G_1 & G_1 + G_2 \end{pmatrix}$ (a): $\begin{pmatrix} 1 + R_1 G_2 & -R_1 \\ G_2 & -1 \end{pmatrix}$ (h): $\begin{pmatrix} R_1 & 1 \\ -1 & G_2 \end{pmatrix}$
5. π-*Halbglied*	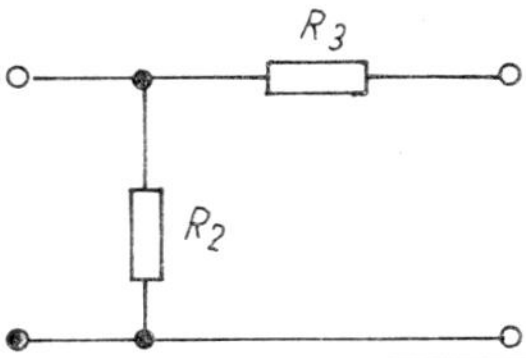	(z): $\begin{pmatrix} R_2 & R_2 \\ R_2 & R_2 + R_3 \end{pmatrix}$ (y): $\begin{pmatrix} G_2 + G_3 & -G_3 \\ -G_3 & G_3 \end{pmatrix}$ (a): $\begin{pmatrix} 1 & -R_3 \\ G_2 & -(1 + G_2 R_3) \end{pmatrix}$ (h): $\begin{pmatrix} R_2//R_3 & R_2/(R_2 + R_3) \\ -R_2/(R_2 + R_3) & 1/(R_2 + R_3) \end{pmatrix}$

Grundvierpol	Matrix

6. T-*Glied*

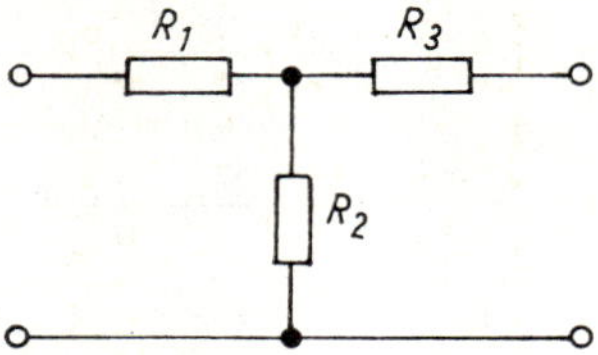

(z)

$$\begin{pmatrix} R_1 + R_2 & R_2 \\ R_2 & R_2 + R_3 \end{pmatrix}$$

(y)

$$\frac{G_1}{G_1 + G_2 + G_3}\begin{pmatrix} G_2 + G_3 & -G_3 \\ -G_3 & G_3 + G_2 G_3 / G_1 \end{pmatrix}$$

(a)

$$\begin{pmatrix} 1 + R_1 G_2 & -(R_1 + R_3 + R_1 G_2 R_3) \\ G_2 & -(1 + G_2 R_3) \end{pmatrix}$$

(h)

$$\begin{pmatrix} R_1 + R_2 // R_3 & R_2/(R_2 + R_3) \\ -R_2/(R_2 + R_3) & 1/(R_2 + R_3) \end{pmatrix}$$

7. π-*Glied*

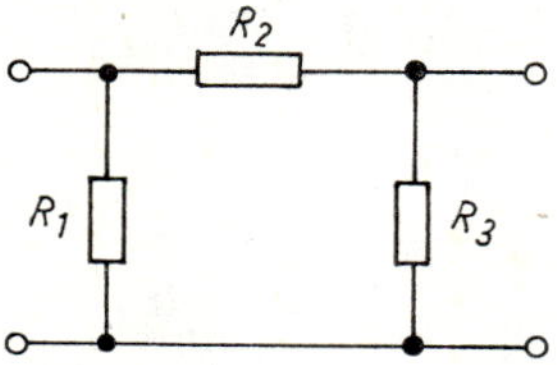

(z)

$$\frac{R_1}{R_1 + R_2 + R_3}\begin{pmatrix} R_2 + R_3 & R_3 \\ R_3 & R_3 + G_1 R_2 R_3 \end{pmatrix}$$

(y)

$$\begin{pmatrix} G_1 + G_2 & -G_2 \\ -G_2 & G_2 + G_3 \end{pmatrix}$$

(a)

$$\begin{pmatrix} 1 + R_2 G_3 & -R_2 \\ G_1 + G_3 + G_1 R_2 G_3 & -(1 + G_1 R_2) \end{pmatrix}$$

(h)

$$\frac{R_1}{R_1 + R_2}\begin{pmatrix} R_2 & 1 \\ -1 & G_1 + G_3 + G_1 R_2 G_3 \end{pmatrix}$$

Parallelschaltung zweier Widerstände z.B. $R_2 // R_3 = R_2 R_3 / (R_2 + R_3)$

Vierpolschaltungen

Beim Zusammenschalten von Vierpolen muß *eine* widerstandslose Ringleitung entstehen (Ausnahme: Kettenschaltung).

Reihenschaltung

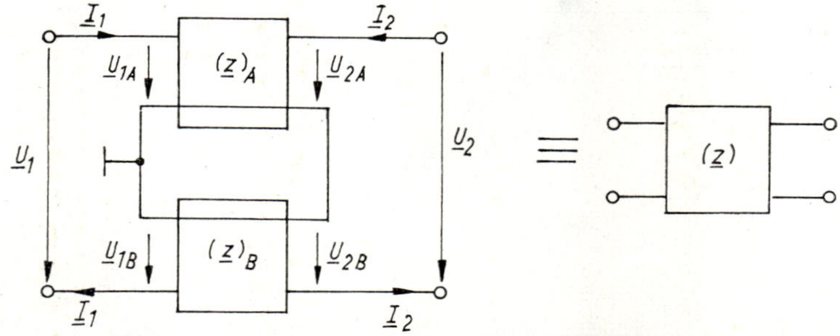

$$\boxed{(\underline{z}) = (\underline{z})_A + (\underline{z})_B}$$

Vierpole müssen erdunsymmetrisch sein.

In der Vierpol-Reihenschaltung addieren sich die Widerstandsmatrizen.

Beispiel: Transistor mit Gegenkopplung über Emitterwiderstand

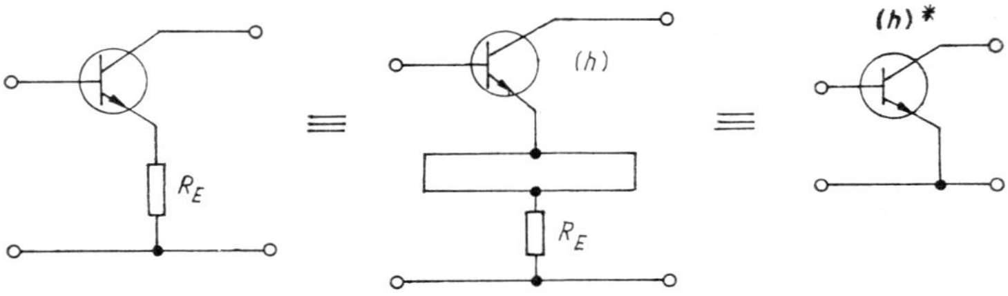

Parallelschaltung

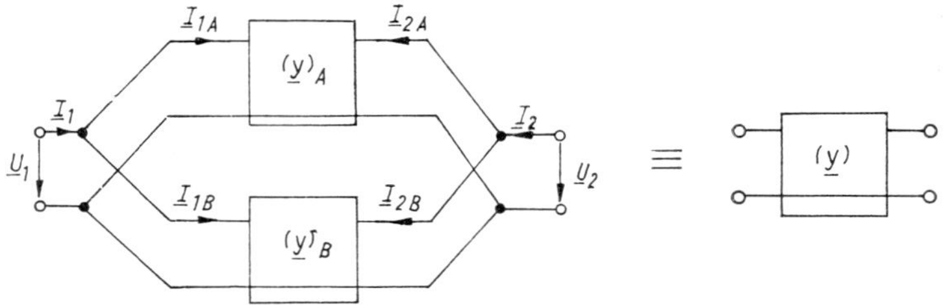

$$\boxed{(\underline{y}) = (\underline{y})_A + (\underline{y})_B}$$

Vierpole müssen erdunsymmetrisch sein.

In der Vierpol-Parallelschaltung addieren sich die Leitwertmatrizen.

Beispiel: Transistor mit Gegenkopplung über Kollektor-Basis-Widerstand

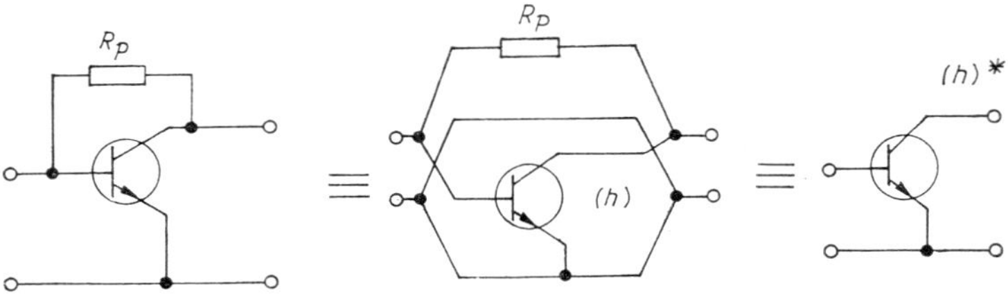

Reihen-Parallel-Schaltung

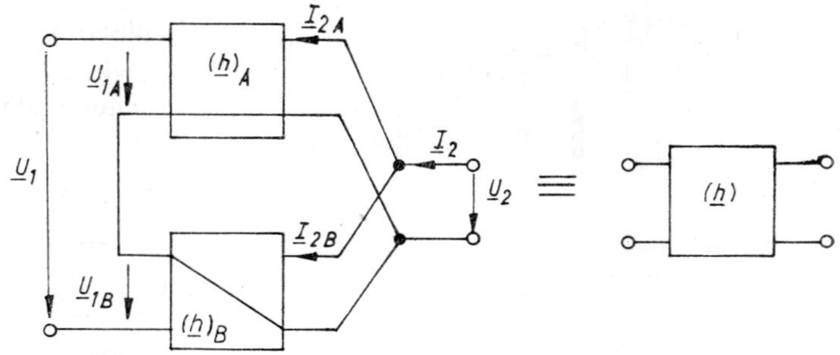

$$(\underline{h}) = (\underline{h})_A + (\underline{h})_B$$

Vierpole müssen erdunsymmetrisch sein.

In der Reihen-Parallel-Schaltung addieren sich die Hybridmatrizen.

Beispiel: Umrechnung der Kollektorschaltung in die Emitterschaltung

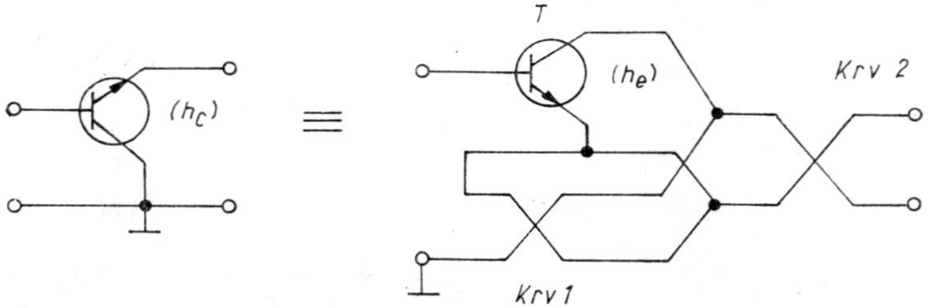

Es sind zusätzliche Kreuzverbindungen erforderlich.

Kettenschaltung

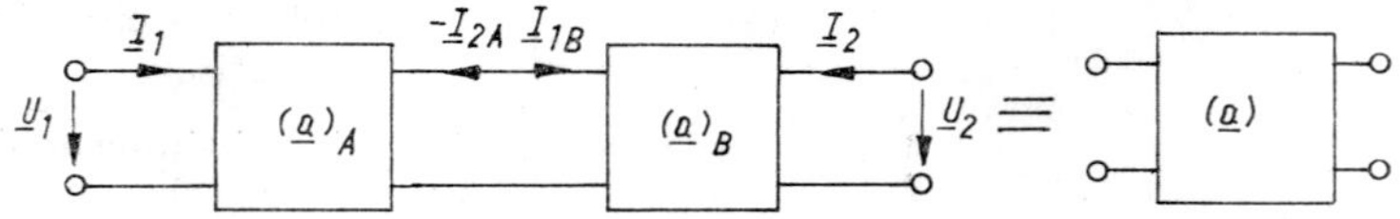

Vierpole können auch erdsymmetrisch sein.

Anschlußbedingung der Kettenschaltung

Die Kettenschaltung erfordert eine Vorzeichenumkehr beim Ausgangsstrom des ersten Vierpols (bei n in Kette geschalteten Vierpolen ist die Vorzeichenumkehr bei den ersten $n-1$ Vierpolen vorzunehmen).

$$(\underline{a}) = (\underline{a})_A(\underline{a})_B$$

In der Kettenschaltung multiplizieren sich die Kettenmatrizen.

Beispiel: DARLINGTON-*Stufe als Kettenschaltung zweier Kollektorstufen*

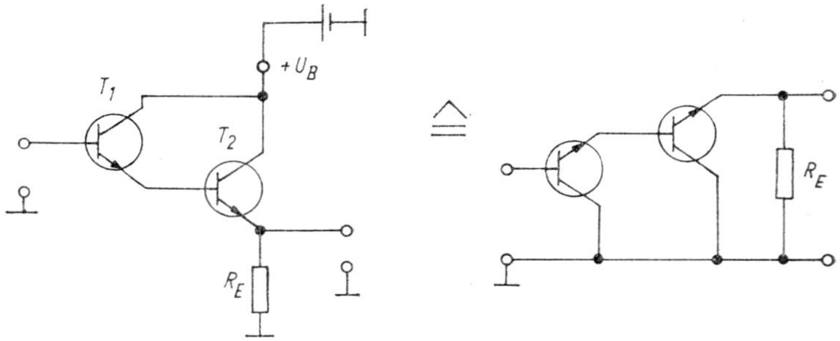

Umrechnung der Vierpolparameter

Eine Umrechnung ist erforderlich, wenn kombinierte Vierpolschaltungen vorliegen oder die vorgegebenen Parameter nicht zur Berechnung der betreffenden Schaltung geeignet sind.

		$(\underline{z})$		$(\underline{y})$		$(\underline{a})$		$(\underline{h})$	
Widerstands-matrizen	$(\underline{z})$	$\underline{z}_{11}$	$\underline{z}_{12}$	$\frac{\underline{y}_{22}}{\Delta \underline{y}}$	$-\frac{\underline{y}_{12}}{\Delta \underline{y}}$	$\frac{\underline{a}_{11}}{\underline{a}_{21}}$	$-\frac{\Delta \underline{a}}{\underline{a}_{21}}$	$\frac{\Delta \underline{h}}{\underline{h}_{22}}$	$\frac{\underline{h}_{12}}{\underline{h}_{22}}$
		$\underline{z}_{21}$	$\underline{z}_{22}$	$-\frac{\underline{y}_{21}}{\Delta \underline{y}}$	$\frac{\underline{y}_{11}}{\Delta \underline{y}}$	$\frac{1}{\underline{a}_{21}}$	$-\frac{\underline{a}_{22}}{\underline{a}_{21}}$	$-\frac{\underline{h}_{21}}{\underline{h}_{22}}$	$\frac{1}{\underline{h}_{22}}$
Leitwert-matrizen	$(\underline{y})$	$\frac{\underline{z}_{22}}{\Delta \underline{z}}$	$-\frac{\underline{z}_{12}}{\Delta \underline{z}}$	$\underline{y}_{11}$	$\underline{y}_{12}$	$\frac{\underline{a}_{22}}{\underline{a}_{12}}$	$-\frac{\Delta \underline{a}}{\underline{a}_{12}}$	$\frac{1}{\underline{h}_{11}}$	$-\frac{\underline{h}_{12}}{\underline{h}_{11}}$
		$-\frac{\underline{z}_{21}}{\Delta \underline{z}}$	$\frac{\underline{z}_{11}}{\Delta \underline{z}}$	$\underline{y}_{21}$	$\underline{y}_{22}$	$\frac{1}{\underline{a}_{12}}$	$-\frac{\underline{a}_{11}}{\underline{a}_{12}}$	$\frac{\underline{h}_{21}}{\underline{h}_{11}}$	$\frac{\Delta \underline{h}}{\underline{h}_{11}}$
Ketten-matrizen	$(\underline{a})$	$\frac{\underline{z}_{11}}{\underline{z}_{21}}$	$-\frac{\Delta \underline{z}}{\underline{z}_{21}}$	$-\frac{\underline{y}_{22}}{\underline{y}_{21}}$	$\frac{1}{\underline{y}_{21}}$	$\underline{a}_{11}$	$\underline{a}_{12}$	$-\frac{\Delta \underline{h}}{\underline{h}_{21}}$	$\frac{\underline{h}_{11}}{\underline{h}_{21}}$
		$\frac{1}{\underline{z}_{21}}$	$-\frac{\underline{z}_{22}}{\underline{z}_{21}}$	$-\frac{\Delta \underline{y}}{\underline{y}_{21}}$	$\frac{\underline{y}_{11}}{\underline{y}_{21}}$	$\underline{a}_{21}$	$\underline{a}_{22}$	$-\frac{\underline{h}_{22}}{\underline{h}_{21}}$	$\frac{1}{\underline{h}_{21}}$
Hybrid-matrizen	$(\underline{h})$	$\frac{\Delta \underline{z}}{\underline{z}_{22}}$	$\frac{\underline{z}_{12}}{\underline{z}_{22}}$	$\frac{1}{\underline{y}_{11}}$	$-\frac{\underline{y}_{12}}{\underline{y}_{11}}$	$\frac{\underline{a}_{12}}{\underline{a}_{22}}$	$\frac{\Delta \underline{a}}{\underline{a}_{22}}$	$\underline{h}_{11}$	$\underline{h}_{12}$
		$-\frac{\underline{z}_{21}}{\underline{z}_{22}}$	$\frac{1}{\underline{z}_{22}}$	$\frac{\underline{y}_{21}}{\underline{y}_{11}}$	$\frac{\Delta \underline{y}}{\underline{y}_{11}}$	$\frac{1}{\underline{a}_{22}}$	$-\frac{\underline{a}_{21}}{\underline{a}_{22}}$	$\underline{h}_{21}$	$\underline{h}_{22}$

Δ Determinante einer Matrix; z.B. $\Delta \underline{z} = \underline{z}_{11}\underline{z}_{22} - \underline{z}_{12}\underline{z}_{21}$

Anschlußwiderstände und Verstärkungsfaktoren von Vierpolen

Eingangswiderstand	$\underline{Z}_1 = \underline{U}_1/\underline{I}_1$
Ausgangswiderstand	$\underline{Z}_2 = \underline{U}_2/\underline{I}_2$
Spannungsverstärkung	$\underline{V}_u = \underline{U}_2/\underline{U}_1$
Stromverstärkung	$\underline{V}_i = \underline{I}_2/\underline{I}_1$
Leistungsverstärkung	$\underline{V}_p = \underline{V}_u\underline{V}_i$

Zusammenhang mit Vierpolparametern

	$(\underline{z})$	$(\underline{y})$	$(\underline{a})$	$(\underline{h})$
Eingangswiderstand $\underline{Z}_1$	$\underline{z}_{11} - \dfrac{\underline{z}_{12}\underline{z}_{21}}{\underline{z}_{22} + \underline{Z}_L}$	$\dfrac{\underline{y}_{22}\underline{Z}_L + 1}{\Delta\underline{y}\underline{Z}_L + \underline{y}_{11}}$	$\dfrac{\underline{a}_{12} - \underline{a}_{11}\underline{Z}_L}{\underline{a}_{22} - \underline{a}_{21}\underline{Z}_L}$	$\underline{h}_{11} - \dfrac{\underline{h}_{12}\underline{h}_{21}\underline{Z}_L}{\underline{h}_{22}\underline{Z}_L + 1}$
Ausgangswiderstand $\underline{Z}_2$	$\underline{z}_{22} - \dfrac{\underline{z}_{12}\underline{z}_{21}}{\underline{z}_{11} + \underline{Z}_G}$	$\dfrac{1 + \underline{y}_{11}\underline{Z}_G}{\underline{y}_{22} + \Delta\underline{y}\underline{Z}_G}$	$-\dfrac{\underline{a}_{12} + \underline{a}_{22}\underline{Z}_G}{\underline{a}_{11} + \underline{a}_{21}\underline{Z}_G}$	$\dfrac{\underline{h}_{11} + \underline{Z}_G}{\Delta\underline{h} + \underline{h}_{22}\underline{Z}_G}$
Spannungsverstärkung $\underline{V}_u$	$\dfrac{\underline{z}_{21}\underline{Z}_L}{\Delta\underline{z} + \underline{z}_{11}\underline{Z}_L}$	$-\dfrac{\underline{y}_{21}\underline{Z}_L}{\underline{y}_{22}\underline{Z}_L + 1}$	$\dfrac{\underline{Z}_L}{\underline{a}_{11}\underline{Z}_L - \underline{a}_{12}}$	$-\dfrac{\underline{h}_{21}\underline{Z}_L}{\Delta\underline{h}\underline{Z}_L + \underline{h}_{11}}$
Stromverstärkung $\underline{V}_i$	$-\dfrac{\underline{z}_{21}}{\underline{z}_{22} + \underline{Z}_L}$	$\dfrac{\underline{y}_{21}}{\Delta\underline{y}\underline{Z}_L + \underline{y}_{11}}$	$\dfrac{1}{\underline{a}_{22} - \underline{a}_{21}\underline{Z}_L}$	$\dfrac{\underline{h}_{21}}{1 + \underline{h}_{22}\underline{Z}_L}$

Δ Determinante einer Matrix; z.B., $\Delta\underline{z} = \underline{z}_{11}\underline{z}_{22} - \underline{z}_{12}\underline{z}_{21}$

$\underline{Z}_L$ Lastwiderstand, $\underline{Z}_G$ Generatorwiderstand

Maximale Leistungsverstärkung	Maximale Leistungsverstärkung V_{pmax} ergibt sich bei Anpassung am Eingang ($Z_1 = Z_G$) und am Ausgang ($Z_2 = Z_L$).
Optimale Widerstände	$Z_{Lopt} = \sqrt{\dfrac{h_{11}}{h_{22}\,\Delta h}} = \sqrt{\dfrac{y_{11}}{y_{22}\,\Delta y}}$ $Z_{Gopt}Z_{Lopt} = h_{11}/h_{22} = 1/\Delta y$

Wellenparameter der Vierpole

Wellenparameter sind der Wellenwiderstand und das Wellenübertragungsmaß.

Wellenwiderstand

Der *Wellenwiderstand* $\underline{Z}_w$ eines symmetrischen, umkehrbaren Vierpols ist derjenige Widerstandswert, mit dem der Vierpol am Ausgang abgeschlossen werden muß, um den gleichen Wert am Eingang messen zu können.

Wellenwiderstandsbetrag eines symmetrischen, umkehrbaren Vierpols

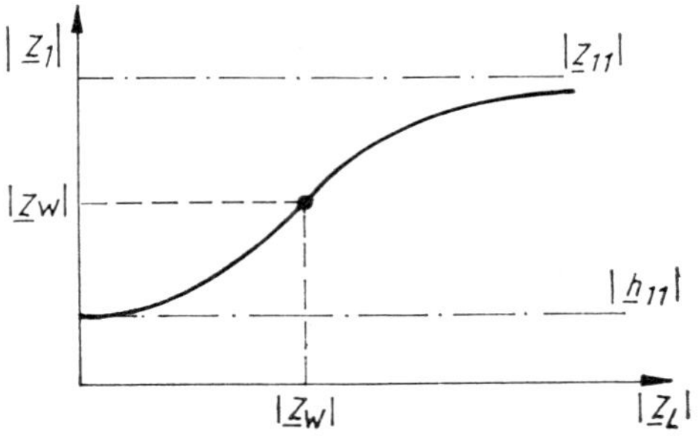

Größe/ Bezeichnung	Formelzeichen	Einheit	Formel/Erläuterung
	Bei unsymmetrischen, umkehrbaren Vierpolen existieren zwei Wellenwiderstände:		
Eingangsseitiger Wellenwiderstand	$\underline{Z}_{w1}$	Ω	$\underline{Z}_{w1} = \sqrt{\underline{z}_{11}\underline{h}_{11}}$
Ausgangsseitiger Wellenwiderstand	$\underline{Z}_{w2}$	Ω	$\underline{Z}_{w2} = \sqrt{z_{22}/y_{22}}$
Logarithmische Übertragungsgrößen	Die logarithmischen Übertragungsgrößen werden aus den Logarithmen der reziproken Übertragungsfaktoren gebildet. Dabei sind unterschiedliche Definitionen für die *Übertragungsmaße* $\underline{g}$ zu beachten:		
Übertragungsmaß	$\underline{g}_1$		$\underline{g}_1 = 1/2\,(\ln \underline{P}_1/\underline{P}_2) = a_1 + jb_1$
Dämpfungsmaß	a_1	Np	
Phasenmaß	b_1	rad	
Übertragungsmaß	$\underline{g}_2$		$\underline{g}_2 = 10 \lg \underline{P}_1/\underline{P}_2 = a_2 + jb_2$
Dämpfungsmaß	a_2	dB	
Phasenmaß	b_2	rad	

Größe/ Bezeichnung	Formel-zeichen	Einheit	Formel/Erläuterung
Wellenüber-tragungsmaß			$\underline{g}_w = \ln \underline{U}_1/\underline{U}_2 + 1/2 \ln \underline{Z}_{w2}/\underline{Z}_{w1}$ Für symmetrische Vierpole gilt: $\underline{Z}_{w1} = \underline{Z}_{w2}$ $\quad \underline{g}_w = \ln \underline{U}_1/\underline{U}_2 = a_w + jb_w$
Wellendämpfungs-maß (Wellen-dämpfung)	a_w	Np	$a_w = \ln \lvert \underline{U}_1 \rvert / \lvert \underline{U}_2 \rvert$ bei Anpassung an den Wellenwiderstand
Wellenübertragungs-maß bei umkehr-baren Vierpolen			$\underline{g}_w = \ln [\sqrt{\underline{a}_{11}\underline{a}_{22}} + \sqrt{\underline{a}_{12}\underline{a}_{21}}]$

Vierpolberechnung mit Hyperbelfunktionen

Zusammenhang zwischen Wellen-parametern und Elementen der Vier-polmatrizen

$$\cosh \underline{g}_w = 1/2(e^{\underline{g}_w} + e^{-\underline{g}_w}) = \sqrt{\underline{a}_{11}\underline{a}_{22}}$$
$$\sinh \underline{g}_w = 1/2(e^{\underline{g}_w} - e^{-\underline{g}_w}) = \sqrt{\underline{a}_{12}\underline{a}_{21}}$$

Elemente der Kettenmatrix

$$\underline{a}_{11} = \sqrt{\underline{Z}_{w1}/\underline{Z}_{w2}} \cosh \underline{g}_w \qquad \underline{a}_{21} = 1/\sqrt{\underline{Z}_{w1}\underline{Z}_{w2}} \sinh \underline{g}_w$$
$$\underline{a}_{12} = -\sqrt{\underline{Z}_{w1}\underline{Z}_{w2}} \sinh \underline{g}_w \qquad \underline{a}_{22} = -\sqrt{\underline{Z}_{w2}/\underline{Z}_{w1}} \cosh \underline{g}_w$$

Berechnung von Dämpfungsgliedern nach Wellenparametern

Die Widerstandswerte von Dämpfungsgliedern in T-Schaltung, π-Schaltung und überbrückter T-Schaltung sind vom Wellenwiderstand und von der Wellendämpfung abhängig.

Dämpfungsglied		Formel
T-*Glied*	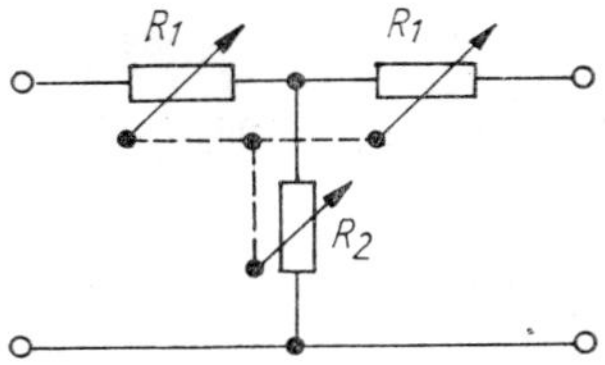	$R_1 = Z_w \tanh(a_w/2)$ $R_2 = Z_w/\sinh a_w$

Dämpfungsglied		Formel
π-Glied	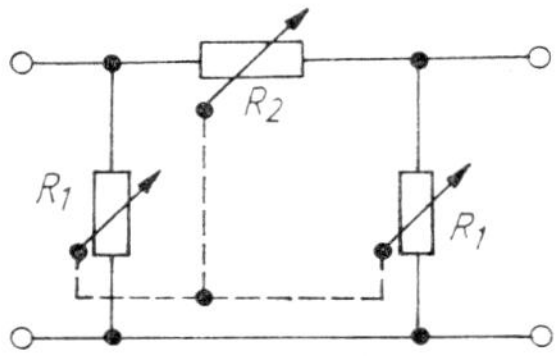	$R_1 = Z_w/\tanh(a_w/2)$ $R_2 = Z_w \sinh a_w$
Überbrücktes T-Glied	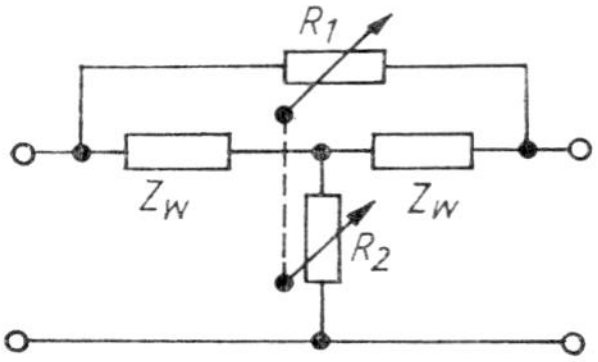	$R_1 = Z_w(e^{a_w} - 1)$ $R_2 = Z_w/(e^{a_w} - 1)$
		a_w in Np

Betriebsparameter der Vierpole

Im Gegensatz zum Wellenübertragungsmaß $\underline{g}_w$ ist das *Betriebsübertragungsmaß* $\underline{g}_b$ auch zur Berechnung fehlangepaßter Vierpole geeignet.

Größe/ Bezeichnung	Formelzeichen	Einheit	Formel/Erläuterung
Betriebsübertragungsmaß	$\underline{g}_b$		$\boxed{\underline{g}_b = \ln\sqrt{\underline{P}_{1max}/\underline{P}_2}}$
Maximal verfügbare Eingangsleistung	$\underline{P}_{1max}$	W	$\underline{P}_{1max} = \underline{U}_G^2/4\underline{Z}_G$
Ausgangsleistung	$\underline{P}_2$	W	$\underline{P}_2 = \underline{U}_2^2/\underline{Z}_L$ → Bild zu Vierpol
Betriebsdämpfungsmaß (Betriebsdämpfung)	a_b	Np	Realteil von $\underline{g}_b$
Betriebsphasenmaß	b_b	rad	Imaginärteil von $\underline{g}_b$ $\underline{g}_b = a_b + jb_b$

Größe/ Bezeichnung	Formel-zeichen	Einheit	Formel/Erläuterung
			Zusammenhang zwischen Betriebsdämpfung und Wellendämpfung
Formel nach ZOBEL	a_b	Np	$\boxed{a_b = a_w + a_{st1} + a_{st2} + a_k}$
Stoßstellendämpfung am Eingang	a_{st1}	Np	$a_{st1} = \ln \left\| \frac{\underline{Z}_{w1} + \underline{Z}_G}{2\sqrt{\underline{Z}_{w1}\underline{Z}_G}} \right\|$
Stoßstellendämpfung am Ausgang	a_{st2}	Np	$a_{st2} = \ln \left\| \frac{\underline{Z}_{w2} + \underline{Z}_L}{2\sqrt{\underline{Z}_{w2}\underline{Z}_L}} \right\|$
Wechselwirkungs-dämpfung	a_k	Np	$a_k = \ln \left\| 1 + \frac{\underline{Z}_{w1} - \underline{Z}_G}{\underline{Z}_{w1} + \underline{Z}_G} \cdot \frac{\underline{Z}_L - \underline{Z}_{w2}}{\underline{Z}_L + \underline{Z}_{w2}} \cdot e^{-2a_w} \right\|$
			Für Anpassung am Eingang ($\underline{Z}_{w1} = \underline{Z}_G$) und Anpassung am Ausgang ($\underline{Z}_{w2} = \underline{Z}_L$) ist die Betriebsdämpfung gleich der Wellendämpfung ($a_b = a_w$).

4.1.2. Netzwerkberechnung mit Signalflußgraphen

Signalflußgraphen sind topologische Abbildungen von linearen Gleichungssystemen.

NM-Graph — Der normierte MASON-Graph (NM-Graph) eignet sich besonders zur Analyse analoger elektronischer Schaltungen.

Elementargraph — Die einfachste Graphenstruktur repräsentiert eine lineare Funktion

vom Typ $\boxed{y = \frac{Z}{N} x}$

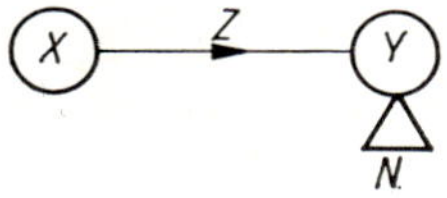

- y (abhängige Variable) ≙ Senkenknoten
- x (unabhängige Variable) ≙ Quellenknoten
- Z (Parameter des Zählers) ≙ Zweigübertragung
- N (Parameter des Nenners) ≙ Normierung

Zusammenhang zwischen NM-Graph und bestimmter Leitwertgleichung

Erdunsymmetrische Netzwerke werden durch die *bestimmte Leitwertmatrix* beschrieben.

Ersatzschaltung	NM-Graph	Gleichung
1. *Zweipol mit einer Stromquelle*	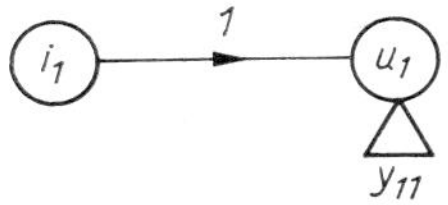	$i_1 = y_{11} u_1$
2. *Vierpol mit zwei Stromquellen*	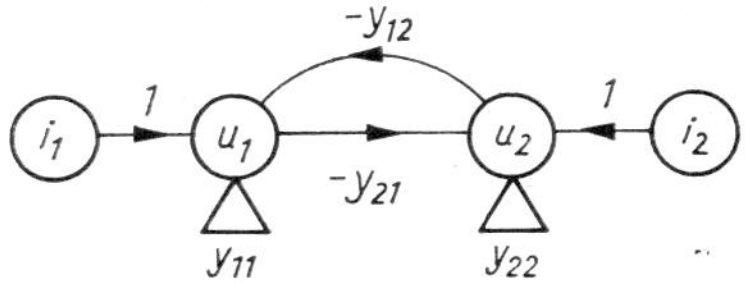	$\begin{pmatrix} i_1 \\ i_2 \end{pmatrix} = \begin{pmatrix} y_{11} & y_{12} \\ y_{21} & y_{22} \end{pmatrix} \begin{pmatrix} u_1 \\ u_2 \end{pmatrix}$
3. *Vierpol mit einer Spannungsquelle*	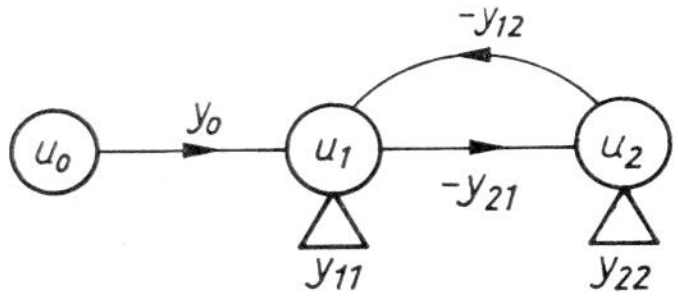	$\begin{pmatrix} u_0\ y_0 \\ 0 \end{pmatrix} = \begin{pmatrix} y_{11} & y_{12} \\ y_{21} & y_{22} \end{pmatrix} \begin{pmatrix} u_1 \\ u_2 \end{pmatrix}$
4. *Sechspol mit einer Stromquelle (Strom herausfließend)*	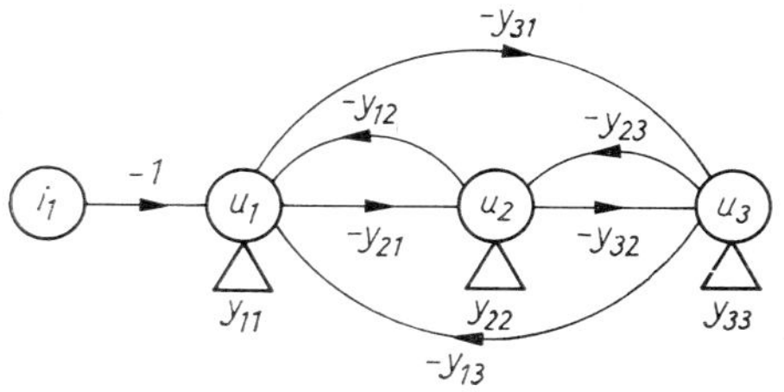	$\begin{pmatrix} -i_1 \\ 0 \\ 0 \end{pmatrix} = \begin{pmatrix} y_{11} & y_{12} & y_{13} \\ y_{21} & y_{22} & y_{23} \\ y_{31} & y_{32} & y_{33} \end{pmatrix} \begin{pmatrix} u_1 \\ u_2 \\ u_3 \end{pmatrix}$

NM-Graphen von idealisierten Verstärkern

Verstärker/ Idealisierung	Ersatzschaltung	Spannungsverstärkung $V_u = u_2/u_1$ / NM-Graph
Invertierender Spannungsverstärker/rückwirkungsfrei ($y_{12} \to 0$)	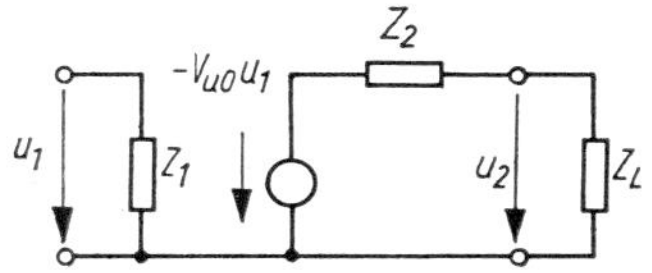	$V_u = \dfrac{-V_{u0}}{1 + Y_L/Y_2}$ 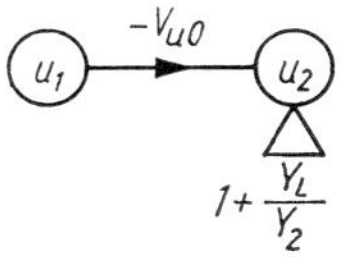

Verstärker/ Idealisierung	Ersatzschaltung	Spannungsverstärkung $V_u = u_2/u_1$ / NM-Graph
Invertierender Spannungsverstärker / $y_{12} \to 0$; $Z_2 \to 0$; $Z_1 \to \infty$	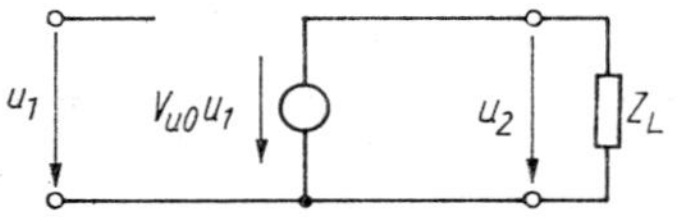	$V_u = -V_{u0}$ 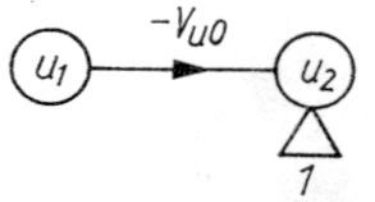
Invertierender Spannungsverstärker mit Gegenkopplung / $y_{12} \to 0$; $Z_2 \to 0$; $Z_1 \to \infty$; $V_{u0} \to \infty$	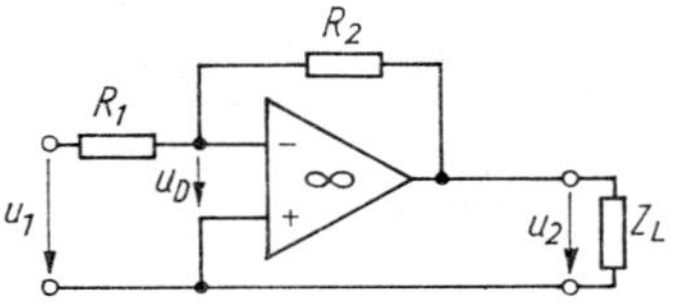	$V_u = -R_2/R_1$ 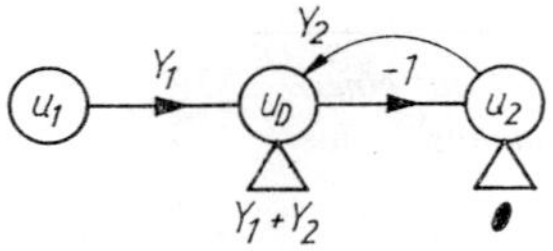

Übertragungsgesetz für NM-Graphen

Zur Auswertung des NM-Graphen wird die *modifizierte* Mason-*Formel* verwendet:

Übertragungsfaktor (Transmission T)

$$T = \frac{\Sigma P_k[N_{\bar{k}} - \Sigma L_{j\bar{k}}N_{\overline{jk}} + \Sigma L_{l\bar{k}}L_{m\bar{k}}N_{\overline{lmk}} - \ldots]}{N_n - \Sigma L_j N_{\bar{j}} + \Sigma L_l L_m N_{\overline{lm}} - \ldots}$$

Formelzeichen	Bedeutung
P_k	Pfadübertragung (Produkt der Zweigtransmissionen, die zum Pfad k gehören)
$N_{\bar{k}}$	Produkt aller Normierungen, die den Pfad k nicht berühren (werden alle berührt, so ist $N_{\bar{k}} = 1$)
$L_{j\bar{k}}$	Transmission der Schleife j, die den Pfad k nicht berührt
$N_{\overline{jk}}$	Produkt aller Normierungen, die sowohl die Schleife j als auch den Pfad k nicht berühren
$L_{l\bar{k}}L_{m\bar{k}}$	Produkt der Schleifentransmissionen 2. Ordnung, die den Pfad k nicht berühren (Schleifen 2. Ordnung berühren sich untereinander nicht)
$N_{\overline{lmk}}$	Produkt der Normierungen, die sowohl die Schleifen l, m als auch den Pfad k nicht berühren
N_n	Produkt aller n Normierungen des Graphen
L_j	Produkt aller Zweigtransmissionen der Schleife j
$N_{\bar{j}}$	Produkt aller Normierungen, die von der Schleife j nicht berührt werden (werden alle berührt, so ist $N_{\bar{j}} = 1$)
$L_l L_m$	Produkt der Schleifentransmissionen 2. Ordnung L_l und L_m
$N_{\overline{lm}}$	Produkt aller Normierungen, die von den Schleifen l, m nicht berührt werden

Treten im Graphen *keine* Schleifen zweiter und höherer Ordnung auf (alle Schleifen berühren sich untereinander), so vereinfacht sich die MASON-Formel:

Vereinfachte MASON-Formel

$$T = \frac{\Sigma P_k[N_{\bar{k}} - \Sigma L_{j\bar{k}} N_{\overline{jk}}]}{N_n - \Sigma L_j N_j}$$

Hinweise zur Anwendung

T errechnet sich aus Senkenwert/Quellenwert.
Bei *einer Quelle* ist die Zahl der bildbaren Transmissionen gleich der Zahl der Senkenknoten.
Bei *mehreren Quellen* ist zusätzlich der Superpositionssatz (→ 2.1.3.) anzuwenden.
Der *Quellenwert* (Nenner der MASON-Formel) ist gleich der Systemdeterminante des Netzwerkes Δy.

Auswertungsbeispiele (zu Bild 4. Sechspol mit einer Stromquelle in 4.1.2.)

$$T_1 = u_1/i_1 = -(y_{22}y_{33} - y_{23}y_{32})/\Delta y$$

$$T_2 = u_2/i_1 = (y_{21}y_{33} - y_{31}y_{23})/\Delta y$$

$$T_3 = u_3/i_1 = (-y_{21}y_{32} + y_{31}y_{22})/\Delta y$$

Systemdeterminante (5 Schleifen)

$$\Delta y = y_{11}y_{22}y_{33} - y_{31}y_{13}y_{22} - y_{12}y_{21}y_{33} - y_{23}y_{32}y_{11} + y_{31}y_{23}y_{32} + y_{13}y_{21}y_{32}$$

4.2. Transistorverstärker

4.2.1. Grundschaltungen (→3.8.8., 3.9.9., 3.9.10.)

Klassifizierungsmerkmale

Elektronische Verstärker für Analogbetrieb werden nach folgenden Merkmalen klassifiziert:

- nach der *Signalgröße*
  in Kleinsignalverstärker (Vorverstärker) und Großsignalverstärker (Endverstärker)
- nach der *Signalart*
  in Wechselsignalverstärker (Sinussignalverstärker; Impulsverstärker) und Gleichsignalverstärker (Gleichspannungsverstärker)
- nach der *Übertragungsbandbreite*
  in Breitbandverstärker (z.B. NF-Verstärker für Hi-Fi-Qualität) und Selektivverstärker (z.B. ZF-Verstärker)
- nach der *Kopplungsart*
  in Verstärker mit *RC*-Kopplung (z.B. NF-Verstärker), Resonanzkreiskopplung (z.B. HF-Verstärker), Bandfilterkopplung (z.B. ZF-Verstärker) sowie in Verstärker mit direkter Kopplung (z.B. Meßverstärker, integrierte Verstärker)

Grundschaltungen von Transistorverstärkern

<table>
<tr><th>Grundschaltung</th><th>Schaltbild</th><th>Dynamische Eigenschaften</th></tr>
<tr><td>

1. *Emitterschaltung*

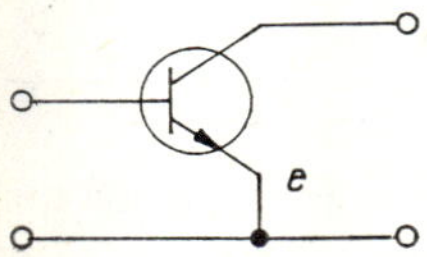

</td><td>

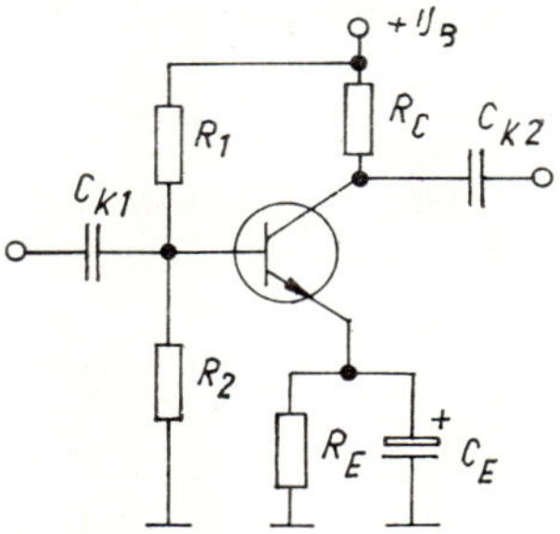

</td><td>

$V_u \approx -S\,R_C$
$V_i = \beta$
$Z_1 \approx r_{BE}//R_B$
$Z_2 \approx r_{CE}//R_C$
β Kurzschlußstromverstärkung in Emitterschaltung
r_{BE} dynamischer Basis-Emitter-Widerstand
r_{CE} dynamischer Kollektor-Emitter-Widerstand

</td></tr>
<tr><td>

2. *Kollektorschaltung* (Emitterfolger)

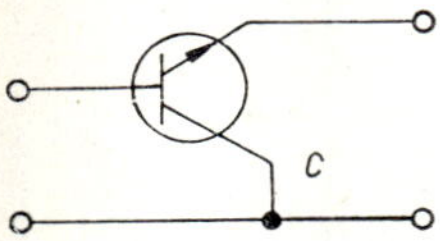

</td><td>

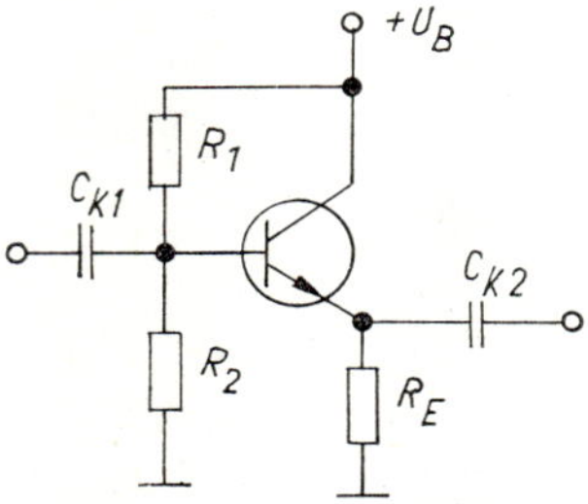

</td><td>

$V_u \approx 1$
$V_i \approx -\beta$
$Z_1 \approx r_{BE}(1 + SR_E)//R_B$
$Z_2 \approx (1/S)//R_E$

</td></tr>
<tr><td>

3. *Basisschaltung*

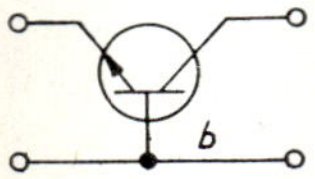

</td><td>

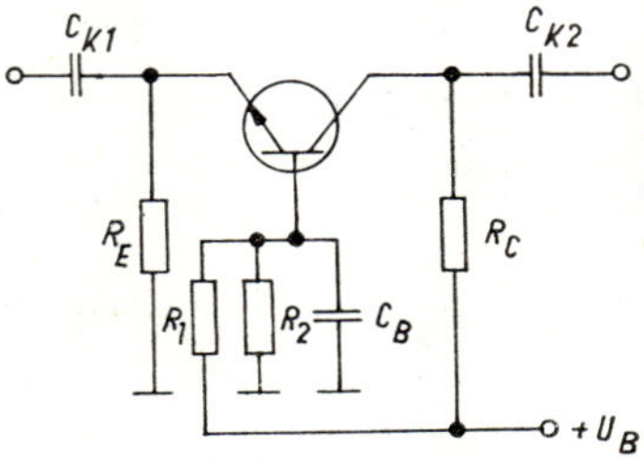

</td><td>

$V_u \approx SR_C$
$V_i \approx -1$
$Z_1 \approx (1/S)//R_E$
Z_2 hoher Wert

</td></tr>
<tr><td>

4. *Sourceschaltung* (≙ Emitterschaltung)

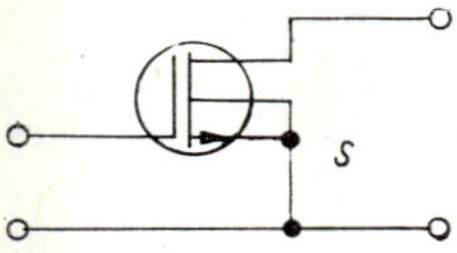

</td><td>

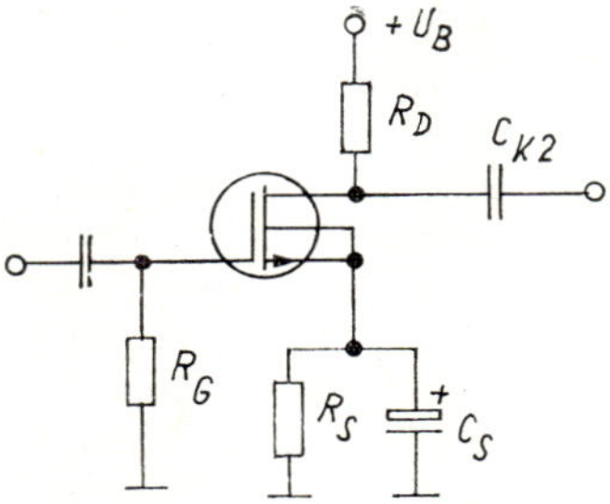

</td><td>

• hohe Spannungsverstärkung
• sehr hoher Eingangswiderstand (transistorbedingt; im MΩ-Bereich)
• mittlerer Ausgangswiderstand

</td></tr>
</table>

Grundschaltung	Schaltbild	Dynamische Eigenschaften

5. *Drainschaltung* (≙ Kollektor-Schaltung)

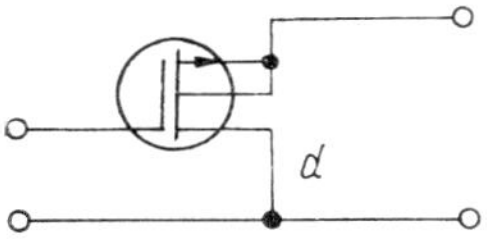

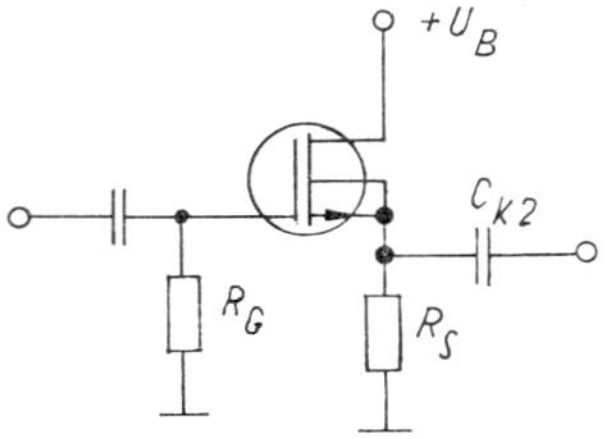

- keine Spannungsverstärkung (<1)
- sehr hoher Eingangswiderstand (im MΩ-Bereich)
- niedriger Ausgangswiderstand (Ω-Bereich)

6. *Gateschaltung* (≙ Basisschaltung)

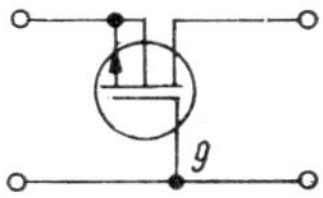

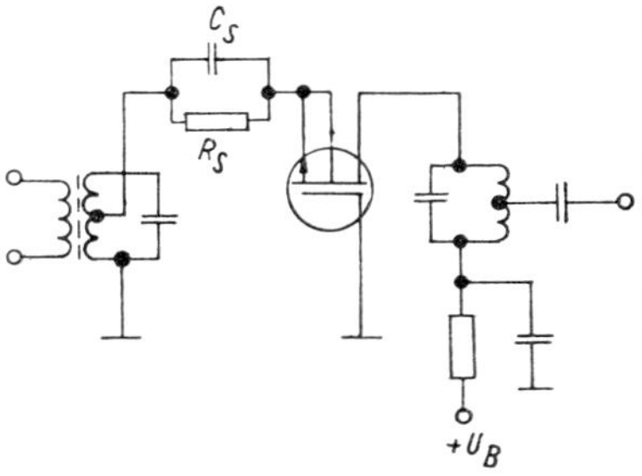

- hohe Spannungsverstärkung (wie bei Emitter- bzw. Source-schaltung)
- keine Stromverstärkung (<1)
- niedriger Eingangswiderstand (Ω-Bereich)
- hoher Ausgangswiderstand
- niedriger Rückwirkungsleitwert Y_{12}, daher hohe Stabilität als HF-Verstärker (geringe Schwingneigung)

Steilheit	$S \approx I_C/U_T = \beta/r_{BE}$	bei bipolaren Transistoren
Temperaturspannung	$U_T = kT/e_0 \approx 26$ mV	

Umrechnung der Transistorparameter (→3.9.4.)

h-Parameter ($h_c \rightleftarrows h_e$)

Kollektorschaltung ⇄ Emitterschaltung:

$$(h_{c/e}) = \begin{pmatrix} h_{11e/c} & 1 - h_{12e/c} \\ -(1 + h_{21e/c}) & h_{22e/c} \end{pmatrix}$$

h-Parameter ($h_b \rightleftarrows h_e$)

Basisschaltung ⇄ Emitterschaltung:

$$(h_{b/e}) \approx \frac{1}{(1 + h_{21e/b})} \begin{pmatrix} h_{11e/b} & \Delta h_{e/b} - h_{12e/b} \\ -h_{21e/b} & h_{22e/b} \end{pmatrix}$$

mit $\Delta h_{e/b} = h_{11e/b} h_{22e/b} - h_{12e/b} h_{21e/b}$

y-Parameter ($y_c \rightleftarrows y_e$)

Kollektorschaltung ⇄ Emitterschaltung

$$(\underline{y}_{c/e}) = \begin{pmatrix} \underline{y}_{11e/c} & -(\underline{y}_{11e/c} + \underline{y}_{12e/c}) \\ -(\underline{y}_{11e/c} + \underline{y}_{21e/c} & \Sigma \underline{y}_{e/c} \end{pmatrix}$$

mit $\Sigma \underline{y}_{e/c} = \underline{y}_{11e/c} + \underline{y}_{12e/c} + \underline{y}_{21e/c} + \underline{y}_{22e/c}$

Abhängigkeit der Transistorparameter

Die Transistorparameter sind abhängig von

- der Transistorgrundschaltung
- der Frequenz
- der Temperatur
- dem Arbeitspunkt

In den Applikationsunterlagen sind entsprechende Meßbedingungen für Transistorparameter angegeben.

Die Transistorparameter sind bei höheren Frequenzen komplex und frequenzabhängig (Ortskurvendarstellung).

Komplexe y-Parameter

$\underline{y}_{nm} = g_{nm} + j\omega C_{nm}$

(→ Transistorgrenzfrequenzen)

4.2.2. Schaltungen mit Gegenkopplung

Gegenkopplung

Gegenkopplung ist eine Form der *Rückkopplung*, bei der das Ausgangssignal des Verstärkers gegenphasig an den Eingang zurückgeführt wird.

Signalflußbild des rückgekoppelten Verstärkers (Regelkreismodell)

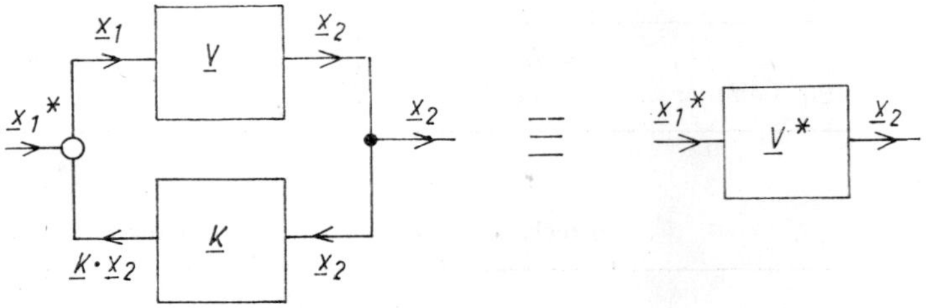

Allgemeine Rückkopplungsgleichung

$$\underline{V}^* = \frac{\underline{X}_2}{\underline{X}_1^*} = \frac{\underline{V}}{1 - \underline{K}\underline{V}}$$

Diskussion der Rückkopplungsgleichung

Keine Rückkopplung	$\underline{K} = 0$	$\underline{V}^* = \underline{V}$
Negative Rückkopplung (Gegenkopplung)	$\lvert 1 - \underline{K}\underline{V}\rvert > 1$	$\lvert\underline{V}^*\rvert < \lvert\underline{V}\rvert$
Positive Rückkopplung (Mitkopplung)	$0 < \lvert 1 - \underline{K}\underline{V}\rvert < 1$	$\lvert\underline{V}^*\rvert > \lvert\underline{V}\rvert$
Selbsterregung	$\underline{K}\underline{V} = 1$	$\lvert\underline{V}^*\rvert \to \infty$

Verstärkung bei phasenreiner Gegenkopplung	$V^* = \dfrac{V}{1 + KV}$	mit $\underline{K}\underline{V} = -KV$
Verstärkung bei inversem Rückführverhalten	$V^* \approx 1/K$	für große Schleifenverstärkung $KV \gg 1$

Gegenkopplungsarten

Nach der Vierpolzusammenschaltung (→ Abschn. 4.1.1.) werden vier Gegenkopplungsmodelle unterschieden. Anschlußwiderstände Z_1, Z_2 und Verstärkungsfaktoren V_u, V_i ändern sich unter dem Einfluß der Gegenkopplung.

Gegenkopplungsmodell	Schaltungsbeispiel / Änderung der Vierpolgrößen

1. *Stromabhängige Spannungsgegenkopplung* (≙ Vierpol-Reihenschaltung)

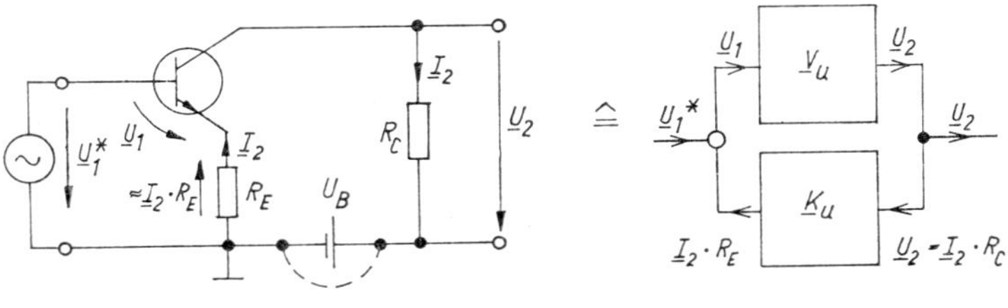

$V_i^* \approx V_i$ $\qquad Z_1^* \approx Z_1[1 + (R_E/R_C)\,|V_u|] > Z_1$

$|V_u^*| \approx \dfrac{|V_u|}{1 + (R_E/R_C)\,|V_u|} < |V_u|$ $\qquad Z_2^* \approx Z_2[1 + (R_E/R_C)\,|V_u|] > Z_2$

2. *Spannungsabhängige Stromgegenkopplung* (≙ Vierpol-Parallelschaltung)

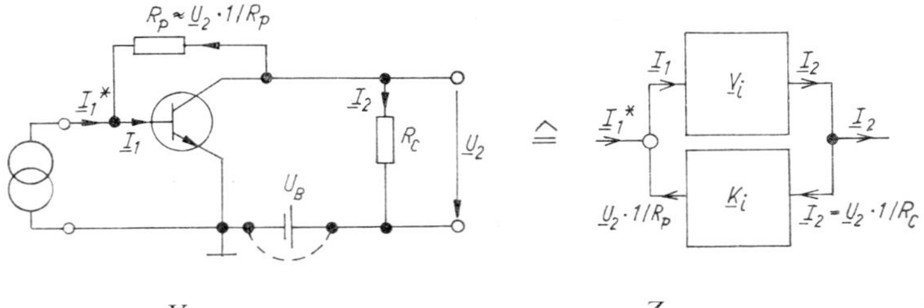

$V_i^* \approx \dfrac{V_i}{1 + (R_C/R_P)\,V_i} < V_i$ $\qquad Z_1^* \approx \dfrac{Z_1}{1 + (R_C/R_P)\,V_i} < Z_1$

$V_u^* \approx V_u$ $\qquad Z_2^* < Z_2$

Gegenkopplungsmodell	Schaltungsbeispiel / Änderung der Vierpolgrößen

3. *Spannungsabhängige Spannungsgegenkopplung-* (≙ Reihen-Parallel-Schaltung)

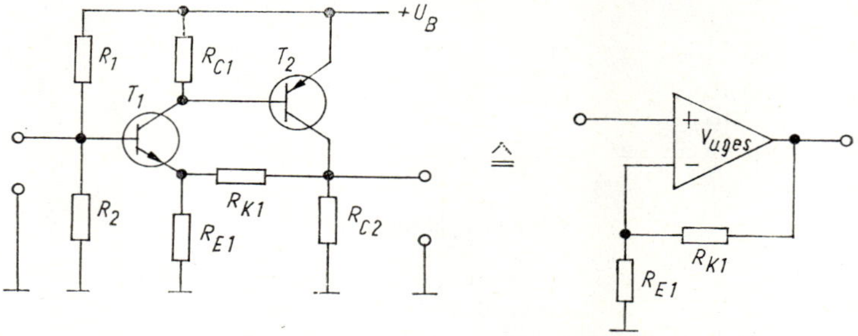

$V_i^* \approx V_i$ $\qquad Z_1^* > Z_1$

$V_u^* < V_u$ $\qquad Z_2^* < Z_2$

4. *Stromabhängige Stromgegenkopplung* (≙ Parallel-Reihen-Schaltung)

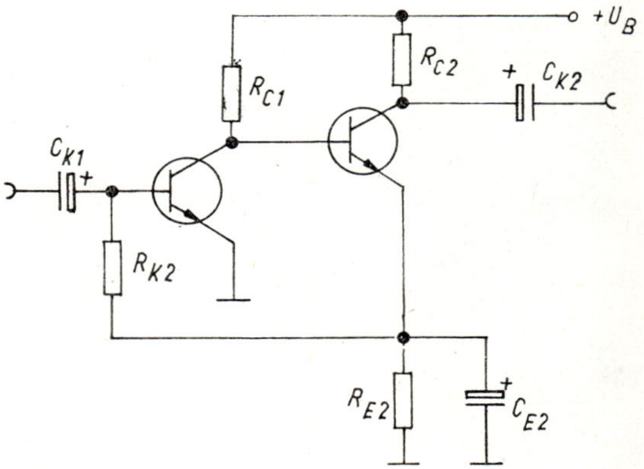

Die Schaltung stellt einen Wechselspannungsverstärker mit direkter Kopplung der Transistoren und Arbeitspunktstabilisierung durch Gegenkopplung dar.

$V_i^* < V_i$ $\qquad Z_1^* < Z_1$

$V_u^* \approx V_u$ $\qquad Z_2^* > Z_2$

Arbeitspunktstabilisierung durch Gegenkopplung

Im 4. Schaltungsbeispiel (stromabhängige Stromgegenkopplung) ist für

$1/\omega C_{E2} \ll R_{E2}$

die Gegenkopplung nur für Driftsignale (z.B. Temperatur- und Speisespannungsänderungen) wirksam.

Änderung der Transistorparameter durch Gegenkopplung

Der gegengekoppelte Transistor wird durch einen Ersatztransistor mit der Matrix $(h)^*$ beschrieben (→ Bilder Vierpol-Reihen- und -Parallelschaltung)

	Stromabhängige Spannungsgegenkopplung	Spannungsabhängige Stromgegenkopplung
h^*-Parameter von gegengekoppelten Transistoren	$h_{11}^* = \dfrac{h_{11} + R_E h_{21}}{1 + R_E h_{22}} \approx h_{11} + R_E h_{21}$	$h_{11}^* = \dfrac{R_P h_{11}}{R_P + h_{11}} \approx h_{11}$
	$h_{12}^* = \dfrac{h_{12} + R_E h_{22}}{1 + R_E h_{22}} \approx h_{12} + R_E h_{22}$	$h_{12}^* = \dfrac{R_P h_{12} + h_{11}}{R_P + h_{11}} \approx h_{12} + h_{11}/R_P$
	$h_{21}^* = \dfrac{h_{21} - R_E h_{22}}{1 + R_E h_{22}} \approx h_{21}$	$h_{21}^* = \dfrac{R_P h_{21} - h_{11}}{R_P + h_{11}} \approx h_{21}$
	$h_{22}^* = \dfrac{h_{22}}{1 + R_E h_{22}} \approx h_{22}$	$h_{22}^* = \dfrac{R_P h_{22} + h_{21}}{R_P + h_{11}} \approx h_{22} + h_{21}/R_P$
	$\Delta h^* = \dfrac{\Delta h + R_E h_{22}}{1 + R_E h_{22}} \approx \Delta h$	$\Delta h^* = \dfrac{R_P \Delta h + h_{11}}{R_P + h_{11}} \approx \Delta h$

4.2.3. Wechselspannungsverstärker mit *RC*-Kopplung

Durch *Koppelkondensatoren* am Ein- und Ausgang des Verstärkers sowie zwischen den einzelnen Verstärkerstufen nimmt der Verstärkungsfaktor nach tiefen Frequenzen hin ab. Die Frequenz $f = 0$ wird nicht übertragen.

Frequenzgang des *RC*-Verstärkers

Beim *RC*-gekoppelten Verstärker sind *drei Frequenzbereiche* zu unterscheiden:

Tiefe Frequenzen ($f_t \ll f_m$)
Durch Spannungsteilung an den Koppelgliedern ist $V_t < V_m$. Die Schaltung hat Hochpaßverhalten.

Mittlere Frequenzen ($f_{gu} \ll f_m \ll f_{go}$)
Die Verstärkung ist konstant, da die Blindwiderstände der Kapazitäten keinen Einfluß haben. V_m wird als Bezugswert benutzt.

Hohe Frequenzen ($f_h \gg f_m$)
Durch Stromteilung zwischen den Parallelkapazitäten (Transistor- und Schaltkapazitäten) und den Parallelwiderständen ist $V_h < V_m$. Die Schaltung hat Tiefpaßverhalten.

Grenzfrequenz
Als Grenzfrequenz f_g wird diejenige Frequenz bezeichnet, bei der die *relative Verstärkung* auf $V/V_m = 1/\sqrt{2}$ abgefallen ist $(1/\sqrt{2} \mathrel{\widehat{=}} -3\ \text{dB})$.

Frequenzgang des RC-Verstärkers in doppeltlogarithmischer Darstellung

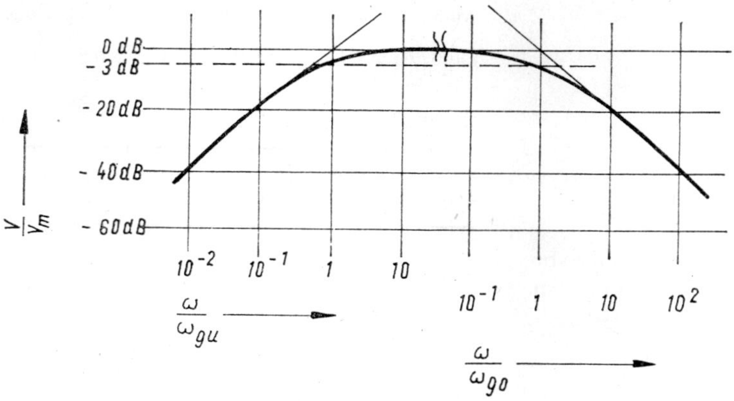

Bandbreite

Der übertragene Frequenzbereich wird durch die Bandbreite B gekennzeichnet.

$B = f_{go} - f_{gu}$

Bei Breitbandverstärkern gilt $B \approx f_{go}$, da $f_{go} \gg f_{gu}$ ist.

Berechnung der Koppelkondensatoren

Koppelkapazität für 1 *RC*-Glied

$C_K = 1/(2\pi f_{gu} R_K)$

Koppelkapazität für *n* *RC*-Glieder

Bei mehreren RC-Gliedern ergibt sich unter der Voraussetzung gleicher *Zeitkonstanten* ($C_{K1}R_{K1} = C_{K2}R_{K2} = \ldots = C_K R_K$):

$$\boxed{C_K = \frac{a_{in}}{2\pi f_{gu} R_K}}$$

$$a_{in} = p_{in}/\sqrt{1 - p_{in}^2}$$

$$p_{in} = \sqrt[n]{1/\sqrt{2}}$$

Hilfsgrößen zur C_K-Berechnung

n	1	2	3	4	5	6	7	8	9
a_{in}	1	1,55	1,96	2,30	2,59	2,86	3,10	3,32	3,53

Aus dem *Ersatzschaltbild für tiefe Frequenzen* leiten sich die Ersatzwiderstände her:

Ersatzschaltbild ($n = 3$)

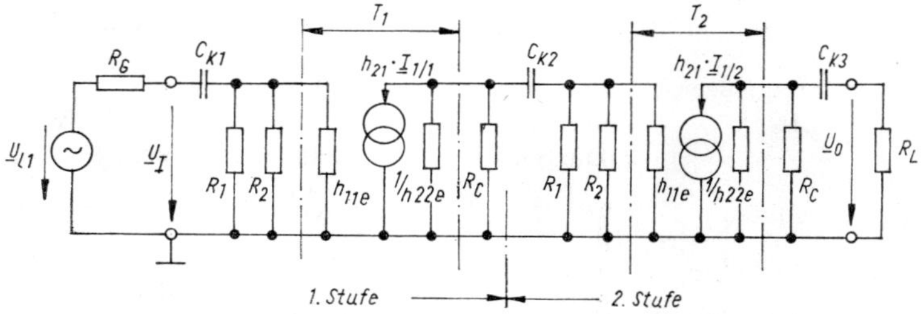

Vereinfachtes Ersatzschaltbild

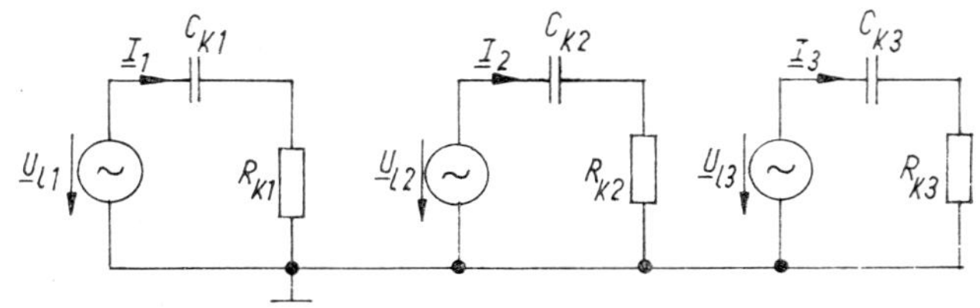

Ersatzwiderstände

$R_{K1} = R_G + (R_{1/1}//R_{2/1}//h_{11/1})$

$R_{K2} = (1/h_{22/1}//R_{C/1}) + (R_{1/2}//R_{2/2}//h_{11/2})$

$R_{K3} = R_L + (1/h_{22/2}//R_{C/2})$

Berechnung der Emitterkondensatoren

Die Emitterkombination wird im Ersatzschaltbild an die Eingangsklemmen des Transistors transformiert. Dabei erscheint R_E vergrößert und C_E verkleinert.

Ersatzschaltbild für C_E^*, R_E^*

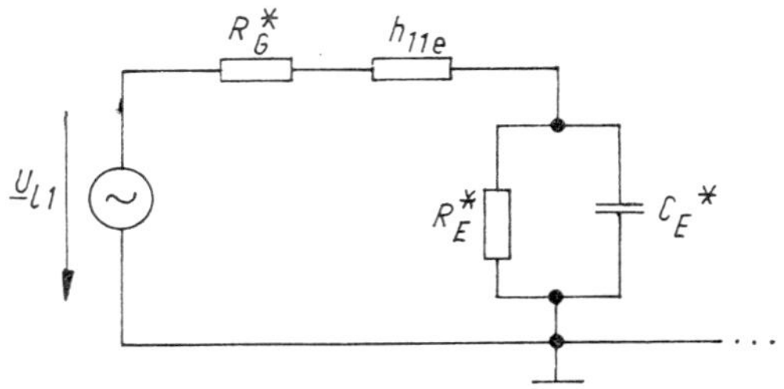

$C_E^* = C_E/(1 + h_{21e})$

$R_E^* = R_E(1 + h_{21e})$

Für $R_E \gg 1/\omega_{gu} C_E$ kann R_E^* vernachlässigt werden. Damit ergibt sich für n RC-Glieder die Emitterkapazität:

Emitterkapazität

$$\boxed{C_E \approx \frac{(1 + h_{21e})\, a_{in}}{2\pi f_{gu} R_P}}$$

$R_{P1} = h_{11/1} + (R_G//R_{1/1}//R_{2/1})$
in der 1. Stufe

$R_{P2} = h_{11/2} + (1/h_{22/1}//R_{C/1}//R_{1/2}//R_{2/2})$
in der 2. Stufe

Verhalten bei hohen Frequenzen

Transistorgrenzfrequenzen

Bei hohen Frequenzen beeinflussen vor allem die Blindwiderstände der Transistorkapazitäten das Übertragungsverhalten. Die Vierpolparameter der Transistoren sind dann komplex und frequenzabhängig. Zur Beurteilung des Verstärkungsverhaltens werden verschiedene obere Grenzfrequenzen definiert und in den Applikationsunterlagen (Transistorkataloge) angegeben.

Frequenzgang eines dc-Verstärkers

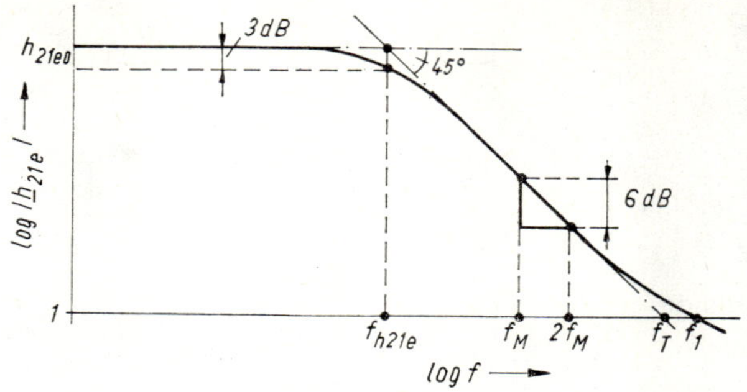

Obere 3-dB-Grenzfrequenz f_{h21}

f_{h21} wird aus dem Frequenzgang der Kurzschlußstromverstärkung abgeleitet.

$$|\underline{h}_{21}|(f) = \frac{|h_{21}|_{(f=0)}}{\sqrt{1 + (f/f_{h21})^2}}$$

$$\boxed{f_{h21e} = \frac{f_{h21b}}{1 + h_{21e}} \approx \frac{f_{h21b}}{h_{21e}}}$$

$f_{h21e} \leftrightarrows f_{h21b}$

Die obere 3-dB-Grenzfrequenz eines Transistors ist in Basisschaltung höher als in Emitterschaltung ($h_{h21e} = \beta \approx 18 \ldots 1120$ entsprechend der Stromverstärkungsgruppe A…F).

Obere 3-dB-Grenzfrequenz f_{y21} *(Steilheitsfrequenz)*

f_{y21} wird aus dem Frequenzgang des Kurzschluß-Übertragungsleitwertes (Steilheit) abgeleitet. Es ergeben sich ähnliche Beziehungen wie bei f_{h21}. f_{y21} kann auch zur Beurteilung von FETs verwendet werden.

Obere f_1-Frequenz

f_1 ist diejenige Frequenz, für die $|\underline{h}_{21e}| = 1$ wird. Damit ist eine absolute Grenze des Transistors als Verstärker gekennzeichnet.

Transitfrequenz

Die Transitfrequenz f_T kann als Bandbreiten-Verstärkungsprodukt interpretiert werden:

$$\boxed{f_T = f_M |\underline{h}_{21e}|_{(f=f_M)}}$$

f_M beliebige Frequenz im Bereich des linearen 6-dB-Abfalls

4.2.4. Direktgekoppelte Verstärker

Ausgangsspannung eines Gleichspannungsverstärkers

$$u_O(t) = [V_u + \Delta V_u(\vartheta; U_B; t)]\,[u_I(t) + U_{IO} + \Delta U_{IO}(\vartheta; U_B; t)]$$

Störgrößen

- Verstärkungsdrift $\Delta V_u(\vartheta; U_B; t)$
- Offsetspannung U_{IO}
- Offsetspannungsdrift $\Delta U_{IO}(\vartheta; U_B; t)$

Temperaturdrift

Der Kollektorstrom eines Transistors ist von der Temperatur abhängig:

$\Delta U_{IO}(\vartheta)$

$$I_C \approx I_{EB0} \exp\left(\frac{U_{BE} + \Delta U_{BE}}{U_T}\right)$$

$U_T = kT/e$
$\Delta U_{BE} = U_T c \Delta\vartheta = U_T c(\vartheta_j - \vartheta_a)$

I_{EB0}	Emitterreststrom
U_{BE}	Basis-Emitter-Spannung
U_T	Temperaturspannung ($\approx$26 mV bei 20 °C)
k	Boltzmann-Konstante ($k = 1{,}38 \cdot 10^{-23}$ J/K)
e	Elementarladung ($e = 1{,}6 \cdot 10^{-19}$ C)
c	nicht näher erklärte Konstante
ϑ_j	Sperrschichttemperatur
ϑ_a	Umgebungstemperatur

Temperaturdurchgriff

Die Temperaturabhängigkeit des Transistors wirkt sich wie eine zusätzliche Eingangsspannung ΔU_{BE} aus, die über den Temperaturdurchgriff D_T abgeschätzt werden kann.

$$|D_T| = \left|\frac{\Delta U_{BE}}{\Delta\vartheta}\right|$$

$|D_T| \approx 2\ldots3$ mV/K für einen Siliciumtransistor

Zweistufige Verstärkerschaltungen

Verstärker	Prinzipschaltbild (ohne Arbeitspunkteinstellung)	Dynamische Eigenschaften
1. Darlington-*Schaltung*	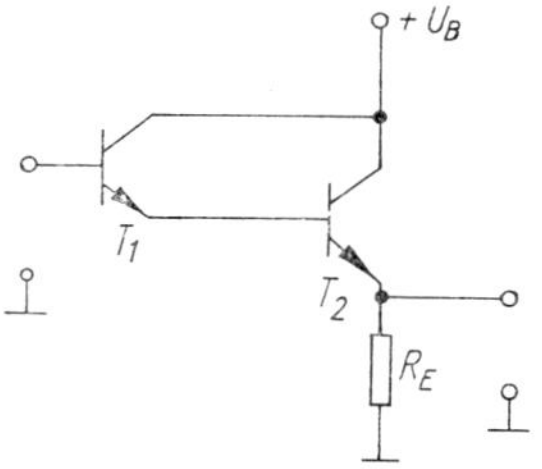	$V_u \approx 1$ $V_i \approx \beta = \beta_1\beta_2$ $Z_1 \approx 2r_{BE1}$ $Z_2 \approx \frac{2}{3} r_{CE2}$
2. *Kaskode-Schaltung*	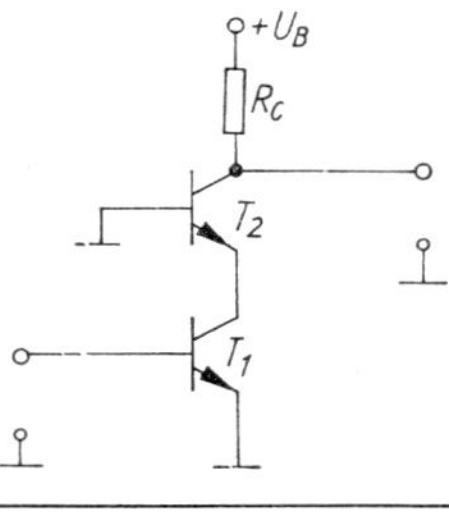	$V_u \approx -SR_C$ $Z_1 \approx r_{BE1}$ $Z_2 \approx R_C$ $f_{go} \approx f_{y21}$ (Miller-Effekt unwirksam)

Verstärker	Prinzipschaltbild (ohne Arbeitspunkteinstellung)	Dynamische Eigenschaften
3. *Unsymmetrischer Differenzverstärker*	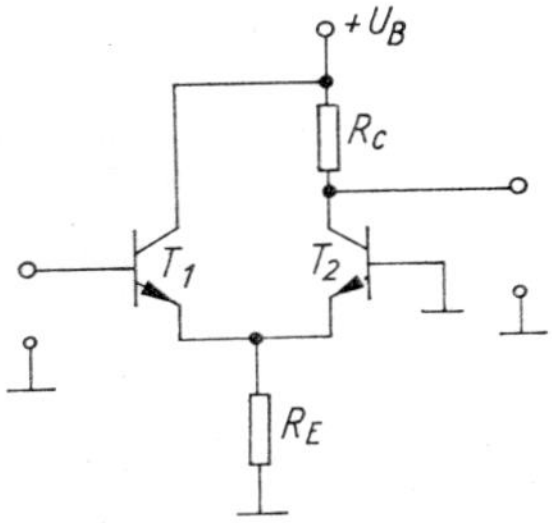	$V_u \approx \frac{1}{2} SR_C$ $Z_1 \approx 2r_{BE1}$ $Z_2 \approx R_C$ $f_{go} \approx f_{y21}$ (MILLER-Effekt unwirksam)
Steilheit	$S = y_{21e} \approx I_C/U_T$	
Kurzschluß-Stromverstärkung	$\beta = h_{21e}$	
Basis-Emitter-Widerstand	$r_{BE} \approx \beta/S$	

4.2.5. Leistungsverstärker

Betriebsarten

Nach der Lage des Arbeitspunktes im Kennlinienfeld unterscheidet man mehrere Betriebsarten:

A-Betrieb

Der Arbeitspunkt A_0 liegt in der Mitte des Aussteuerbereiches (→ Bild). Die Aussteuerung erfolgt symmetrisch zum Arbeitspunkt. Charakteristisch sind der hohe Ruhestrom I_{C0}, die damit verbundene große Verlustleistung und der niedrige Wirkungsgrad. Vorteilhaft ist der niedrige Klirrfaktor.

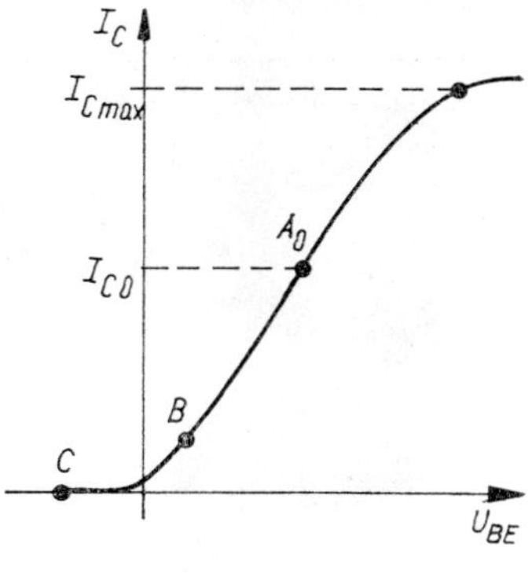

B-Betrieb

Der Arbeitspunkt *B* liegt im unteren Teil des Aussteuerbereiches (→ Bild). Es fließt daher nur ein geringer Ruhestrom. Der Wirkungsgrad und der Klirrfaktor sind höher als im *A*-Betrieb. Durch Gegentaktschaltungen werden die nichtlinearen Verzerrungen in Grenzen gehalten.

AB-Betrieb

Charakteristisch ist der gleitende Arbeitspunkt. Im unausgesteuerten Zustand liegt er in der Nähe von A_0, bei Aussteuerung verschiebt er sich automatisch in Richtung *B*. Vorteil: Vermeidung der Stromübernahmeverzerrungen des *B*-Betriebes.

C-Betrieb

Der Arbeitspunkt *C* liegt im Sperrbereich, so daß die aktiven Bauelemente erst durch das Steuersignal impulsförmig aufgetastet werden. Hoher Wirkungsgrad, aber starke nichtlineare Verzerrungen. Anwendung bei Sendeverstärkern.

Kenngrößen von Endstufen

Maximaler Kollektorgleichstrom I_{Cmax}

Maximale Kollektor-Emitter-Gleichspannung U_{CEmax}

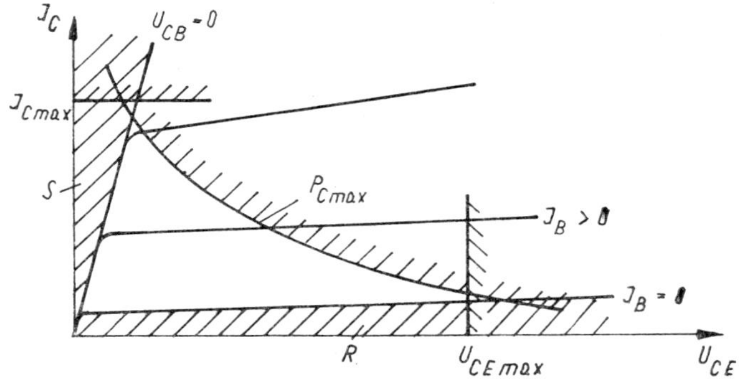

Maximale Kollektorverlustleistung	P_{Cmax} (grafische Darstellung als *Verlustleistungshyperbel*) $P_{Cmax} = P_{totmax} - I_B U_{BE} \approx P_{totmax}$ $P_{totmax} = \dfrac{\vartheta_{jmax} - \vartheta_c}{R_{thjc}}$	Ohne Aussteuerung ist $P_C = P_{Cmax}$ P_{totmax} maximale Gesamtverlustleistung ϑ_{jmax} maximale Sperrschichttemperatur ϑ_c Gehäusetemperatur R_{thjc} innerer Wärmewiderstand zwischen Sperrschicht und Gehäuse
Maximale Wechselstromleistung	$P_{\sim max} = 1/2 \hat{u}_{cmax} \hat{i}_{cmax}$	tritt bei Vollaussteuerung und Leistungsanpassung am Lastwiderstand R_L auf
Maximale Gleichstromleistung	$P_{Hmax} = P_{Cmax} + P_{\sim max}$	vom Netzteil aufzubringende Hilfsleistung
Maximaler Wirkungsgrad	$\eta_{max} = P_{\sim max}/P_{Hmax}$	bei Vollaussteuerung und Leistungsanpassung ($P_{\sim} = P_{\sim max}$)

Lastwiderstand bei Übertragerkopplung	$R_L = \ddot{u}^2 R_a$	bei Leistungsanpassung
Übersetzungsverhältnis	$\ddot{u} = N_1/N_2$	N_1 Primärwindungszahl N_2 Sekundärwindungszahl
Klirrfaktor	$$k = 100\,\% \cdot \sqrt{\frac{\tilde{U}^2_{\sim 2} + \tilde{U}^2_{\sim 3} + \dots}{\tilde{U}^2_{\sim 1} + \tilde{U}^2_{\sim 2} + \tilde{U}^2_{\sim 3} + \dots}}$$	

Der Klirrfaktor k ist das Verhältnis des Oberwelleneffektivwertes zum Gesamteffektivwert (einschließlich Grundwellenanteil).

Klirrfaktor k wird in % angegeben.
$U_{\sim 1}$ Effektivwert der 1. Harmonischen (Grundwelle)
$U_{\sim 2}$ Effektivwert der 2. Harmonischen (1. Oberwelle)

Prinzipschaltungen von Endstufen

Kenngröße	Gleichung	Prinzipschaltungen

Emitterstufe ohne Trafo (Eintakt-*A*-Betrieb)

I_{Cmax}	$U_B/2R_L$
U_{CEmax}	U_B
$P_{\sim max}$	$U_B^2/8R_L$
P_{Cmax}	$U_B^2/4R_L$
P_{Cmax} je Transistor	$2P_{\sim max}$
P_{Hmax}	$U_B^2/2R_L$
η_{max}	0,25
R_L	$U_B^2/8P_{\sim max}$

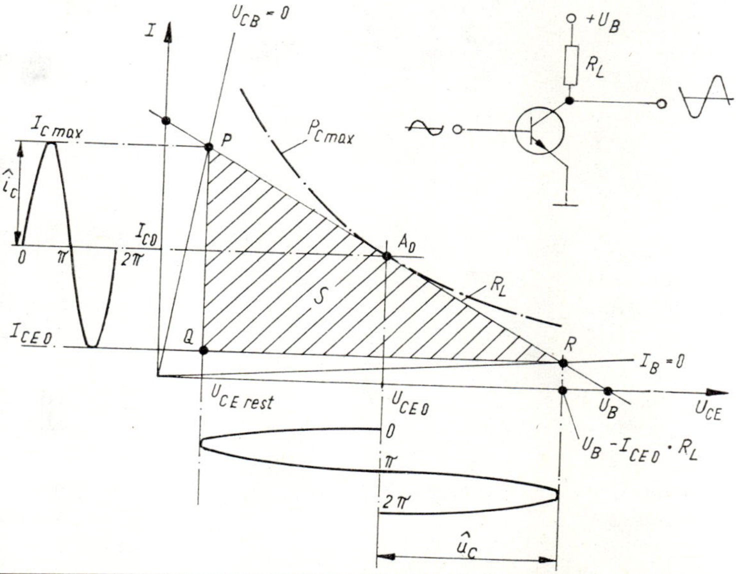

Kenngröße Gleichung Prinzipschaltungen

Emitterstufe mit Trafo (Eintakt-*A*-Betrieb)

Kenngröße	Gleichung
I_{Cmax}	$2U_{\mathrm{B}}/R_{\mathrm{L}}$
U_{CEmax}	$2U_{\mathrm{B}}$
$P_{\sim\mathrm{max}}$	$U_{\mathrm{B}}^2/2R_{\mathrm{L}}$
P_{Cmax}	$U_{\mathrm{B}}^2/R_{\mathrm{L}}$
P_{Cmax} je Transistor	$2P_{\sim\mathrm{max}}$
P_{Hmax}	$U_{\mathrm{B}}^2/R_{\mathrm{L}}$
η_{max}	0,5
R_{L}	$U_{\mathrm{B}}^2/2P_{\sim\mathrm{max}}$

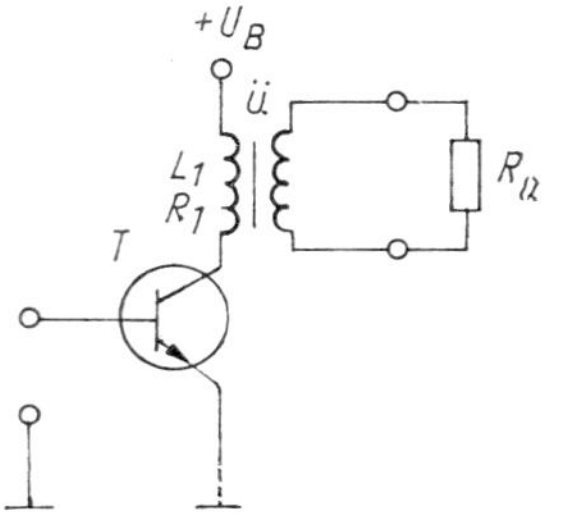

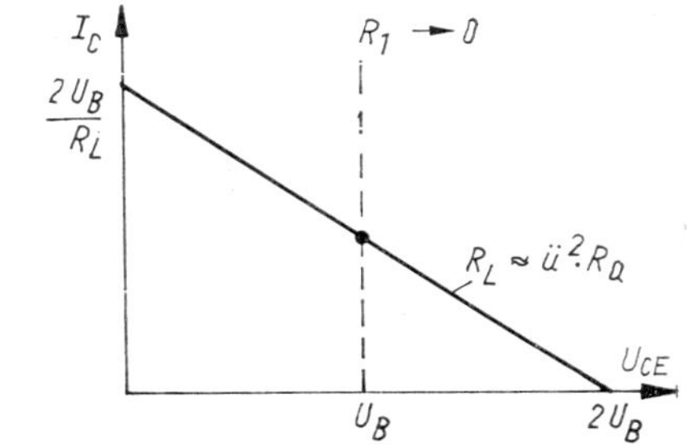

Kollektorstufe ohne Trafo (Eintakt-*A*-Betrieb)

Kenngröße	Gleichung
I_{Cmax}	$1{,}5U_{\mathrm{B}}/R_{\mathrm{L}}$ $R_{\mathrm{L}} = R_{\mathrm{E}}$
U_{CEmax}	$0{,}75U_{\mathrm{B}}$ $R_{\mathrm{L}} = R_{\mathrm{E}}$
$P_{\sim\mathrm{max}}$	$U_{\mathrm{B}}^2/32R_{\mathrm{L}}$
P_{Cmax}	$U_{\mathrm{B}}^2/4R_{\mathrm{L}}$
P_{Cmax} je Transistor	$8P_{\sim\mathrm{max}}$
P_{Hmax}	$0{,}5U_{\mathrm{B}}^2/R_{\mathrm{L}}$
η_{max}	0,0625
R_{L}	R_{E}

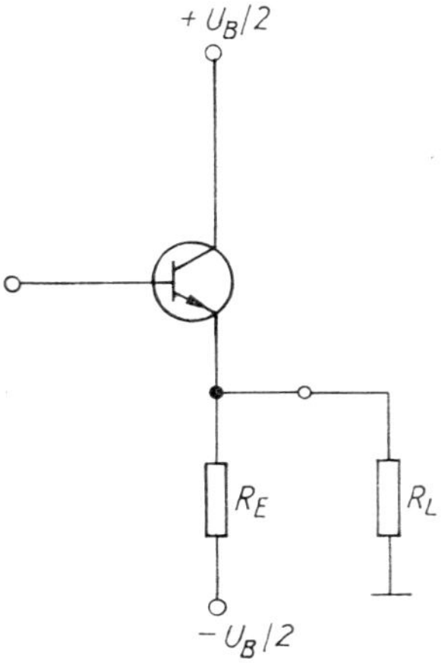

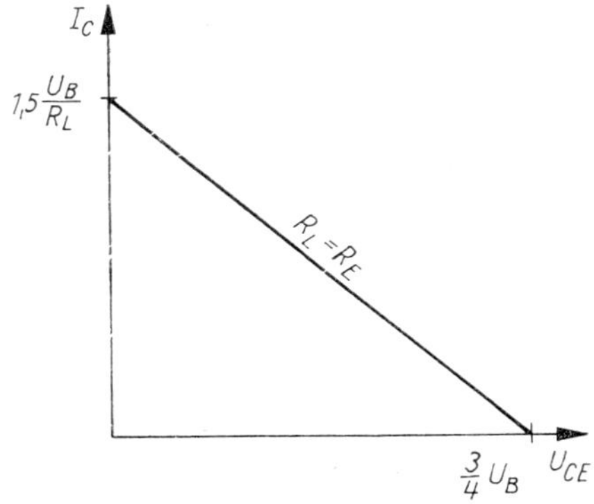

Gegentakt-*B*-Stufe mit Trafo

Kenngröße	Gleichung
I_{Cmax}	$U_{\mathrm{B}}/R_{\mathrm{L}}$
U_{CEmax}	$2U_{\mathrm{B}}$
$P_{\sim\mathrm{max}}$	$U_{\mathrm{B}}^2/2R_{\mathrm{L}}$
P_{Cmax}	$\approx 0{,}2U_{\mathrm{B}}^2/R_{\mathrm{L}}$
P_{Cmax} je Transistor	$\approx 0{,}2P_{\sim\mathrm{max}}$
P_{Hmax}	$0{,}636U_{\mathrm{B}}^2/R_{\mathrm{L}}$
η_{max}	0,785
R_{L}	$U_{\mathrm{B}}^2/2P_{\sim\mathrm{max}}$

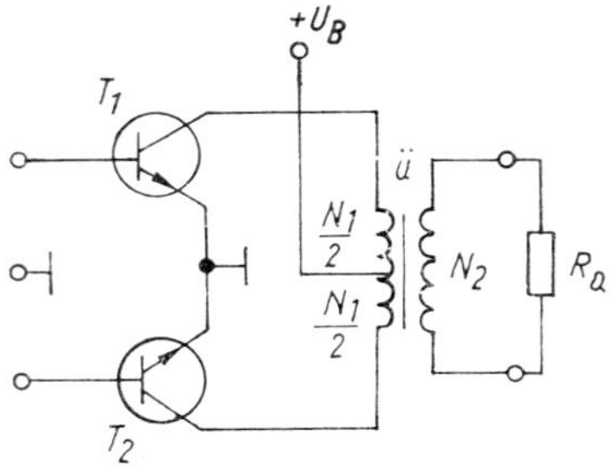

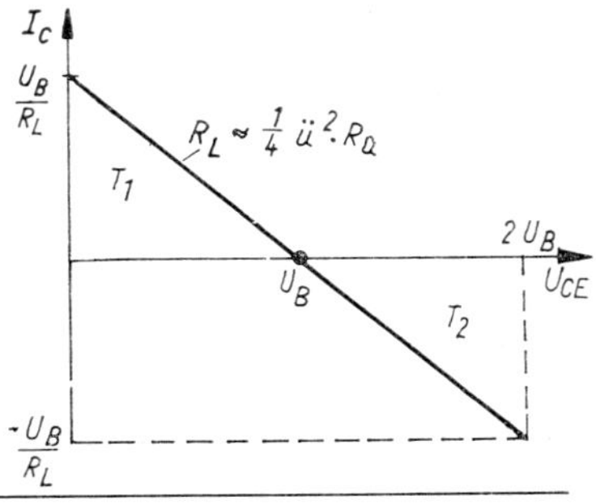

Kenngröße	Gleichung	Prinzipschaltungen

Komplementäre Gegentakt-B-Stufe ohne Trafo

I_{Cmax}	$U_B/2R_L$
U_{CEmax}	$U_B = 2U_b$
$P_{\sim max}$	$U_B^2/8R_L$
P_{Cmax}	$\approx 0{,}05 U_B^2/R_L$
P_{Cmax} je Transistor	$\approx 0{,}2 P_{\sim max}$
P_{Hmax}	$0{,}159 U_B^2/R_L$
η_{max}	$0{,}785$
R_L	$U_B^2/8P_{\sim max}$

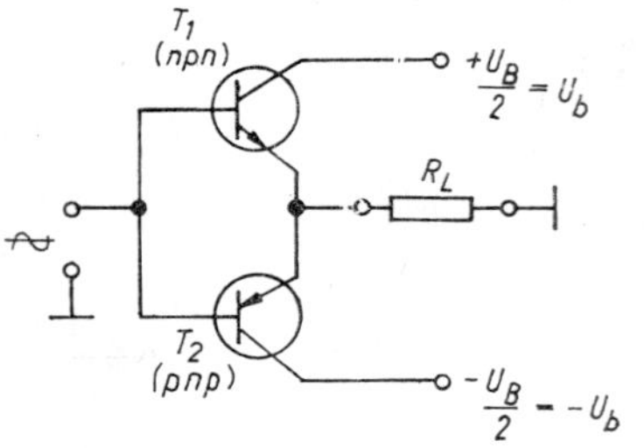

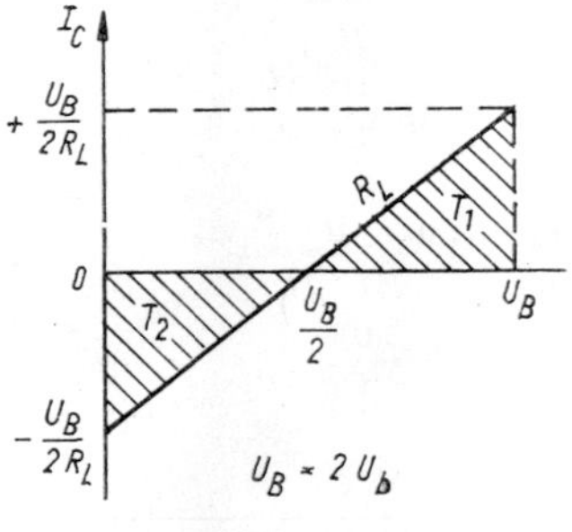

4.3. Operationsverstärker

4.3.1. Integrierte Substrukturen

Operationsverstärker

Operationsverstärker (OV) sind mehrstufige integrierte Gleichspannungsverstärker, deren Eigenschaften maßgeblich durch die äußere Beschaltung beeinflußt werden.

Differenzverstärker

Die Eingangsstufe des Operationsverstärkers ist ein Differenzverstärker.

Differenzverstärker
a) mit idealer Konstantstromquelle
b) mit Emitterkopplung
c) mit Konstantstromquelle (ohne Temperaturkompensation)

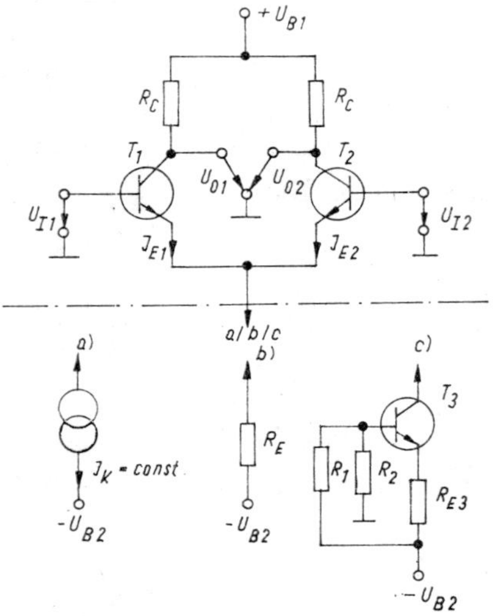

Varianten:

- bipolare Transistoren
- bipolare Transistoren in DARLINGTON-Schaltung
- unipolare Transistoren (BIFET)

Kenngrößen des Differenzverstärkers

Differenzverstärkung $$V_D = \frac{-\Delta U_{O2}}{\Delta U_{ID}} = \frac{\Delta U_{O1}}{\Delta U_{ID}}$$

Differenzeingangsspannung $$U_{ID} = U_{I1} - U_{I2}$$

Differenzverstärkung bei Emitterkopplung $V_D \approx -SR_C/2$ $\quad S \approx \beta/r_{BE} \approx I_C/U_T$

$U_T \approx 26\ \mathrm{mV}$

Gleichtaktverstärkung $$V_C = \frac{-\Delta U_{O2}}{\Delta U_{IC}} = \frac{\Delta U_{O1}}{\Delta U_{IC}}$$

Gleichtakteingangsspannung $$U_{IC} = (U_{I1} + U_{I2})/2$$

Gleichtaktverstärkung bei Emitterkopplung $V_C \approx -R_C/2R_E$

Gleichtaktunterdrückung $$G = |V_D/V_C|$$ bei Emitterkopplung ist $G \approx SR_E$

Stromspiegel

Bei einem Stromspiegel ist der Laststrom (I_2) von einem Referenzstrom (I_1) und dem Spiegelverhältnis S_p abhängig. Das Spiegelverhältnis ist durch die integrierte Struktur festgelegt.

Stromspiegel mit $S_p < 1$ $$S_p = I_2/I_1$$

$S_p \approx e^{-I_2 R_{E2}/U_T}$

Stromspiegel mit $S_p \approx 1$ für $R_{E2} = 0$ ist

$$S_p \approx \frac{B}{B+2} \approx 1 \qquad B = I_C/I_B$$

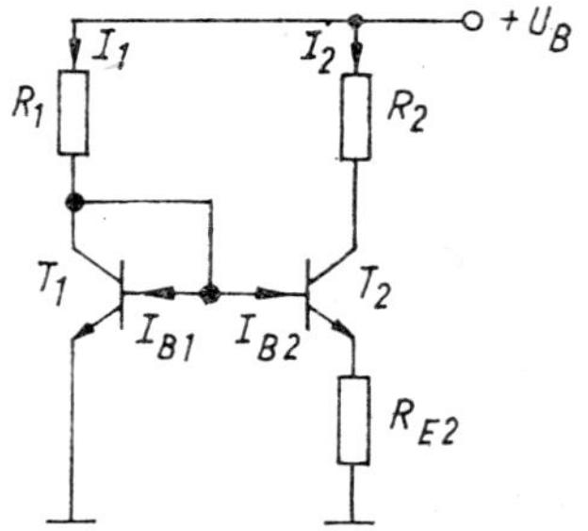

Anwendung von Stromspiegeln Stromspiegel werden z. B. in integrierten Differenzverstärkern (Operationsverstärker) als *Konstantstromquellen* und als *Lastelemente* verwendet.

4.3.2. Betriebseigenschaften

Die Betriebseigenschaften des Operationsverstärkers werden durch *Kenndaten*, Kennlinien und Ersatzschaltbilder beschrieben. Bei Gleichstromsignalen und bei tiefen Frequenzen werden folgende Kenngrößen definiert (→ Differenzverstärker):

Kenngröße	Definitionsgleichung	Typische Werte (schlechter … besser)
Ersatzschaltbild des Operationsverstärkers bei tiefen Frequenzen	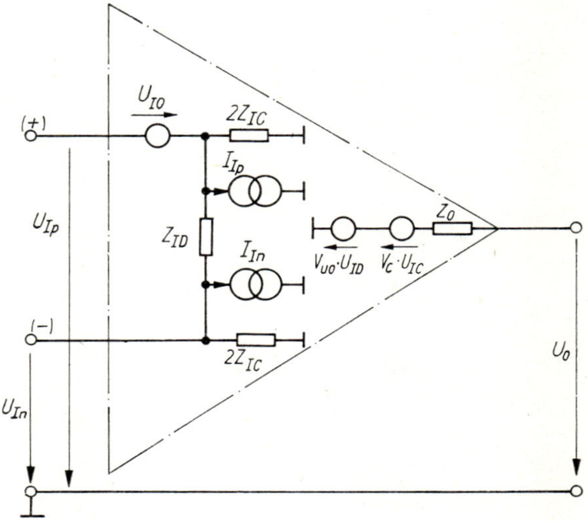	
Spannungsverstärkung (Differenzverstärkung bei offener Schleife)	$V_{u0} = \Delta U_O/\Delta U_{ID}\|_{U_{IC}=0}$	$10^3 \ldots 10^6$
Differenzeingangswiderstand	$Z_{ID} = \Delta U_{Ip}/\Delta I_{Ip}\|_{U_{In}=0}$ $Z_{ID} = U_{In}/I_{In}\|_{U_{Ip}=0}$	$50\ \text{k}\Omega \ldots 10^{11}\ \Omega$ (bei $10^{11}\ \Omega$ BIFET-Eingang)
Gleichtaktverstärkung	$V_C = \Delta U_O/\Delta U_{IC}\|_{U_{ID}=0}$	$V_C \ll V_{u0}$
Gleichtaktunterdrückung	$CMR = 20 \lg (V_{u0}/V_C)$	$65 \ldots 120$ dB
Gleichtakteingangswiderstand	$Z_{IC} = \Delta U_{IC}/\Delta I_{IC}\|_{U_{ID}=0}$	$Z_{IC} \gg Z_{ID}$
Ausgangswiderstand	$Z_O = \Delta U_O/\Delta I_O$	$200 \ldots 75\ \Omega$
Eingangsoffsetspannung	$U_{IO} = -U_{ID}\|_{U_O=0}$	$7{,}5 \ldots 0{,}5$ mV

Kenngröße	Definitionsgleichung	Typische Werte (schlechter ... besser)
Offsetspannungsdrift	$\Delta U_{IO}/\Delta\vartheta$	10...0,2 µV/K
Eingangsruhestrom (Mittelwert)	$I_I = (I_{Ip} + I_{In})/2$ bei $U_{Ip} = 0$; $U_{In} = 0$	2 µA...20 pA
Eingangsoffsetstrom	$I_{IO} = I_{Ip} - I_{In}$ bei $U_{Ip} = 0$; $U_{In} = 0$	0,5 µA ... 2 pA

Kenngrößen bei hohen Frequenzen

Kenngröße	Definitionsgleichung	Typische Werte (schlechter ... besser)
Transitfrequenz (Bandbreiten-Verstärkungs-Produkt → 4.2.3.)	$f_T = f\|_{V_{u0}=1}$	1...20 MHz
Maximale Änderungsgeschwindigkeit der Ausgangsspannung (slew rate)	$S_R = \Delta U_O/\Delta t\|_{max}$	100...0,1 V/µs
Maximale Ausgangsaussteuerbarkeit (bei Sinussignal)	$\hat{U}_{Omax} = S_R/2\pi f$ bei $f \geq f_P$; f_P Großsignalbandbreite	$\hat{U}_{Omax} \leq U_S$; U_S Ausgangssättigungsspannung

4.3.3. Kompensationsmaßnahmen

Beim praktischen Schaltungsaufbau können die realen Eigenschaften des Operationsverstärkers nicht vernachlässigt werden.

Notwendige Kompensationsmaßnahmen

- Ruhestromkompensation
- Offsetspannungskompensation
- Frequenzgangkompensation

Ruhestromkompensation

Ruhestromkompensation beim Inverter

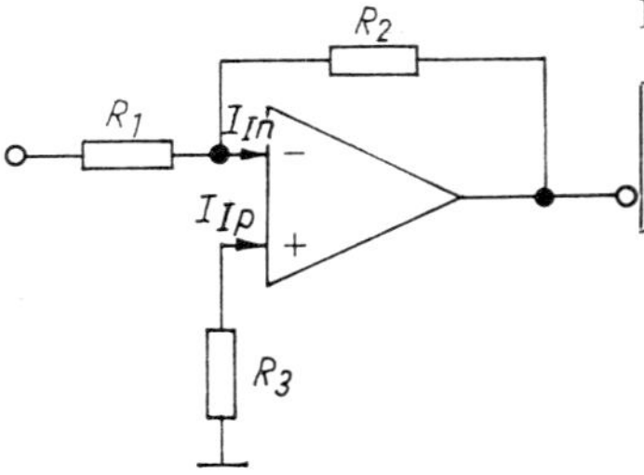

Kompensationswiderstand R_3:

$$R_3 \approx \frac{R_1 R_2}{R_1 + R_2}$$

Offsetspannungskompensation

Kompensation durch externe Gleichspannung $U_K = -U_{IO}$

Statische Übertragungskennlinie mit Nullpunktfehler

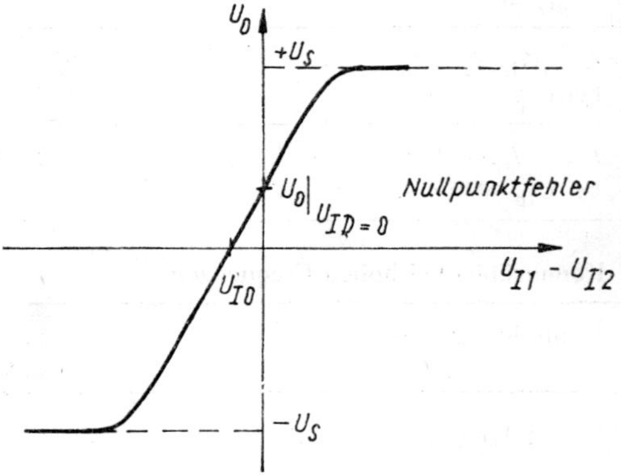

Frequenzgangkompensation

Allgemeine *Stabilitätsbedingung* (NYQUIST-Kriterium)

Stabilitätskriterium

$$KV|_{\varphi=-180°} < 1$$

Verstärkung in geschlossener Schleife ($V^* \equiv V_u$) bei einer *Phasensicherheit* von 45°:

$$V^* \geqq V|_{\varphi=135°}$$

Kompensation durch *RC*-Tiefpaß-Glieder (extern)

Frequenzgang im BODE-*Diagramm (mit und ohne Kompensation)*

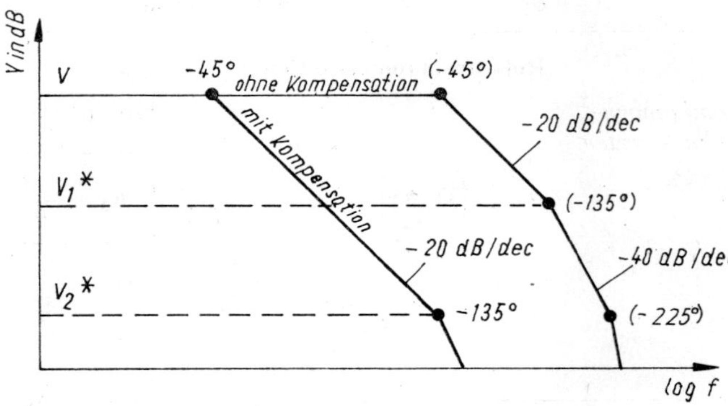

Inverter mit vollständiger Kompensationsbeschaltung (μA 709/A109)

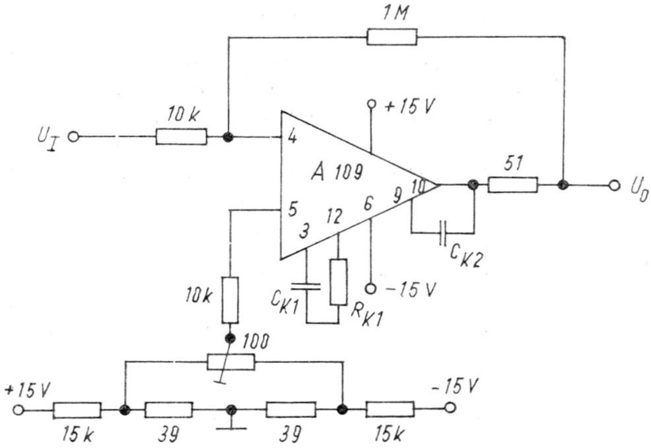

Je niedriger die gewählte Verstärkung V^* ist, desto größer müssen die Zeitkonstanten der Kompensationsglieder gewählt werden, damit der erforderliche Phasenspielraum eingehalten wird (*ohne* Kompensation minimal V_I^* möglich).

Kompensationsglieder für μA 709

Verstärkung V^* dB	Kapazität C_{K1} pF	Widerstand R_{K1} kΩ	Kapazität C_{K2} pF
0	5000	1,5	200
10	2700	1,5	100
20	500	1,5	20
30	270	1,5	10
40	100	1,5	3
50	27	1,5	3
60	10	0	3

Interne Frequenzgangkompensation

Operationsverstärker mit interner Kompensation (z.B. μA 741) sind zumeist auf 0 dB kompensiert. Dadurch wird die Bandbreite (obere Grenzfrequenz f_{go}) stark reduziert.

Komplexer Frequenzgang bei idealer Kompensation

$$\underline{V} = \frac{V_0}{1 + j(f/f_{go})}$$

$V_0 = V|_{f=0}$

$f_{go} = 1/(2\pi C_K R_K)$

C_K, R_K Ersatzgrößen der integrierten Kompensationselemente

4.3.4. Grundschaltungen und Anwendungsbeispiele

Infolge ihrer hohen Verstärkungsreserve werden Operationsverstärker nahezu immer in Gegenkopplungsschaltungen betrieben. Dadurch ergeben sich sehr stabile Betriebsverhältnisse. Unter der Voraussetzung, daß eine wirksame Kompensation von Offset und Frequenzgang (→ 4.3.3.) vorgenommen wurde, genügt es zumeist, den Operationsverstärker als ideal zu betrachten.

Eigenschaften des idealen Operationsverstärkers

- Verstärkung ($V_{u0} \to \infty$)
- Widerstände ($Z_I \to \infty$; $Z_O = 0$)
- Offset; Drift ($U_{IO} = 0$; $I_{IO} = 0$; $\Delta U_{IO} = 0$; $\Delta I_{IO} = 0$)
- Gleichtaktunterdrückung ($CMR \to \infty$)

Schaltungen ohne Rückkopplung

Analoger Komparator

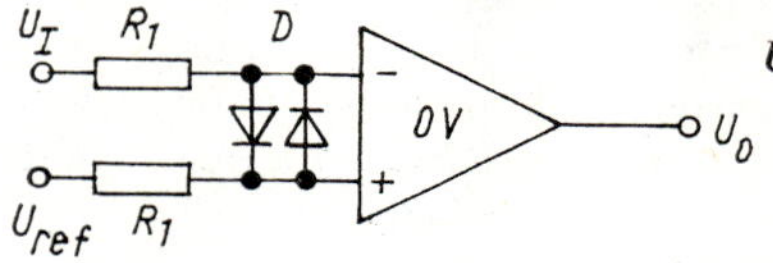

$$U_O = \begin{cases} +U_S & \text{bei} \quad U_I < U_{ref} \\ -U_S & \text{bei} \quad U_I > U_{ref} \end{cases}$$

Bei integrierten Schaltkreisen (IS) mit TTL-kompatiblem Ausgang ist $+U_S < 5$ V und $-U_S \approx 0$ V.

Der Referenzeingang des Komparators liegt hier auf 0 V.

Nulldetektor

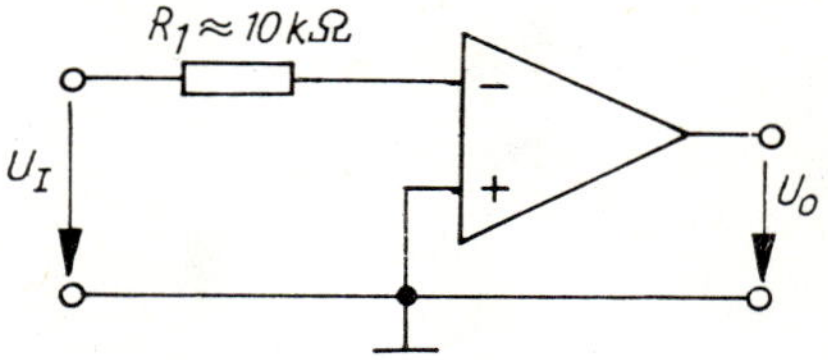

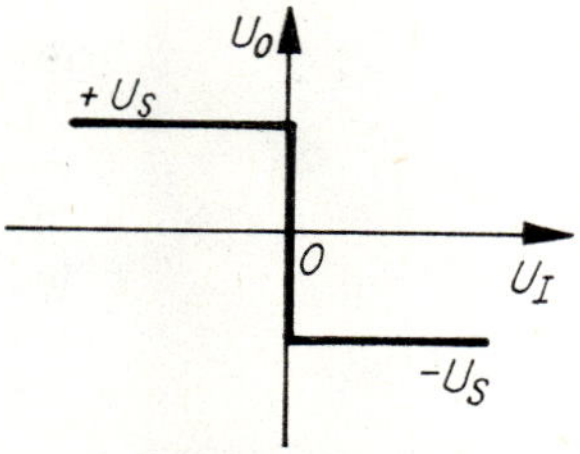

Fensterkomparator

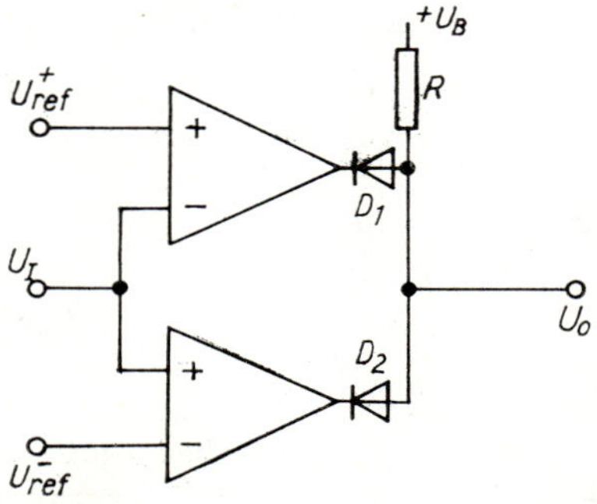

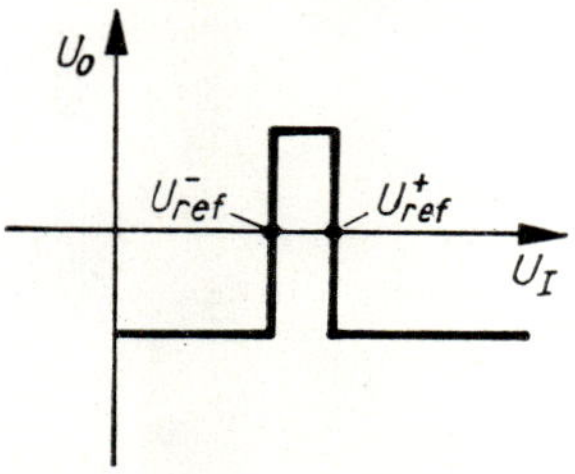

Bei TTL-kompatiblen Komparatorschaltkreisen entfällt die UND-Verknüpfung aus D_1, D_2 und *R*. Die IS-Ausgänge werden dann direkt parallel geschaltet.

Schaltungen mit Gegenkopplung

Art der Gegenkopplung (→ 4.2.2.) | Grundschaltung mit idealem Operationsverstärker (∞) | Formel/Anwendung

1. *Stromabhängige Spannungsgegenkopplung*

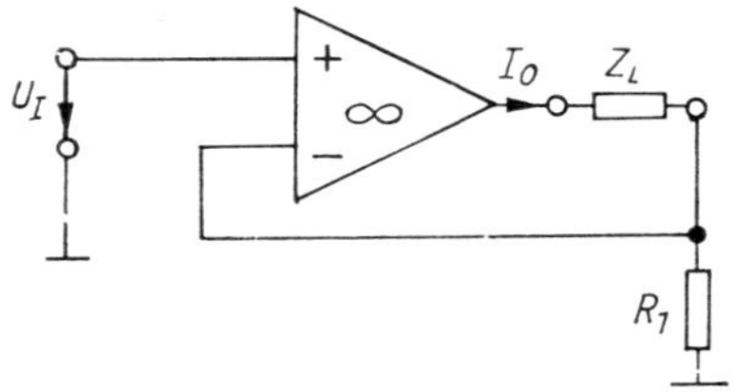

$I_O = (1/R_1)\, U_I$
Spannungs-Strom-Wandler

2. *Spannungsabhängige Stromgegenkopplung*

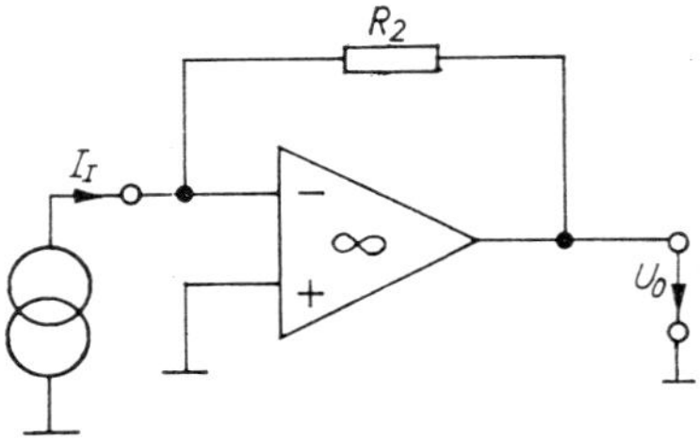

$U_O = -R_2 I_I$
Invertierender Strom-Spannungs-Wandler

3. *Spannungsabhängige Spannungsgegenkopplung*

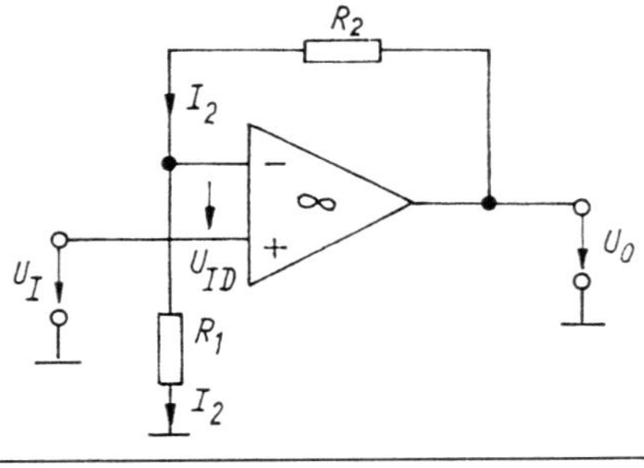

$U_O = (1 + R_2/R_1)\, U_I$
Spannungsverstärker

4. *Stromabhängige Stromgegenkopplung*

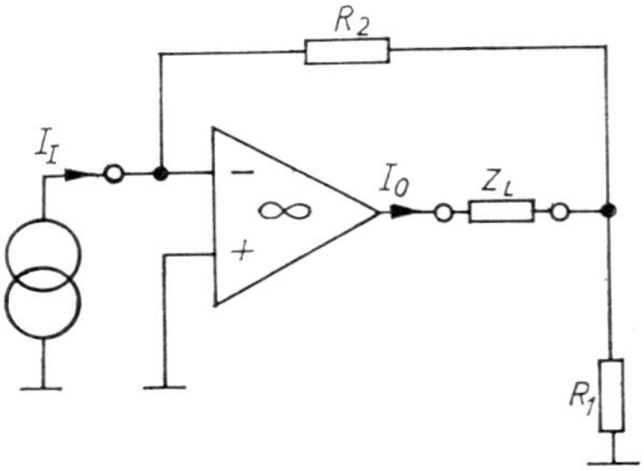

$I_O = -(1 + R_2/R_1)\, I_I$
Invertierender Stromverstärker

Verstärkerschaltungen

Bezeichnung	Schaltung	Formel
1. *Inverter*	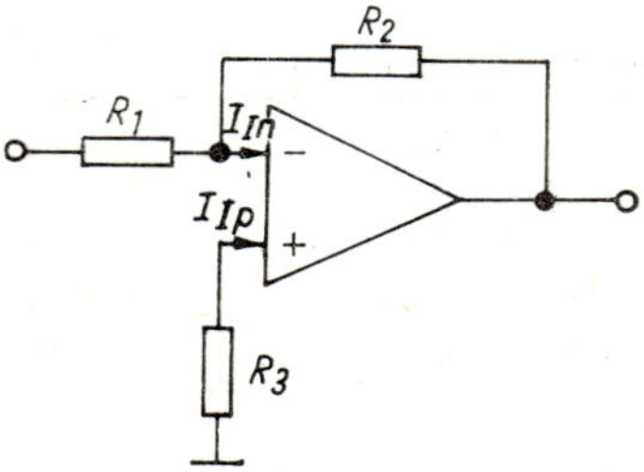	$V_u \approx -R_2/R_1$ $Z_1 \approx R_1$ $Z_2 \approx Z_O V_u/V_{u0}$ (kleiner Wert)
2. *Nichtinverter (Elektrometer-verstärker)*	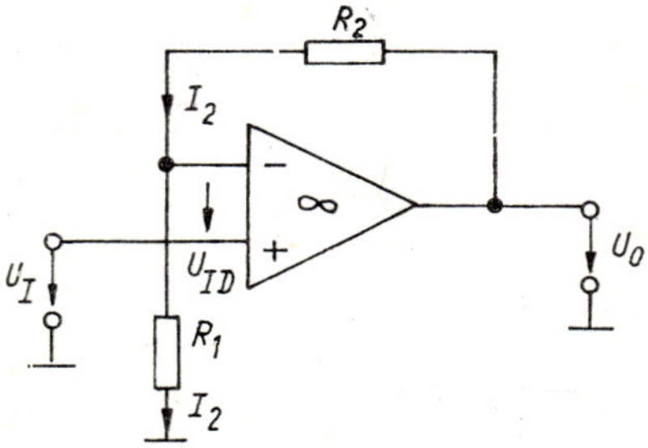	$V_u \approx 1 + R_2/R_1$ $Z_1 \approx Z_{IC}//(Z_{ID} V_{u0}/V_u)$ (großer Wert) $Z_2 \approx Z_O V_u/V_{u0}$ (kleiner Wert)
3. *Trennverstärker (Impedanzwandler)*	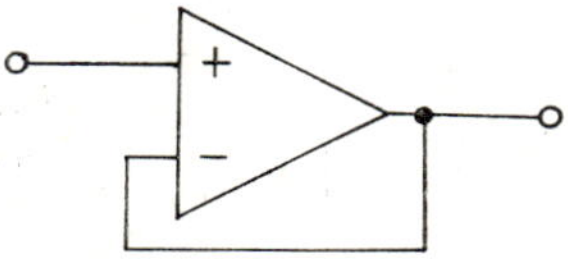	$V_u \approx 1$ $Z_1 \approx Z_{IC}//(Z_{ID} V_{u0})$ $Z_2 \approx Z_O/V_{u0}$ [Schutz gegen Blockierung (latch up) erforderlich]
4. *Differenzverstärker (Subtrahierer)*	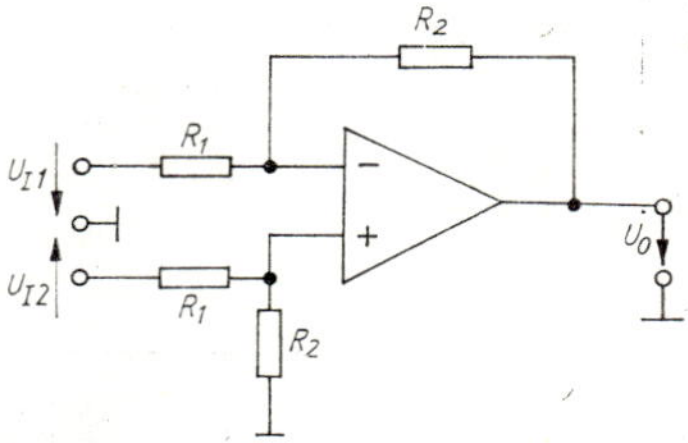	$U_O \approx (R_2/R_1)(U_{I2} - U_{I1})$ $Z_1 \approx R_1$ ($R_2/R_1 \leq 10$ zweckmäßig)
5. *Wechselspannungs-verstärker mit Driftunterdrückung*	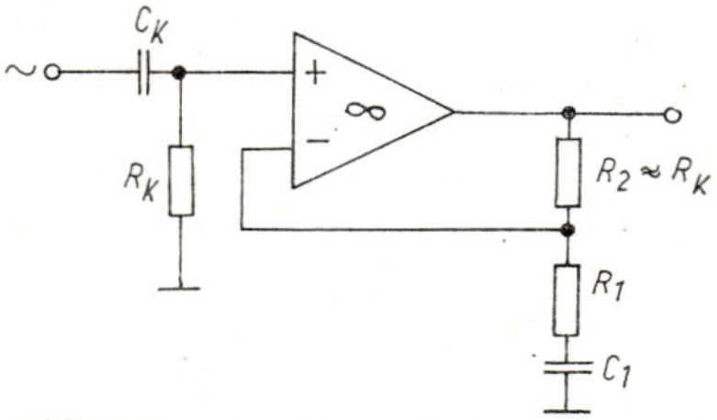	$V_u \approx 1 + R_2/R_1$ für $1/\omega C_1 \ll R_1$ $V_{u-} \approx 1$ $Z_1 \approx R_K//Z_{ID}$

Bezeichnung	Schaltung	Formel
6. *Bootstrap-Wechselspannungs-verstärker*	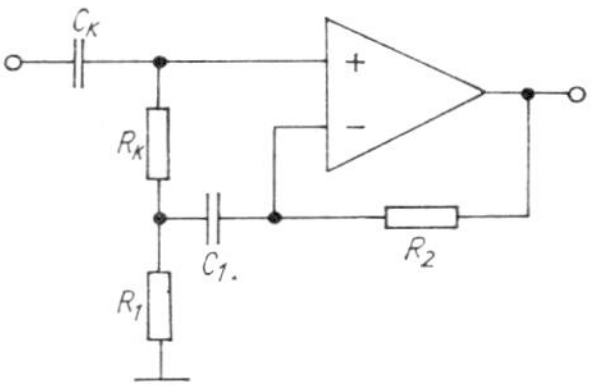	$V_u \approx 1 + R_2/R_1$ für $1/\omega C_1 \ll R_1$ $Z_1 \approx (R_K // Z_{ID})\ V_{u0}/V_u$ (sehr großer Wert)

Konstantstromquellen

Die Lastströme von Konstantstromquellen sind unabhängig vom Lastwiderstand. Der Lastwiderstandsbereich ist durch den linearen Aussteuerbereich des Operationsverstärkers begrenzt (→ Übertragungskennlinie).

1. *Stromquelle für erdfreie Last*

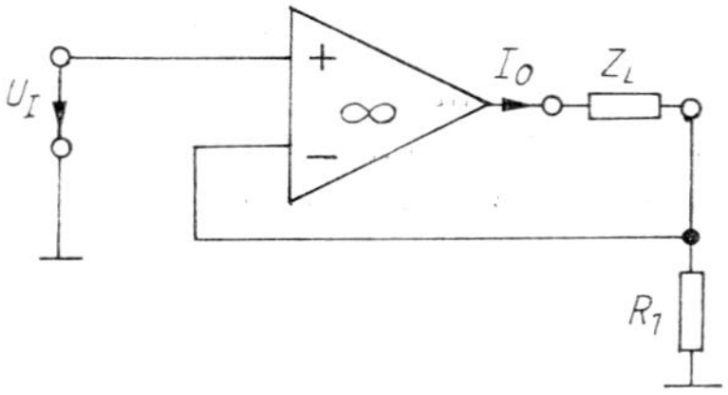

$$I_L = U_{ref}/R_1$$

$I_L \equiv I_O$; $U_I \equiv U_{ref}$

2. *Stromquelle für geerdete Last*

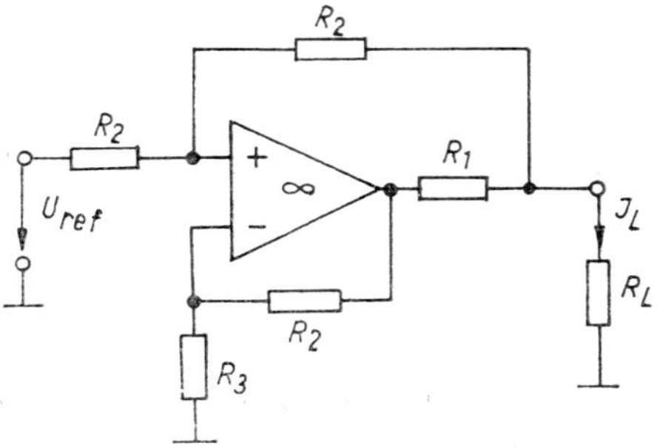

$$I_L = U_{ref}/[R_1 R_2/(R_1 + R_2)]$$

$R_3 = R_2^2/(R_1 + R_2)$

Für $R_1 \ll R_2$ ist

$$I_L \approx U_{ref}/R_1$$
$$R_3 \approx R_2$$

Der Laststrom I_L ist unabhängig vom Lastwiderstand R_L. Seine Größe kann durch die Referenzspannung U_{ref} und den Widerstand R_1 eingestellt werden.

Schaltungen mit nichtlinearer Gegenkopplung

1. *Präzisions-meßgleichrichter*

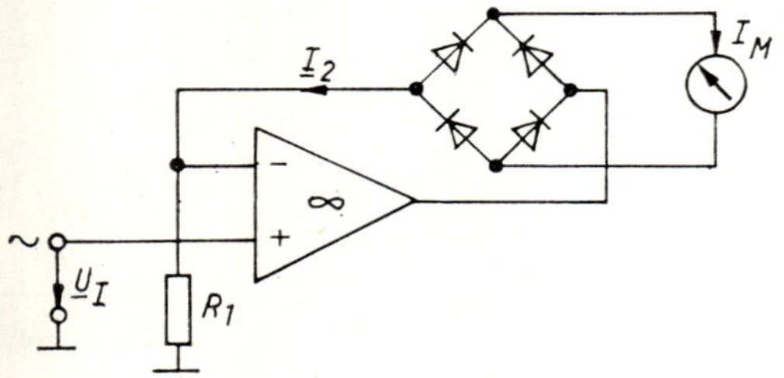

$|\underline{I}_2|$ hat Konstantstromeigenschaften

$$I_M = |\underline{I}_2| = |\underline{U}_I|/R_1$$

Vorteil: lineare Skalenteilung

2. *Symmetrischer Begrenzer*

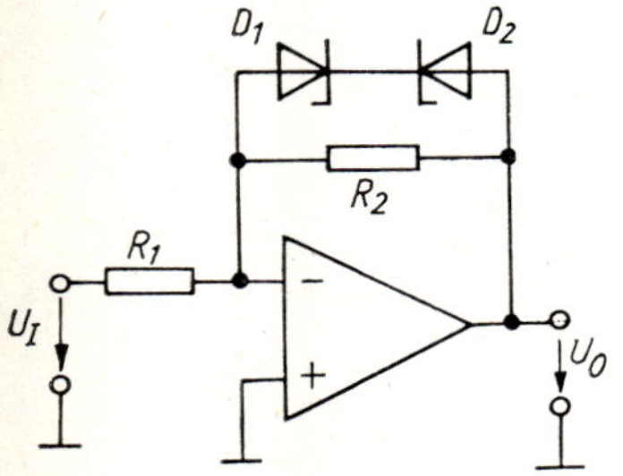

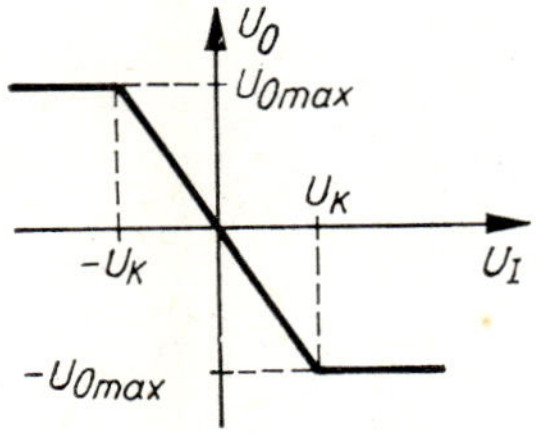

$$U_O = \begin{cases} -R_2/R_1; & U_I < U_K \\ -U_{Omax}; & U_I \geqq U_K \end{cases}$$

$U_{Omax} = -(U_z + U_F) \operatorname{sgn} U_I$

U_z Z-Spannung
U_F Flußspannung
sgn $U_I \equiv$ Vorzeichen von U_I

3. *Logarithmischer Verstärker*

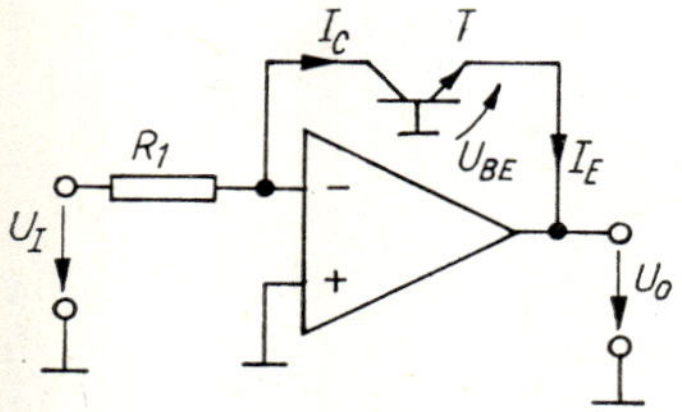

$$U_O \approx -U_T \ln(U_I/R_1 I_{ES})$$

I_{ES} Emitter-Sättigungsstrom
$U_T \approx 26$ mV bei 20°C

Analogrechenschaltungen

1. *Umkehraddierer*

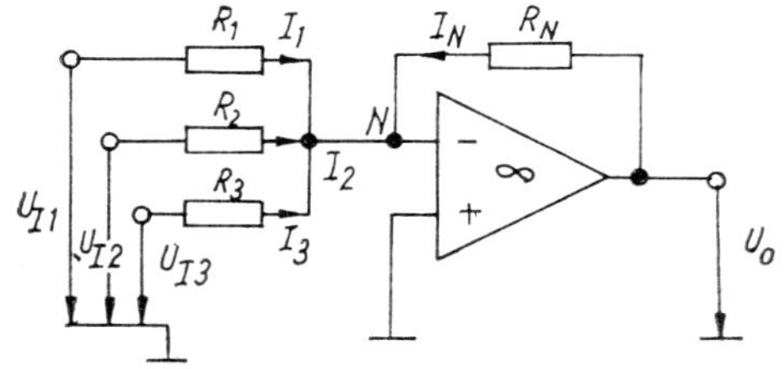

$$U_O = -[(R_N/R_1)\,U_{I1} + (R_N/R_2)\,U_{I2} + (R_N/R_3)\,U_{I3}]$$

Für $R_1 = R_2 = R_3 = \ldots R = nR_N$ wird das arithmetische Mittel gebildet: $U_O = -\Sigma U_I/n$

2. *Subtrahierer*

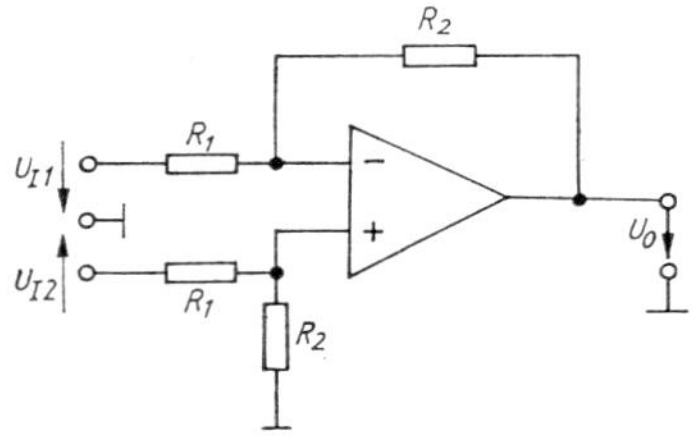

$$U_O = -\frac{R_2}{R_1}(U_{I1} - U_{I2})$$

3. *Differenzierer*

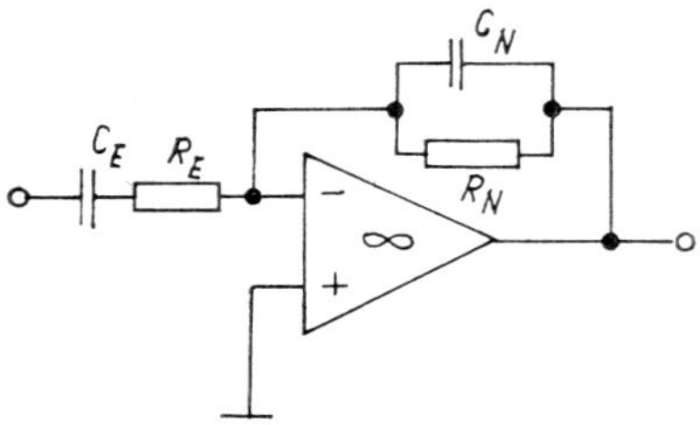

Für $\tau = C_E R_E = C_N R_N$ und $\omega\tau \ll 1$ ist $\underline{U}_O \approx -j\omega R_N C_E \underline{U}_I$

$$u_O(t) = -R_N C_E \frac{du_I}{dt}$$

4. *Integrierer*

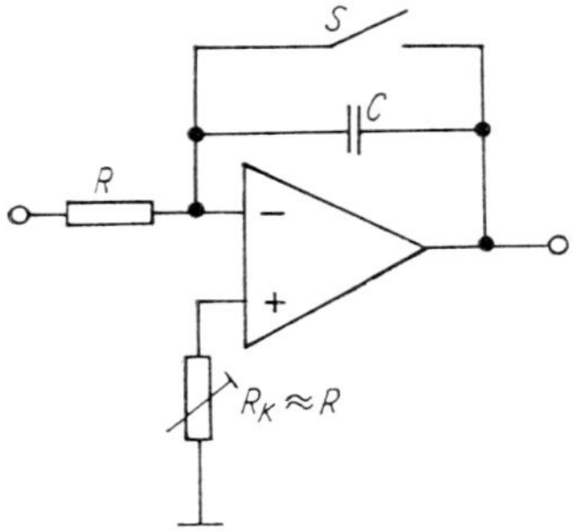

$$u_O(t) = -\frac{1}{CR}\int_0^t u_I\,dt + U_{O(t=0)}$$

S dient zum Setzen der Anfangsbedingung $U_{O(t=0)} = 0$ V

Mitgekoppelte Schaltungen

Mitkopplung bei $|KV| > 1$

Mitkopplung (positive Rückkopplung → 4.2.2.) führt bei $|KV| > 1$ zur Übersteuerung des Verstärkers (Übersteuerungsschalter, Schwellwertschalter). Bei Vorhandensein externer Energiespeicher (C, L) entstehen Kippschwingungen (astabiler Multivibrator).

---

1. *Invertierender Schwellwertschalter* (SCHMITT-*Trigger*)

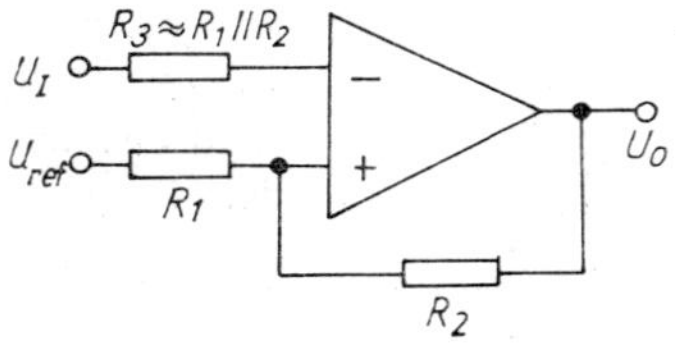

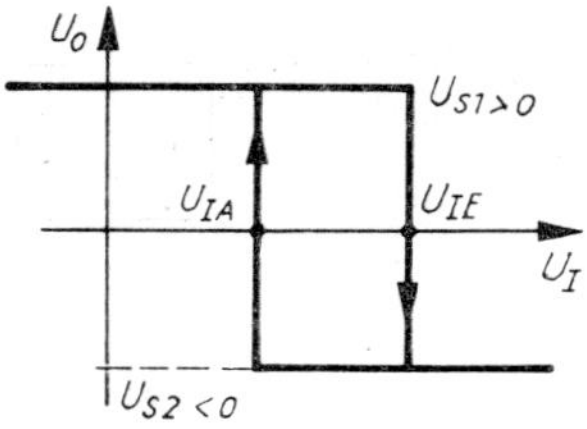

Einschaltspannung

$$U_{IE} = \frac{U_{S1}R_1 + U_{ref}R_2}{R_1 + R_2}$$

Ausschaltspannung

$$U_{IA} = \frac{U_{S2}R_1 + U_{ref}R_2}{R_1 + R_2}$$

Hysterese

$$U_H = U_{IE} - U_{IA}$$

Für $U_S = U_{S2} = -U_{S1}$ ist

$$\boxed{U_H = \frac{2U_S R_1}{R_1 + R_2}}$$

---

2. *Astabiler Multivibrator*

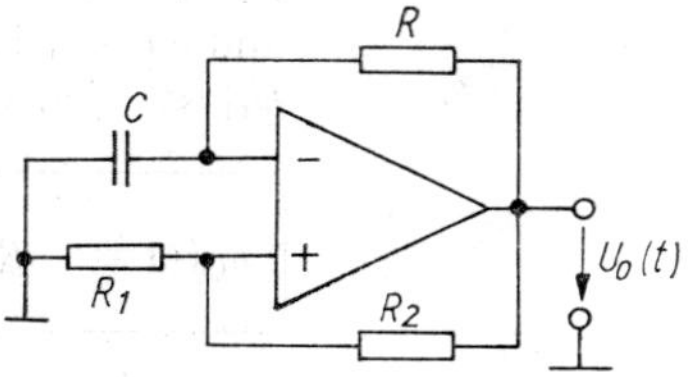

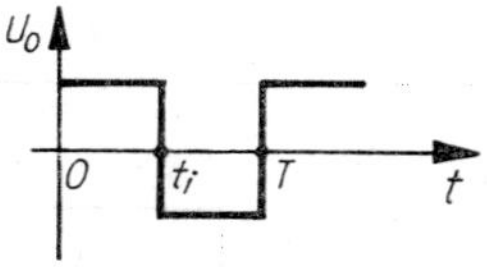

Am Operationsverstärker-Ausgang entstehen Rechteckschwingungen mit der Periodendauer T und dem Tastgrad $t_i/T = 0{,}5$.

$$\boxed{T = 2RC \ln(1 + 2R_1/R_2)}$$

4.4. Frequenzfilter

4.4.1. Filterarten und -eigenschaften

Klassifizierung der Frequenzfilter

Die Klassifizierung der Frequenzfilter erfolgt u.a. nach:

- der *Energieformwandlung*
  in elektrische Filter, mechanische Filter, keramische Filter (Piezofilter)
- den *Filterbauelementen*

- in passive Filter (*RC*, *LC*, *LC* mit Quarz) und aktive Filter (*RC* mit Operationsverstärker; *RC* mit Gyratoren)
- dem *Selektionsverhalten*
  im Tiefpaß (TP), Hochpaß (HP), Bandpaß (BP), Bandsperre (BS) und Allpaß (AP)
- der *Schaltungsstruktur*
  in Resonanzkreise (Reihe, Parallel), T-Filter, π-Filter
- der *Berechnungsmethode*
  in Wellenparameterfilter, Betriebsparameterfilter (z.B. CAUER-Filter)
- der *Kompliziertheit* des Aufbaus und der *Flankensteilheit*
  in Filter 1. Ordnung, 2. Ordnung, ..., *n*-ter Ordnung bzw. bei Resonanzkreisen: einkreisige, zweikreisige und mehrkreisige Filter
- dem *optimierten Frequenzgang*
  in BESSEL-Filter, BUTTERWORTH-Filter, TSCHEBYSCHEFF-Filter

Amplitudenfrequenzgänge von Tiefpaßfiltern

Flankensteilheit im Sperrbereich

Für Filter *n*-ter Ordnung gilt:

$$|\Delta V/\Delta\omega| = n \cdot 20 \text{ dB/dec}$$

Normierte Frequenzgangdarstellung (Tiefpaß 2. Ordnung)
I ≙ BESSEL-Filter
II ≙ BUTTERWORTH-Filter
III ≙ TSCHEBYSCHEFF-Filter mit 3 dB Welligkeit

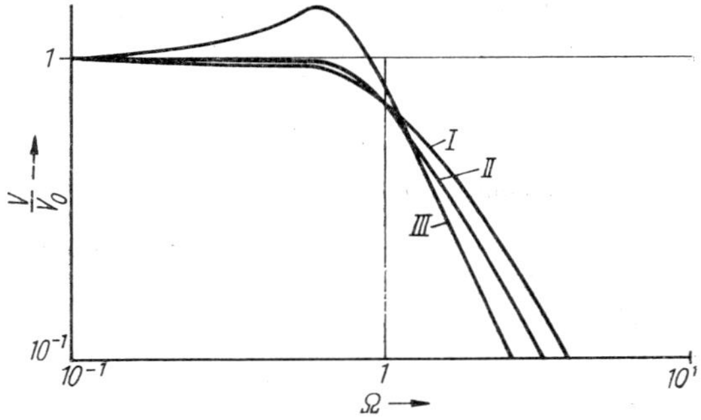

Normierte Frequenz $\Omega = \omega/\omega_g = f/f_g$

Normierte Verstärkung V/V_0

Verstärkung bei $f = 0$ V_0

Rechteckübertragungsverhalten von *RC*-Tiefpaßfiltern

Ordnung	Impulskenngrößen in der Sprungantwort			Filtertyp
	$t_r f_g$ %	$t_d f_g$ %	$\Delta U_O/U_I$ %	
2. Ordnung	34,4	17,2	0,0	KR
	34,4	19,5	0,43	BE ≙ I
	34,2	22,8	4,3	BU ≙ II
	33,4	26,0	14,6	T1
	31,8	27,1	27,2	T3 ≙ III
4. Ordnung	34,2	25,4	0,0	KR
	35,2	32,9	0,84	BE ≙ I
	38,7	44,9	10,8	BU ≙ II
	42,1	57,2	21,6	T1
	40,7	59,0	35,7	T3 ≙ III

Filtertypen

KR	Filter mit kritischer Dämpfung (z. B. Kettenschaltung aus entkoppelten *RC*-Gliedern)
BE	BESSEL-Filter
BU	BUTTERWORTH-Filter
T1	TSCHEBYSCHEFF-Filter mit 1 dB Welligkeit im Durchlaßbereich
T3	TSCHEBYSCHEFF-Filter mit 3 dB Welligkeit im Durchlaßbereich

Impulskenngrößen

Anstiegszeit	t_r Zeit zwischen 10 und 90% Amplitude	
Auf Grenzfrequenz normierte Anstiegszeit	$t_r f_g$	
Verzögerungszeit	t_d Zeit zwischen 0 und 50% Amplitude	
Maximales Überschwingen (auf $V = 1$ normiert)	$\Delta U_O/U_I$	

Beispiel: Sprungantwort mit Überschwingen

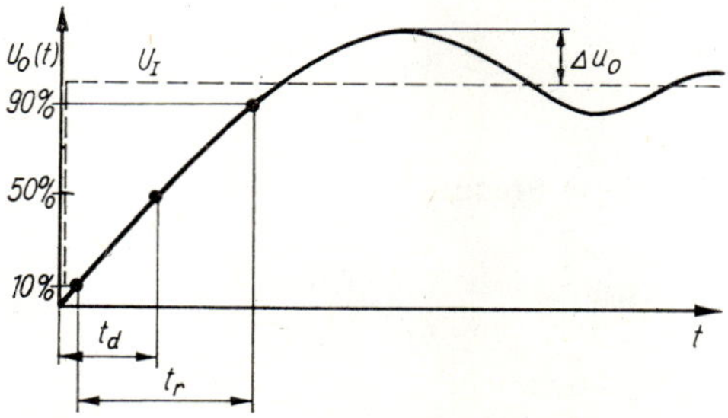

4.4.2. Aktive *RC*-Filter

Berechnungsgrundlagen für Tiefpaßfilter 1. bis 4. Ordnung

Komplexe Verstärkung

$$\underline{V}/V_0 = \frac{1}{(1 + a_1P + b_1P^2)(1 + a_2P + b_2P^2)}$$

Normierter Frequenzparameter

$$P = j\Omega = j\omega/\omega_g$$

Filterkoeffizienten für optimierte Frequenzgänge

Ordnung	Filterkoeffizienten a_1	b_1	a_2	b_2	Filtertyp
1. Ordnung	1,0000	0,0000	0,0000	0,0000	alle Typen
2. Ordnung	1,2872	0,4142	0,0000	0,0000	KR
	1,3617	0,6180	0,0000	0,0000	BE ≙ I
	1,4142	1,0000	0,0000	0,0000	BU ≙ II
	1,3022	1,5515	0,0000	0,0000	T1
	1,0650	1,9305	0,0000	0,0000	T3 ≙ III
3. Ordnung	0,5098	0,0000	1,0197	0,2599	KR
	0,7560	0,0000	0,9996	0,4722	BE ≙ I
	1,0000	0,0000	1,0000	1,0000	BU ≙ II
	2,2156	0,0000	0,5442	1,2057	T1
	3,3496	0,0000	0,3559	1,1923	T3 ≙ III
4. Ordnung	0,8700	0,1892	0,8700	0,1982	KR
	1,3397	0,4889	0,7743	0,3890	BE ≙ I
	1,8478	1,0000	0,7654	1,0000	BU ≙ II
	2,5904	4,1301	0,3039	1,1697	T1
	2,1853	5,5339	0,1964	1,2009	T3 ≙ III

Aktive *RC*-Tiefpaßfilter

Tiefpaß 1. Ordnung

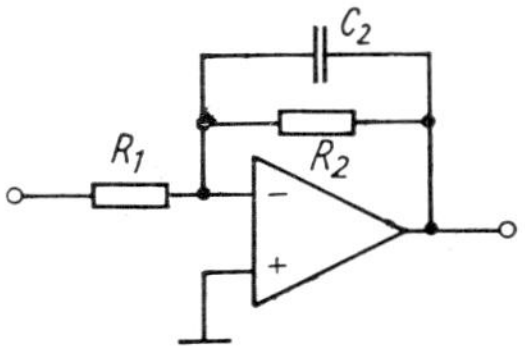

$$R_2 = \frac{a_1}{2\pi f_g C_1}$$

$$R_1 = R_2/|V_0|$$

Tiefpaß 2. Ordnung mit Zweifach-gegenkopplung

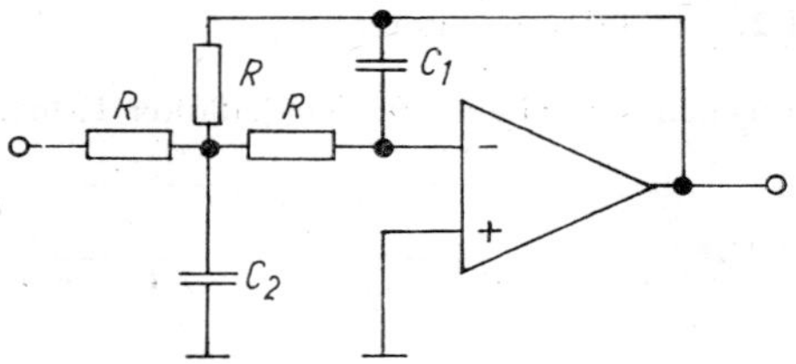

$$C_1 = a_1/(6\pi f_g R)$$
$$C_2 = 3b_1/(2\pi f_g a_1 R)$$

Tiefpaß 2. Ordnung mit Einfach-mitkopplung

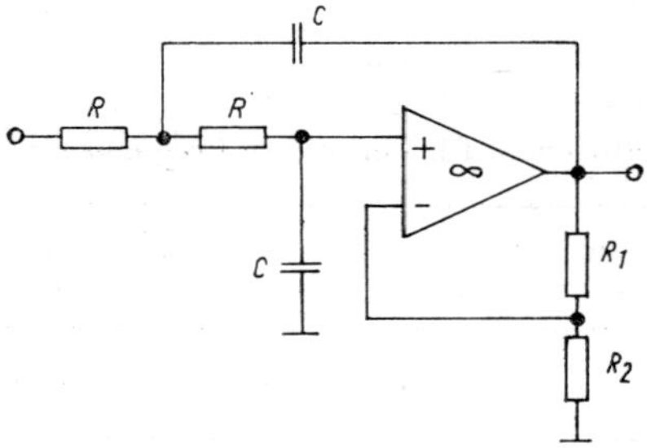

$$R = \sqrt{b_1}/(2\pi f_g C)$$
$$R_1/R_2 = 2 - a_1/\sqrt{b_1}$$

Berechnungsgrundlagen für Hochpaßfilter 1. bis 4. Ordnung

Tiefpaß-Hochpaß-Transformation

Tiefpaß ⇄	Hochpaß
P	$1/P$
V_0	V_∞
$R^* = 1/C^*$	$C^* = 1/R^*$
$C^* = 1/R^*$	$R^* = 1/C^*$

Normierter Widerstand: $R^* = R/R_B$ — R_B Bezugswiderstand

Normierte Kapazität: $C^* = \omega_B R_B C$ — $\omega_B = 2\pi f_B$, f_B Bezugsfrequenz

Komplexe Verstärkung

$$\underline{V}/V_\infty = \frac{1}{(1 + a_1/P + b_1/P^2)\,(1 + a_2/P + b_2/P^2)}$$

Verstärkung bei $f \to \infty$: V_∞

Filterkoeffizienten: $a_1, b_1, a_2, b_2 \to$ Berechnungsgrundlagen für Tiefpaßfilter

Hochpaß 2. Ordnung mit Einfachmitkopplung

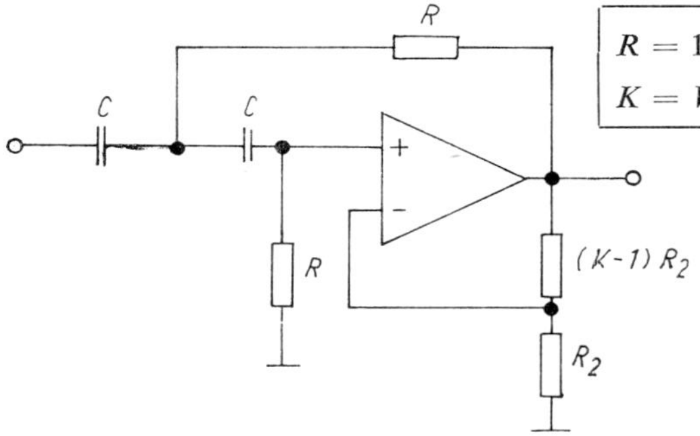

$$R = 1/(2\pi f_g C\sqrt{b_1})$$
$$K = V_\infty = 3 - a_1/\sqrt{b_1}$$

Selektivfilter (BP) 2. Ordnung

Selektivfilter übertragen im Bandbreitenbereich und sperren außerhalb.

Tiefpaß-Bandpaß-Transformation: $P \leftrightarrows (P + 1/P)/\Delta\Omega$

Komplexe Verstärkung: $$\underline{V}/V_r = \frac{P/Q}{1 + P/Q + P^2}$$

Resonanzverstärkung: $V_r = V|_{f=f_r}$ — Resonanzfrequenz f_r

Gütefaktor: $Q = f_r/B$ — Bei passiven *RC*-Filtern ist $Q \leqq 0{,}5$.

3-dB-Bandbreite: $B|_{V=V_r/\sqrt{2}}$

Selektivfilter 2. Ordnung mit Zweifachgegenkopplung

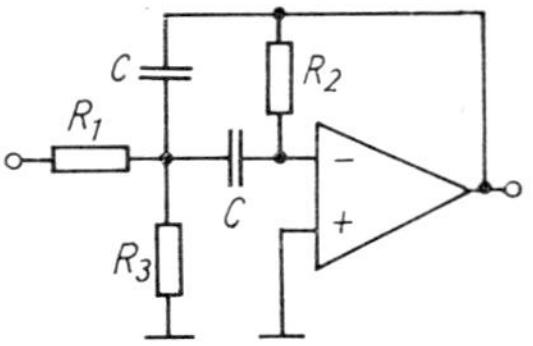

$$V_r = -R_2/2R_1$$
$$f_r = 1/(2\pi C\sqrt{R_2(R_1//R_2)})$$
$$Q = \pi R_2 C f_r$$
$$B = 1/(\pi R_2 C)$$

Sperrfilter (BS) 2. Ordnung

Sperrfilter sperren im Bandbreitenbereich und übertragen außerhalb.

Tiefpaß-Bandsperre-Transformation: $P \leftrightarrows \Delta\Omega/(P + 1/P)$

Komplexe Verstärkung: $$\underline{V}/V_0 = \frac{1 + P^2}{1 + P/Q + P^2}$$ — Verstärkung bei $f = 0$ V_0

Sperrfrequenz: $f_r|_{1+P^2=0}$

Gütefaktor: Q — Unterdrückungsgüte

Passives Doppel-T-Sperrfilter

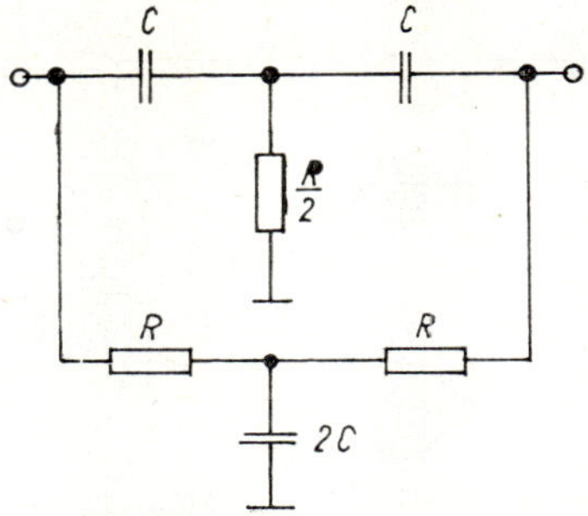

$f_r = 1/(2\pi RC)$
$Q = 0,5$

Aktives Doppel-T-Sperrfilter

Filter mit Einfachmitkopplung; Verstärkung des Operationsverstärkers durch Gegenkopplung auf $V_0 = K < 2$ eingestellt.

$f_r = 1/(2\pi RC)$
$Q = 0,5/(2 - K)$
$V_r = K$

4.5. Sinusgeneratoren (Oszillatoren)

4.5.1. Übersicht

Oszillator

Oszillatoren sind Schaltungen, die ungedämpfte elektrische Schwingungen bestimmter Kurvenform und Frequenz mit konstanter Amplitude erzeugen. Die *Schwingungserzeugung* beruht bei den in der Übersicht genannten Oszillatoren auf der *Entdämpfung* einer schwingungsfähigen Schaltung.

Klassifizierung der Oszillatoren

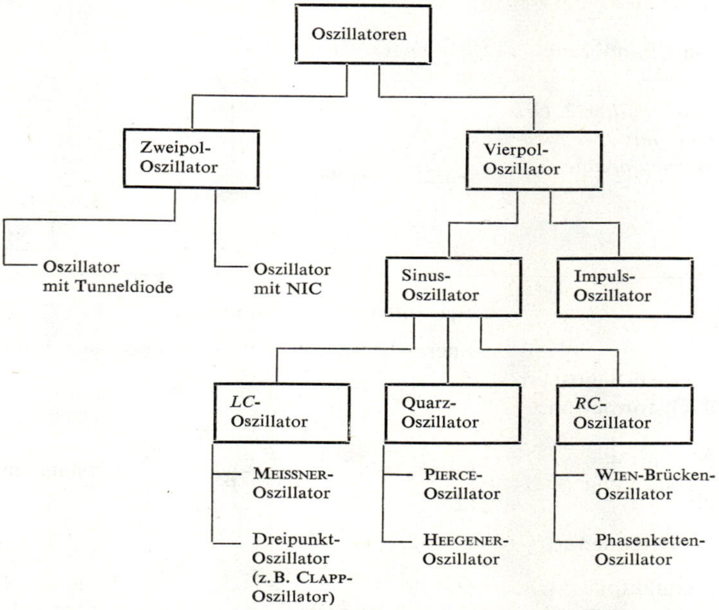

Zweipoloszillator — Bei Zweipoloszillatoren wird die Entdämpfung durch *negative dynamische Widerstände* bewirkt. Diese entstehen an fallenden *U–I*-Kennlinien aktiver Bauelemente oder Schaltungen.

Vierpoloszillator — Bei Vierpoloszillatoren (Rückkopplungsoszillatoren) wird die Entdämpfung durch *Mitkopplung* bewirkt.

Sinusoszillator — Bei Sinusoszillatoren ist eine stetige *Amplitudenbegrenzung* durch zusätzliche Schaltungsmaßnahmen erforderlich, damit der Verstärker beim Anschwingen nicht übersteuert wird.

Impulsoszillator — Bei Impulsoszillatoren wird der Verstärker während des Schwingvorganges übersteuert. Die Amplitudenbegrenzung erfolgt unstetig durch die nichtlinearen Kennlinien der aktiven Bauelemente.

4.5.2. *RC*-Oszillatoren

Anwendung bei niedrigen Frequenzen — *RC*-Oszillatoren arbeiten im Frequenzbereich 0,1 Hz...100 kHz.

Schwingbedingungen für Rückkopplungsoszillatoren

Amplitudenbedingung

$$KV = 1$$

Phasenbedingung

$$\varphi_k + \varphi_v = 2\pi n; \quad n = 0, 1, 2 \ldots$$

Wien-Oszillatoren

Frequenzbestimmende Glieder sind der Wien-Spannungsteiler oder die Wien-Robinson-Brücke.

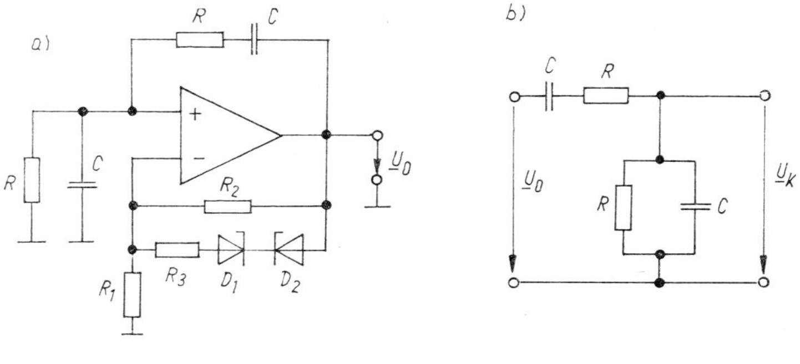

Wien-*Oszillator mit Operationsverstärker*
a) Schaltung
b) Wien-*Spannungsteiler*

Oszillatorfrequenz — $f_O = 1/(2\pi CR)$

Erforderliche Verstärkung — $V_O = 3$ — $V_O = 3$ wird durch eine nichtlineare Gegenkopplung eingeregelt (R_1, R_2, R_3, D_1, D_2)

WIEN-ROBINSON-*Oszillator*

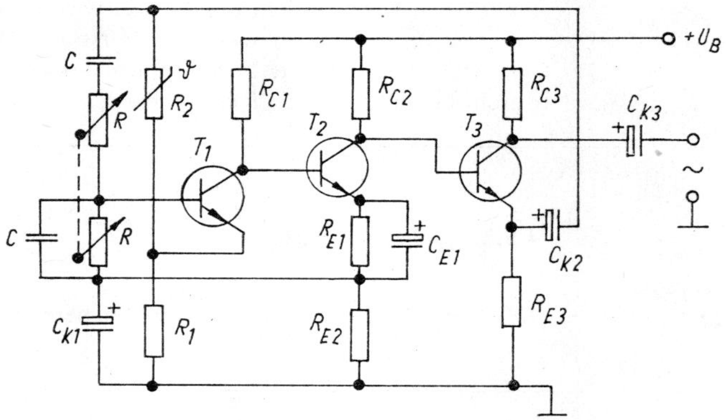

Oszillatorfrequenz — $f_O = 1/(2\pi CR)$

Widerstandsverhältnis — $R_2/R_1 = 2 + \varepsilon$ — Amplitudenstabilisierung durch Heißleiter R_2 oder auch durch Kaltleiter R_1

Erforderliche Verstärkung — $V_O = 3[1 + (3/\varepsilon)]$

Frequenzinstabilität — $\Delta f/f_O \approx 10^{-3} \ldots 10^{-4}$ — $\Delta f/f_O$ verkleinert sich mit größerer Phasensteilheit

Phasensteilheit bei $f = f_O$ — $\Delta\varphi/\Delta f \approx V_O/3\pi f_O$ — $\Delta\varphi/\Delta f$ vergrößert sich mit V_O

Phasenschieberoszillator

Frequenzbestimmendes Glied ist eine *CR*-Phasenschieberkette.

Phasenschieberoszillator mit Transistor

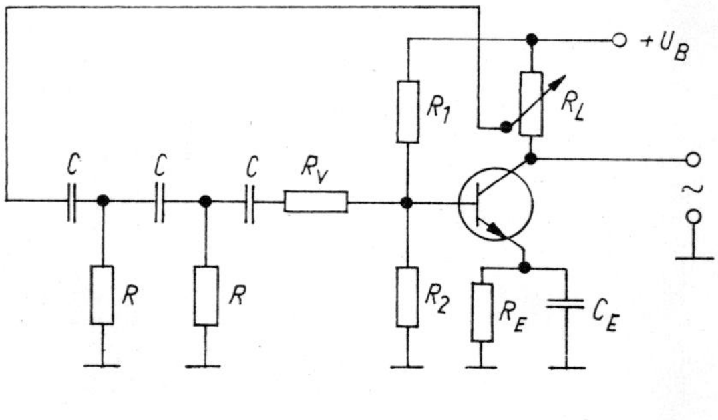

Oszillatorfrequenz $f_O = \frac{1}{2\pi CR\sqrt{6 + (4R_L/R)}}$

$$\boxed{f_O \approx 1/(2\pi CR\sqrt{6})}$$

Erforderliche Verstärkung $\boxed{V_O = 29}$

Erforderliche Kurzschluß-Stromverstärkung $h_{21e} = 23 + 29R/R_L + 4R_L/R$

$h_{21emin} = 45$ für $R_L/R = 2{,}7$

Vorwiderstand $R_V = R - (R_1//R_2//Z_{1T})$

Frequenz-instabilität $\Delta f/f_O$ ist größer als beim WIEN-Oszillator

---

4.5.3. *LC*-Oszillatoren

LC-Oszillatoren werden im Frequenzbereich 100 kHz ... 300 MHz verwendet.

MEISSNER-Oszillator

Die Mitkopplung erfolgt über einen Übertrager mit gegensinniger magnetischer Kopplung.

MEISSNER-*Oszillator in Emitterschaltung*

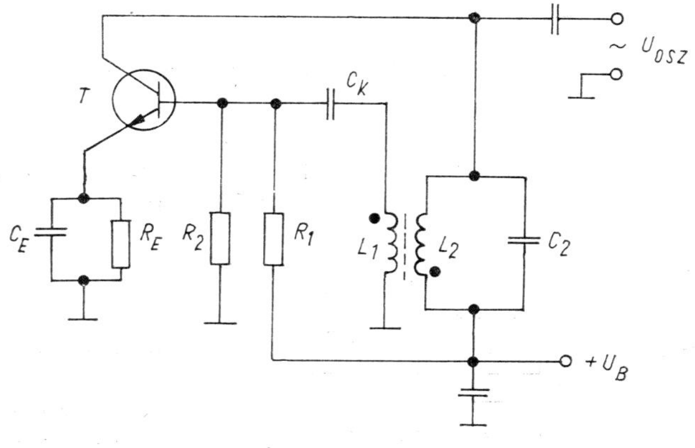

Oszillatorfrequenz $f_O \approx 1/(2\pi\sqrt{L_2C_2})$ Parallelresonanz

Rückkopplungs-faktor $K \approx N_1/N_2 = \sqrt{L_1/L_2}$

Dreipunkt-Oszillatoren

Die Mitkopplung erfolgt über kapazitive (Colpitts- oder Clapp-Oszillator) oder induktive Spannungsteiler (Hartley-Oszillator).

Clapp-*Oszillator in Basisschaltung*

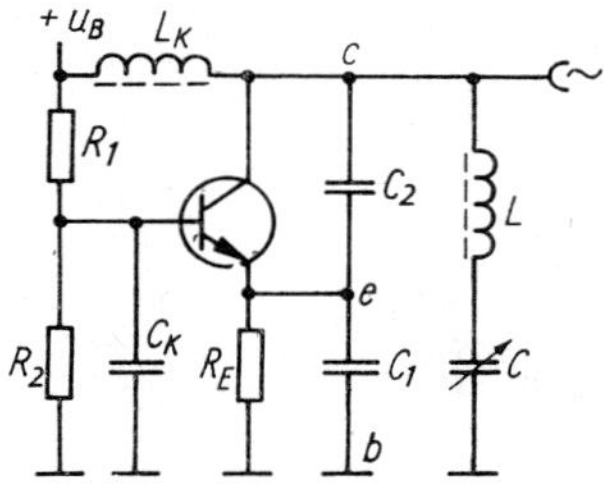

Vorteil der Basisschaltung: höhere Grenzfrequenz

Oszillatorfrequenz

$$f_O \approx 1/\left(2\pi\sqrt{LC}\right)$$

Vorteil der Serienresonanz: Transistorkapazitäten haben keinen Einfluß auf f_O

Kapazitiver Teiler $C_1C_2/(C_1 + C_2) \gg C$

Rückkopplungsfaktor $K = C_2/(C_1 + C_2)$

4.5.4. Quarzoszillatoren

Quarzoszillatoren zeichnen sich durch sehr kleine Frequenzinstabilitäten aus.

Frequenzinstabilität $\Delta f/f_O \approx 10^{-6} \ldots 10^{-10}$

Elektrische Eigenschaften des Quarzes

Ersatzschaltbild des Quarzes

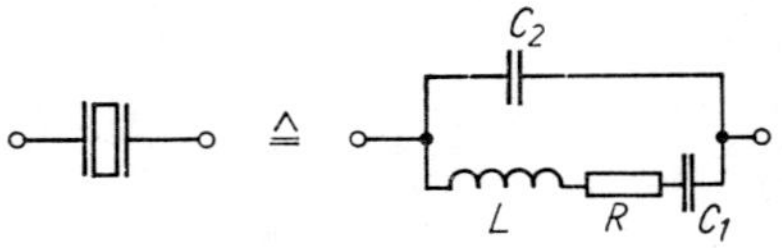

Der Quarz ist ein piezoelektrischer Schwingkreis mit sehr hoher Güte ($Q \approx 10^4 \ldots 10^5$).

Resonanzfrequenzen

Serienresonanz

$$f_s = 1/\left(2\pi\sqrt{LC_1}\right)$$

hohe Konstanz

Parallelresonanz

$$f_p = 1/\left(2\pi\sqrt{LC_p}\right)$$

geringere Konstanz; Fehlereinfluß parasitärer Kapazitäten

$$C_p = C_1C_2/(C_1 + C_2) \approx C_2$$

$$f_p = f_s\sqrt{1 + C_1/C_2}$$

f_p ist geringfügig größer als f_s

„Ziehen" des Quarzes

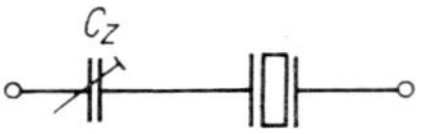

Durch eine Kapazität C_z in Reihe zum Quarz kann f_s geringfügig korrigiert werden

Korrigierte Serienresonanz

$$f_s^* = f_s \sqrt{1 + C_1/(C_2 + C_z)}$$

Quarzoszillator in Dreipunktschaltung

Quarzoszillatoren schwingen in Serienresonanz, in Sonderfällen wird auch die Parallelresonanz genutzt.

Quarzoszillator für Serienresonanz

In der CLAPP-Schaltung wird die Induktivität L durch den Quarz ersetzt.

Oberwellenerregung bei $f > 10$ MHz

Soll der Oszillator auf einer Oberwelle der Quarzfrequenz schwingen, dann muß außer dem Quarz ein LC-Schwingkreis eingesetzt werden, der auf die gewünschte Oberwelle abzustimmen ist.

5. Digitale Schaltungen

5.1. Grundlagen der Schaltalgebra

5.1.1. Logische Funktionen

Aufgaben der Schaltalgebra

- mathematische Kurzbeschreibung von Signalverknüpfungen und kombinatorischen Schaltungen,
- mathematisches Hilfsmittel zum Schaltungsentwurf bei vorgeschriebener Funktion,
- mathematisches Hilfsmittel zur Minimierung des technischen Aufwandes.

Ihre Anwendung setzt binäre Signale voraus.

Binäres Signal

Ein binäres Signal ist ein Signal, dessen Informationsparameter genau zwei Werte annehmen kann.

Den *binären Signalen* mit den Signalwerten 0 und 1 können verschiedene Bedeutungen zugemessen werden.

Bedeutung der binären Signalwerte

	Signalwert 1	Signalwert 0
Schalter	geschlossen	offen
Potential	hoch (high: H)	tief (low: L)
Magnetisierung	positive Sättigung	negative Sättigung
Impuls	Impuls vorhanden	kein Impuls vorhanden
Wahrheitsgehalt	wahr	falsch

Logische Funktionen (Schaltfunktionen) dienen zur mathematischen Beschreibung von kombinatorischen Schaltungen (Schaltnetze).

Kombinatorische Schaltungen

Kombinatorische Schaltungen sind speicherfrei, d.h., zu jedem Zeitpunkt ergibt sich der binäre Ausgangssignalwert y eindeutig aus der Verknüpfung der binären Eingangssignalwerte $x_1, x_2, \ldots, x_n$.

Logische Grundfunktionen

Identität

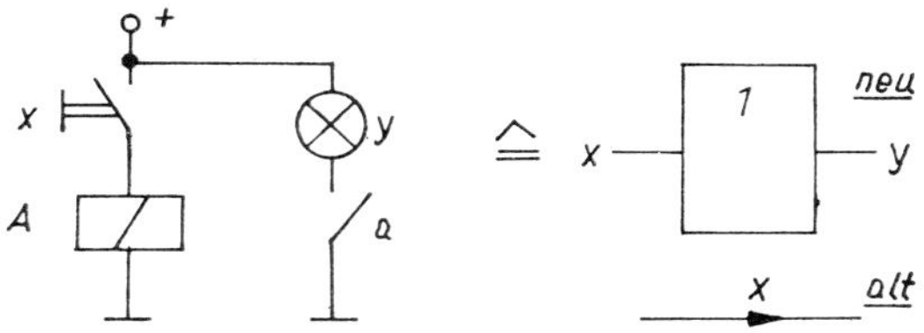

Schaltfunktion

$y = x$

Funktionstabelle

x	y
0	0
1	1

Negation
(NICHT; NOT)

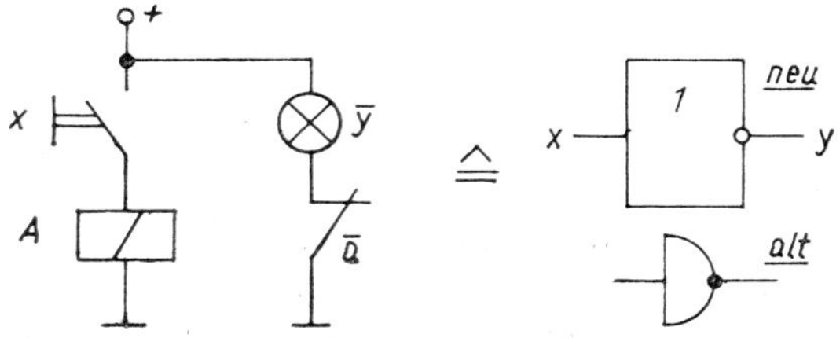

Schaltfunktion

$y = \bar{x}$ (lies: $y = x$ negiert)

Funktionstabelle

x	y
0	1
1	0

Konjunktion
(UND; AND)

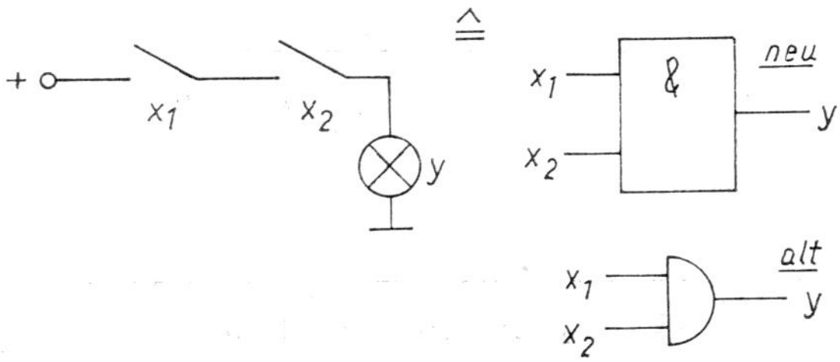

Schaltfunktion

$y = x_1 \wedge x_2$ (lies: $y = x_1$ und x_2)

andere Schreibweise:

$y = x_1 x_2$

Funktionstabelle

x_1	x_2	y
0	0	0
0	1	0
1	0	0
1	1	1

Disjunktion
(ODER; OR)

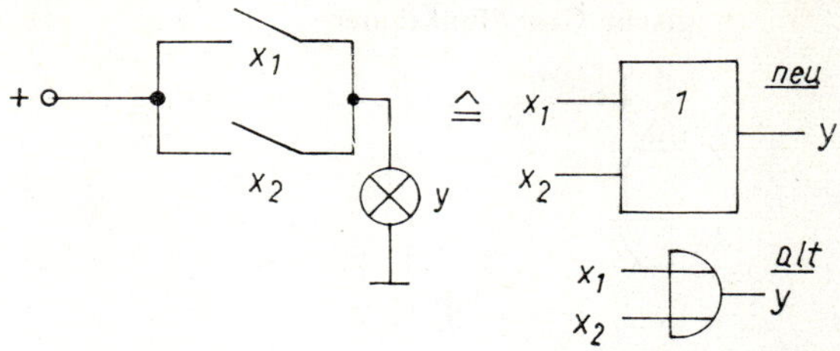

Schaltfunktion

$$\boxed{y = x_1 \vee x_2}$$ (lies: $y = x_1$ oder x_2)

andere Schreibweise:

$y = x_1 + x_2$

Funktionstabelle

x_1	x_2	y
0	0	0
0	1	1
1	0	1
1	1	1

Abgeleitete Schaltfunktionen

Funktionsbezeichnung	Schaltfunktion	Funktionstabelle x_1 0 0 1 1 x_2 0 1 0 1	Schaltungskurzzeichen
NAND (NICHT-UND)	$y = \overline{x_1 \wedge x_2}$	y 1 1 1 0	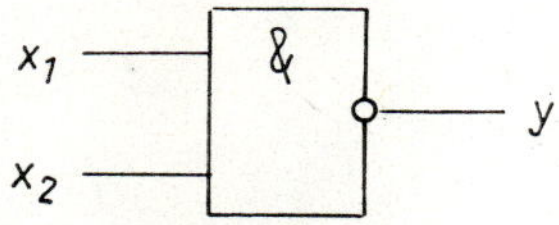
NOR (NICHT-ODER)	$y = \overline{x_1 \vee x_2}$	y 1 0 0 0	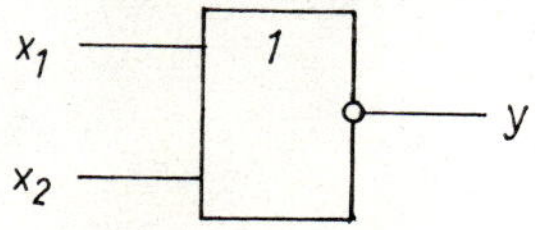
Äquivalenz	$y = \bar{x}_1 \wedge \bar{x}_2 \vee x_1 \wedge x_2$	y 1 0 0 1	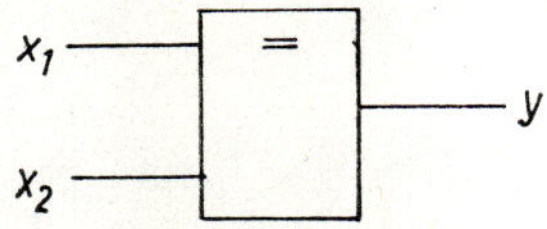
Antivalenz (Exklusives ODER)	$y = x_1 \wedge \bar{x}_2 \vee \bar{x}_1 \wedge x_2$	y 0 1 1 0	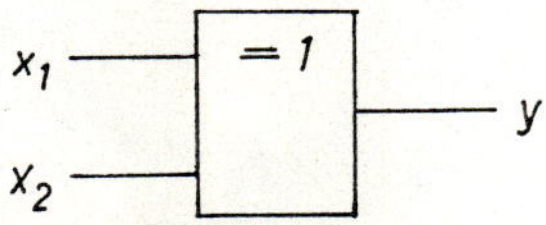

Funktions-bezeichnung	Schaltfunktion	Funktionstabelle	Schaltungskurzzeichen
		x_1 0 0 1 1	
		x_2 0 1 0 1	
Implikation	$y = x_1 \vee \overline{x}_2$	y 1 0 1 1	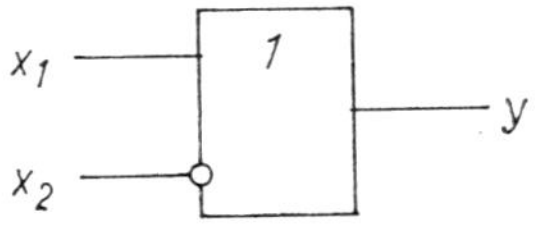
Inhibition	$y = x_1 \wedge \overline{x}_2$	y 0 0 1 0	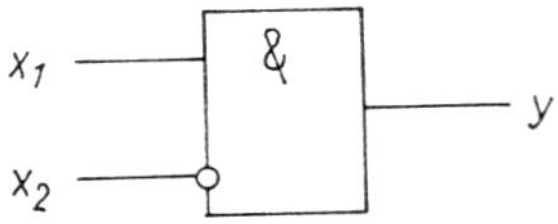

5.1.2. Rechenregeln

Grundregeln

Die Rechenregeln der Schaltalgebra sind zur äquivalenten Umformung von Schaltgleichungen notwendig. Sie stimmen nicht in allen Fällen mit den Rechenregeln der gewöhnlichen Algebra überein. Auf Abweichungen wird durch (!) besonders hingewiesen.

Konstante logische Werte

$$\overline{0} = 1 \quad \overline{1} = 0$$

Konjunktive Verknüpfungen

$$0 \wedge 0 = 0 \quad 1 \wedge 0 = 0$$
$$0 \wedge 1 = 0 \quad 1 \wedge 1 = 1$$

Disjunktive Verknüpfungen

$$0 \vee 0 = 0 \quad 1 \vee 0 = 1$$
$$0 \vee 1 = 1 \quad 1 \vee 1 = 1$$

Der Nachweis ergibt sich, indem jeweils in Reihen- bzw. Parallelschaltung die Signalwerte 0 als Unterbrechungen und die Signalwerte 1 als festverdrahtete Verbindungen angesehen werden.

Funktionen mit einer Variablen

$$\overline{\overline{x}} = x$$

Negation der Negation ist Identität.

Konjunktive Verknüpfung

$$0 \wedge x = 0 \quad x \wedge x = x \quad (!)$$
$$1 \wedge x = x \quad x \wedge \overline{x} = 0$$

Disjunktive Verknüpfung

$$0 \vee x = x \quad x \vee x = x$$
$$1 \vee x = 1 \quad x \vee \overline{x} = 1$$

Rechenregeln für Funktionen mit zwei oder mehr Variablen

Vertauschungsregeln (Kommutation)

$$x_1 \wedge x_2 = x_2 \wedge x_1$$
$$x_1 \vee x_2 = x_2 \vee x_1$$

Wie in der gewöhnlichen Algebra können die Variablen vertauscht werden. Außerdem können beliebig Klammern gesetzt oder weggelassen werden.

Verbindungsregeln (Assoziation)

$$x_1 \wedge x_2 \wedge x_3 = x_1 \wedge (x_2 \wedge x_3) = (x_1 \wedge x_2) \wedge x_3$$
$$x_1 \vee x_2 \vee x_3 = x_1 \vee (x_2 \vee x_3) = (x_1 \vee x_2) \vee x_3$$

Verteilungsregeln (Distribution)

$$x_1 \wedge (x_2 \vee x_3) = x_1 \wedge x_2 \vee x_1 \wedge x_3$$
$$x_1 \vee (x_2 \wedge x_3) = (x_1 \vee x_2) \wedge (x_1 \vee x_3) \quad (!)$$

In einer Schaltgleichung kann eine gemeinsame Variable ausgeklammert werden.

Vereinfachungsregeln (!) (Absorption)

$$x_1 \vee x_1 \wedge x_2 = x_1$$
$$x_1 \wedge (x_1 \vee x_2) = x_1$$
$$x_1 \wedge (\bar{x}_1 \vee x_2) = x_1 \wedge x_2$$
$$x_1 \vee \bar{x}_1 \wedge x_2 = x_1 \vee x_2$$

Negationsregeln (Regeln von De Morgan)

$$\overline{x_1 \wedge x_2} = \bar{x}_1 \vee \bar{x}_2$$
$$\overline{x_1 \vee x_2} = \bar{x}_1 \wedge \bar{x}_2$$

Die NAND-Verknüpfung kann durch eine ODER-Verknüpfung der negierten Variablen ersetzt werden. Die NOR-Verknüpfung kann durch eine UND-Verknüpfung der negierten Variablen ersetzt werden.

Vorrangregeln

Sind keine Klammern gesetzt, so müssen die Rechenoperationen mit der Rangfolge

1. Negation,
2. Konjunktion,
3. Disjunktion

abgearbeitet werden.

5.1.3. Minimierung mit Karnaugh-Plan

Grundgedanke des Karnaugh-Planes

Die identische Umformung

$$\bar{x}_1 x_0 \vee x_1 x_0 = x_0(\bar{x}_1 \vee x_1) = x_0$$

entspricht einer Einkreisung der auftretenden Elementarkonjunktionen (Blockbildung):

Karnaugh-*Plan mit zwei Variablen*

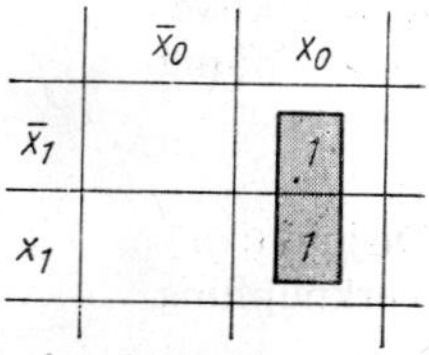

Die zu minimierende Schaltfunktion muß in der *Kanonischen Normalform* vorliegen.

Kanonisch disjunktive Normalform (KDN)

Disjunktive Verknüpfung aus Elementarkonjunktionen der gleichen Variablenzahl.

Beispiel für ungleiche Variablenzahl

$y = \bar{x}_1 x_0 \vee x_1$

$y = \bar{x}_1 x_0 \vee x_1(x_0 \vee \bar{x}_0)$ Ergänzung der fehlenden Variablen durch $x_0 \vee \bar{x}_0 = 1$

$y = \bar{x}_1 x_0 \vee x_1 x_0 \vee x_1 \bar{x}_0$

KARNAUGH-Plan mit n Variablen

Anzahl der Felder: 2^n

Bei Blöcken aus 2^m Variablen mit $m \leqq n$ entfallen m Variablen, deshalb:

Möglichst *große* rechteckige Blöcke bilden!

Hinweise zur Blockbildung

Die Blöcke können sich überlappen oder auch über die Ränder des KARNAUGH-Planes hinaus gebildet werden.

Beispiel

$y = x_2 x_1 x_0 \vee x_2 x_1 \bar{x}_0 \vee x_2 \bar{x}_1 \bar{x}_0 \vee \bar{x}_2 \bar{x}_1 \bar{x}_0 \vee \bar{x}_2 x_1 \bar{x}_0$

KARNAUGH-*Plan mit drei Variablen*

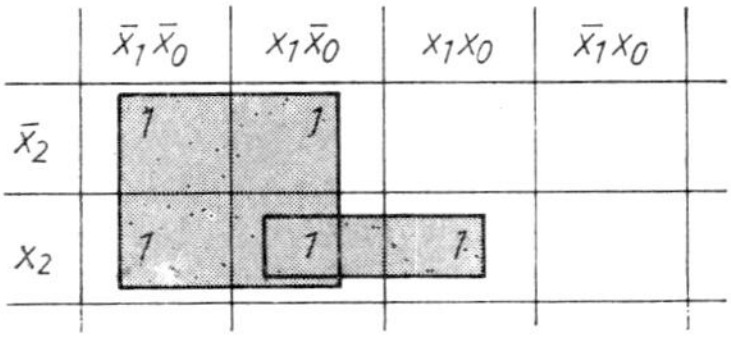

Ergebnis:

4er-Block: $\bar{x}_0$; 2er-Block: $x_2 x_1$

Minimierte Schaltfunktion

$y = \bar{x}_0 \vee x_2 x_1$

Beispiel

Eine Steuerungsaufgabe wurde durch folgende Funktionstabelle beschrieben (die sieben Elementarkonjunktionen mit $y = 0$ sind nicht mit aufgeführt):

Funktionstabelle zur Aufgabenstellung

x_3	x_2	x_1	x_0	y
0	0	0	1	1
0	0	1	0	1
0	0	1	1	1
0	1	1	0	1
1	0	0	0	1
1	0	0	1	1
1	0	1	1	1
1	1	0	0	1
1	1	0	1	1

KARNAUGH-*Plan mit vier Variablen*

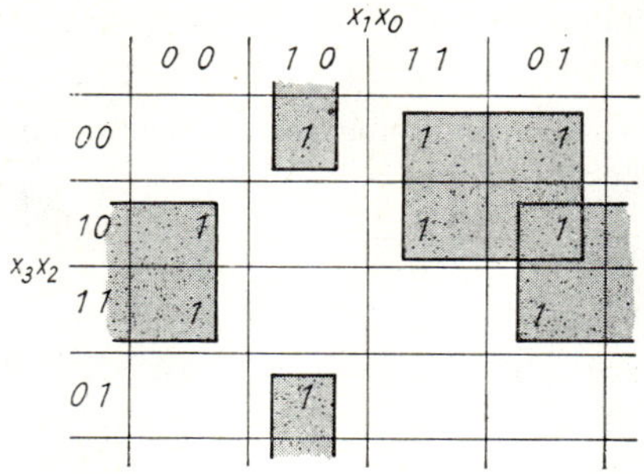

Minimierte Schaltfunktion

$y = x_3\bar{x}_1 \vee \bar{x}_2 x_0 \vee \bar{x}_3 x_1 \bar{x}_0$

5.2. Schaltkreistechnik

5.2.1. Logikpegel

Den binären Signalwerten (0; 1) sind Gleichspannungswerte (Logikpegel) zugeordnet:

Hoher Pegel (high)
Tiefer Pegel (low)

$$U_{\mathrm{Hmin}} \leqq U_{\mathrm{H}} \leqq U_{\mathrm{Hmax}}$$
$$U_{\mathrm{Lmin}} \leqq U_{\mathrm{L}} \leqq U_{\mathrm{Lmax}}$$

Nach der Zuordnung „binäre Signalwerte – logische Pegel“ unterscheidet man:

Positive Logik
- (H ≙ 1; L ≙ 0)

Negative Logik
- (H ≙ 0; L ≙ 1)

NAND ⇄ NOR

Prinzipiell kann durch Vertauschen der Logik die Umformung NAND ⇄ NOR realisiert werden.

Toleranzbereiche für Logikpegel
a) positive Logik (TTL-Pegel)

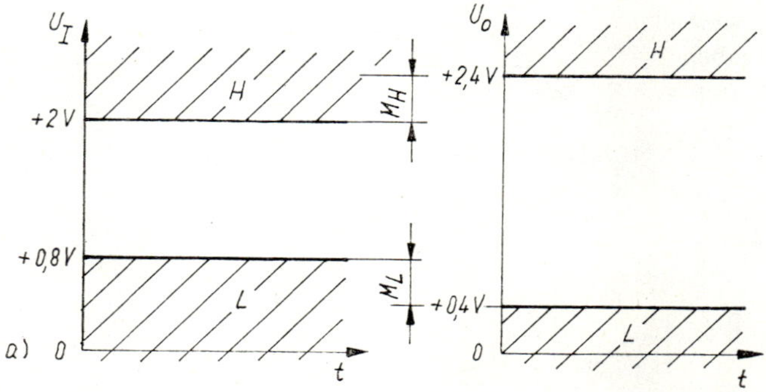

b) negative Logik (p-MOS-Hochvolt)

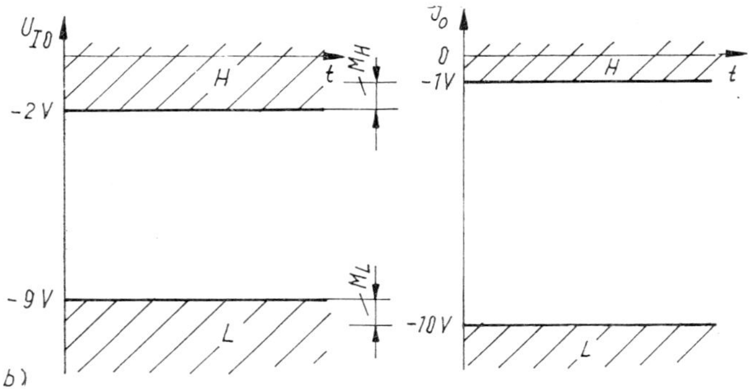

5.2.2. Kenngrößen mit Pegeldifferenzen

Zwischen den Eingangssignalwerten liegt ein verbotener Bereich mit der *Übertragungsweite W:*

Übertragungsweite

$$W = U_{\mathrm{IHmin}} - U_{\mathrm{ILmax}}$$

Ausgangssignalhub (logischer Hub)

$$\Delta U_{\mathrm{O}} = U_{\mathrm{OH}} - U_{\mathrm{OL}}$$

Statische Störsicherheit

$$M_{\mathrm{H}} = U_{\mathrm{OHmin}} - U_{\mathrm{IHmin}}$$
$$M_{\mathrm{L}} = U_{\mathrm{ILmax}} - U_{\mathrm{OLmax}}$$

zulässiger Störspannungshub, der den Logikzustand eines Schaltkreises noch nicht ändert

Zumeist ist $M = M_{\mathrm{H}} = M_{\mathrm{L}}$

5.2.3. Schaltkreisfamilien im Überblick

Zur Qualitätsbeurteilung werden u.a. folgende Kenngrößen verwendet:

Kenngrößen von Schaltkreisfamilien

- Verlustleistung je Gatter P_{v}
- Verzögerungszeit (Signallaufzeit) je Gatter t_{D}
- Störsicherheit (Störabstand) M
- maximale Taktfrequenz f_{C}
- Größe der Ein- und Ausfächerung (Lastfaktoren) N
- Integrationsgrad (Funktionsdichte: Zahl der Funktionselemente je Chip)
- Zuverlässigkeit (z.B. Ausfallrate λ)

Leistungs-Zeit-Produkt $P_{\mathrm{v}} t_{\mathrm{D}}$

Die Verkleinerung von $P_{\mathrm{v}} t_{\mathrm{D}}$ ist eine Entwicklungstendenz der Mikroelektronik.

Schaltkreisfamilien im t_D, P_v-Diagramm

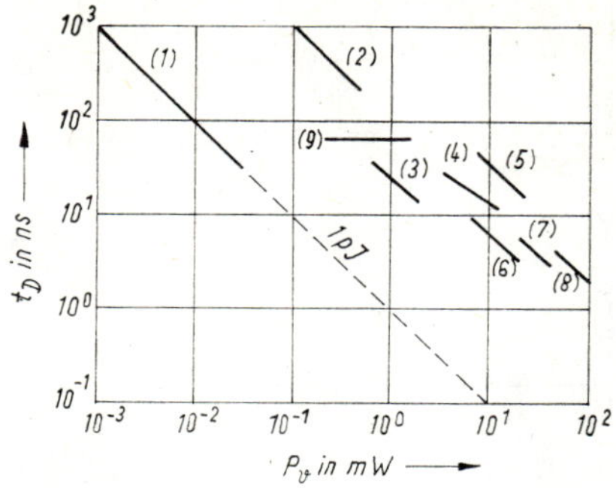

(1) I^2L, (2) p-MOS, (3) TTL (Low-Power), (4) DTL, (5) RTL, (6) TTL, (7) TTL (High-Speed), (8) ECL, (9) CMOS

Gliederung digitaler Schaltkreise

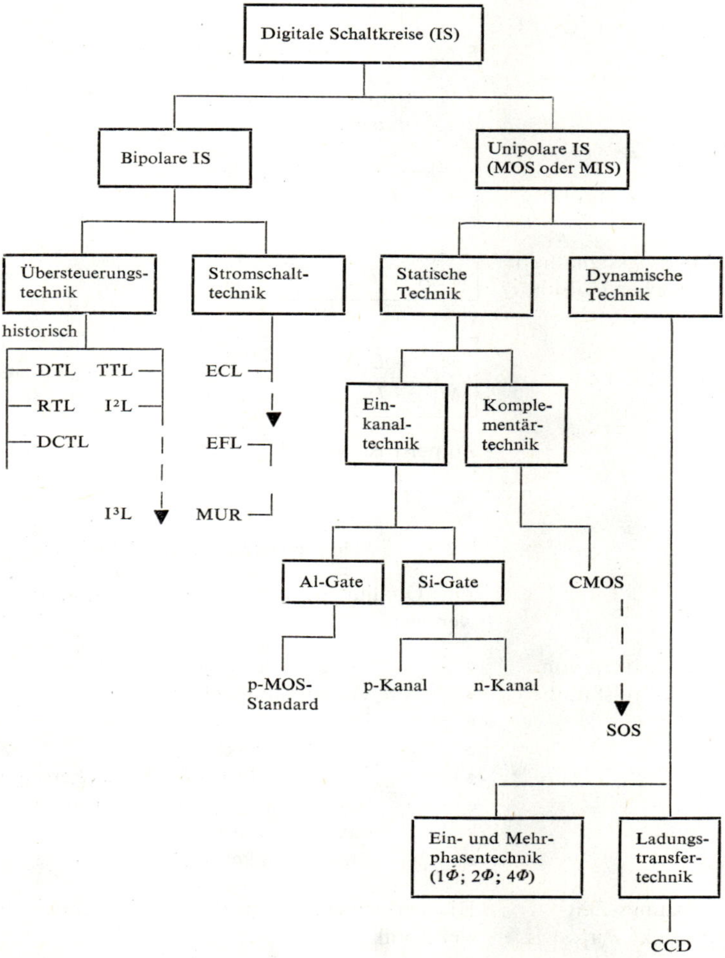

5.2.4. TTL-Technik

Transistor-Transistor-Logik (TTL)

Die TTL ist die bekannteste bipolare Schaltkreisfamilie. Sie wird in mehreren *Baureihen* hergestellt:

Kenngrößen von TTL-Baureihen

TTL-Baureihe	Verzögerungs-zeit je Gatter t_D ns	Verlust-leistung P_v mW	Leistungs-Zeit-Produkt $P_v t_D$ pJ	Maximale Taktfrequenz f_{Cmax} MHz
Low-Power-Schottky	9,5	2	19	45
Low-Power	33	1	33	3
Schottky	3	19	57	125
Standard	10	10	100	35
High-Speed	6	22	132	50

TTL-Grundgatter

Die *Grundschaltung der TTL* besteht aus dem Multiemittertransistor (Emitteranzahl $\geqq 2$) zur UND-Einfächerung (T_1), einer Symmetrier- und Treiberstufe (T_2) sowie der Gegentakt-Endstufe (T_3, T_4) mit Pegelversatzdiode (D) und Strombegrenzungswiderstand (R_4).

Grundschaltung der Standard-TTL

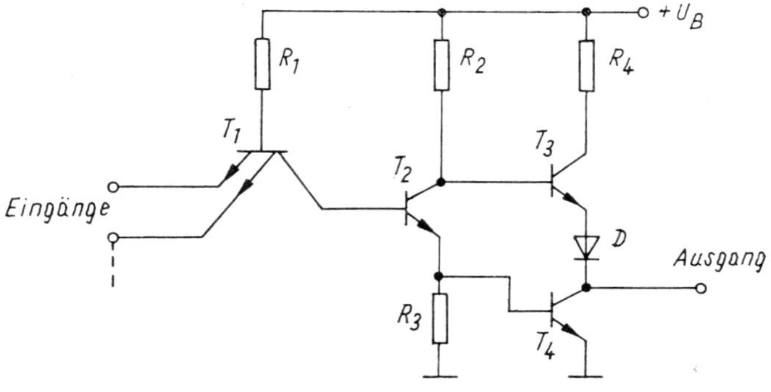

Das Grundgatter der TTL bildet eine NAND-Verknüpfung.

Statische Schaltkreiseigenschaften

Die statischen Eigenschaften werden durch Kennwerte, Grenzwerte, Kennlinien und Lastfaktoren beschrieben.

Als Kennlinien unterscheidet man die

- Übertragungskennlinie
- Eingangskennlinie
- Ausgangskennlinie

Übertragungskennlinie (Transferkennlinie)

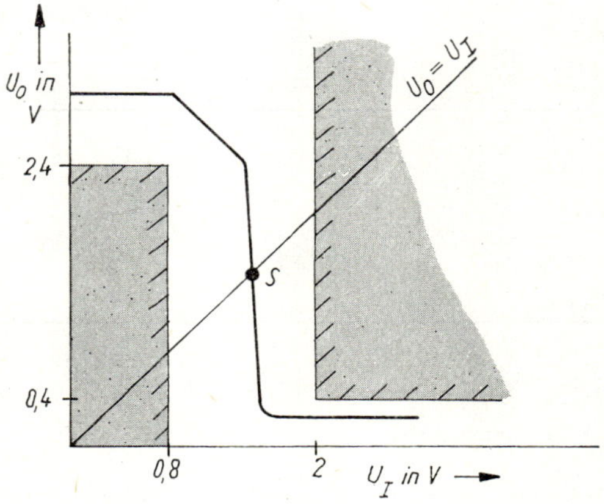

Die *Übertragungskennlinie* stellt den Zusammenhang zwischen Aus- und Eingangsspannung dar und gibt Auskunft über Signalpegel und Störabstände. Als Umschaltpunkt wird der Punkt *S* definiert, für den $U_O = U_I$ ist.

Eingangskennlinie

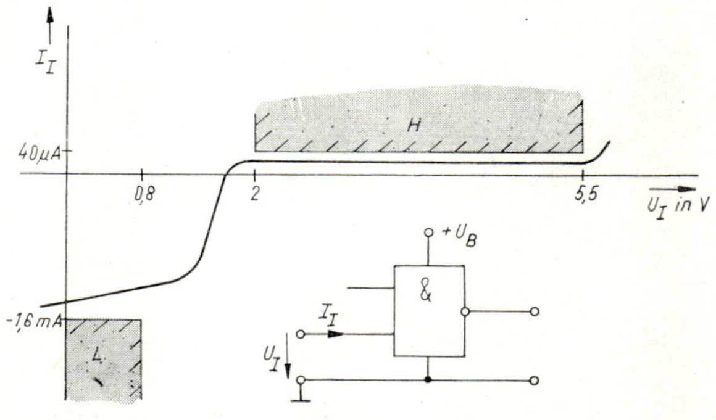

Die *Eingangskennlinie* zeigt, welche Stromstärken der Eingang bei H-Potential aufnehmen und bei L-Potential abgeben kann.

Ausgangskennlinien (Lastfaktor 10)

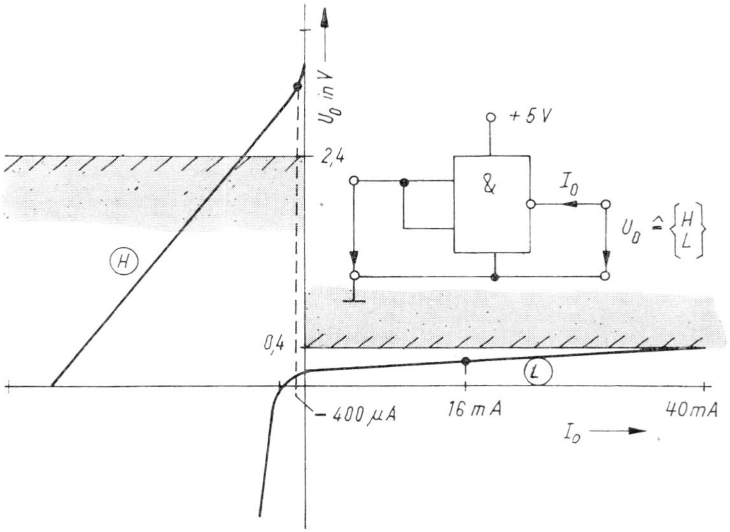

Die *Ausgangskennlinien* geben die Strom-Spannungs-Zusammenhänge am Ausgang an, die für die beiden Schaltzustände unterschiedlich sind:

- Bei H-Potential am Ausgang kann das Gatter über R_4, T_3, D Strom abgeben ($I_{OH} < 0$).
- Bei L-Potential am Ausgang kann das Gatter über T_4 Strom aufnehmen ($I_{OL} > 0$).

Die *Lastfaktoren N* geben an, welche Stromstärken, bezogen auf definierte Lasteinheiten, höchstens fließen dürfen, damit die genormten Signalpegel nicht verletzt werden:

Eingangslastfaktor (Fan in)

$N_I = 1$ heißt:

Der Eingang nimmt bei 2,4 V maximal 40 μA auf und gibt bei 0,4 V maximal 1,6 mA ab.

Ausgangslastfaktor (Fan out)

$N_O = 10$ heißt:

Der Ausgang kann maximal $10 \cdot 40$ μA abgeben, ohne 2,4 V zu unterschreiten, bzw. maximal $10 \cdot 1{,}6$ mA aufnehmen, ohne 0,4 V zu überschreiten.
TTL-Gatter haben zumeist $N_I = 1$ und $N_O = 10$ (bei Leistungsgattern: $N_O = 30$); dies bedeutet: An $N_O = 10$ können 10 Gatter mit $N_I = 1$ angeschlossen werden

Parallelschaltung von Gatterausgängen

Standard-Gatter (mit Totem-Pole-Endstufe)

Keine Parallelschaltung zulässig!

Gatter mit offenem Kollektorausgang (Detail)

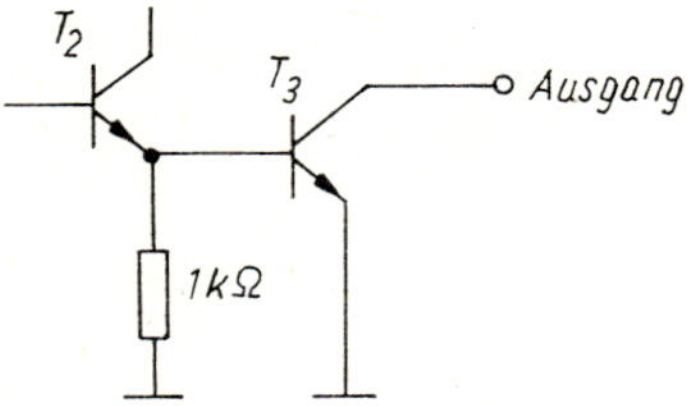

Parallelschaltung zulässig; externer Kollektorwiderstand erforderlich

Bei Parallelschaltung geht das Ausgangspotential auf L, wenn mindestens ein Ausgang L hat. Der Strom durch die geöffneten Transistoren T_3 muß durch einen gemeinsamen Kollektorwiderstand R_C begrenzt werden.

Wired-NOR-Verknüpfung (mit Gatter 7403)

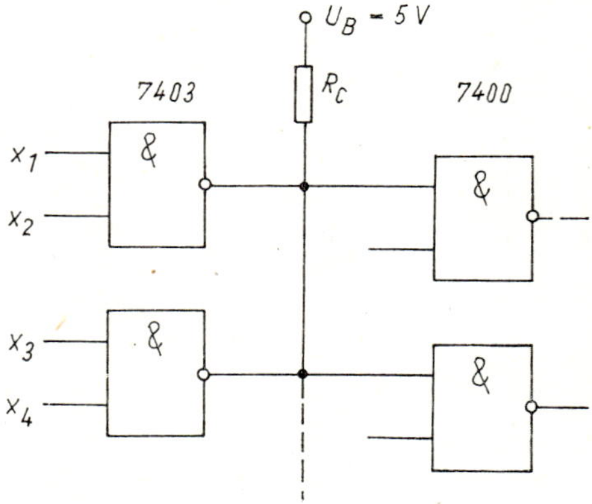

Berechnung von R_C:

$$R_C \geqq \frac{U_B - U_{OLmax}}{(N_O - n_2)\, I_{IL}}$$

$$R_C \leqq \frac{U_B - U_{OHmin}}{n_1 I_{OH} + n_2 I_{IH}}$$

n_1 Anzahl der Steuergatter
n_2 Anzahl der Lastgatter

Schaltfunktion Wired-NOR

$$y = \overline{x_1 x_2 \vee x_3 x_4}$$
$$y = \overline{x_1 x_2} \wedge \overline{x_3 x_4}$$

Gatter mit Tri-State-Ausgang

Über einen zusätzlichen Steueranschluß S (Output-Enable oder Chip-Select) können beide Ausgangstransistoren (T_3; T_4) des Standard-TTL-Gatters gleichzeitig gesperrt werden (hochohmiger Zustand ∞).

Funktionstabelle eines NAND-Gatters mit Tri-State-Ausgang

S	x_1	x_2	y
H	L	L	H
H	L	H	H
H	H	L	H
H	H	H	L

S = H ergibt die NAND-Funktion $y = \overline{x_1 x_2}$

S	x_1	x_2	y
L	L	L	∞
L	H	L	∞
L	L	H	∞
L	H	H	∞

$S = \text{L}$ sperrt den Ausgang (∞)

Parallelschaltung von Tri-State-Gatterausgängen

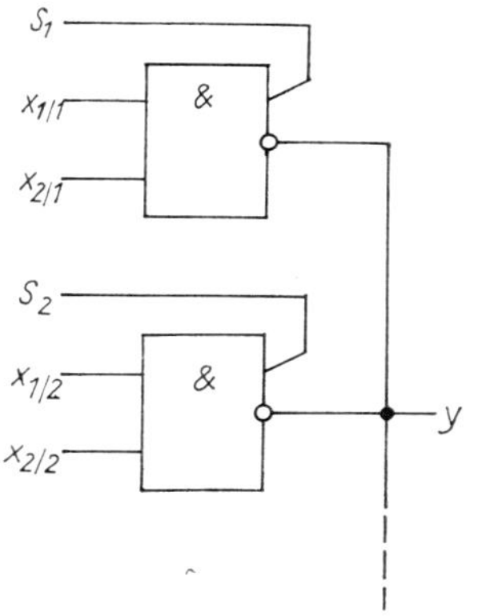

Wichtig für Busbetrieb (Bustreiber haben Tri-State-Ausgänge)

Durch eine Steuerlogik (S_1; S_2; ...) sind von n Ausgängen stets $n - 1$ zu sperren.

Maximale Ein- und Ausgangsströme von TTL-Gattern verschiedener Baureihen

	$-I_{OHmax}$ mA	I_{OLmax} mA	I_{IHmax} µA	$-I_{ILmax}$ µA
Low-Power-Schottky (74 LS)	0,4	8	20	0,36
Low-Power (74 L)	0,2	3,6	10	0,18
Schottky (74 S)	1	20	50	2
Standard (74)	0,4	16	40	1,6
High-Speed (74 H)	0,5	20	50	2

Dynamische Schaltkreiseigenschaften

Die Flanken der Schaltimpulse werden durch den Schaltkreis verformt (Anstiegszeit t_{TLH}; Abfallzeit t_{THL}) und verzögert (Verzögerungszeiten t_{DLH} und t_{DHL}).

Die Flanken und Verzögerungszeiten werden an einem Gatter mit negierendem Verhalten gezeigt.

Zeitverhalten von Standard-TTL-Schaltkreisen

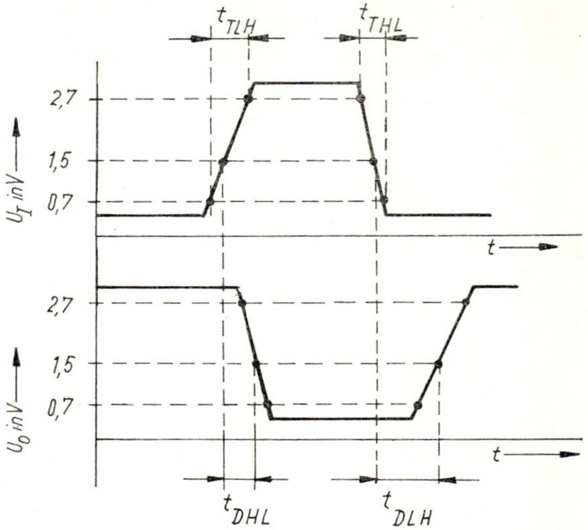

Das *Zeitverhalten* wird durch die Belastung (Lastfaktor N; Lastkapazität C_L) und die Anschlußtechnik unbenutzter Gattereingänge beeinflußt.

Anschlußmöglichkeiten von unbenutzten TTL-Eingängen

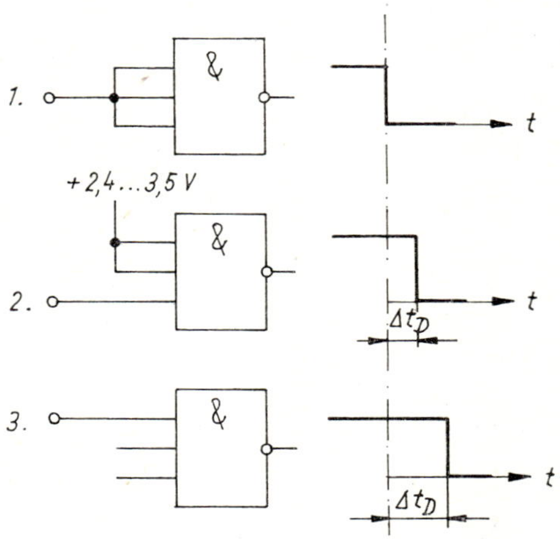

1. kürzeste Verzögerungszeit; Lastfaktor erhöht sich um die Anzahl der parallelgeschalteten Eingänge.
2. Anschluß über $R_v = 1\ \text{k}\Omega$ an $U_B = 5$ V möglich; zusätzlich $\Delta t_D \approx 1$ ns; erhöhter Schaltungsaufwand.
3. Offene Eingänge führen stets H-Potential und beeinflussen die logische Funktion der anderen Eingänge nicht; die Eingangskapazität des Multiemittertransistors bewirkt zusätzlich $\Delta t_D \approx 1 \ldots 2$ ns.

5.2.5. I^2L-Technik

Integrierte Injektionslogik (I^2L)

I^2L ist eine für Großintegration geeignete bipolare Schaltkreistechnik.

Vorteile

- sehr kleines Leistungs-Zeit-Produkt
- hohe Packungsdichte (100...300 Gatter/mm²)
- niedrige Betriebsspannung (<1 V)
- wenige Herstellungsschritte
- hohe Ausfächerung
- keine wesentlichen Stabilitätsprobleme

Grundschaltung der I^2L

Der pnp-Lateraltransistor (Injektor T_1) wirkt als Konstantstromquelle, der npn-Multikollektor-Vertikaltransistor (T_2) als Negator. Die offenen Kollektoren erfordern verdrahtete Logik.

I^2L
a) *Grundschaltung*
b) *Ersatzschaltung*

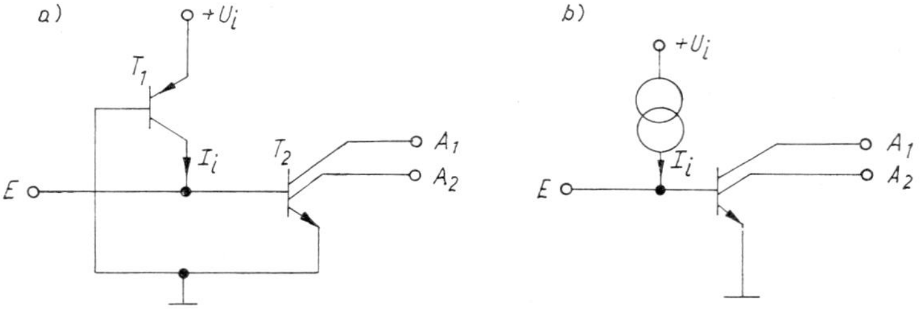

NOR/OR-Gatter in I^2L

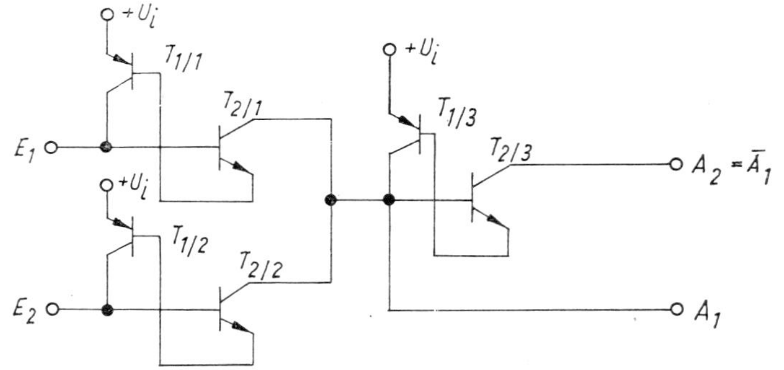

Steuerung der Verzögerungszeit über den Injektorstrom

Verzögerungszeit

$$t_D \approx \Delta U_I C_L / I_i$$

ΔU_I Eingangssignalhub
C_L Lastkapazität am Kollektorknoten

Anwendungsbeispiel: programmierbare Zeitschaltung

Durch Änderung des Injektorstromes I_i im Bereich $10^{-9} \ldots 10^{-3}$ A kann die Verzögerungszeit t_D über sechs Zehnerpotenzen variiert werden.

5.2.6. ECL-Technik

Emittergekoppelte Logik (ECL)

ECL ist eine bipolare Schaltkreistechnik für kürzeste Verzögerungszeiten.

Vorteile

- geringste Verzögerungszeit (2...3 ns)
- große Ein- und Ausfächerung
- frequenzunabhängige Verlustleistung
- geringe Impulsbelastung der Versorgungsleitungen

Nachteile

- relativ große Verlustleistung (≈25 mW je Gatter)
- geringer Signalhub
- keine direkte TTL-Kompatibilität

Grundschaltung der ECL

Strukturelement ist der Differenzverstärker als Stromschalter. Die Transistoren werden zwischen dem Sperrbereich und dem aktiven Kennlinienbereich umgeschaltet. Dadurch entfällt die Speicherzeit.

ECL-Stromschalter

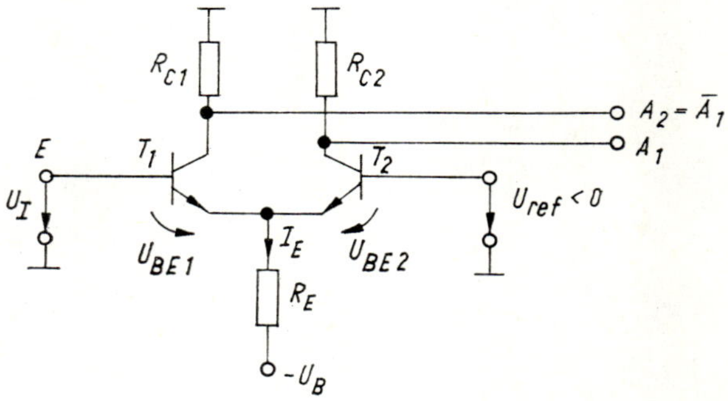

Referenzspannung

Die Referenzspannung muß das arithmetische Mittel der Eingangssignalspannungen sein.

$$U_{ref} = (U_{IH} + U_{IL})/2$$

Eingangssignalhub

Der Eingangssignalhub ΔU_I ist durch die Basis-Emitter-Spannungen festgelegt und daher relativ klein.

$$\Delta U_I = U_{IH} - U_{IL} = 2(U_{BEx} - U_{BEy})$$

Ausgangspegel (negative Logik)

Die Ausgangspegel der Grundschaltung errechnen sich bei ideal angenommener Stromquelle (I_E = const):

$$U_{OL} = -I_{Cx}R_C = -A_N I_E R_C$$

$$U_{OH} = -I_{Cy}R_C \approx 0$$

x Transistor leitend
y Transistor gesperrt
Pegelabsenkung notwendig

ECL-Logikgatter

Innenschaltung eines ECL-NOR/OR-Gatters

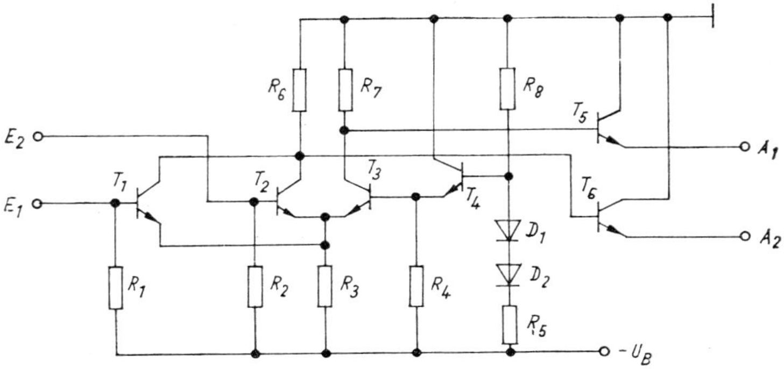

Es sind externe Emitterwiderstände erforderlich.
T_1, T_2 bilden die ODER-Verknüpfung (OR); $T_1 \parallel T_2$ und T_3 ergeben den Stromschalter; T_4 mit D_1, D_2 und R_4 bilden die Referenzspannungsquelle; T_5 T_6 sind die Kollektorstufen zur Pegelabsenkung.

Übertragungskennlinie des ECL-NOR/OR-Gatters

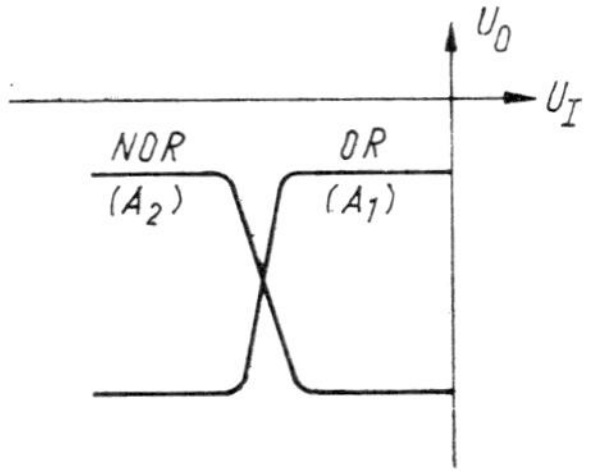

5.2.7. MOS-Technik

Statische Einkanaltechnik

MOS-Schaltkreise in statischer Einkanaltechnik bestehen vorwiegend aus integrierten MOSFETs eines Leitfähigkeitstyps (Logikgatter und Schalttransistoren mit Lastelementen).

Techniken

- p-MOS-Hochvolttechnik
- p-MOS-Niedervolttechnik
- n-MOS-Technik

p-MOS-Hochvolttechnik (MOSFET vom p-Kanal-Anreicherungstyp)

Vorteile

- im Vergleich zur TTL weniger Herstellungsschritte (40 statt 140)
- höhere Packungsdichten (≈6fach), da keine Isolierdiffusion erforderlich ist (selbstsperrend)
- niedrigere Verlustleistung (≈1/10)
- sehr hoher Eingangswiderstand
- großer statischer Störabstand

Nachteile

- hohe Versorgungsspannung (z. B. −27 V)
- keine direkte TTL-Kompatibilität
- durch hohe Kapazitäten der MOS-Strukturen relativ geringe Schaltgeschwindigkeit ($t_D \approx 300 \ldots 1000$ ns)
- trotz integrierter Gateschutzdioden sind besondere Vorsichtsmaßnahmen zur Verhütung statischer Aufladungen zu treffen
- wegen hochohmigen Eingangs empfindlich gegenüber Störimpulsen (dynamische Störungen)

Anwendung

- kostengünstige SSI- und MSI-Schaltkreise für vielseitige Anwendungen

Negator in p-MOS-Hochvolttechnik

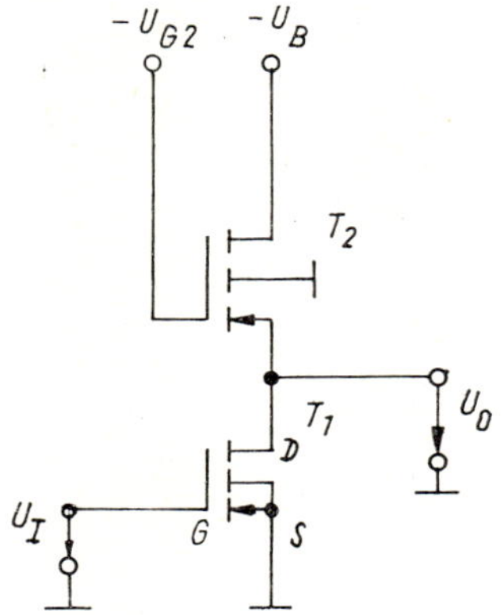

zwei Betriebsspannungen notwendig

($-U_G = 27$ V;
$-U_B = -U_D = 13$ V)

Infolge der direkten Koppelbarkeit von MOSFETs entstehen sehr einfache *Verknüpfungsprinzipien:* die Reihenschaltung ergibt NAND, die Parallelschaltung NOR.

Gattergrundschaltungen
a) NOR
b) NAND

a)

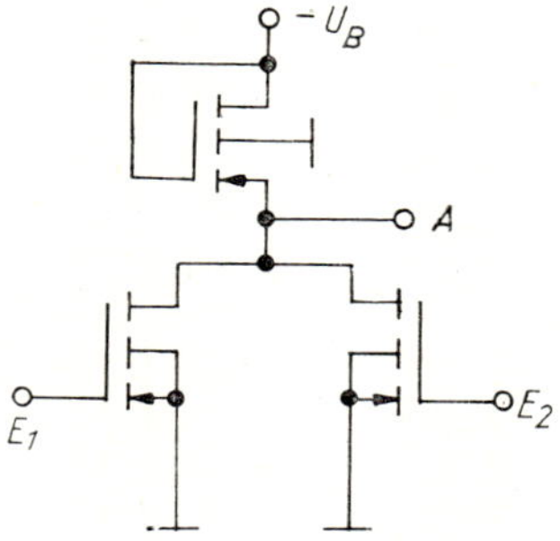

b)

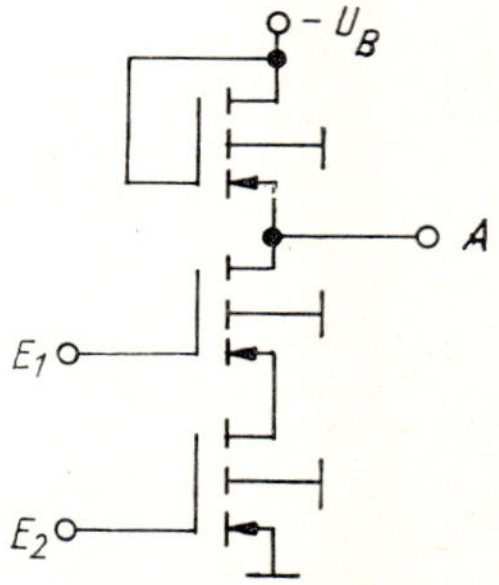

Logikpegel bei p-MOS-Hochvolttechnik

Eingangspegel	$U_{IH} = -2\ldots0$ V, $U_{IL} = -9\ldots-13$ V	negative Logik
Ausgangspegel	$U_{OH} = -1\ldots0$ V, $U_{OL} = -10\ldots-13$ V	

Unbenutzte Gattereingänge — Unbenutzte Gattereingänge dürfen *nicht* wie bei TTL-IS offengelassen werden, sondern müssen an ein festes Potential gelegt werden:

- bei NOR-Gattern an H (0 V)
- bei NAND-Gattern an L (z.B. −13 V)

Auch Parallelschaltung von Gattereingängen ist möglich, allerdings verschlechtert sich dadurch das Zeitverhalten vorgeschalteter Gatter.

Logische Verknüpfungen aus Grundgattern a) UND-Gatter und

a)

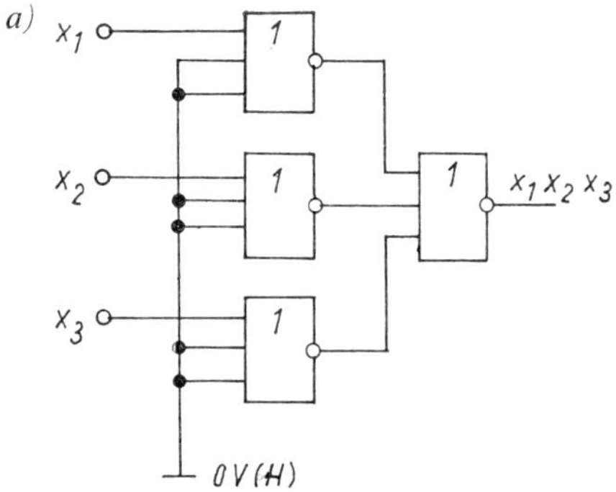

b) NOR-Gatter mit p-MOS-Schaltkreisen

b)

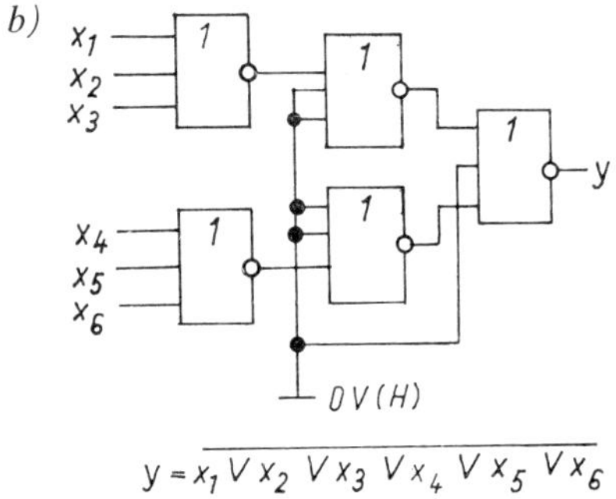

$$y = \overline{x_1 \lor x_2 \lor x_3 \lor x_4 \lor x_5 \lor x_6}$$

---

n-MOS-Technik

n-MOS-Technik — In n-MOS-Siliciumgatetechnik werden vorwiegend LSI- und VLSI-Schaltkreise hergestellt.

Vorteile gegenüber p-MOS-Technik

- höhere Packungsdichte
- höhere Schaltgeschwindigkeit
- niedrigere Betriebsspannung
- TTL-Kompatibilität möglich

Dynamische Eigenschaften von MOS-Schaltkreisen

Die Anstiegs- und Abfallzeiten der Signalpegel werden durch die Umladezeit der Lastkapazität C_p bestimmt.

Ladung und Entladung der Lastkapazität C_p

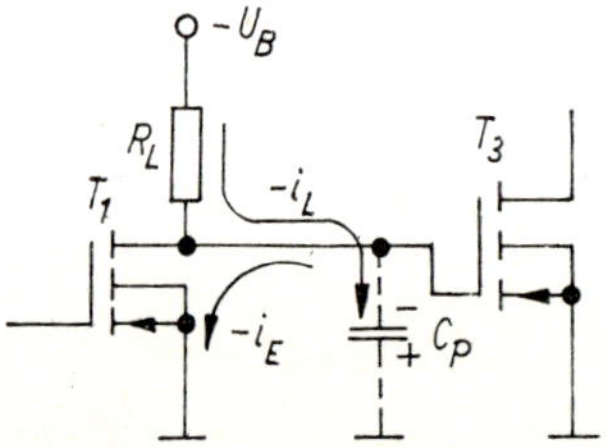

Ladezeitkonstante	$\tau_L = C_p R_L$
Anstiegszeit (Rise-Time)	$t_r = 2{,}2\tau_L$

t_r: Zeit zwischen 10% und 90% Amplitude

5.2.8. CMOS-Technik

Komplementäre MOS-Technik

CMOS-Schaltkreise bestehen aus komplementären (p-Kanal/n-Kanal) MOSFET-Strukturen vom selbstsperrenden Anreicherungstyp.

Vorteile

- niedriger Leistungsverbrauch
- höchste Störsicherheit (40...45% von U_B)
- großer Signalhub
- großer Betriebsspannungsbereich (3...18 V), so daß keine Stabilisierung erforderlich ist
- TTL-Kompatibilität
- hohe Ausfächerung ($N_O = 50$)
- Resistenz gegenüber Strahlungseinfluß

Nachteile

- Frequenzabhängigkeit der dynamischen Verlustleistung
- gegenüber Einkanal-MOS geringere Packungsdichten ($\geqq 2$ Transistoren je Grundbaustein)
- höherer technologischer Aufwand

Anwendung

- SSI- und MSI-Schaltkreise für industrielle Anwendungen, die hohe Störsicherheit und Unempfindlichkeit gegenüber Betriebsspannungsschwankungen erfordern
- bei niedrigen Speisespannungen ($\geqq 1{,}1$ V für Uhrenschaltkreise)

Grundschaltungen

CMOS-Inverter

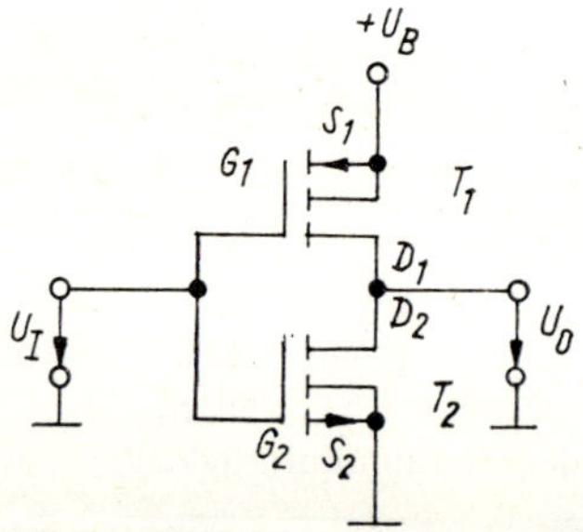

Ausgangssignalhub

$\Delta U_O \approx U_B$

CMOS-NOR-Gatter mit zwei Eingängen

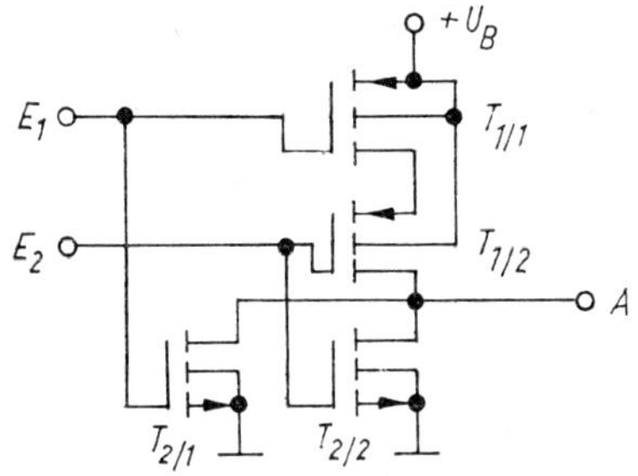

Logische Verknüpfungen erfordern bei *i* Eingängen 2*i* Transistorstrukturen.

Logikpegel

Eingangspegel	$U_{IH} = 3{,}5 \ldots 5$ V, $U_{IL} = 0 \ldots 1{,}5$ V	positive Logik
Ausgangspegel	$U_{OL} = 0 \ldots 0{,}05$ V, $U_{OH} = 4{,}95 \ldots 5$ V	($U_B = 5$ V)

Unbenutzte Gattereingänge: Unbenutzte Gattereingänge sind stets auf ein festes Potential zu legen:

- bei NAND auf $+U_B$
- bei NOR auf 0 V (Masse)

Gatterausgänge:

- Bis auf wenige Ausnahmen (siehe Schaltkreiskataloge) sind die Ausgänge kurzschlußfest.
- Eine Parallelschaltung ist nur über besondere Transmissionsgatter (z.B. 4016 B) zulässig.

Leistungsumsatz

Statische Verlustleistung P_V: extrem klein ($P_V = 5 \ldots 10$ nW je Gatter)

Dynamische Verlustleistung P_{Vd}:

$$\boxed{P_{Vd} = U_B^2 C_L f}$$

P_{Vd} entsteht durch Umladung der Lastkapazität C_L mit der Frequenz f.

$P_{Vd} \sim U_B^2$: Eine Vergrößerung der Betriebsspannung bewirkt eine quadratisch zunehmende Verlustleistung (Kompromiß erforderlich, da mit U_B-Vergrößerung Schaltzeitverkürzung eintritt).

$P_{Vd} \sim C_L$: Mit der Anzahl der Lastgatter wächst C_L und damit P_{Vd} (Begrenzung der Ausfächerung).

$P_{Vd} \sim f$: frequenzabhängige Verlustleistung; Anwendung ist nur bei mittleren Schaltgeschwindigkeiten sinnvoll.

5.2.9. Dynamische MOS-Technik

Dynamische MOS-Technik: Die dynamische MOS-Technik ist eine MOS-Technik mit Ausnutzung einer kurzzeitigen Ladungsspeicherung in den Gate-Kapazitäten von MOSFET-Strukturen.

Vorteile

- Lastkapazitäten werden zur Informationsspeicherung genutzt
- durch Phasentastung entfallen statische Gleichstrompfade, dadurch minimale statische Verlustleistung
- getrennte statische und dynamische Schaltungsoptimierung möglich
- kleinste MOS-Strukturen herstellbar

Nachteile

- periodische Ladungsauffrischung (Refreshing) ist erforderlich
- Ausgangssignale stehen nur in bestimmten Taktphasen zur Verfügung

Anwendung

- bei hochintegrierten Speichern und Schieberegistern sowie Mikroprozessoren

---

Die *Grundschaltung der dynamischen Technik* besteht aus Schalttransistor T_1, Lasttransistor T_2 und Koppeltransistor T_3.

Prinzip einer Zweiphasen-Schieberegisterzelle

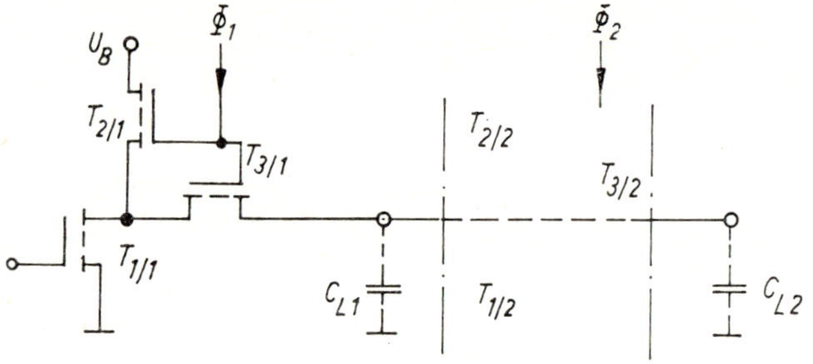

Eine *dynamische Zweiphasenzelle* besteht z.B. aus zwei Grundgattern, die mit zwei phasenverschobenen Impulsfolgen getaktet werden (Φ_1; Φ_2).

Wirkungsweise:

Taktphase 1 ($\Phi_1 = H$; $\Phi_2 = L$)	Eingang auf L-Pegel, $T_{1/1}$ gesperrt; $T_{2/1}$ und $T_{3/1}$ aufgesteuert, C_{L1} wird geladen.
Taktpause	Ladung wird in C_{L1} gespeichert.
Taktphase 2 ($\Phi_1 = L$; $\Phi_2 = H$)	$T_{1/2}$ durch Ladung auf C_{L1} aufgesteuert; $T_{2/2}$ und $T_{3/2}$ durch $\Phi_2 = H$ aufgesteuert, C_{L2} wird entladen, Ausgang nimmt L-Pegel an.

5.2.10. Pegelanpassung

Verknüpfungen aus Schaltkreisen mit unterschiedlichen Logiksystemen erfordern Maßnahmen zur Pegelanpassung.

Interne Pegelanpassung	Pegelwandler sind im Schaltkreis integriert (z.B. TTL-kompatible MOS-Schaltkreise).
Externe Pegelanpassung	Pegelwandler sind als Koppelschaltungen (Interface) zwischen den Schaltkreisen erforderlich.

Ohne Pegelanpassung

Eine *problemlose Zusammenschaltung* ist möglich, wenn:

- Betriebsspannung und Logikpegel die gleiche Polarität haben
- die Pegelbereiche annähernd übereinstimmen ($U_{OHmin} \geqq U_{IHmin}$; $U_{OLmax} \leqq U_{ILmax}$)
- die erforderlichen Last- und Steuerströme von beiden IS aufgebracht werden können
- die dynamischen Eigenschaften nicht wesentlich verschlechtert werden

---

Schaltungsbeispiele

p-MOS ⇄ CMOS sind direkt koppelbar, wenn die CMOS-IS mit negativer Logik betrieben werden.

CMOS → p-MOS
a) Schaltung
b) Pegeldiagramm

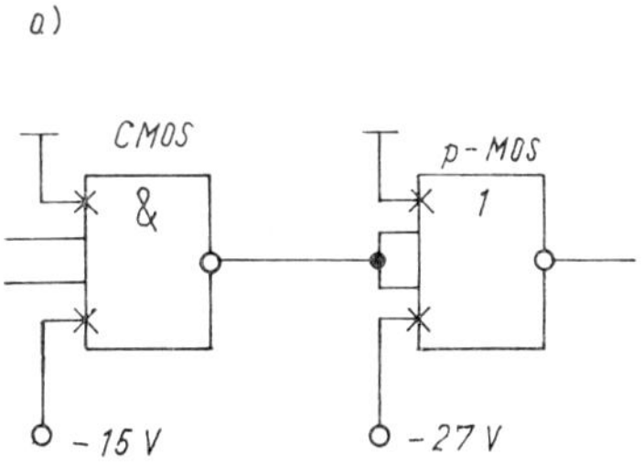

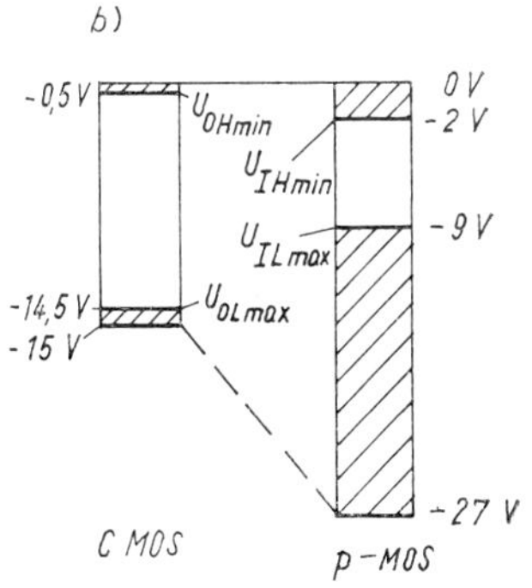

TTL → CMOS
a) Schaltung
b) Pegeldiagramm

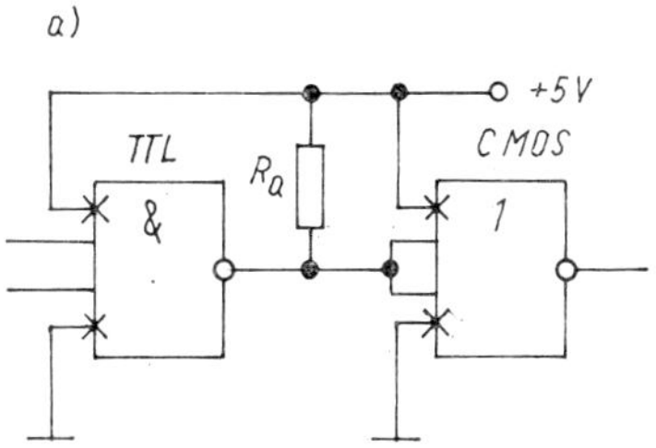

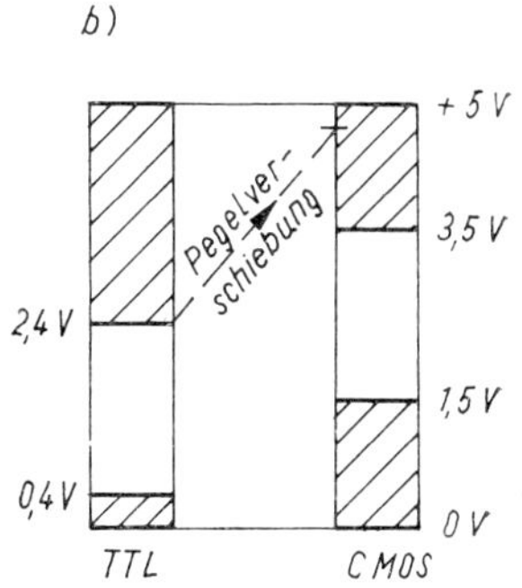

Verschiebung des H-Pegels durch R_a

TTL → p-MOS
a) Schaltung
b) Pegeldiagramm

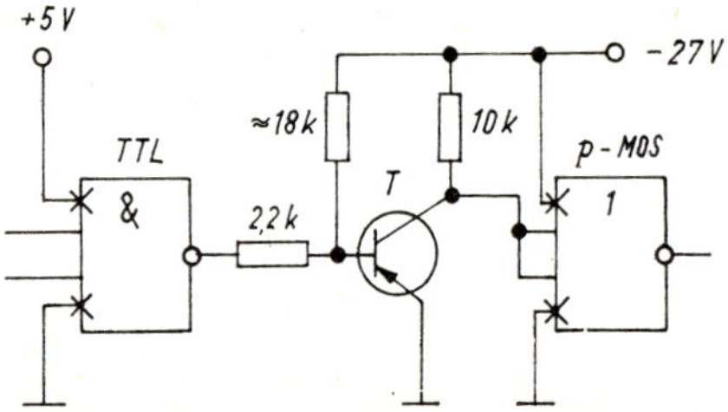

Logikumkehr durch pnp-Transistor

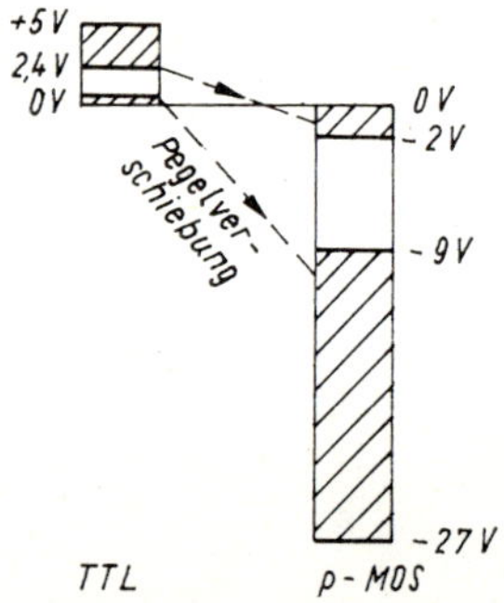

p-MOS → TTL — Logikumkehr durch npn-Transistor

5.3. Kippschaltungen

5.3.1. Bistabile Kippschaltungen

Kippschaltungen

Kippschaltungen sind digitale Schaltungen mit sprungartigem Übertragungsverhalten. Das Kippverhalten kann durch Rückkopplung oder durch Bauelemente mit negativen Kennlinienbereichen (z.B. Tunneldioden) erzeugt werden.

Stabile Kippschaltungen

Bei stabilen Kippschaltungen ist durch Gleichspannungs-Rückkopplung eine Selbsthaltung wirksam. Eingangssignale bewirken eine kurzzeitige Instabilität ($\underline{KV} = 1$), die zum Kippen aus dem einen in den anderen Zustand führt (H-L- oder L-H-Sprung am Ausgang).

Bistabile Kippschaltungen

Bistabile Kippschaltungen (auch Trigger, bistabile Vibratoren oder Flipflop genannt) besitzen zwei stabile statische Arbeitspunkte. In der Rückkopplungsschleife sind nur Gleichspannungskopplungen vorhanden. Ihre Eigenschaft, binäre Signale zu speichern, wird vielseitig genutzt (z.B. für Zähler, Schieberegister, Frequenzteiler).

Flipflop mit Transistoren (historisch)

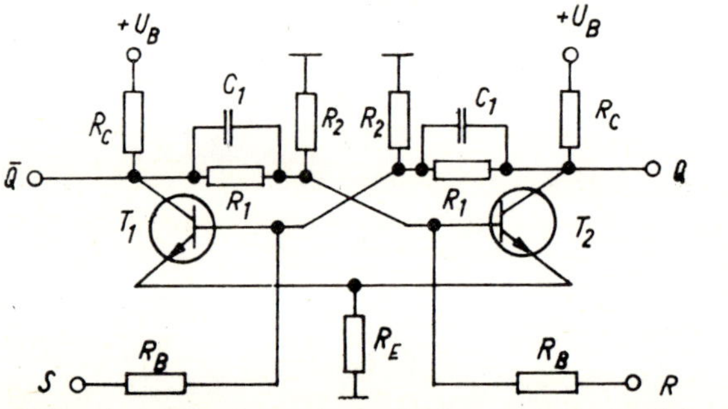

zweistufiger mitgekoppelter Gleichspannungsverstärker

Übertragungskennlinie des Flipflop

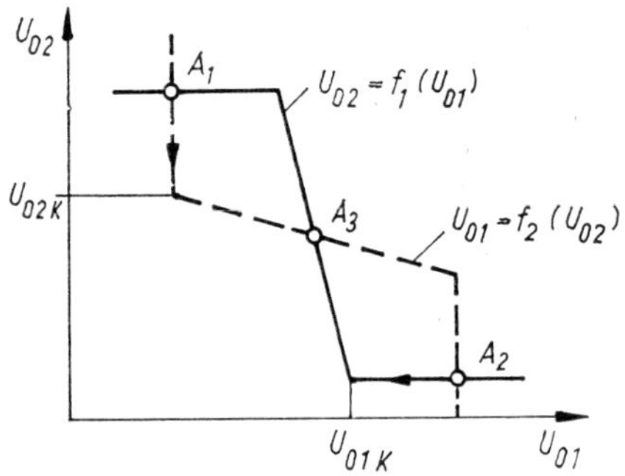

stabile Arbeitspunkte (A_1; A_2), instabiler Arbeitspunkt (A_3)

Einteilung von bistabilen Kippschaltungen nach der Art der Taktung

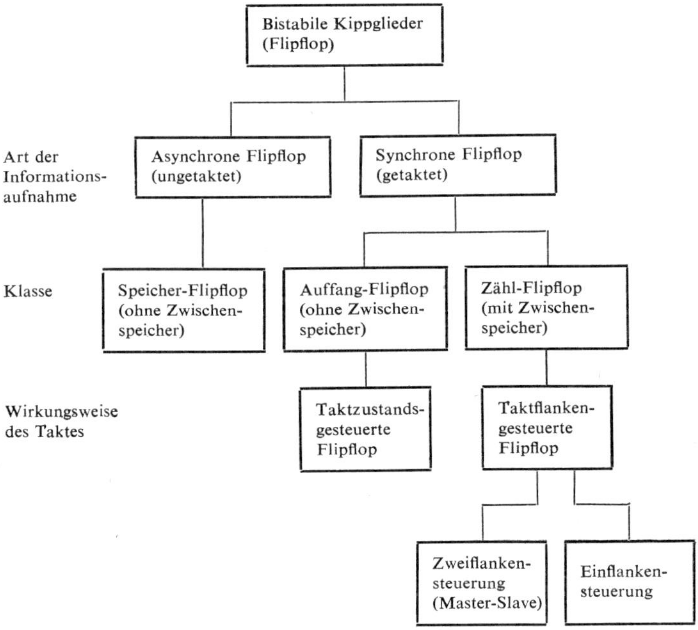

Einflankensteuerung erfordert steile Taktflanken (z.B. D-Flipflop 7474).
Zweiflankensteuerung stellt geringere Anforderungen an die Flankensteilheit (z.B. JK-MS-Flipflop 7472).

Beschreibungsformen für sequentielle Schaltungen

Sequentielle Schaltungen

Bei sequentiellen Schaltungen ist die Ausgangsvariable nicht nur von den Signalwerten der Eingangsvariablen abhängig, sondern auch vom inneren Zustand der Schaltung, der durch den vorhergehenden Schaltvorgang hinterlassen wurde.

Beschreibungsformen

- Zustandstabelle
- charakteristische Gleichung
- Übergangstabelle
- Automatengraph
- Impulsdiagramm

Beispiel: RS-Basiskippglied aus NOR-Gattern
a) Prinzipschaltung
b) Schaltungskurzzeichen

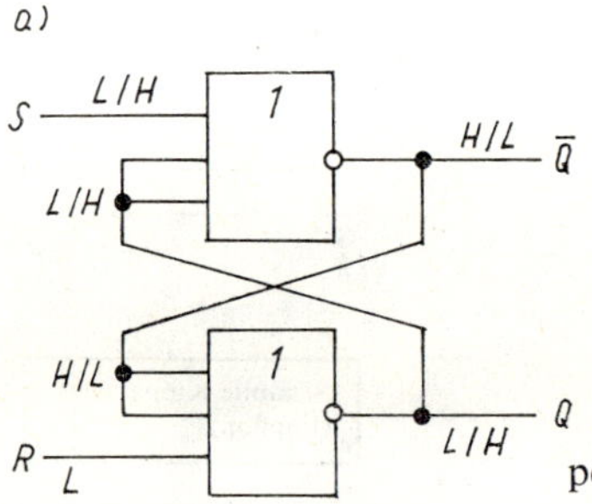

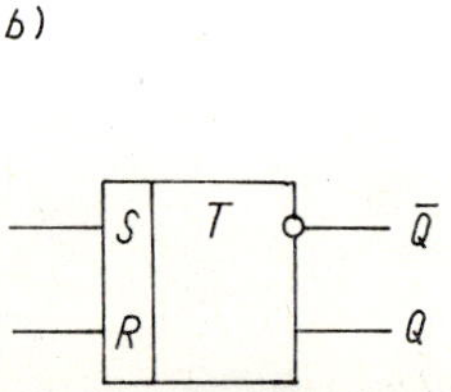

positive Logik: L $\hat{=}$ 0, H $\hat{=}$ 1

Zustandstabelle des RS-Kippgliedes (positive Logik)

z	*Q*	*S*	*R*	Q^+
0	L	L	L	L
1	L	L	H	L
2	L	H	L	H
3	L	H	H	?
4	H	L	L	H
5	H	L	H	L
6	H	H	L	H
7	H	H	H	?

Nach Minimierung über KARNAUGH entsteht die charakteristische Gleichung.
?: verbotene Belegung

Charakteristische Gleichung des RS-Kippgliedes

$$Q^+ = S \vee \bar{R}Q; \quad R \wedge S = L$$

Q vorhergehender Zustand
Q^+ nachfolgender Zustand
S Signal am Setzeingang
R Signal am Rücksetzeingang

Übergangstabelle des RS-Kippgliedes

Q	→	Q^+	*S*	*R*
L		L	L	∨
L		H	H	L
H		H	∨	L
H		L	L	H

∨ bedeutet: Belegung ist beliebig (H ∨ L)

Automatengraph des RS-Kippgliedes

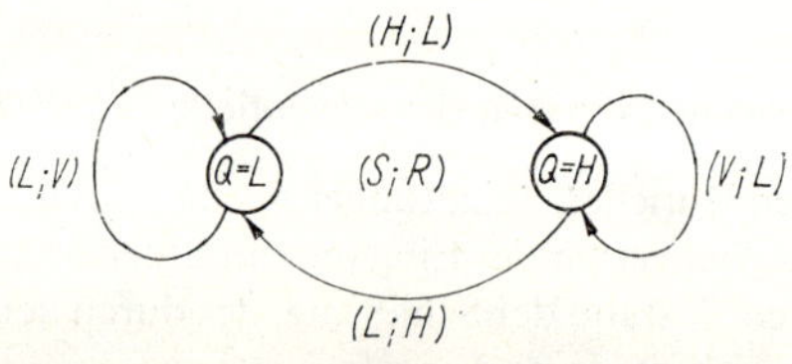

Der Automatengraph veranschaulicht die Übergangstabelle.

Logikstrukturen von getakteten Kippgliedern

Die Signale auf den Dateneingängen (z.B. *R*; *S* oder *J*; *K*) werden im Taktrhythmus verarbeitet. Gegenüber ungetakteten Schaltungen verbessert sich die Störsicherheit.

Getaktetes RS-Kippglied aus NAND-Gattern
a) Prinzipschaltung
b) Schaltungskurzzeichen

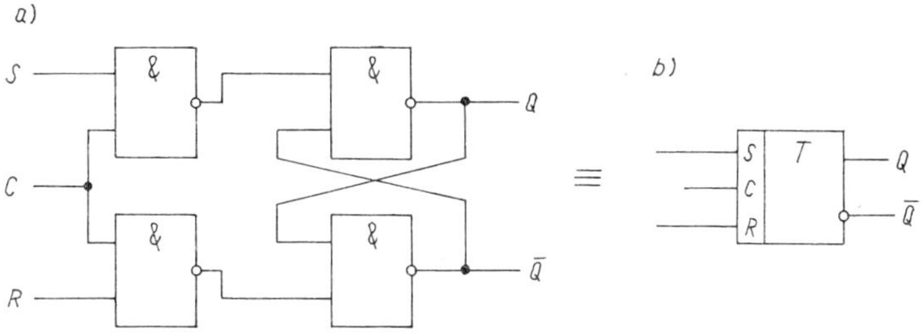

Impulsdiagramm des getakteten RS-Kippgliedes

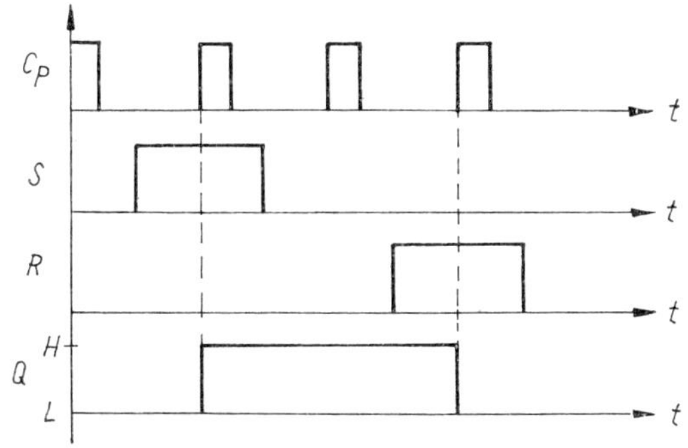

Taktzustandssteuerung:
$S = \mathrm{H}$ wird bei $C = \mathrm{H}$ gespeichert ($Q = \mathrm{H}$).

D-Kippglied
a) Prinzipschaltung
b) Schaltungskurzzeichen

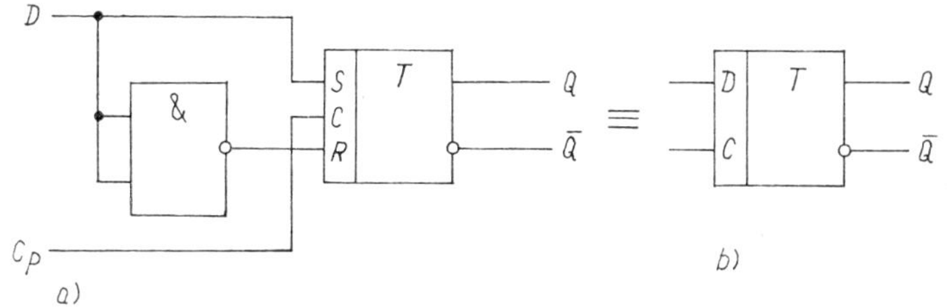

Durch eine zusätzliche Negation am Eingang entsteht aus dem getakteten RS-Kippglied das D-Kippglied. Bei D-Kippgliedern entfallen die bei RS-Kippgliedern vorhandenen unbestimmten Zustände (→ Zustandstabelle des RS-Kippgliedes, Abschn. 5.3.1).

c) Impulsdiagramm des D-Kippgliedes

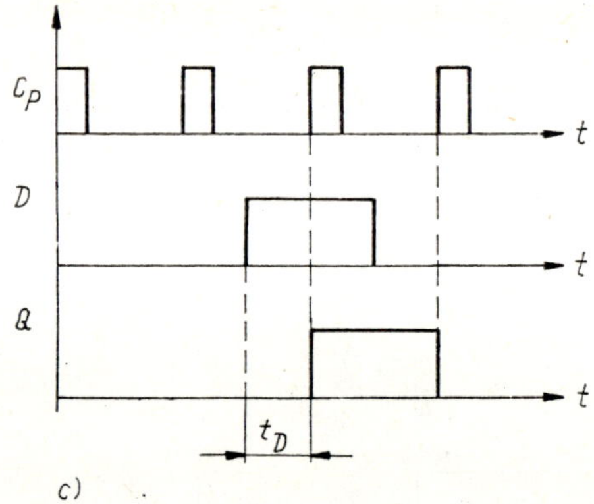

Die Verzögerungszeit t_D (Delay) kann zum Auffangen von Laufzeitunterschieden genutzt werden.

JK-Master-Slave-Kippglied
a) Prinzipschaltung
b) Schaltungskurzzeichen

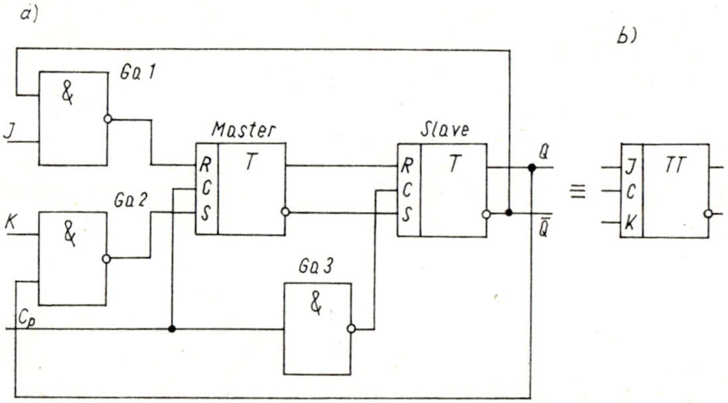

Taktimpuls

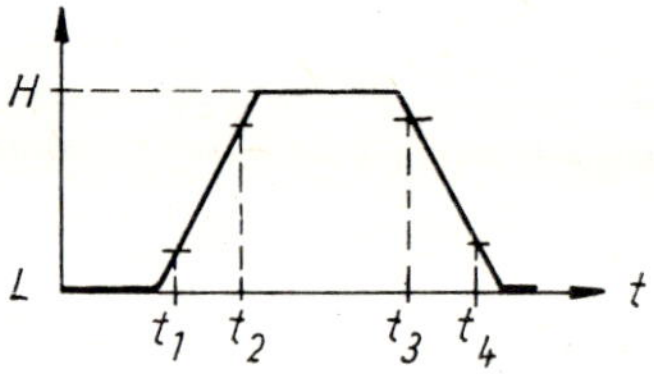

An der Vorderflanke des Taktimpulses wird die Information eingelesen, an der Rückflanke ausgelesen.

Zweiflankensteuerung beim JK-Master-Slave-Kippglied

t_1: Slave wird gesperrt und damit vom Master getrennt.

t_2: Master wird freigegeben und Eingangsinformation auf J; K im Master zwischengespeichert.

$t_4 - t_2$: Dauer der Zwischenspeicherung

t_3: Ga 1; Ga 2 werden gesperrt und damit die Eingänge J; K vom Master getrennt.

t_4: Slave übernimmt die im Master zwischengespeicherte Information.

Logisches Verhalten von Kippgliedern

Typ	Charakteristische Gleichung	Übergangstabelle	Eigenschaften, Anwendung
RS	$Q^+ = S \vee \bar{R}Q$; $S \wedge R = \mathrm{L}$	$Q \to Q^+$ S R L L L $\vee$ H L L H L H H L H H $\vee$ L	Basiskippglied, statische RAM-Speicherzelle
SL	$Q^+ = S \vee \bar{R}Q$	$Q \to Q^+$ S R L L L $\vee$ H L L H L H H $\vee$ H H $\left\{\begin{matrix} \mathrm{H} & \vee \\ \vee & \mathrm{L} \end{matrix}\right\}$	RS-Kippglied mit Löschvorrang
EL	$Q^+ = \bar{R}(S \vee Q)$	$Q \to Q^+$ S R L L $\left\{\begin{matrix} \vee & \mathrm{H} \\ \mathrm{L} & \vee \end{matrix}\right\}$ H L $\vee$ H L H H L H H $\vee$ L	RS-Kippglied mit Setzvorrang
DV	$Q^+ = DV \vee \bar{V}Q$	$Q \to Q^+$ D V L L $\left\{\begin{matrix} \vee & \mathrm{L} \\ \mathrm{L} & \vee \end{matrix}\right\}$ H L L H L H H H H H $\left\{\begin{matrix} \mathrm{H} & \vee \\ \vee & \mathrm{L} \end{matrix}\right\}$	sperrbares D-Kippglied
D	$Q^+ = D$	$Q \to Q^+$ D L L L H L L L H H H H H	Verzögerungskippglied, Auffang-Kippglied

Typ	Charakteristische Gleichung	Übergangstabelle	Eigenschaften, Anwendung
JK	$Q^+ = J\bar{Q} \vee \bar{K}Q$	$Q \to Q^+$ J K L L L ∨ H L ∨ H L H H ∨ H H ∨ L	Zählkippglied (universell)
T	$Q^+ = T\bar{Q} \vee \bar{T}Q$	$Q \to Q^+$ T L L L H L H L H H H H L	Zählkippglied, Binärteiler für $T = \mathrm{H}$
		∨: beliebige Belegung (H ∨ L)	

5.3.2. Schwellwertschaltungen

Schwellwertschalter

Schwellwertschalter sind bistabile Kippschaltungen, die beim Überschreiten einer Eingangsschwellspannung U_{IS1} kippen und beim Unterschreiten einer niedrigeren Eingangsschwellspannung U_{IS2} zurückkippen. Der Schwellspannungsunterschied wird als *Schalthysterese* bezeichnet.

Übertragungskennlinie mit Hysterese

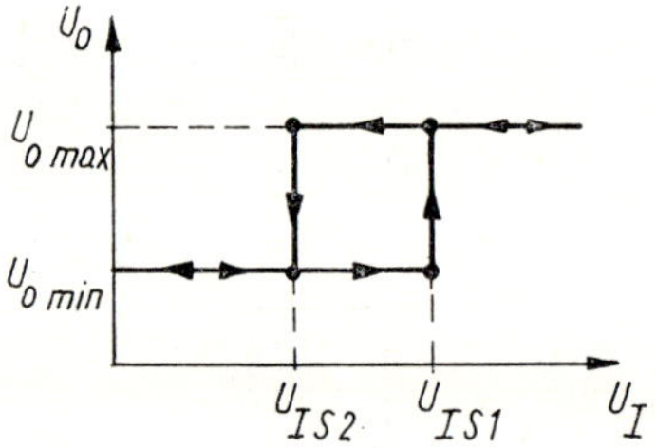

Schalthysterese

$$\Delta U_{IS} = U_{IS1} - U_{IS2}$$

SCHMITT-*Trigger mit Transistoren (historisch)*

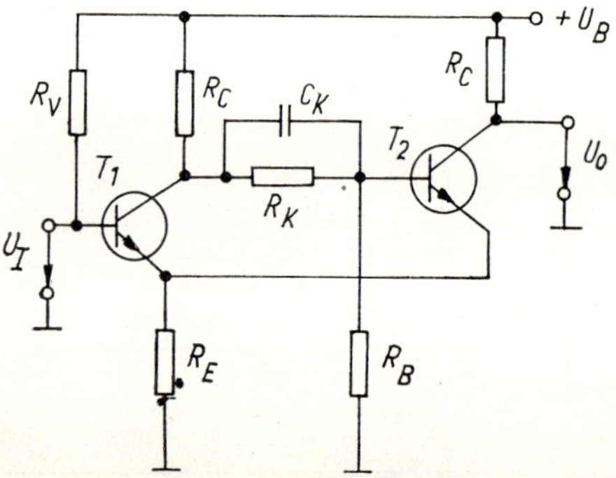

Wirkungsweise des SCHMITT-Triggers

Zustand 1: $U_I > U_{IS1}$, T_1 gesperrt; T_2 geöffnet; am Ausgang liegt:

$$U_{Omin} \approx [R_E/(R_E + R_C)]\, U_B$$

Übergang 1 → 2: $U_I = U_{IS1}$; Mitkopplung T_2 nach T_1 über R_E bewirkt Kippen; T_1 öffnet; T_2 sperrt; Einschaltschwelle:

$$U_{IS1} \approx U_{C1max} R_B/(R_B + R_K)$$

Zustand 2: $U_I > U_{IS2}$; T_1 geöffnet; T_2 gesperrt; am Ausgang liegt:

$$U_{Omax} \approx U_B$$

Übergang 2 → 1: $U_I = U_{IS2}$; Mitkopplung T_2 nach T_1 über R_E bewirkt Zurückkippen; T_1 sperrt; T_2 öffnet; Ausschaltschwelle:

$$U_{IS2} \approx U_{C1min} R_B/(R_B + R_K)$$

Schwellwertschalter mit TTL-Schaltkreisen

SCHMITT-*Trigger mit NAND-Gattern*

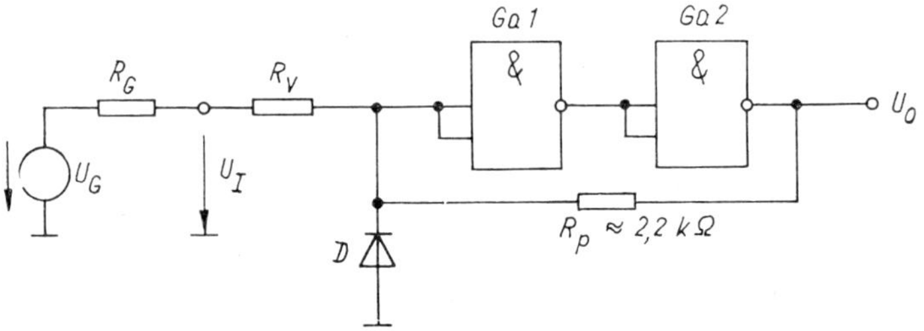

Die Schaltschwellen sind von $R = R_G + R_V$ abhängig:

Einschaltschwelle $U_{IS1} \approx 1{,}4 \ldots 1{,}0\ \text{V}$ bei $R \geqq 80\ \Omega$

Ausschaltschwelle
$$U_{IS2} \approx \begin{cases} 1 \ldots 0\ \text{V} & \text{bei } R < 1\ \text{k}\Omega \\ 0\ \text{V} & \text{bei } R = 1\ \text{k}\Omega \\ <0\ \text{V} & \text{bei } R > 1\ \text{k}\Omega \end{cases}$$

Hysterese $\Delta U_{IS} \approx 0{,}1 \ldots 1{,}0\ \text{V}$ bei $R \approx 80 \ldots 500\ \Omega$

Schutzdiode nur bei negativen Eingangssignalen erforderlich.

Anwendung zur Impulsformung

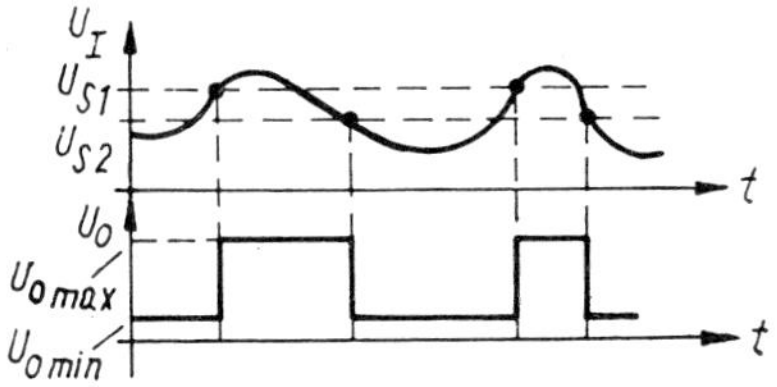

Aus Analogsignalen werden Rechteckimpulse der gleichen Frequenz geformt.

Monolithisch integrierte Schwellwertschalter

NAND-Gatter mit SCHMITT-Trigger-Eingängen (z.B. 7413)

Durch Eingangs-SCHMITT-Trigger erhöht sich die Störsicherheit von TTL-Schaltkreisen.

Typische Schwellwerte:

$U_{IS1} = 1{,}7$ V

$U_{IS2} = 0{,}9$ V

Hysterese: $\Delta U_{IS} = 0{,}8$ V

Datenübertragung auf unsymmetrischen Leitungen

Durch Eingangs-SCHMITT-Trigger ist eine Pegelregenerierung möglich.

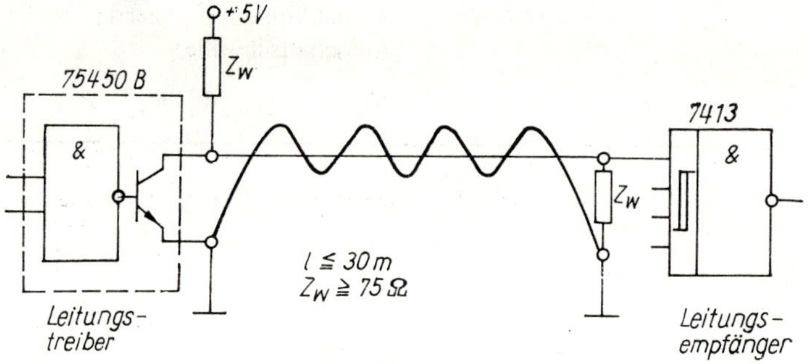

5.3.3. Monostabile Kippschaltungen

Monostabile Kippschaltungen (Monoflop, Univibratoren)

Monostabile Kippschaltungen sind Schaltungen mit stabilem Arbeitspunkt (Ruhezustand), die beim Eintreffen eines Triggerimpulses in den Arbeitszustand umkippen und nach einer festgelegten Haltezeit von selbst in den Ruhezustand zurückkippen.

Dynamisch getriggerte monostabile Kippschaltung mit Transistoren (historisch)

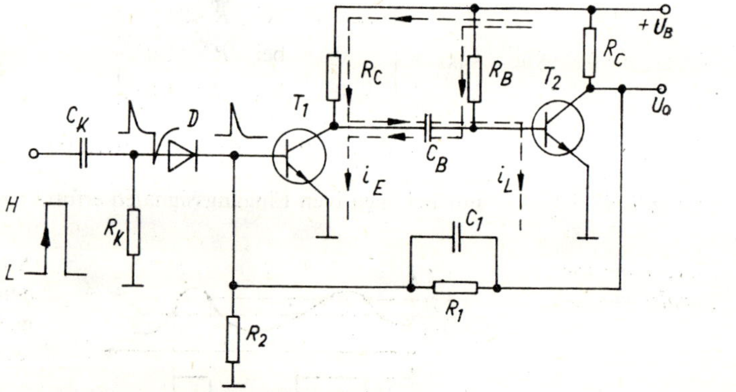

Wirkungsweise

1. Zustand (stabiler Ruhezustand): T_2 leitend; T_1 gesperrt; C_B auf $\approx U_B - U_{BEx}$ geladen.

2. Zustand (metastabiler Arbeitszustand): Positiver Impuls öffnet T_1; T_2 wird gesperrt; über R_1, R_2 wird T_1 leitend gehalten, wenn Triggerimpuls abgeklungen ist; über R_B, T_1 und C_B umgeladen (i_E), bis $U_{BE2} = U_{BEF}$ ist. Dadurch wird T_2 wieder leitend, und Schaltung kippt in den Ruhezustand zurück.

Haltezeit
Erholzeit

$$t_H = K_H C_B R_B; \quad K_H \approx 0{,}7$$
$$t_E = K_E C_B R_C; \quad K_E \approx 3 \ldots 5$$

Monostabile Kippschaltungen mit Schaltkreisen

Monostabile Kippschaltung mit TTL-Gattern

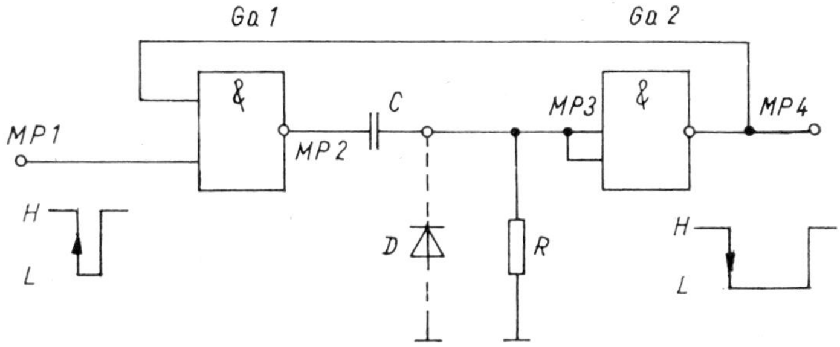

Impulsdiagramm

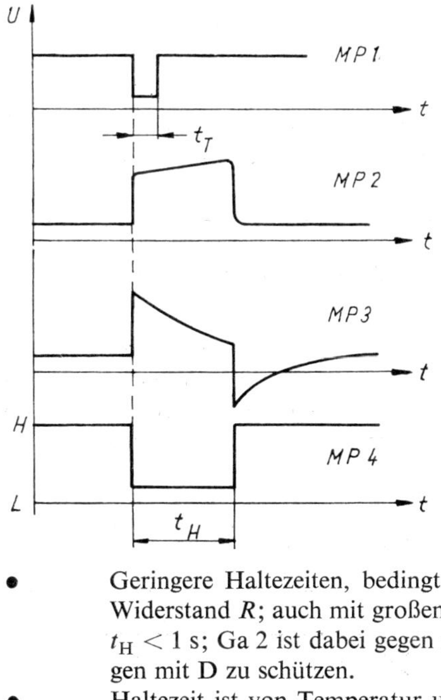

Haltezeit

$$t_H = K_H C R$$
$$K_H = 1{,}0 \ldots 1{,}2$$
$$R \leqq 680\ \Omega$$

Eigenschaften

- Geringere Haltezeiten, bedingt durch den niederohmigen Widerstand R; auch mit großen Kapazitäten (Elkos) bleibt $t_H < 1$ s; Ga 2 ist dabei gegen negative Eingangsspannungen mit D zu schützen.
- Haltezeit ist von Temperatur und Speisespannung abhängig.

- Die Triggerimpulsdauer muß kürzer als die Haltezeit sein ($t_T < t_H$), da sonst die Steilheit der L/H-Flanke am Ausgang verlorengeht.

Monostabile Kippschaltungen mit CMOS-Gattern

Gegenüber Schaltungen mit TTL-Gattern sind wesentlich größere Haltezeiten möglich.

Impulsverkürzung mit TTL-Gattern

Verkürzung des L-Impulses

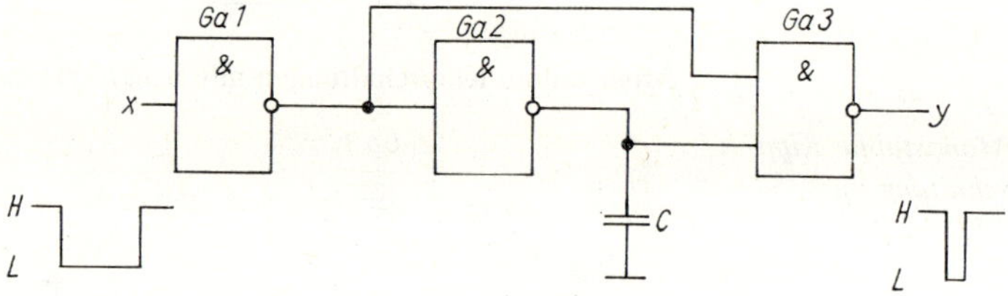

Integrierte monostabile Kippglieder

Beispiel: TTL-Baustein 74121

Durch externe Beschaltung mit $R = 1{,}2 \dots 40\ \mathrm{k}\Omega$ und $C < 1000\ \mu\mathrm{F}$ sind Haltezeiten $t_H = 30\ \mathrm{ns} \dots 40\ \mathrm{s}$ einstellbar.

Haltezeit

$$t_H = K_H C R; \quad K_H \approx 0{,}7$$

Nachtriggerbare monostabile Kippglieder (z.B. 74122)

Bei mehreren aufeinanderfolgenden Triggerimpulsen beginnt die Haltezeit t_H erst mit dem letzten Impuls.

5.3.4. Astabile Kippschaltungen

Astabile Kippschaltungen (astabile Multivibratoren)

Astabile Kippschaltungen dienen zur Erzeugung von Impulsfolgen (Taktgeneratoren).
Durch Kapazitäten im Mitkopplungszweig entsteht ein autonom ablaufender Kippvorgang zwischen zwei dynamischen Schaltungszuständen.

Astabiler Multivibrator mit Transistoren (historisch)

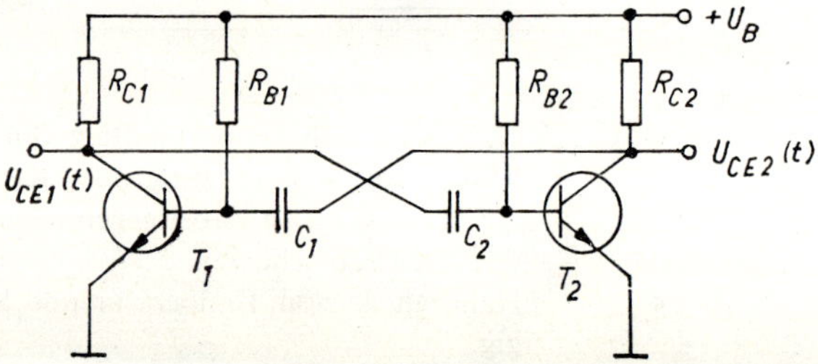

Impulsdiagramm des Transistor-multivibrators

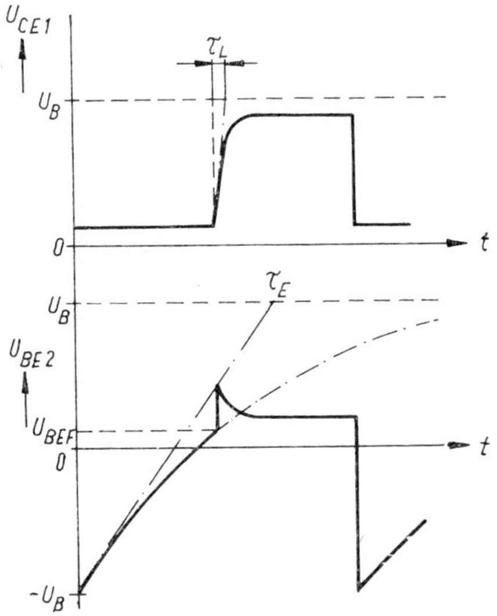

Die *Zeitkonstanten* betragen:

$\tau_{E1} = C_1 R_{B1}$

$\tau_{E2} = C_2 R_{B2}$

$\tau_{L1} = C_1 R_{C2}$

$\tau_{L2} = C_2 R_{C1}$

Im *symmetrischen Fall* gilt:

Impulsfrequenz	$f \approx 1/[\ln 2\,(\tau_{E1} + \tau_{E2})]$	$f \approx 1/(2 \ln 2 \cdot \tau_E)$
Tastgrad	$t_i/T = \tau_{E2}/(\tau_{E1} + \tau_{E2})$	$t_i/T = 1/2$

Astabile Kippschaltungen mit Schaltkreisen

Sperrbarer Impuls-generator mit TTL-NAND-Gattern

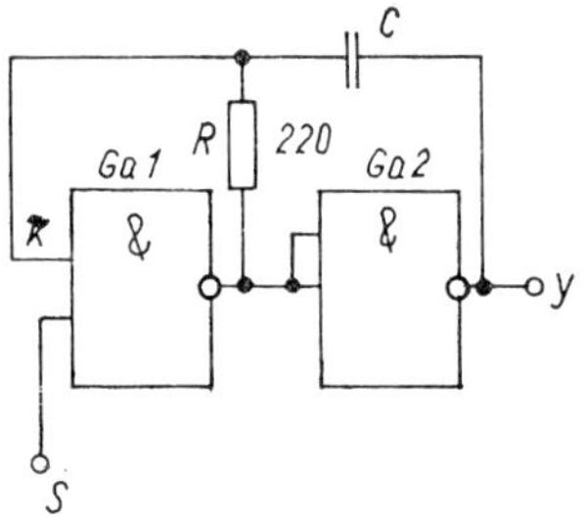

Eigenschaften:

- einfacher Aufbau (nur ein Koppel-C)
- geringer Temperatur- und Speisespannungseinfluß
- Frequenzfeinabgleich bei höheren Frequenzen mit C möglich
- tiefe Frequenzen erfordern große Kapazitäten (Elkos)

Impulsfrequenz	$f \approx 1/(3RC)$
Tastgrad	$t_i/T \approx 1/2$

Multivibrator mit integriertem Schmitt-*Trigger (z.B. 7414)*

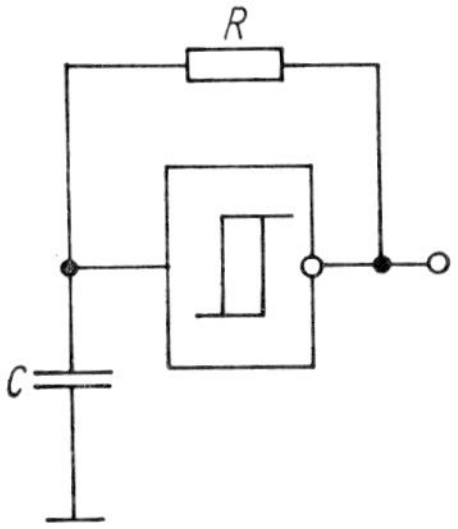

$f \approx 1/(\sqrt{2}\,RC)$

verwendbar bis etwa 10 MHz

Timer-Schaltkreis (z.B. 555)

Durch entsprechende externe Beschaltung kann der Baustein entweder als astabiles oder als monostabiles Kippglied arbeiten.

Astabile Kippschaltungen mit Quarzstabilisierung

Impulsgenerator zur Grundtakterzeugung

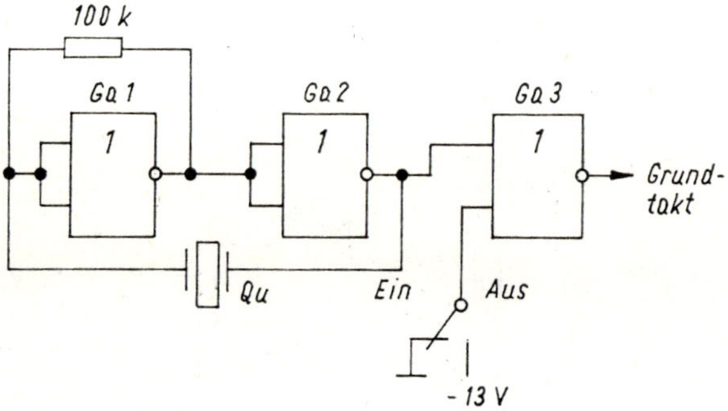

Die Kapazität C ist hier durch einen Quarz ersetzt.

Frequenzinstabilität

$\Delta f/f \approx \pm 10^{-5}$

5.4. Komplexe Digitalschaltungen

5.4.1. Codewandler

Code

Unter einem Code (Kode) versteht man eine Vorschrift für eine eindeutige (d.h. nicht notwendig umkehrbare) Zuordnung zwischen zwei Mengen von Zeichen oder Symbolen.

Tetradische Codes

Nach der Wortlänge in Bit werden tetradische und nichttetradische Codes unterschieden.
Wortlänge = 4 bit ($\triangleq$1 Tetrade)

BCD-Code

Code zur Binärverschlüsselung von Dezimalzahlen; Wertigkeit $8-4-2-1$; die Dezimalzahlen 10...15 werden als Pseudotetraden ausgeschieden.

Beispiel: BCD-Codierung der Dezimalzahl 25

25 D $\triangleq$ 0010 0101

$2\,\text{D} \triangleq 0 \cdot 8 + 0 \cdot 4 + 1 \cdot 2 + 0 \cdot 1$

$5\,\text{D} \triangleq 0 \cdot 8 + 1 \cdot 4 + 0 \cdot 2 + 1 \cdot 1$

Dualcode

Wortlänge = n bit; Wertigkeit $2^{n-1} \ldots 2^0$ (Maschinencode für Digitalrechner, bei Mikroprozessoren z.B. 8 bit).

m-aus-*n*-Codes

Wortlänge = n bit; in jedem Wort sind m bit gleich 1 (H).

Alphanumerische Codes

Codes aus Ziffern und Buchstaben (z.B. Sedezimalcode)

Tetradische Codes

(Darstellung in positiver Logik; 0 ≙ L; 1 ≙ H)

Code	Dual	BCD	Aiken	Dreiexzess	Gray
Wertigkeit	8421	8421	2421	ohne	ohne
Dezimalzahl 0	LLLL	0 LLLL	0 LLLL	PT	0 LLLL
1	LLLH	1 LLLH	1 LLLH	PT	1 LLLH
2	LLHL	2 LLHL	2 LLHL	PT	3 LLHL
3	LLHH	3 LLHH	3 LLHH	0 LLHH	2 LLHH
4	LHLL	4 LHLL	4 LHLL	1 LHLL	7 LHLL
5	LHLH	5 LHLH	PT	2 LHLH	6 LHLH
6	LHHL	6 LHHL	PT	3 LHHL	4 LHHL
7	LHHH	7 LHHH	PT	4 LHHH	5 LHHH
8	HLLL	8 HLLL	PT	5 HLLL	PT
9	HLLH	9 HLLH	PT	6 HLLH	PT
10	HLHL	PT	PT	7 HLHL	PT
11	HLHH	PT	5 HLHH	8 HLHH	PT
12	HHLL	PT	6 HHLL	9 HHLL	8 HHLL
13	HHLH	PT	7 HHLH	PT	9 HHLH
14	HHHL	PT	8 HHHL	PT	PT
15	HHHH	PT	9 HHHH	PT	PT

PT Pseudotetrade

m-aus-*n*-Codes

(Darstellung in positiver Logik)

Dezimalzahl	1 aus 10	2 aus 5	Siebensegment a b c d e f g
0	HLLLLLLLLL	HHLLL	L L L L L L H
1	LHLLLLLLLL	HLHLL	H L L H H H H
2	LLHLLLLLLL	LHHLL	L L H L L H L
3	LLLHLLLLLL	HLLHL	L L L L H H L
4	LLLLHLLLLL	LHLHL	H L L H H L L
5	LLLLLHLLLL	LLHHL	L H L L H L L
6	LLLLLLHLLL	HLLLH	(H)H L L L L L
7	LLLLLLLHLL	LHLLH	L L L H H H H
8	LLLLLLLLHL	LLHLH	L L L L L L L
9	LLLLLLLLLH	LLLHH	L L L(H)H L L

7-Segment-Anordnung bei Anzeigebauelementen

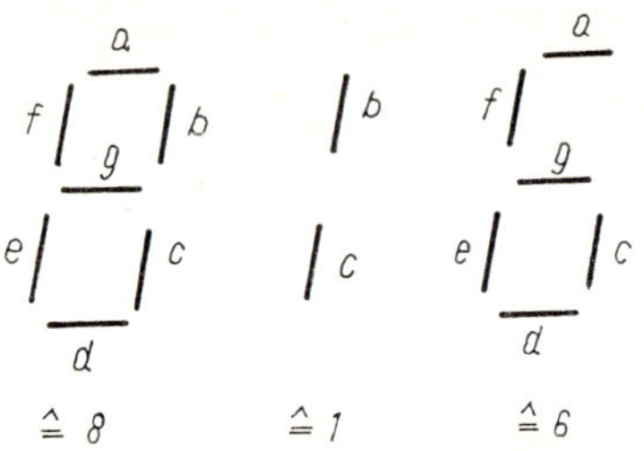

(H): H oder L, je nach Darstellung der Ziffern 6 und 9

Fehlererkennbare Codes
Durch Hinzufügen eines Prüfbit und eines Prüfzeichens können Codierungsfehler lokalisiert und korrigiert werden.

Erforderliche Wortlänge m in Bit

$$m = \mathrm{ld}\, v$$

$\mathrm{ld} \equiv \log_2$

v Zahl der Zeichenkombinationen, die zu codieren sind

Redundanz R in Bit

$$R = m_c - m$$

m_c Wortlänge des Codes in Bit (Bitzahl)

Je größer die Redundanz (Weitschweifigkeit) ist, desto sicherer können Codierungsfehler erkannt werden.

Einfachfehler
Zur Erkennung von Einfachfehlern (1 falsches Bit) muß $R \geqq 1$ bit sein.

Verschiedene Codes

	Wertigkeit	Sedezimalcode 8 4 2 1	BCD-Code mit Prüfbit p 8 4 2 1 p	(gerade Parität)
Ziffern	0	L L L L	L L L L L	
	1	L L L H	L L L H H	
	2	L L H L	L L H L H	
	3	L L H H	L L H H L	
	4	L H L L	L H L L H	
	5	L H L H	L H L H L	
	6	L H H L	L H H L L	
	7	L H H H	L H H H H	
	8	H L L L	H L L L H	Prüfzeichen
	9	H L L H	H L L H L	L L L L
Buchstaben	A	H L H L	Pseudo-	
	B	H L H H	tetraden	
	C	H H L L	Pseudo-	
	D	H H L H	tetraden	
	E	H H H L	Pseudo-	
	F	H H H H	tetraden	

Beispiel: Wortanzahl im Sedezimalcode

Für 10 Ziffern, 26 Buchstaben und 15 sonstige Zeichen werden

$m = \text{ld}\ 51 = 5{,}67$ bit benötigt.

$m_c \geqq m = 6$ bit

Codierer (Coder)

Codierer sind Schaltungen, die diskrete Signale binär verschlüsseln.

Beispiel: TTL-IS 74147

4-bit-Dezimal-zu-BCD-Codierer
10 Eingänge: 1-aus-10-Code
4 Ausgänge: BCD-Code (4 bit)

Decodierer (Decoder)

Decodierer sind Schaltungen, die binärcodierte Signale in den 1-aus-n-Code umwandeln.

Beispiel: TTL-IS 7442

BCD-zu-Dezimal-Decoder
4 Eingänge: BCD-Code (4 bit)
10 Ausgänge: 1-aus-10-Code (negiert)

Logikstruktur des BCD-zu-Dezimal-Decoders

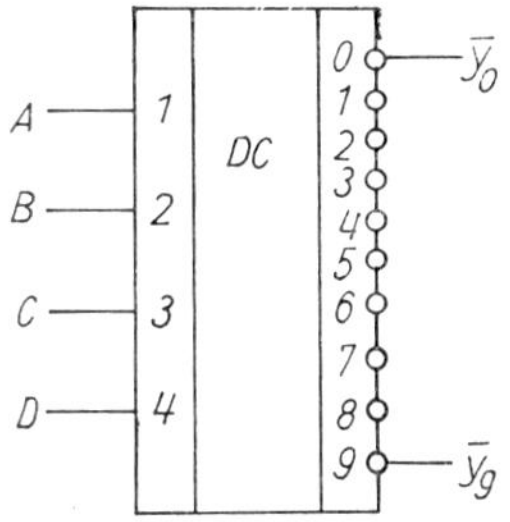

$y_0 = \bar{A}\bar{B}\bar{C}\bar{D}$

$y_1 = A\bar{B}\bar{C}\bar{D}$

$y_2 = \bar{A}B\bar{C}$

$y_3 = AB\bar{C}$

$y_4 = \bar{A}\bar{B}C$

$y_5 = A\bar{B}C$

$y_6 = \bar{A}BC$

$y_7 = ABC$

$y_8 = \bar{A}D$

$y_9 = AD$

Umcodierer (Codekonverter)

Umcodierer sind Schaltungen, die einen Code in einen anderen umwandeln (ausgenommen sind die 1-aus-n-Codes).

Beispiel: TTL-IS 7447

BCD-zu-7-Segment-Umcodierer mit offenem Kollektorausgang (15 V/20 mA)

Ansteuerung einer LED-Anzeige über Umcodierer

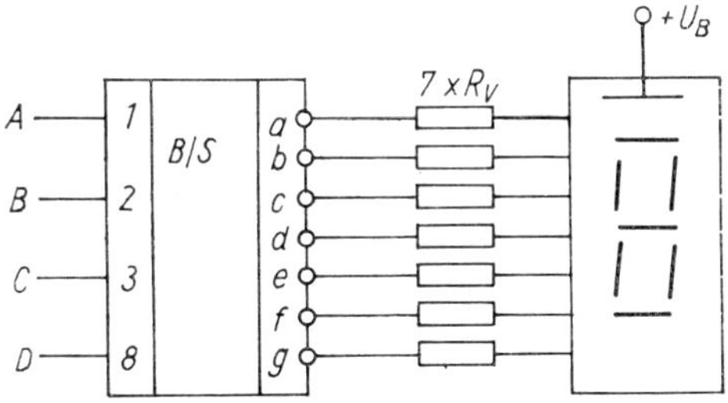

Berechnung der Vorwiderstände

$$R_V \geqq (U_B - U_{Fmin} - U_{OL})/I_{Fmax}$$
$$R_V \leqq (U_B - U_{Fmax} - U_{OL})/I_{Fmin}$$

U_F Flußspannung der LED-Segmente

I_F Durchlaßstrom der LED-Segmente

$U_{OL} \leqq 0{,}4$ V (TTL-Pegel)

5.4.2. Multiplexer und Demultiplexer

Multiplexer (Datenwähler)

Multiplexer (MUX) sind adressengesteuerte Umschalter mit m Dateneingängen und einem Datenausgang.

Beispiel: TTL-IS 74153

Zwei 4-auf-1-Multiplexer mit Sperreingängen (Strobe) ≙ S

Logikstruktur eines 4-auf-1-Multiplexers

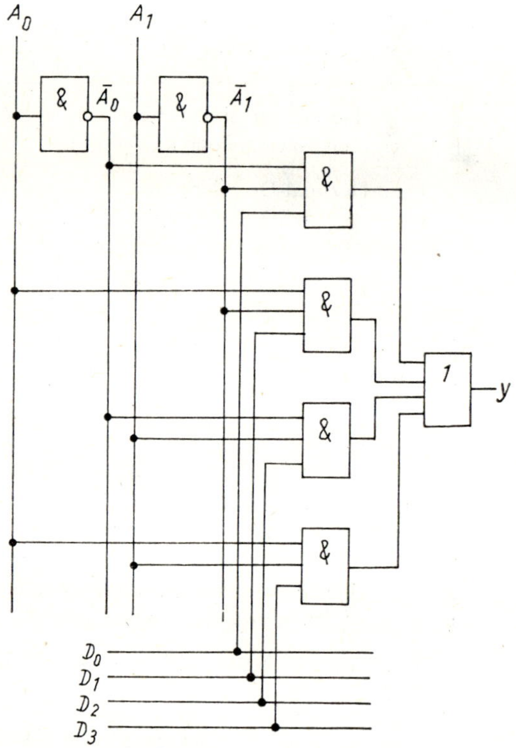

Logikgleichung

$$y = \begin{cases} D_0\bar{A}_0\bar{A}_1 \vee D_1A_0\bar{A}_1 \vee D_2\bar{A}_0A_1 \vee D_3A_0A_1 & \text{bei} \quad S = \text{L} \\ \text{L} & \text{bei} \quad S = \text{H} \end{cases}$$

Ausgangsseitige Parallelschaltung von Multiplexern

Zur Erhöhung der Anzahl der Eingänge (z.B. aus zwei 4-auf-1-Multiplexern entsteht ein 8-auf-1-Multiplexer):

- direkte Parallelschaltung bei IS mit Tri-State-Ausgängen (z.B. 74251)
- indirekte Parallelschaltung über ODER-Gatter

Anwendungen

- Ansteuerung von Multiplexanzeigen
- Multiplexer-Schaltwerke (ungetaktete Schieberegister)
- Codewandler

Demultiplexer

Demultiplexer sind adressengesteuerte Umschalter mit einem Dateneingang und m Datenausgängen.

Beispiel: Low-Power-Schottky-TTL-IS 74 LS 138

3 Adreßeingänge (A_2; A_1; A_0); 1 Dateneingang ($D = \overline{G}_2$) und 8 negierte Datenausgänge ($\bar{y}_0$, $\bar{y}_1$, ... $\bar{y}_7$).
Für D = H liegen alle Ausgänge auf $\bar{y}$ = H, für D = L ergibt sich am Ausgang der 1-aus-8-Code in L.

Anwendungen

- Codewandlung BCD in 1-aus-*m*-Code
- serielle Datenübertragung (Multiplexer → serieller Datenbus → Demultiplexer)

5.4.3. Komparatoren

Digitale Komparatoren

Digitale Komparatoren sind Schaltungen zum Vergleichen von digitalen Signalen (Dualzahlen, Codewörter).

Vergleichskriterien

$x_1 = x_2$; $x_1 > x_2$; $x_1 < x_2$

Vergleich von 1-bit-Zahlen

Die Äquivalenzschaltung ist ein Gleichheitskomparator:

$$y = x_{11}x_{21} \vee \bar{x}_{11}\bar{x}_{21}$$

$$y = \begin{cases} 1 & \text{für} \quad x_{11} = x_{21} \\ 0 & \text{für} \quad x_{11} \neq x_{21} \end{cases}$$

Tetraden-Komparator

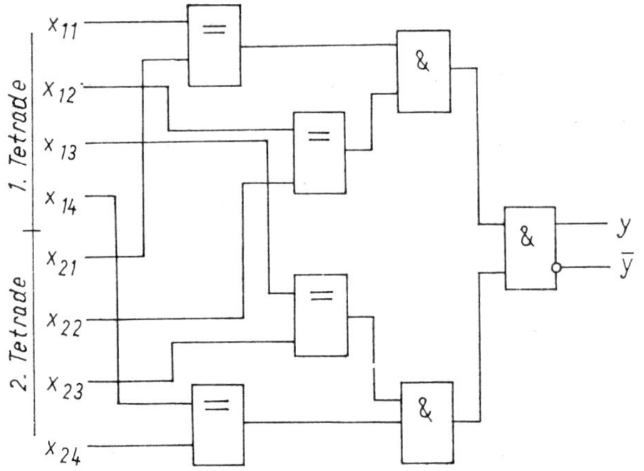

Bei Gleichheit der zwei Tetraden (Übereinstimmung aller 4 bit) wird y = H, bei Ungleichheit y = L.

Beispiel: TTL-IS 7485

4-bit-Komparator mit drei Datenausgängen und drei Übertragseingängen zur Erweiterung der Wortlänge; Vergleichskriterien: $x_1 = x_2$; $x_1 > x_2$; $x_1 < x_2$.

Anwendungen

- logische Entscheidungen (Programmverzweigungen) in Digitalrechnern
- programmierbare Adreßdecoder für Mikrorechner

5.4.4. Addierer

Addierer (Adder)

Addierer sind digitale Schaltungen zur Addition von Zahlen.

Zahlensystem

Ein Zahlensystem ist eine geordnete Menge von Zeichen (Ziffern) zur Darstellung der natürlichen Zahlen.

Aufbau von Stellenwertsystemen (Positionssysteme)

Die Zeichenfolge Z mit der Stellenzahl

$m = n + 1$

$Z = Z_n, Z_{n-1}, \ldots, Z_1, Z_0$

beschreibt in einem Positionssystem der Basis b den Zahlenwert z

$$z = \sum_{i=0}^{n} Z_i b^i = Z_n b^n + Z_{n-1} b^{n-1} + \ldots + Z_1 b + Z_0$$

Wertevorrat v der Zahlenwerte z

$$v = b^m$$

$0 \leqq Z_i \leqq b - 1;\ b > 1;\ n$ ganzzahlig

Beispiel: 125 D

$125 = 1 \cdot 10^2 + 2 \cdot 10^1 + 5 \cdot 10^0$

$b = 10;\ n = 2;\ m = 3;\ v = 1000\ (z = 0 \ldots 999)$

Liste der natürlichen Zahlen 0 … 20 in mehreren Zahlensystemen

Dezimalzahlen (D)	Dualzahlen (Binär B)	Oktalzahlen (Q)	Hexadezimalzahlen (H)
$b = 10$	$b = 2$	$b = 8$	$b = 16$
0	0	0	0
1	1	1	1
2	10	2	2
3	11	3	3
4	100	4	4
5	101	5	5
6	110	6	6
7	111	7	7
8	1000	10	8
9	1001	11	9
10	1010	12	A
11	1011	13	B
12	1100	14	C
13	1101	15	D
14	1110	16	E
15	1111	17	F

Dezimalzahlen (D)	Dualzahlen (Binär B)	Oktalzahlen (Q)	Hexadezimalzahlen (H)
$b = 10$	$b = 2$	$b = 8$	$b = 16$
16	10000	20	10
17	10001	21	11
18	10010	22	12
19	10011	23	13
20	10100	24	14

Addition von Dualzahlen

$x_i + y_i = S_i + P_{i+1}$
$0 + 0 = 0 + 0$
$0 + 1 = 1 + 0$
$1 + 0 = 1 + 0$
$1 + 1 = 0 + 1$

S_i Summe
P_{i+1} Übertrag

Halbaddierer
a) logische Struktur
b) Schaltungskurzzeichen

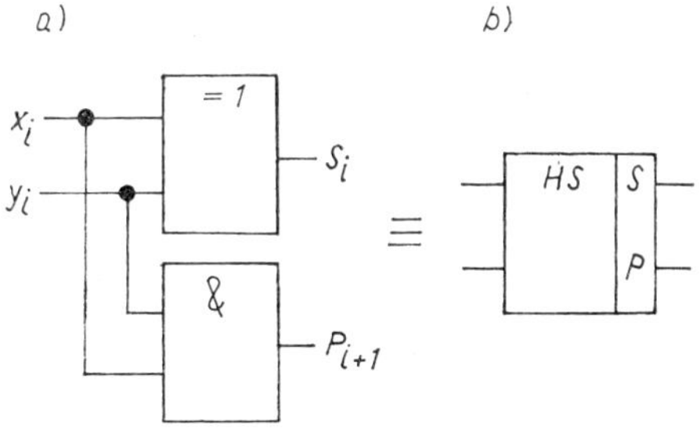

Schaltung zur Addition von Dualzahlen (ohne Eingangsübertrag)

Summenbildung: $S_i = x_i\bar{y}_i \vee \bar{x}_i y_i$ — Antivalenz

Übertragsbildung: $P_{i+1} = x_i y_i$ — Konjunktion

Der **Volladdierer** rechnet den Übertrag P_i aus der nächstniedrigeren Stelle in das Ergebnis mit ein.

Schema zur Addition von Binärzahlen

Darstellung für 4-bit-Zahlen ($i = 0\ldots3$)

x_3	x_2	x_1	x_0	1. Summand x_i
+				
y_3	y_2	y_1	y_0	2. Summand y_i
+				
P_3	P_2	P_1	0	Übertrag P_i
S_3	S_2	S_1	S_0	Summe S_i

Volladdierer aus zwei Halbaddierern a) logische Struktur b) Schaltungskurzzeichen

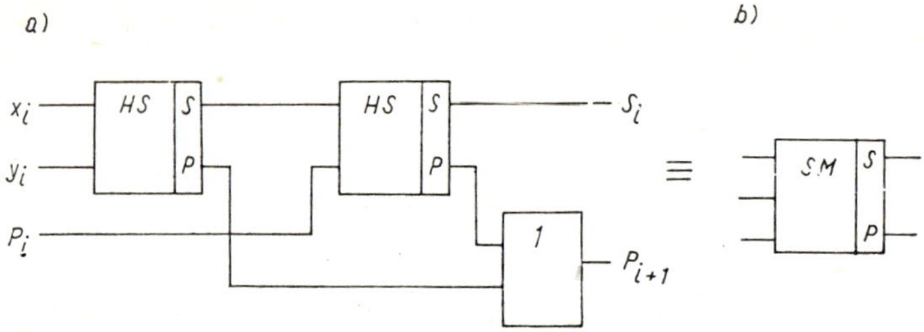

Summe
Übertrag

$$S_i = (x_i y_i \vee \bar{x}_i \bar{y}_i)\, P_i \vee (\bar{x}_i y_i \vee x_i \bar{y}_i)\, \bar{P}_i$$
$$P_{i+1} = (x_i \vee y_i)\, P_i \vee x_i y_i$$

4-bit-Volladdierer mit seriellem Übertrag (z.B. 7483)

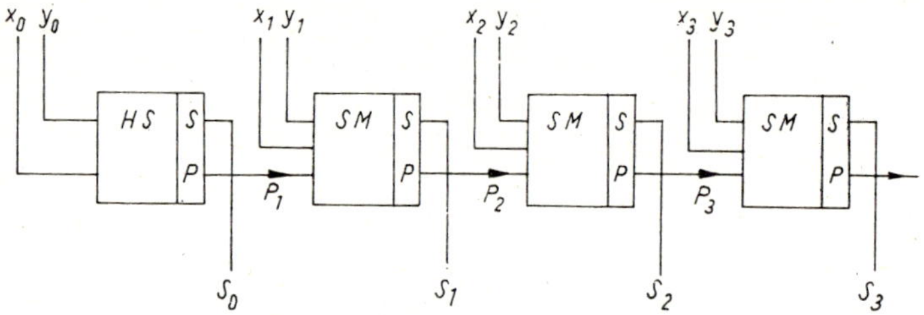

Volladdierer mit paralleler Übertragslogik (Look-Ahead-Carry)

Vorteil: kürzere Rechenzeit
Prinzip: Verwendung der internen Signale G_i und P_i^* eines Halbaddierers zur Übertragsbildung

Generate-Signal
Propagate-Signal

$$G_i = x_i y_i$$
$$P_i^* = x_i \bar{y}_i \vee \bar{x}_i y_i$$

Übertrag zur nächsten Bitstelle

$$P_{i+1} = P_i^* P_i \vee G_i$$

Schaltkreisbeispiel: TTL-IS 74182

4stufige Parallelübertragseinheit (Look-Ahead-Carry-Generator)

5.4.5. Arithmetik-Logik-Einheiten

ALU (arithmetic logic unit)

Arithmetik-Logik-Einheiten sind Schaltungen zur Ausführung verschiedener logischer und arithmetischer Operationen (Schaltkreise oder Substrukturen von Mikroprozessoren).

Beispiel: 4-bit-ALU 74181

In Abhängigkeit von einem 4-bit-Steuerwort ($S_3S_2S_1S_0$) und der Betriebsartenauswahl (M) können 16 Arithmetikoperationen ($M = 0$) oder 16 Logikoperationen ($M = 1$) programmiert werden.

Blockschaltbild einer ALU (4-bit-Addierer mit paralleler Übertragslogik)

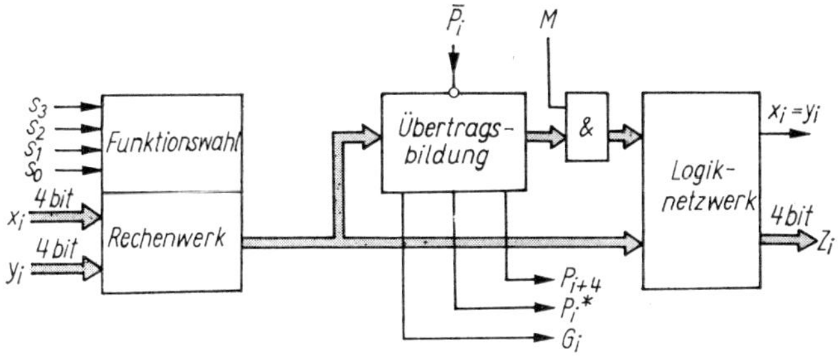

Arithmetikfunktionen einer ALU

- Addition (Subtraktion)
- Addition im Zweierkomplement
- Addition im Einerkomplement
- Transferierung (Bitübertragung)
- Inkrementierung (Erhöhung um 1)
- Dekrementierung (Erniedrigung um 1)

Logikfunktionen einer ALU

- UND (AND)
- ODER (OR)
- NICHT (NOT)
- Exklusives ODER (Ex-OR)

Die **Subtraktion** wird im Rechenwerk der ALU auf eine Addition mit Komplementbildung zurückgeführt.

Einerkomplement

$$z^{(1)} = \begin{cases} |z|; & z \geqq 0 \\ 2^n - |z| - 1; & z < 0 \end{cases}$$

Regel für Einerkomplementbildung

Zur Darstellung negativer Dualzahlen sind alle Ziffern des Betrages zu invertieren.

Beispiel: −53 D

53 D = 110101 B
−53 D = 001010 $B^{(1)}$

Zweierkomplement

$$z^{(2)} = \begin{cases} |z|; & z \geqq 0 \\ 2^n - |z|; & z < 0 \end{cases}$$

Regel für Zweierkomplementbildung

Zur Darstellung negativer Dualzahlen sind alle Ziffern zu invertieren, die sich links von der am weitesten rechts stehenden 1 befinden. Alle Ziffern rechts von dieser 1 und diese 1 selbst sind beizubehalten.

Beispiel: −53 D

53 D = 110101 B
−53 D = 001011 $B^{(2)}$

Vorzeichenbitdarstellung

0. ≙ positive Zahlen ($z > 0$)
1. ≙ negative Zahlen ($z < 0$)

Beispiel: ±53 D

53 D = 0.110101 B
−53 D = 1.110101 B

Darstellungsformen für relative Dualzahlen

Dualzahlen	Dualzahlen mit Vorzeichenbit	Einerkomplement mit Vorzeichenbit	Zweierkomplement mit Vorzeichenbit
11	0.11	0.11	0.11
10	0.10	0.10	0.10
1	0.01	0.01	0.01
+ 0	0.00	0.00	0.00
− 0	1.00	1.11	0.00
− 1	1.01	1.10	1.11
−10	1.10	1.01	1.10
−11	1.11	1.00	1.01

5.4.6. Zähler

Zähler (Counter)

Zähler sind digitale Schaltungen zur Addition von Impulsen. Nach Addition und Zwischenspeicherung steht das codierte Zählergebnis an den Informationsausgängen.

Gliederung der Zähler

- Art der Taktung
  Serientaktung: asynchrone Zähler
  Paralleltaktung: synchrone Zähler
- Codierung des Zählergebnisses
  Dualcode: Dualzähler
  BCD-Code: Dezimalzähler (Zähldekaden)
- Zählrichtung
  Vorwärtszähler; Rückwärtszähler; Vorwärts-Rückwärts-Zähler

Prinzipieller Aufbau von Zählern

Zähler bestehen aus einer Kettenschaltung von Zählkippgliedern (z.B. JK-MS-Flipflop) mit Steuerlogik und Rückführungen zur Zählkapazitätsbegrenzung.

Anzahl der codierten Zählerzustände

$$m = 2^n - k; \quad k < (2^n - 2^{n-1})$$

n Stufenzahl (Anzahl der Kippglieder)
k Anzahl der übersprungenen Zustände

Modulo-m-Zähler

Modulo-m-Zähler sind Zähler mit m codierten Zuständen. Mit dem m-ten Zählimpuls erfolgt die Rückstellung auf 0.

Zählkapazität

$$c = m - 1$$

Beispiele

- 4-bit-Binärzähler ($n = 4$; $k = 0$)
  $c = 15$ (Zählung von 0…15)
- Zähldekade ($n = 4$; $k = 6$)
  $c = 9$ (Zählung von 0…9)

Asynchrone Zähler

Asynchrone Zähler

Bei asynchronen Zählern werden die Zählimpulse dem Takteingang des ersten Kippgliedes zugeführt. Die Taktung der nächsten Kippglieder erfolgt jeweils durch die vorherigen.

Eigenschaften

- einfacher Schaltungsaufbau (wenig Aufwand für Steuerlogik)
- erhöhte Störempfindlichkeit (durch die mit der Stufenzahl wachsende Taktimpulsbreite)
- verminderte Zählgeschwindigkeit durch die Verzögerungszeiten der einzelnen Kippglieder

Asynchroner Binärzähler (4 bit)

Prinzipschaltung

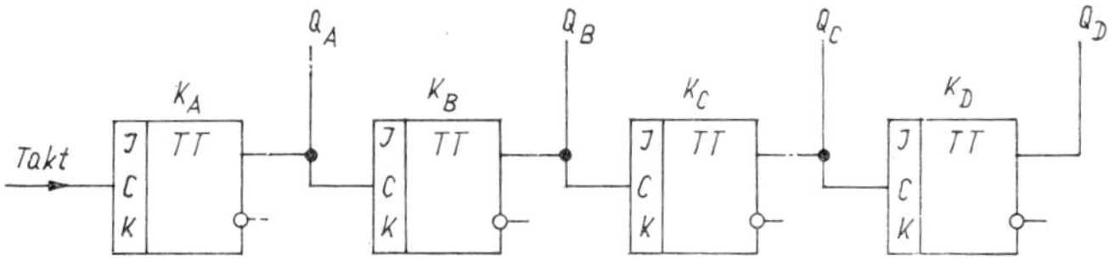

Impulsdiagramm

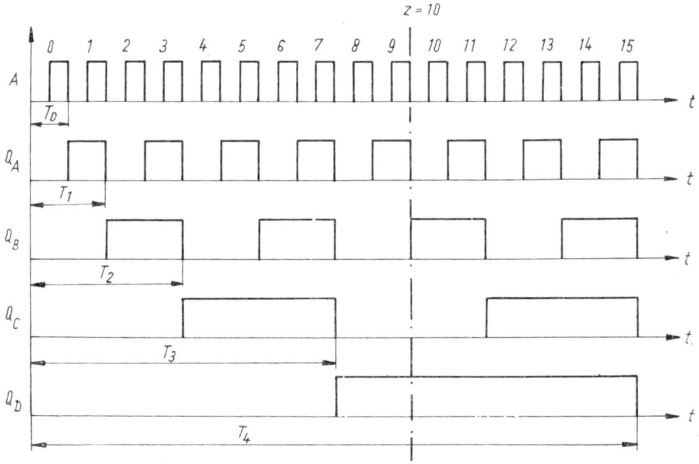

Anwendung als Frequenzteiler

Wird jeweils nur ein Eingang verwendet, so ergeben sich die Teilerverhältnisse

$2^n : 1$ ($Q_A \triangleq 2:1$; $Q_B \triangleq 4:1$; $Q_C \triangleq 8:1$; $Q_D \triangleq 16:1$)

Asynchrone Zähldekade

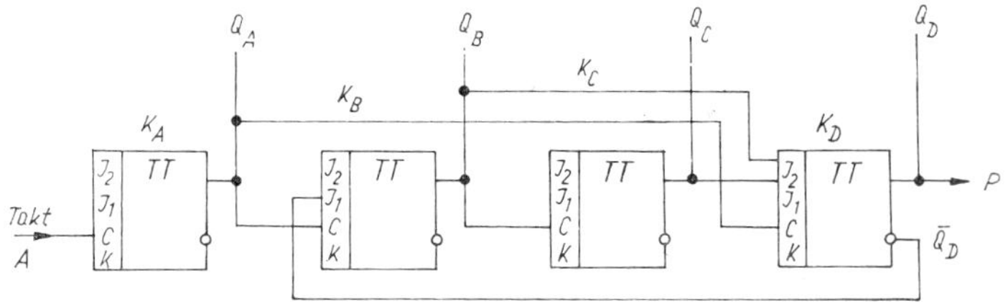

Die Zählkapazität wird durch Ansteuerung der Vorbereitungseingänge (J; K) begrenzt.

Synchrone Zähler

Synchrone Zähler

> Bei synchronen Zählern werden die Zählimpulse parallel und damit gleichzeitig allen Kippgliedern zugeführt.

Durch eine Steuerlogik, die bei handelsüblichen MSI-Schaltkreisen (z.B. 7472) mit mehreren UND-verknüpften *J*- bzw. *K*-Eingängen verdrahtet werden kann, wird das gleichzeitige Kippen aller Kippglieder im Takt der Zählimpulse verhindert.

Synchroner 4-bit-Vorwärtszähler

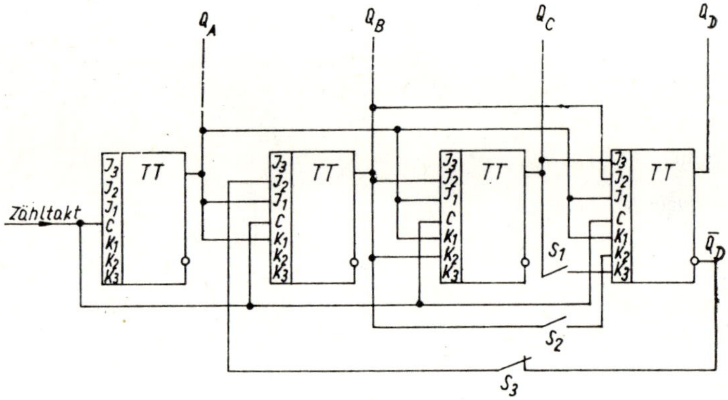

- *Ohne Rückführung* (S_3 offen) und bei geschlossenen Schaltern S_1; S_2 arbeitet die Schaltung als 4-bit-**Dualzähler**.
- *Mit Rückführung* (S_3 geschlossen) und bei offenen Schaltern S_1; S_2 arbeitet die Schaltung als **Dezimalzähler** im BCD-Code.

Beispiel: TTL-IS 74192

Dezimaler Umkehrzähler mit getrennten Takteingängen

Vorwärtszähler mit 74192

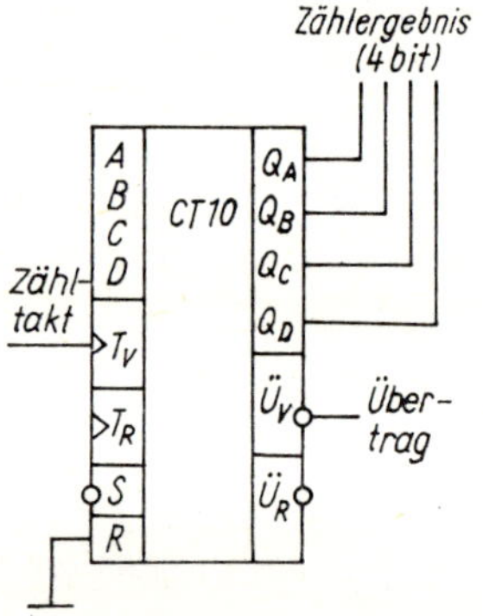

pin-Belegung (DIL 16)

pin	Funktion
1	Dateneingang *B*
2	Ausgang Q_B
3	Ausgang Q_A
4	Takteingang „Rückwärtszählen – Count down"
5	Takteingang „Vorwärtszählen – Count up"
6	Ausgang Q_C
7	Ausgang Q_D
8	Masse
9	Dateneingang *D*
10	Dateneingang *C*
11	Ladeeingang (Load)
12	Ausgang „Übertrag vorwärts – Carry-Output"
13	Ausgang „Übertrag rückwärts – Borrow-Output"
14	Rückstelleingang (Clear)
15	Dateneingang *A*
16	Versorgungsspannung $+U_B$

Betriebsmöglichkeiten

- Vorwärtszählen (S = H; R = L und Takt an T_V)
- Rückwärtszählen (S = H, R = L und Takt an T_R)
- Voreinstellen (Information an DCBA wird mit L am Setzeingang S in die Ausgänge $Q_D Q_C Q_B Q_A$ eingeschrieben)
- Rückstellen (Mit H am Rückstelleingang R werden die Ausgänge auf LLLL $\triangleq$ 0 zurückgestellt.)
- Zusammenschalten von Zählern (Verbindung der Übertragsausgänge vorhergehender mit den Takteingängen nachfolgender Zähler)

Vorwärtszähler mit programmierbarer Zählkapazität

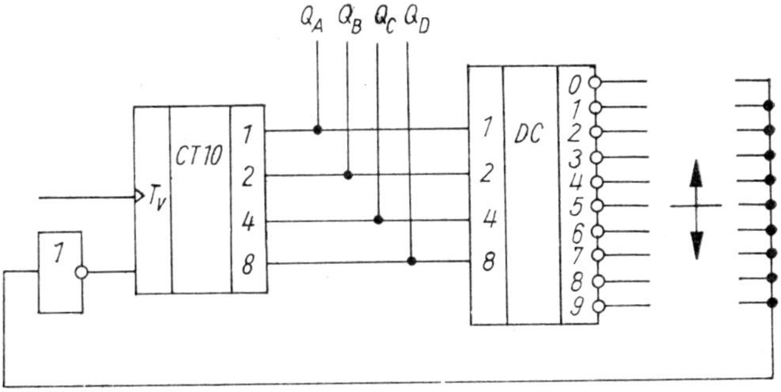

Schiebezähler

Schiebezähler

▌ Schiebezähler sind synchrone Zähler, deren Schaltungsstrukturen vom Schieberegister abgeleitet sind.

Eigenschaften

- einfacher Schaltungsaufbau (fehlende Blockierungsleitungen)
- hohe Zählfrequenz (Bei beliebiger Zählkettenlänge entspricht die maximal mögliche Zählfrequenz der des einzelnen Kippgliedes.)
- einfache Decodierung des Zählergebnisses
- höherer Bauelementeaufwand

Prinzip des Schiebezählers

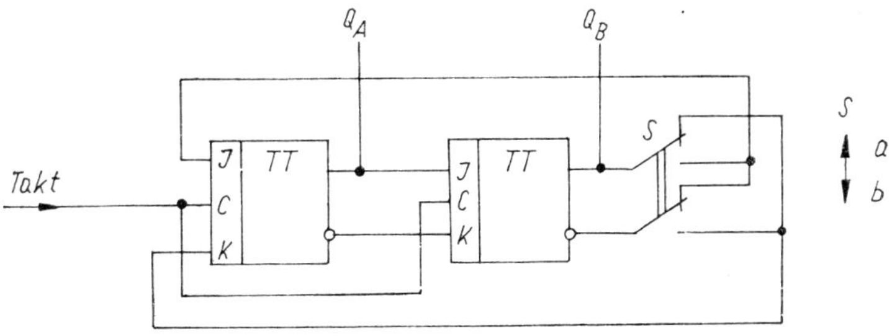

a JOHNSON-Zähler, b Ringzähler

JOHNSON-Zähler — Kennzeichen: zwei gekreuzte Rückführungen

Zustandszahl

$$\boxed{m = 2n}$$

n Stufenzahl

Ringzähler — Kennzeichen: zwei nichtgekreuzte Rückführungen

Zustandszahl

$$\boxed{m = n}$$

Frequenzteiler

Frequenzteiler

Frequenzteiler sind digitale Schaltungen, bei denen die Eingangsfrequenzen f_I ganzzahlige Vielfache der Ausgangsfrequenzen f_O sind:

$$\boxed{f_I = mf_O}$$

Teilerverhältnis m (ganzzahlig)

Zähler als Frequenzteiler

Asynchrone oder synchrone Modulo-m-Zähler sind Frequenzteiler mit den Teilververhältnissen

$$\boxed{m = 2^n - k}$$

Die Ausgangssignale sind jeweils nur einem der Ausgänge des Zählers zu entnehmen.

Frequenzteiler für $m = 2n + 1$

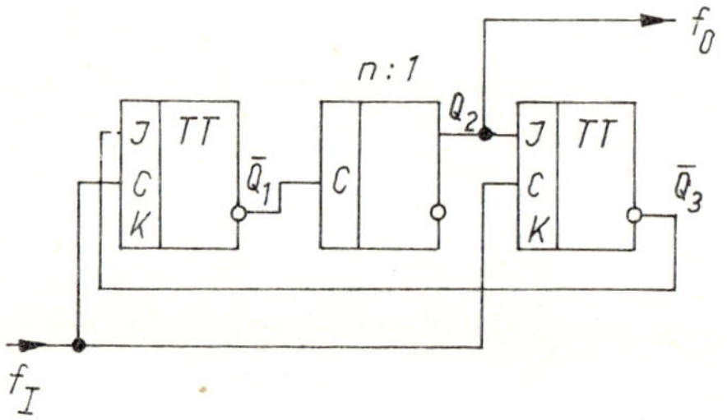

Bei mehrmaliger Anwendung dieses Schaltungsprinzips können die Teiler weiter aufgestockt werden.

Frequenzteiler 11 : 1

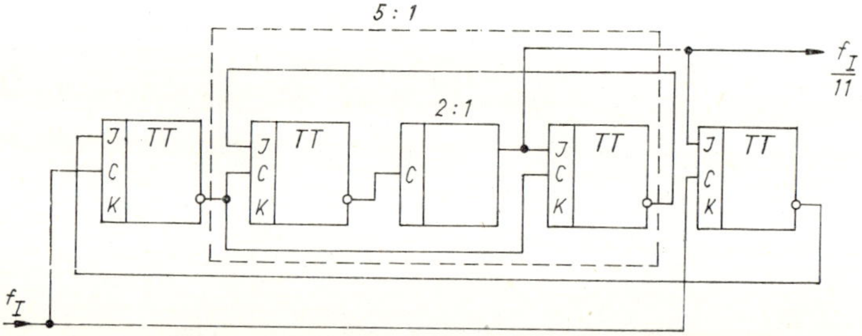

5.4.7. Register

Register

Register sind Binärsignalspeicher mit kurzer Zugriffszeit und zumeist niedriger Speicherkapazität.

Arten:

- Speicherregister (Parallelregister)
- Schieberegister

Speicherregister

PI-PO

Speicherregister sind Register mit paralleler Informationsübertragung (parallel-input/parallel-output).

Anwendung

Zwischenspeicherung

- von Zählergebnissen bei digitalen Meßgeräten
- beim Datenaustausch mit Mikroprozessoren (Datenpuffer)

Prinzip des Speicherregisters

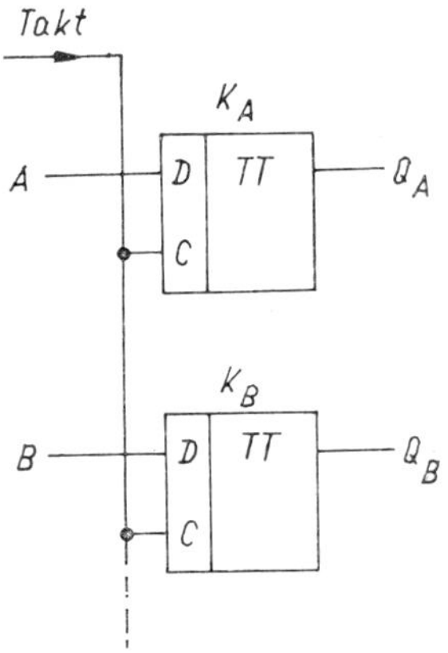

Beispiel: IS 8212
8-bit-Parallelregister mit Steuerlogik und Tri-State-Ausgängen zur Bussteuerung und Datenpufferung im Mikrorechner.

Schieberegister

Schieberegister

Schieberegister sind Register mit serieller Informationsübertragung. Sie bestehen aus einer Kettenschaltung von Speicherzellen (Kippglieder).

Anwendung

- Serien-Parallel-Wandlung (SI-PO)
- Parallel-Serien-Wandlung (PI-SO)
- Speicher für Anzeigesysteme
- Verzögerungsschaltungen
- Ringzähler-Taktgeber

Grundschaltung eines 4-bit-Schieberegisters

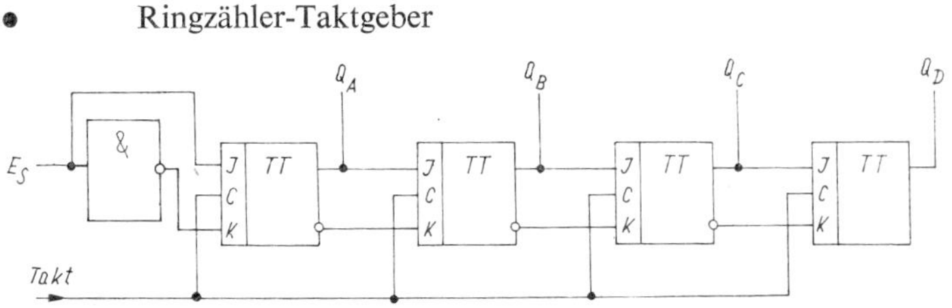

Die am Serieneingang (E_S) anliegende Information (Codewort als Bitfolge) wird mit dem Takt von Kippglied zu Kippglied verschoben.

First in-First out (FIFO)

Das zuerst eingeschriebene Bit verläßt das Register zuerst.

Impulsdiagramm eines 4-bit-Schieberegisters

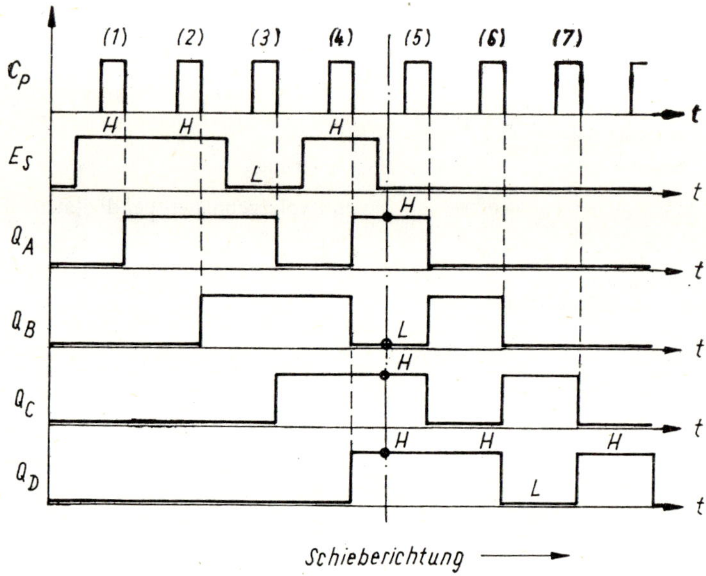

Die seriell eingegebene Information kann nach dem 4. Takt seriell entnommen werden (Q_D). Außerdem ist parallele Informationsausgabe an Q_A; Q_B; Q_C; Q_D möglich. Damit ergibt sich eine Anwendung als *Serien-Parallel-Umsetzer*.

Beispiel: TTL-IS 74179

4-bit-Schieberegister aus dynamisch getakteten D-Kippgliedern mit einer zusätzlichen Steuerlogik

Steuerlogik des 74179

Funktion	M	$\bar{S}$	$\bar{R}$
Daten parallel eingeben	L	H	H
Daten halten	L	L	H
Daten seriell eingeben und rechtsschieben	H	∨	H
Daten löschen (Q = L)	V	∨	L

M Funktionswahl (Mode)
S Setzeingang (L-aktiv)
R Rücksetzeingang (L-aktiv)
∨ beliebig (H ∨ L)

5.4.8. Matrixspeicher

Speicher

Digitale Speicher sind Funktionseinheiten, die Informationen in binärer oder digitaler Form aufnehmen und zu einem späteren Zeitpunkt wieder abgeben können.

Sie werden vorwiegend in digitalen Rechenanlagen (EDVA, Prozeßrechner, Mikrorechner) als Arbeitsspeicher, Pufferspeicher, Register und externe Speicher verwendet.

Klassifizierung digitaler Speicher

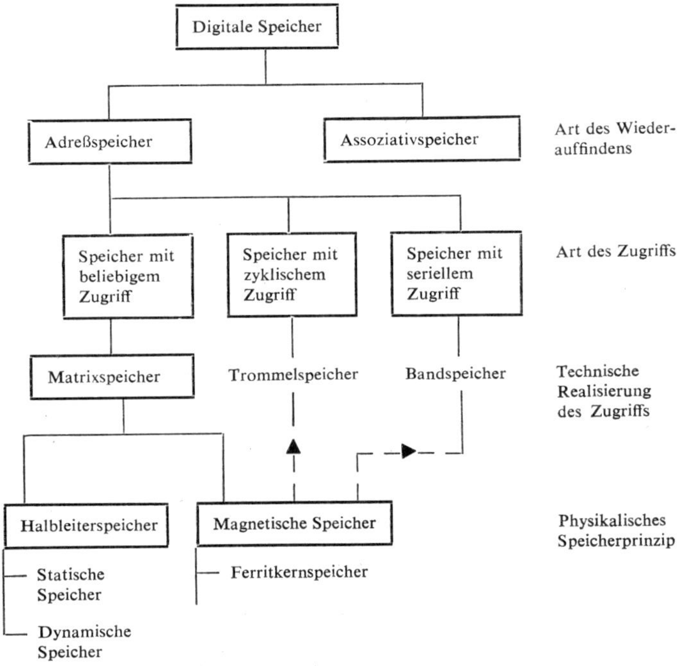

Kenngrößen digitaler Speicher

- Speicherkapazität
- Zugriffszeit
- Zykluszeit
- Datenrate
- Speicherorganisation

Speicherkapazität C in bit

Die Speicherkapazität ist die maximal speicherbare Informationsmenge in bit (≙ der Anzahl der Speicherzellen).

1 Kbit

1 Mbit

$$1\ \text{Kbit} = 2^{10}\ \text{bit} = 1024\ \text{bit}$$
$$1\ \text{Mbit} = 2^{20}\ \text{bit} = 1048567\ \text{bit}$$

Zugriffszeit t_{C0}	Zeitverzögerung zwischen der Adressenbereitstellung bis zur Informationsausgabe
Zykluszeit	minimal zulässiges Zeitintervall zwischen zwei Speicherzyklen (Zugriffsoperationen)
Datenrate	reziproke Zykluszeit in Mbit/s
Matrixspeicher	Speicher mit beliebigem Zugriff (annähernd gleich große Zugriffszeit zu allen Speicherzellen)

Speicherkapazität eines Matrixspeichers

$$\boxed{C = NM}$$

N Anzahl der Zeilen
M Anzahl der Spalten

Wortorganisation ($N \times M$ bit): Gelesen werden N Wörter zu je M bit. Im Mikrorechner betragen die Wortlängen der Befehle zumeist 8 bit:

1 byte
1 Kbyte

1 byte	= 8 bit
1 Kbyte	= 1024 · 8 bit

Breite des Adreßbus A in bit

$$\boxed{A = \text{ld}\, N}$$

Der Adreßdecoder ist ein Binär-zu-1-aus-N-Decoder.

Beispiel Bei $N = 16$ Zeilen umfaßt der Adreßbus $A = 4$ bit.

Schema eines wortorganisierten Speichers

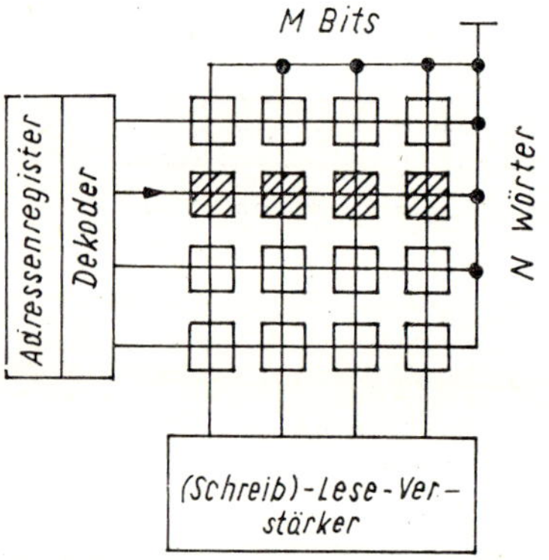

lineare Auswahl der Speicherzellen

Bitorganisation ($NM \times 1$ bit): Gelesen werden NM Wörter zu je 1 bit.

N Zeilen $(x_1 \ldots x_N)$
M Spalten $(y_1 \ldots y_M)$

Breite des Adreßbus

$$\boxed{A = \text{ld}\, NM}$$

$\text{ld} \equiv \log_2$

Beispiel Bei $N = 16$ Zeilen und $M = 16$ Spalten umfaßt der Adreßbus $A = 8$ bit.

Schema eines bitorganisierten Speichers

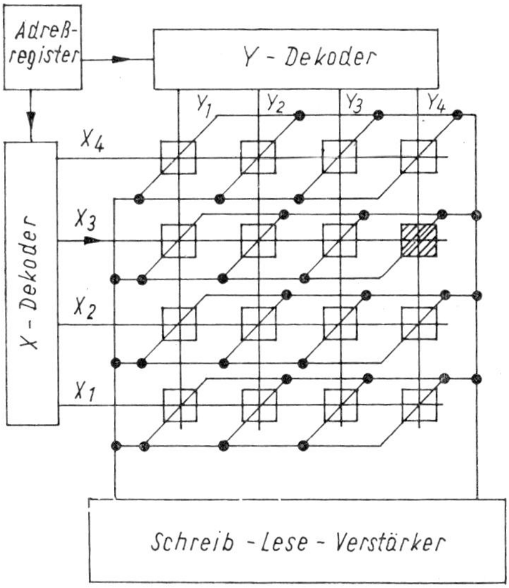

Koinzidenz-Auswahl der Speicherzellen

Schreib-Lese-Speicher

RAM (random-access memory)

RAM sind Speicher mit direktem Zugriff, bei denen die Information beliebig oft eingeschrieben und ausgelesen werden kann.

Flüchtige Speicher

Flüchtige Speicher sind RAM-Speicher, die beim Abschalten der Stromversorgung die gespeicherte Information verlieren.

Statische RAM

Die Speicherzellen sind RS-Kippglieder aus integrierten Transistoren.

Statische nMOS-Speicherzelle (bitorganisiert)

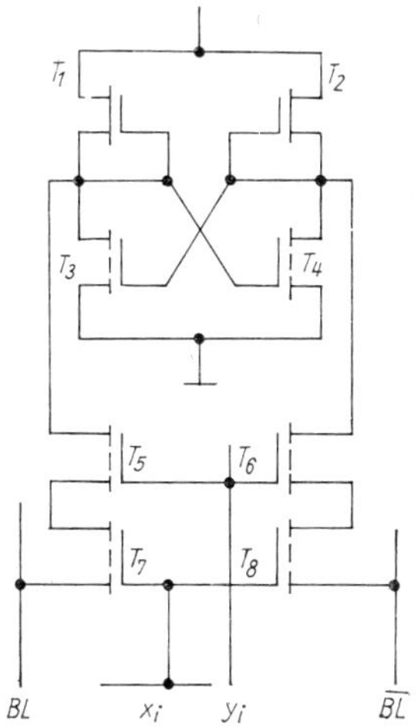

x_i; y_i Adreßleitungen
$\overline{BL}$; BL Bitleitungen
Die Zelle ist aktiviert, wenn $x_i \wedge y_i = H$ ist.

Blockschaltbild eines statischen RAM in der Bitorganisation von 256×1 bit

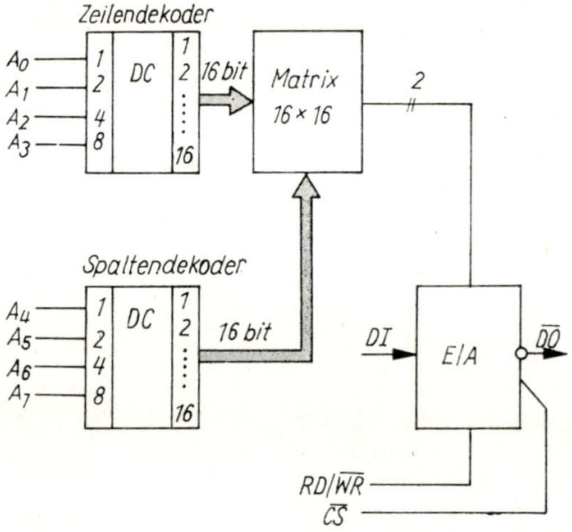

Steuerlogik des statischen RAM

Speicherauswahl (chip select)

Lesen/Schreiben (read/write)

∨: beliebig

Funktion	$\overline{CS}$	RD/$\overline{WR}$
Speicher gesperrt	H	∨
Einschreiben am Dateneingang *DI*	L	L
Auslesen am Datenausgang	L	H

Eigenschaften statischer RAM

In Bipolartechnik:

- Speicherkapazität in Schottky-TTL bis 1 Kbit je Chip
- Zugriffszeit 50...100 ns
- Verlustleistung 2 mW/bit

In nMOS-Technik:

- Speicherkapazität bis etwa 4 Kbit je Chip
- Zugriffszeit 150...300 ns
- Verlustleistung etwa 0,1 mW/bit

Dynamische RAM

Die Ladungsspeicherung erfolgt in einer MOS-Kapazität. Periodische Ladungsauffrischung (refreshing) ist erforderlich.

Dynamische Dreitransistor-Speicherzelle (bitorganisiert)

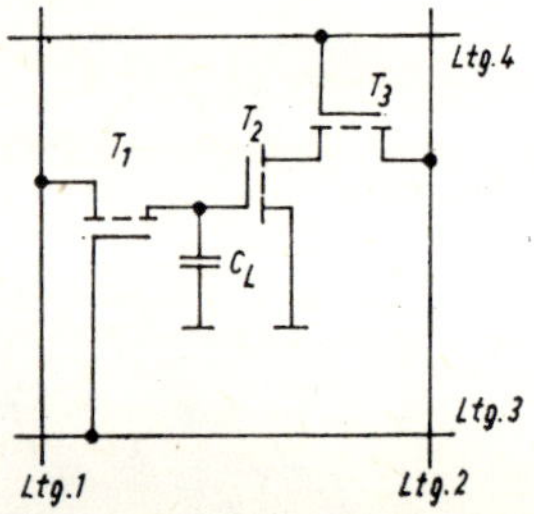

C_L Gate-Source-Kapazität von T_2

Ltg. 1: Schreib-Datenleitung (write data bit),

Ltg. 2: Lese-Datenleitung (read data bit),

Ltg. 3: Schreib-Auswahlleitung (write select),

Ltg. 4: Lese-Auswahlleitung (read select).

Eigenschaften dynamischer RAM

- Speicherkapazität bis 64 Kbit je Chip
- Verlustleistung ≈0,1 mW/bit
- Zugriffszeit ≈150 ns
- Zykluszeit für Auffrischung : ≈2 ms
- Dauer einer Auffrischoperation: ≈30 μs

Festwertspeicher

ROM (read-only memory)

Festwertspeicher sind nichtflüchtige Speicher, die eine gespeicherte Information beliebig oft auszulesen gestatten. Das Löschen oder Umschreiben der Information ist im eigentlichen Arbeitsrhythmus des Speichers nicht möglich.

ROM — *Nur-Lese-Speicher*, die vom Hersteller nach Kundenwunsch programmiert werden

PROM — Nur-Lese-Speicher, die vom Anwender programmiert werden können

EPROM — Nur-Lese-Speicher, die vom Anwender programmiert und wieder gelöscht werden können

Anwendung — Zum Beispiel als Programmspeicher im Mikrorechner

ROM-Diodenmatrix 4×4 bit *(direkt adressiert)*

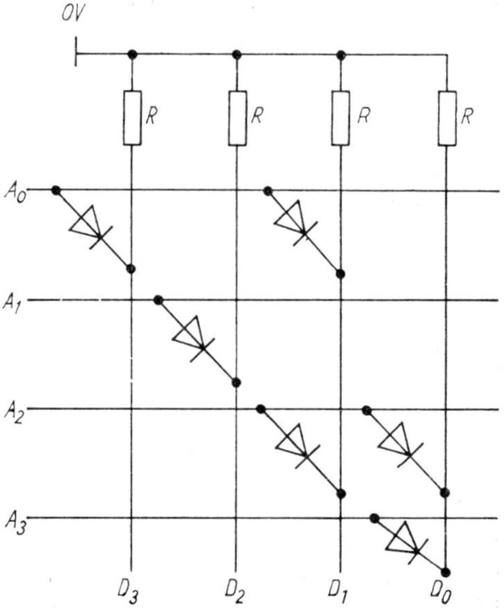

Festes Programm in der Diodenmatrix

Datenwort				Adreßwort			
D_3	D_2	D_1	D_0	A_3	A_2	A_1	A_0
H	L	H	L	L	L	L	H
L	H	L	L	L	L	H	L
L	L	H	H	L	H	L	L
H	L	L	H	H	L	L	L

PROM-Zelle mit Ausbrennelement (→)

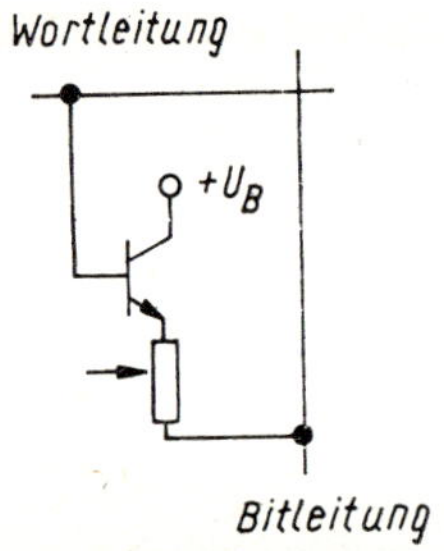

Programmieren durch Ausbrennen von „Sicherungen" (NiBr-Filme)

EPROM (REPROM)

Als Speicherelemente dienen *FAMOS-Transistoren.* Bei der Programmierung werden durch Anlegen einer negativen Spannung Elektronen auf das Gate gebracht, so daß ein leitender p-Kanal entsteht. Das Löschen erfolgt mit UV-Licht, wobei der Fotostrom das Gate in 20...30 min wieder entlädt.
Speicherzeit: 10...100 Jahre

Beispiel:
EPROM 2708
(4 K × 8 bit)

- n-Kanal-MOS-Technik (mit FAMOS-Transistoren)
- Zugriffszeit: ≈400 ns
- Verlustleistung: ≈800 mW
- Tri-State-Datenausgänge

Blockschaltbild eines Festwertspeichers (vereinfacht)

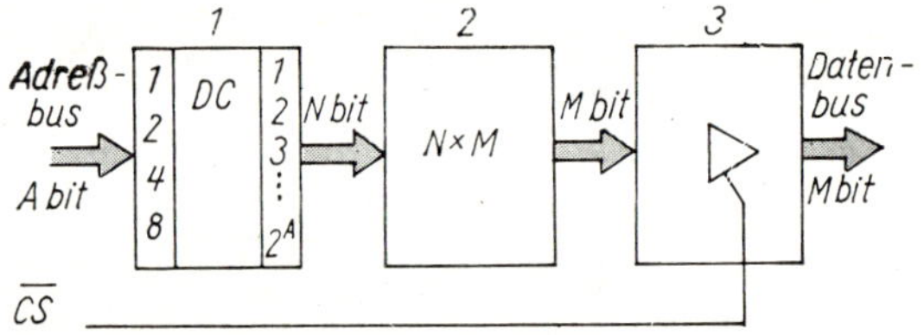

1 Adreßdecoder
2 Speichermatrix
3 Tri-State-Datenpuffer

Programmierbare logische Felder

PLA (programmable logic array)

PLA sind programmierbare Logikschaltkreise zur Realisierung verschiedener disjunktiv verknüpfter Elementarkonjunktionen mit mehreren Variablen.

Prinzipieller Aufbau

Zwei Speichermatrizen:
In der UND-Matrix werden aus N Eingangsvariablen P Elementarkonjunktionen gebildet, die in der ODER-Matrix zu M Gleichungen disjunktiv verknüpft werden.

Beispiel:
PLA DM 8575

$N = 14$; $P = 96$; $M = 8$

5.4.9. Mikroprozessoren

CPU
(central processing unit)

CPU ist die zentrale Verarbeitungseinheit eines Mikrorechners, die aus einem programmgesteuerten VLSI-Schaltkreis zur sequentiellen Ausführung arithmetischer, logischer und sonstiger Steuerfunktionen besteht.

Funktionskomponenten eines Mikroprozessors

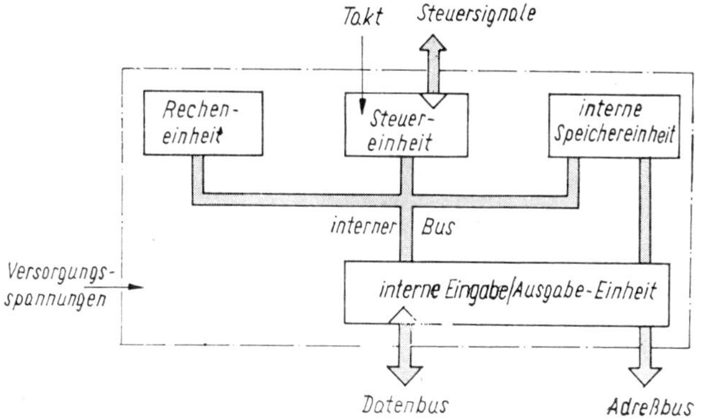

Recheneinheit

Bestandteile:

- Arithmetik-Logik-Einheit (ALU)
- Datenregister (Akkumulator, Operandenregister)
- Flag-Register (Bedingungs-Kippglieder)
- Befehlszähler

Steuereinheit

Bestandteile:

- Befehlsdecoder
- Befehlsregister
- Zeitablaufsteuerung

Interne Speichereinheit

Bestandteile:

- Adreßregister
- Datenregister
- Stack-Register (Stapelspeicher, Kellerspeicher)

Interne Eingabe/Ausgabe-Einheit

Bestandteile:

- Datenpuffer mit Tri-State-Ausgängen
- Adreßpuffer

Kriterien zur Beurteilung von Mikroprozessoren

- CPU-Struktur
- Befehlsvorrat
- Programmierbarkeit
- Speicherkonzeption
- Unterbrechungsmöglichkeiten (interrupt)
- Datenformat
- Schnittstelleneigenschaften (interface)
- Adressierungsmöglichkeiten
- Verarbeitungsgeschwindigkeit
- Ein-/Ausgabe-Organisation

Mikroprozessorgenerationen

	Generations-Nummer I.	II.	III.	IV.
Erscheinungsjahr	1971/72	1974/75	1976/77	1978/79
Typenbeispiel	8008	8080	Z 80	Z 8000
Herstellungstechnologie (Si-G: Silicium-Gate, HMOS: Kurzkanal-NMOS)	PMOS	NMOS Si-G	NMOS Si-G	HMOS
Betriebsspannung in V	+5 −9	+12 + 5 − 5	+5	+5
Anzahl der Transistoren je Chip	1500	4800	8200	17500
Anzahl der Befehle (Grundbefehle)	48	78	158	>400
Mittlere Befehlsabarbeitungszeit in µs	20	2	1,6	0,5
Datenwortbreite in bit	8	8	8	16
Direkt adressierbarer Speicherbereich in Kbyte	16	64	64	1024
Taktfrequenz in MHz	0,5	2,0	2,5	4… 8
Adreßwortbreite in bit	14	16	16	16…24

Mikroprozessorsysteme

Mikrorechner

Mikrorechner sind programmgesteuerte digitale Funktionseinheiten zur sequentiellen Ausführung arithmetischer und logischer Operationen.

Mikrorechnersystem

Bestandteile:

- Mikrorechner
- Peripherie (Bedienperipherie, Prozeßperipherie)
- Betriebssoftware

Mikroprozeßrechner — Anwendung des Mikrorechners zur Prozeßsteuerung

Taktgeber (CTC) — programmierbarer Zähler/Zeitgeber-Schaltkreis (4 Kanäle) zur Erzeugung des Systemtaktes (Einphasentakt)

Eingabe/Ausgabe-Einheiten (E/A) — programmierbare Schaltkreise zum Datenaustausch zwischen CPU und Peripherie:

- parallele Eingabe/Ausgabe-Einheit (PIO)
- serielle Eingabe/Ausgabe-Einheit (SIO)

Grundstruktur eines Mikrorechners

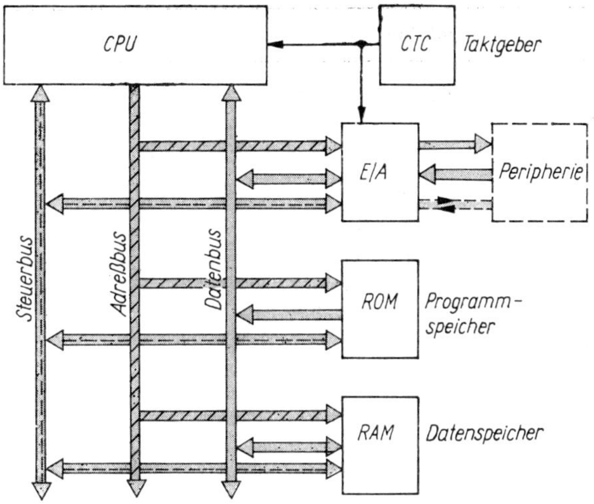

Programmspeicher (ROM, PROM, EPROM)	*Festwertspeicher:* wortorganisierte Speicher für feste Programme und Konstanten
Datenspeicher (statische RAM, dynamische RAM)	*Schreib-Lese-Speicher:* bitorganisierte Speicher zur Zwischenspeicherung von externen Daten und Variablen (wird auch als Programmspeicher in der Phase der Programmerstellung genutzt)
Adreßbus (16 bit)	Kabel aus 16 Leitungen zur parallelen Übertragung der 16 Adreßbit
Bidirektionaler Datenbus (8 bit)	Kabel aus 8 Leitungen zur parallelen Übertragung der 8 Datenbit; Umschaltung der Übertragungsrichtung sowie direkter Speicherzugriff (DMA) mit Tri-State-Schaltungen

Steuersignale eines Mikroprozessors der zweiten oder dritten Generation

Signale (L-aktiv)	Funktion
1. *Ausgangssignale der CPU*	
$\overline{\text{M 1}}$ (machine cycle 1)	CPU liest Befehl oder quittiert Interrupt
$\overline{\text{MREQ}}$ (memory request)	CPU führt Speicheroperation aus (Lesen, Schreiben oder Befehl holen)
$\overline{\text{IORQ}}$ (input/output request)	Datenverkehr zwischen CPU und Eingabe/Ausgabe-Einheit
$\overline{\text{RD}}$ (read)	CPU liest Daten aus Speicher oder Peripherie

Signale (L-aktiv)	Funktion
$\overline{\text{WR}}$ (write)	auf dem Datenbus sind gültige Daten für eine Schreiboperation
$\overline{\text{RFSH}}$ (refresh)	zeigt Refresh-Zyklus der CPU an
$\overline{\text{HALT}}$	CPU befindet sich im Halt-Zustand (es werden keine Befehle angenommen)
$\overline{\text{BUSAK}}$ (bus acknowledge)	CPU quittiert Anmeldung einer Busanforderung
2. *Eingangssignale der CPU*	
$\overline{\text{WAIT}}$ (wait)	CPU geht in den Wartezustand
$\overline{\text{INT}}$ (interrupt request)	Anmeldung eines maskierbaren Interrupts (Programmunterbrechung)
$\overline{\text{NMI}}$ (non-maskable interrupt request)	Anmeldung eines nicht maskierbaren Interrupts
$\overline{\text{RESET}}$ (reset)	Rücksetzen der CPU in den Anfangszustand
$\overline{\text{BUSRQ}}$ (bus request)	CPU-Bus wird angefordert

Einchiprechner

Komplett integrierte Mikrorechnerschaltkreise für kleinere Automatisierungsaufgaben (Programmumfang durch relativ geringe Speicherkapazitäten begrenzt).

Typenbeispiele	8748	8022	Z 8-01	Z 8-02	Z 8-03
Datenwortbreite	8 bit				
Speisespannung	5 V				
Programmspeicherkapazität in Kbyte	1 (EPROM)	2 (ROM)	2 (ROM)	–	2 (EPROM aufsteckbar)
Datenspeicherkapazität in byte	64	64	128	128	128
Anzahl der programmierbaren Ein- und Ausgänge	27	26	32	32	32
Bemerkungen	erster Einchiprechner (1977)	mit A/D-Umsetzer	mit zwei programmierbaren 8-bit-CTC und einer Port-Logik (4 Ports)		

Aufteilung der E/A-Leitungen in Tore (Ports)

Tor-Nr.	Programmierbare Betriebsarten	Anwendung
Tor 1 (P1) (8 bit)	• E/A • Adressen/Daten ($AD_0 \ldots AD_7$) • Tri-State	Eingabe/Ausgabe Verkehr mit externen Speichern DMA; Multiprozessoranwendung
Tor 2 (P2) (8 bit)	• E/A • Adressen/Daten ($AD_8 \ldots AD_{15}$) • Tri-State	Eingabe/Ausgabe in 4-bit-Gruppen Verkehr mit externen Speichern (in 4-bit-Gruppen) DMA; Multiprozessoranwendung
Tor 3 (P3) (8 bit)	• E/A	Eingabe/Ausgabe
Tor 4 (P4) (8 bit)	• E/A • Steuerung (4 E/4 A) • serielle E/A	Eingabe/Ausgabe Handshake-Steuerung Interrupt-Steuerung Speichersteuerung serielle Datenübertragung (UART-Betrieb)

Schaltzeichen der Elektrotechnik und Elektronik

Strom und Spannung

Gleichstrom, allgemein

Wechselstrom, allgemein

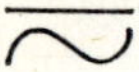
Gleich- oder Wechselstrom (Allstrom)

Tonfrequenz-Wechselstrom

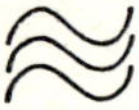
Hochfrequenz-Wechselstrom

Dreiphasen-Wechselstrom (Drehstrom) von 50 Hz

Leitungen und Leitungsverbindungen

Leitung, Kabel, Schiene, allgemein

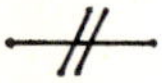
Leitung zweiadrig oder zwei Leiter

Kreuzung von zwei Leitungen

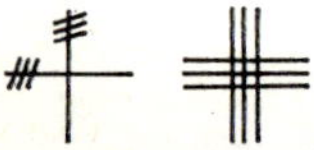
Kreuzung von Leitungen, ein- und mehrpolige Darstellung

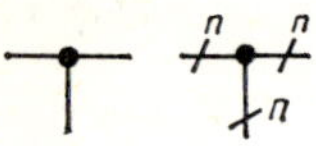

Abzweigung einer bzw. von *n* Leitungen (leitende Verbindung)

Verbindungsstellen, trennbar (Klemme), nicht trennbar

Erdung, allgemein

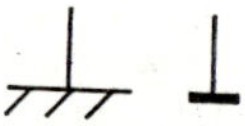
Verbindung mit Masse

Verbindung mit Schutzleiter

Widerstände

Widerstand, allgemein

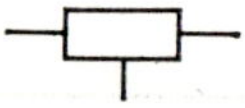
Widerstand mit symmetrischer Anzapfung

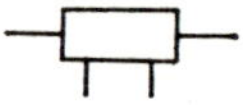
Widerstand mit zwei Anzapfungen

Meßnebenwiderstand (Shunt)

Widerstand, veränderbar

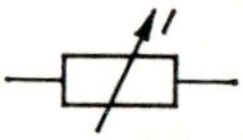
Widerstand, stetig veränderbar

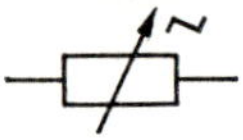
Widerstand, stufenweise veränderbar

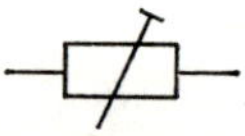
Widerstand, einstellbar

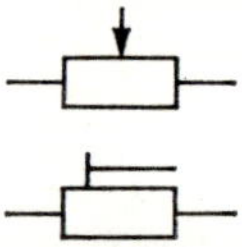
Widerstand, veränderbar bzw. einstellbar (Potentiometer)

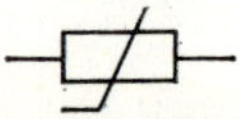
Widerstand, nichtlinear veränderbar

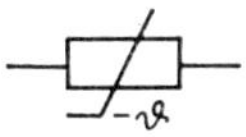

Widerstand mit negativem Temperaturkoeffizienten (Heißleiter)

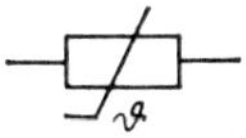

Widerstand mit positivem Temperaturkoeffizienten (Kaltleiter)

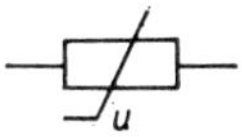

Widerstand, spannungsabhängig (Varistor)

Kondensatoren

Kondensator, allgemein

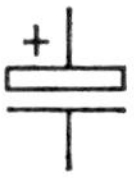

Elektrolytkondensator, gepolt

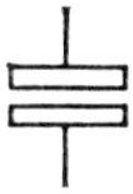

Elektrolytkondensator, ungepolt

Kondensator, veränderbar

Kondensator, stufenweise veränderbar

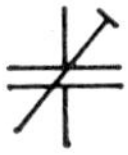

Kondensator, einstellbar (Trimmer)

Spulen und Transformatoren

Wicklung, allgemein

Spule mit Anzapfungen

Spule mit Ferromagnetkern, Drossel

Spule mit Ferrit- oder Pulvereisenkern

Spule mit Ferromagnetkern und Luftspalt, veränderbar

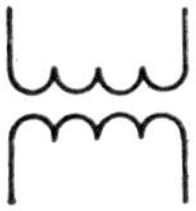

Einphasentransformator mit zwei getrennten Wicklungen

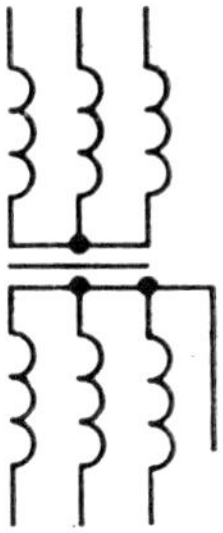

Drehstromtransformator, primäre und sekundäre Sternschaltung mit herausgeführtem Mittelpunkt

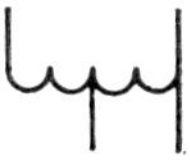

Spartransformator

Sicherungen, Batterien und Thermoelemente

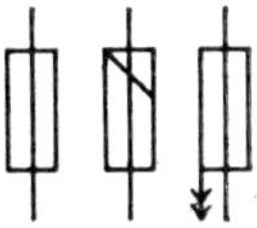

Sicherung, allgemein, träge und flink

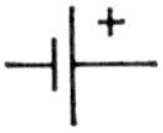

galvanisches Element

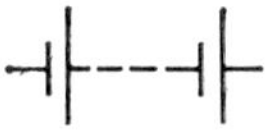

Batterie

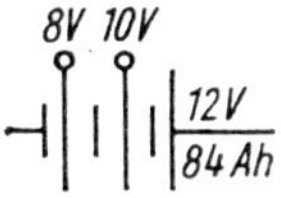

Batterie mit Anzapfung der Zellen

Thermoelement (Thermopaar)

Elektromagnetische Spulen und Schaltgeräte

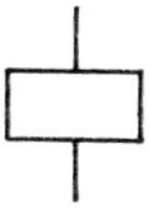

elektromagnetischer Antrieb, Magnetspule, z. B. Relais, Schütz

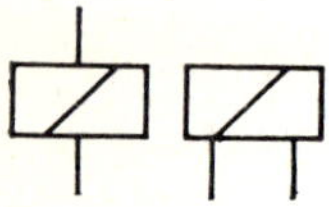

Magnetspule mit einer Wicklung

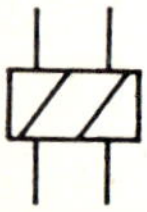

Magnetspule mit zwei gleichsinnig wirkenden Wicklungen

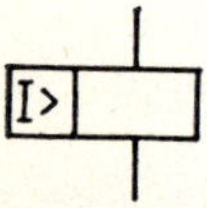

Magnetspule mit Überstromauslösung

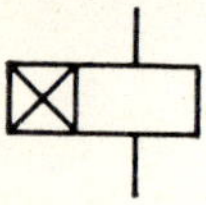

Magnetspule mit Ansprechverzögerung

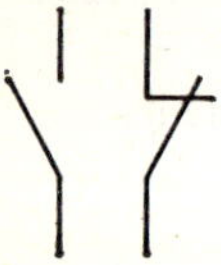

Schaltgerätekontakte, Schließer, Öffner

Umschalter

Schließer mit selbsttätiger Rückkehr

Öffner, öffnet verzögert

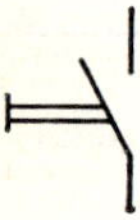

Schalter mit Handbetätigung

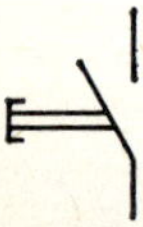

Druckknopfschalter

Schalter, dreipolig

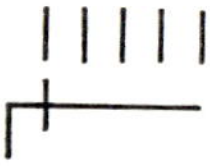

Mehrstellenschalter, einpolig mit sechs Stellungen

Lichtquellen, Meldegeräte und elektroakustische Geräte

Glühlampe

Wecker

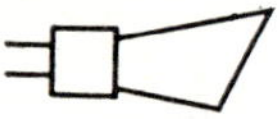

Hupe, Horn

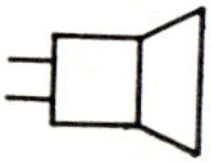

Lautsprecher

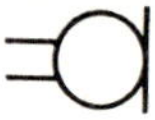

Mikrofon

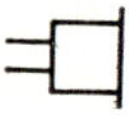

Fernhörer

Meßinstrumente

Meßinstrument, allgemein anzeigend

Meßgerät, allgemein registrierend

Meßinstrument, allgemein

Meßinstrument mit beidseitigem Ausschlag (Galvanometer)

Strommesser, Skale in Ampere geeicht

Spannungsmesser, Skale in Millivolt geeicht

Leistungsmesser, Skale in Watt geeicht

Halbleiterbauelemente

Diode, allgemein

Diode, temperaturabhängig

Kapazitätsdiode

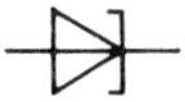

Tunneldiode

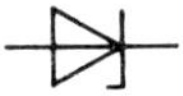

Z-Diode

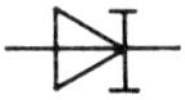

Rückwärtsdiode (Backwarddiode)

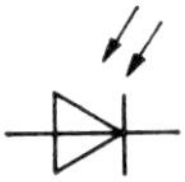

Fotodiode

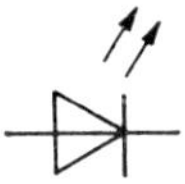

Lumineszenzdiode

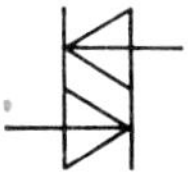

Zweirichtungsdiode (DIAC)

Fotoelement (Solarzelle)

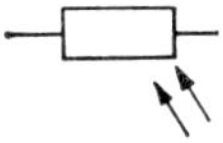

Fotowiderstand

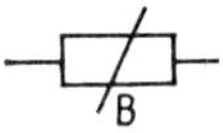

magnetfeldabhängiger Widerstand

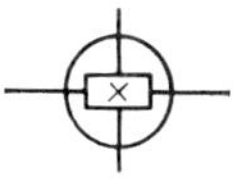

Hall-Generator

Thyristor, allgemein

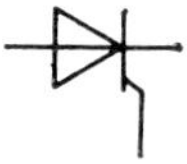

Thyristor, katodenseitig gesteuert

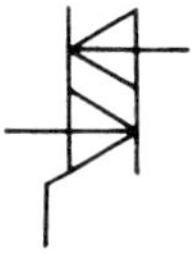

Zweirichtungsthyristor (TRIAC)

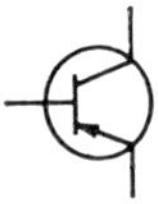

bipolarer pnp-Transistor

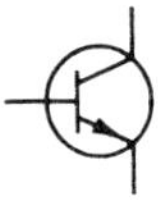

bipolarer npn-Transistor

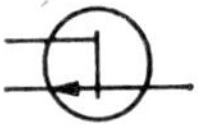

p-Kanal-Sperrschicht-Feldeffekttransistor

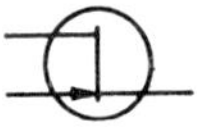

n-Kanal-Sperrschicht-Feldeffekttransistor

p-Kanal-Anreicherungs-Feldeffekttransistor

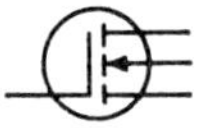

n-Kanal-Anreicherungs-Feldeffekttransistor

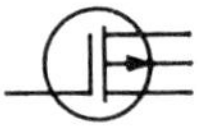

p-Kanal-Verarmungs-Feldeffekttransistor

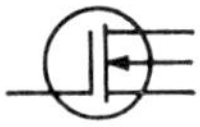

n-Kanal-Verarmungs-Feldeffekttransistor

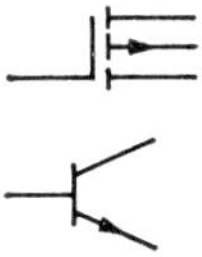

Darstellung von Feldeffekt- und Bipolartransistor in integrierten Schaltungen

npn-Fototransistor

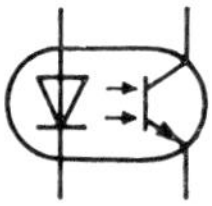

optoelektronischer Koppler

Schaltzeichen in Übersichtsschaltplänen

Baustein, Gerät, allgemein

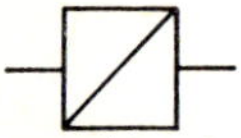

Wandler, allgemein

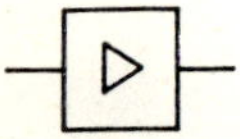

Verstärker, allgemein

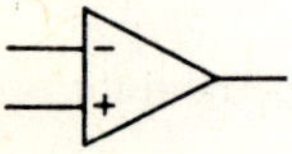

Operationsverstärker

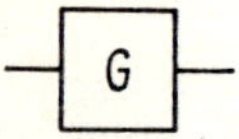

Generator, allgemein

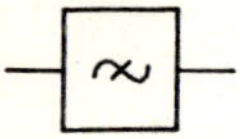

Filter, allgemein

Schaltzeichen der Digitaltechnik

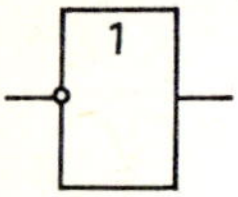

NICHT (NOT, Inverter)

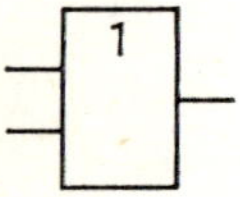

ODER (OR, Disjunktor)

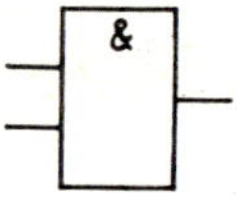

UND (AND, Konjunktor)

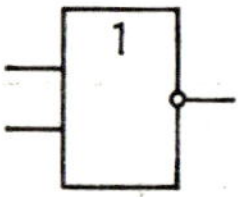

ODER-NICHT (NOR)

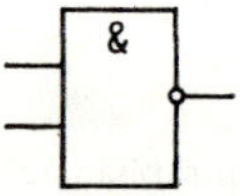

UND-NICHT (NAND)

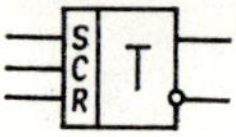

RS-Kippglied

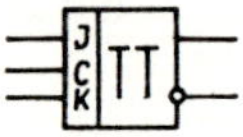

zweistufiges JK-Kippglied

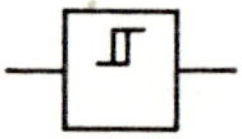

Schwellwertschalter (SCHMITT-Trigger)

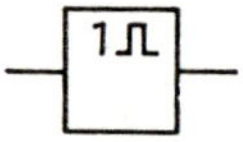

monostabiles Kippglied (Univibrator)

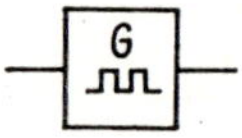

astabiles Kippglied (Multivibrator)

Funktionssymbole in Schaltzeichen der Digitaltechnik

ODER (OR)	1, ≥ 1	Codewandler (BCD/Siebensegmentcode)	B/S
UND (AND)	&	Bistabiles einstufiges Kippglied (einstufiger Trigger)	T
Äquivalenz	=	Bistabiles zweistufiges Kippglied (zweistufiger Trigger)	TT
Antivalenz (EX–OR)	=1	Dualzähler	CT2
Eingabe/Ausgabe	E/A	Dezimalzähler	CT10
Matrix (*N* Zeilen, *M* Spalten)	N × M	Schwellwertschalter (SCHMITT-Trigger)	
Decodierer	DC		
Halbaddierer	HS		
Volladdierer	SM		
Codewandler, allgemein	x/y		

Bezeichnungen der Eingänge in Schaltzeichen der Digitaltechnik

Takteingang	C	Rückwärts-Zähleingang	T_{R}
Setzeingänge	S; J	Wertigkeit der Eingänge D; C; B; A	8; 4; 2; 1
Rücksetzeingänge	R; K	Dynamischer Eingang	
Dateneingang	D		
Zähleingang	T		
Vorwärts-Zähleingang	T_{V}		

Bezeichnungen der Ausgänge in Schaltzeichen der Digitaltechnik

Summe (bei Addierern)	S	Wertigkeit der Ausgänge Q_D; Q_C; Q_B; Q_A	8; 4; 2; 1
Übertrag (bei Addierern)	P	Übertrag (bei Zählern)	$\ddot{U}$
Ausgang eines bistabilen Kippgliedes oder Zählers	Q	Übertrag Vorwärts (carry)	$\ddot{U}_{V}$
		Übertrag Rückwärts (borrow)	$\ddot{U}_{R}$

Formelzeichen und ihre Bedeutung

A Adreßsignal
Atomgewicht
binäre Variable
Breite des Adreßbusses
Fläche, Querschnitt
Gleichstromverstärkungsfaktor in Basisschaltung

A_L Induktivitätsfaktor (Kernkonstante) von Ferritspulen

a Dämpfungsmaß
Drahtquerschnitt
Filterkoeffizient
Gitterkonstante
Kettenparameter bei Vierpolen

B Bandbreite
binäre Variable
Blindleitwert
Gleichstromverstärkungsfaktor in Emitterschaltung
magnetische Flußdichte (Induktion)

B_C kapazitiver Blindleitwert (Kapazitanz)

B_L induktiver Blindleitwert (Suszeptanz)

B_r Remanenzinduktion

B_S Sättigungsinduktion

b Basis des Zahlensystems
Breite
Filterkoeffizient
Phasenmaß

C binäre Variable
elektrische Kapazität
Speicherkapazität

CMR Gleichtaktunterdrückung

c spezifische Wärmekapazität
Zählkapazität

D binäre Variable
Datensignal
Dissipationskonstante (Heißleiter)
Durchgriff
elektrische Flußdichte (Verschiebungsdichte)

d Durchmesser, Abstand
Verlustfaktor

E elektrische Feldstärke

E_b Beleuchtungsstärke

e Elementarladung

F Kraft
Rauschzahl

F' Rauschmaß

f Frequenz

f_g Grenzfrequenz

f_p Großsignalbandbreite

f_r, f_0 Resonanzfrequenz

f_T Transitfrequenz

f_α Grenzfrequenz in Basisschaltung

f_β Grenzfrequenz in Emitterschaltung

G elektrischer Leitwert (Wirkleitwert, Konduktanz)
Glättungsfaktor
Gleichtaktunterdrückung
Generate-Signal

g innerer Transistorleitwert
logarithmisches Übertragungsmaß

g_R dynamischer Sperrleitwert (Dioden)

H magnetische Feldstärke

H_0 Koerzitivfeldstärke

H_S Sättigungsfeldstärke

h Höhe
Hybridparameter bei Vierpolen

I elektrische Stromstärke

I_F Durchlaßstrom
Flußstrom

I_{GT} Gatestrom
Zündstrom (Thyristoren)

I_p Fotostrom
Höckerstrom
Schwellstrom
I_q Spannungsteilerquerstrom
I_R Rauschstrom
Sperrstrom
I_T Durchlaßstrom (Thyristoren)
I_v Talstrom
i Anschlußzahl

J elektrische Stromdichte

K Rückkopplungsfaktor
k Anzahl der übersprungenen Zählerzustände
BOLTZMANN-Konstante
Klirrfaktor
Kopplungsfaktor
Übersteuerungsfaktor
k_w Welligkeitsfaktor

L Induktivität
Schleifentransmission
l Länge

M Gegeninduktivität
Spaltenzahl bei Speichern
statische Störsicherheit
m Stellenzahl
Teilerverhältnis
Variablenzahl
Wortlänge
Zustandszahl
m_0 Elektronenruhemasse

N Lastfaktor
Normierungsprodukt
Windungszahl
Zeilenzahl bei Speichern
N_A Dotierungsdichte der Akzeptoren
N_D Dotierungsdichte der Donatoren
N_p Primärwindungszahl von Netztransformatoren
N_s Sekundärwindungszahl von Netztransformatoren
N_1 Primärwindungszahl von Übertragern
N_2 Sekundärwindungszahl von Übertragern
n Gatterzahl
Ordnungszahl bei Filtern
Stufenzahl
Variablenzahl
n_i Inversionsdichte (Ladungsträger-, Eigenleitungsdichte)
n_0 Elektronendichte

P Leistung (Wirkleistung)
normierte Frequenzparameter
Pfadübertragung
Propagate-Signal
P_B Basisverlustleistung
P_C Kollektorverlustleistung
P_R Rauschleistung
P_W Wärmeleistung
p_0 Löcherdichte
Strahlungsflußdichte
p_R auf 1 Hz bezogene Rauschleistung

Q Ausgangssignal von sequentiellen Schaltungen
Blindleistung
Elektrizitätsmenge (elektrische Ladung)
Güte (Gütefaktor, Kreisgüte)

R elektrischer Widerstand (Wirkwiderstand, Resistanz)
Rücksetzsignal
Redundanz
Reflexionsfaktor
R_B Basisvorwiderstand
R_D statischer Durchlaßwiderstand
R_{DS} Kanalwiderstand
R_G Generator- oder Signalquellenwiderstand
R_H HALL-Widerstand
R_i Innenwiderstand
R_M magnetischer Widerstand
R_T Widerstand bei Temperatur T
R_ϑ Widerstand bei Temperatur ϑ
R_{th} Wärmewiderstand
R_{ae} äquivalenter Rauschwiderstand
r innerer Transistorwiderstand
dynamischer Widerstand
Radius

S	Scheinleistung
	Setzsignal
	Siebfaktor
	Stabilisierungsfaktor
	Steilheit
S_p	Spiegelverhältnis
S_R	Slew-Rate
S/N	Signal-Rausch-Verhältnis
T	absolute Temperatur
	Periodendauer
	Transmission
TK	Temperaturkoeffizient
T_S	Schmelztemperatur
t	Zeit
U	elektrische Spannung
U_{BR}	Durchbruchspannung
U_D	Diffusionsspannung
U_F	Diodenflußspannung
	Durchlaßspannung
U_{GT}	Gatespannung
	Zündspannung (Thyristoren)
U_k	Kippspannung (Thyristoren)
	Klemmenspannung
U_p	Abschnürspannung (FET)
	Höckerspannung
U_q	Quellenspannung
U_R	Diodensperrspannung
	Rauschspannung
U_S	Schleusenspannung
U_T	Durchlaßspannung (Thyristoren)
	Nennspannung (Heißleiter)
U_T	Temperaturspannung
U_{T0}	Schwellspannung (FET)
$ü$	Übersetzungsverhältnis
V	magnetische Spannung
	Verstärkung (Verstärkungsfaktor)
	Volumen
V_e	Kernvolumen (Eisen- und Ferritkerne)
v	Anzahl der Zeichenkombinationen
	Geschwindigkeit
	Verstimmung
	Wertevorrat
v_D	Driftgeschwindigkeit
W	Energie (Arbeit)
	Übertragungsweite
X	analoges Signal
	Blindwiderstand (Reaktanz)
X_C	kapazitiver Blindwiderstand (Kondensanz)
X_L	induktiver Blindwiderstand (Induktanz)
x	binärer Eingangssignalwert
Y	Scheinleitwert (Admittanz)
y	binärer Ausgangssignalwert
	Leitwertparameter bei Vierpolen
Z	Scheinwiderstand (Impedanz)
z	Widerstandsparameter bei Vierpolen
α	Phasenanschnittwinkel
	1. Temperaturkoeffizient des Widerstandes
	Wechselstrom-Verstärkungsfaktor in Basisschaltung
	Winkel
α_{th}	Wärmeaustauschkoeffizient
β	relative Widerstandstoleranz
β	2. Temperaturkoeffizient des Widerstandes
	Wechselstrom-Verstärkungsfaktor in Emitterschaltung
$\gamma, \varkappa$	elektrische Leitfähigkeit
Δ	Differenz
δ	Eindringtiefe
	Verlustwinkel
ε	Änderung des Widerstandes
	Permittivität (Dielektrizitätskonstante)
ε_0	elektrische Feldkonstante
ε_r	Permittivitätszahl (Dielektrizitätszahl)
η	Frequenzverhältnis
	Wirkungsgrad
Θ	elektrische Durchflutung
	Stromflußwinkel
ϑ	CELSIUS-Temperatur
ϑ_0	Oberflächentemperatur

λ	Ausfallrate
	Leistungsfaktor
	magnetischer Leitwert
	Wärmeleitfähigkeit
	Wellenlänge
μ	absolute Permeabilität
	Beweglichkeit
μ_0	magnetische Feldkonstante
μ_r	Permeabilitätszahl (relative Permeabilität)
μ_n	Beweglichkeit der Elektronen
μ_p	Beweglichkeit der Löcher
ϱ	Güte
	spezifischer elektrischer Widerstand
σ	Flächenladungsdichte
τ	Zeitkonstante
Φ	magnetischer Fluß
Φ_0	Photonenflußdichte
φ	elektrisches Potential
	Phasenwinkel (Phasenverschiebung)
ψ	elektrischer Fluß (Verschiebungsfluß)
Ω	normierte Frequenz
ω	Winkelfrequenz (Kreisfrequenz)
ω_r	Resonanzwinkelfrequenz

Häufig verwendete Indizes

a	Abschluß-
	Ausgangs-
B, b	Basis-
	Betriebs-
BE	Basis-Emitter-
C	Gleichtakt-
C, c	Kollektor-
C	kapazitiv
CE	Kollektor-Emitter-
c	Gehäuse-
	Code-
	Takt-
D	Differenz-
D, d	Drain-
	Verzögerungs-
d	dynamisch
E, e	Emitter-
E	Erhol-
e	Eingangs-
F	Fluß-
G, g	Gate-
G	Generator-
g	Grenz-
H	Halte-
	High-
	Hilfs-
	Hysterese-
I	Eingangs- (Input-)
IA	Eingangs-Ausschalt-
IC	Eingangs-Gleichtakt-
ID	Eingangs-Differenz-
IE	Eingangs-Einschalt-
i	Impuls-
	Injektor-
i	Strom-
	Zählindex
is	Isolations-
j	Kristall-
	Sperrschicht-
K	Kompensations-
	Koppel-
	Kurzschluß-
k	Rückkopplungs-
	Wechselwirkungs-
L	Lade-
	Last-
	Low-
L	induktiv
m	mittlere
N	Nenn-
n	negativ
O	Ausgangs-
	(Output-)
o	obere
	Oszillator-
off	aus
on	ein
p	Leistungs-
p	Parallel-
	positiv
R	Rausch-
	Sperr-
r	Anstiegs-
	Resonanz-
ref	Referenz-
S	Schalt-
	Sättigungs-
S, s	Source-
s	Serien-
st	Steuer-
	Stoßstellen-
T	Temperatur-
T	Transistor-
	Transit-
	Trigger-
th	thermisch
tot	total
u	Spannungs-
u	untere
*u*O	Spannungs- (bei offener Schleife)
V, v	Vorschalt-
o	Verlust-
	Verstärkungs-
w	Wellen-
x	durchgesteuert
y	gesperrt
z	Z- (Zener-)
1	Eingangs- (bei Vierpolen)
2	Ausgangs- (bei Vierpolen)

Abkürzungsverzeichnis

A/D	analog to digital	Analog-Digital
AFC	automatic frequency control	automatische Frequenzregelung
ALU	arithmetic logic unit	Arithmetik-Logik-Einheit
AP	all-pass filter	Allpaß
BCD	binary coded decimal	binär verschlüsselte Dezimalzahl
BIFET		Doppel-(→)MOSFET
Bit	binary digit	Binärziffer
BP	band-pass filter	Bandpaß
BS		Bandsperre
CCD	charge-coupled device	ladungsgekoppeltes Bauelement
CMOS	complementary MOS	komplementärer → MOS
CMR	common mode rejection	Gleichtaktunterdrückung
CPU	central processing unit	Zentraleinheit eines Mikroprozessors
CS	chip select	Auswahlanschluß
CTC	counter timer circuit	Zähler/Zeitgeber-Einheit
D	drain	Senke (Anschlußelektrode beim → FET)
D/A	digital to analog	Digital-Analog
DCTL	direct-coupled transistor logic	direktgekoppelte Transistorlogik
DIAC	diode alternating-current switch	Wechselstrom-Schaltdiode, Triggerdiode
DIL	dual in-line	(Gehäuseform bei Schaltkreisen mit zwei parallelen Kontaktreihen)
DMA	direct memory access	direkter Speicherzugriff
DTL	diode transistor logic	Dioden-Transistor-Logik
DV		Differenzverstärker
EAROM	electrically alterable ROM	elektrisch veränderbarer → ROM
ECL	emitter-coupled logic	emittergekoppelte Logik
EFL	emitter follower logic	Emitterfolgerlogik
EPROM	erasable programmable ROM	löschbarer programmierbarer → ROM
EX-OR	exclusive or	exklusives ODER (Antivalenz)
FAMOS	floating-gate avalanche injection MOS	→ MOS-Speicherzelle mit Ladungstransport durch Lawinendurchbruch
FET	field-effect transistor	Feldeffekttransistor
FSA		Festkörper-Symbolanzeige-Bauelement
G	gate	Tor (Steuerelektrode beim → FET)

H	high	(hohes Potential)
HF	high frequency	Hochfrequenz
Hi-Fi	high-fidelity	hohe Übertragungsqualität
HMOS	high-performance MOS	Hochleistungs-(→)MOS (Kurzkanal NMOS-Technik, Submikrometertechnik)
HP	high-pass filter	Hochpaß
IC	integrated circuit	integrierter Schaltkreis, → IS
IGFET	insulated-gate FET	→ FET mit isoliertem Gate
I^2L	integrated injection logic	integrierte Injektionslogik
I^3L	isoplanar-I^2L	oxidisolierte → I^2L
IMPATT	impact avalance transit time	(Lawinenlaufzeitdiode)
IS		integrierter Schaltkreis, → IC
JFET	junction FET	Sperrschicht-(→)FET
L	low	(niedriges Potential)
LCD	liquid crystal display	Flüssigkristall-Anzeigeeinheit
LED	light-emitting diode	lichtemittierende Diode, Lumineszenzdiode
LIFO	last in-first out	(Speicherprinzip; die zuletzt eingegebene Information wird zuerst ausgegeben)
LSI	large-scale integration	Großintegration, hoher Integrationsgrad
MASER	microwave amplification by stimulated emission of radiation	Mikrowellenverstärkung durch induzierte Emission von Strahlung
MESFET	metal semiconductor FET	Metall-Halbleiter-(→)FET mit SCHOTTKY-Übergang
MHD	magnetohydrodynamic	magnetohydrodynamisch
MISFET	metal insulator semiconductor	Metall-Isolator-Halbleiter-(→)FET
MNOS	metal nitride oxide semiconductor	Metallnitridoxid-Halbleiter (→ MNSFET)
MNSFET	metal nitride semiconductor FET	Metall-Nitrid-Halbleiter-(→)FET
MOS	metal-oxide semiconductor	Metall-Oxid-Halbleiter
MOSFET	metal-oxide semiconductor-FET	Metall-Oxid-Halbleiter-(→)FET
MP	microprocessing unit	Mikroprozessor (→ μP)
MSI	medium-scale integration	mittlerer Integrationsgrad
MTBF	mean time between failure	mittlere störungsfreie Betriebszeit
NAND	not/and	(negierte UND-Verknüpfung)
NF (LF)	low frequency	Niederfrequenz
NIC	negative impedance converter	Negatic-Impedanz-Konverter
NM-Graph		normierter MASON-Graph
NMOS	N-channel MOS (n-MOS)	N-Kanal-(→)MOS-Technik
NOR	not or	negierte ODER-Verknüpfung
npn	negative-positive-negative	(Zonenfolge bei Halbleiterstrukturen)
NTC-Widerstand	negative temperatur-coefficient resistor	Widerstand mit negativem Temperaturkoeffizienten (Heißleiter)
P	port	Kanal (E/A-Schnittstelle bei (→) MP)

PIO	parallel input output	parallele Eingabe/Ausgabe-Einheit
PLA	programmable logic array	programmierbares logisches Feld
PMOS (p-MOS)	P-channel MOS	P-Kanal-(→)MOS
pnp	positive-negative-positive	(Zonenfolge bei Halbleiterstrukturen)
PROM	programmable ROM	programmierbarer → ROM
PTC-Widerstand	positive temperature-coefficient resistor	Widerstand mit positivem Temperaturkoeffizienten (Kaltleiter)
RAM	random access-memory	Schreib-Lese-Speicher mit wahlfreiem Zugriff
RD	read	(Speicher) lesen
REPROM	reprogrammable ROM	umprogrammierbare → ROM
ROM	read-only memory	Nur-Lese-Speicher, Festwertspeicher
RTL	resistor transistor logic	Widerstands-Transistor-Logik
S	source	Quelle (Anschlußelektrode beim → FET)
S	strobe	Ausgangssperreingang
SFET	surface FET	Sperrschicht-(→)FET
SI	standard interface	Standard-Schnittstelle, genormte Anschlußbedingungen
Si-G (SGT)		Silicium-Gate-Technik
SIO	serial input output	serielle Eingabe/Ausgabe-Einheit
SIPMOS	Siemens power MOS	→ MOS-Leistungstransistor (mit verbesserten Parametern)
SOAR	safe operating area	sicherer Kennlinien-Arbeitsbereich
SOS	silicon-on-sapphire	(Halbleiter-Technologie mit „Silicium auf Saphir" als Substrat)
SSI	small-scale integration	niedriger Integrationsgrad
TFT	thin film transistor	Transistor in Dünnschichttechnik
TP	deep-pass filter	Tiefpaß
TRIAC	triode alternating-current switch	Wechselstrom-Schalttriode
TTL	transistor transistor logic	Transistor-Transistor-Logik
UART	universal asynchronous receiver/transmitter	universeller asynchroner Empfänger/Sender (programmierbare Peripherieschaltung)
UKW		Ultrakurzwelle
VLSI	very-large-scale integration	sehr hoher Integrationsgrad
VMOS	vertical MOS	Vertikal-(→)MOS(-Transistor)
WR	write	schreiben (RAM laden)
ZF		Zwischenfrequenz
ZVE		Zentrale Verarbeitungseinheit, (→ CPU)
μP	microprocessing unit	Mikroprozessor (→ MP)

Sachwortverzeichnis